参见第24章

参见第24章

参见第18章

→ 参见第24章

→ 参见第15章

→ 参见第3章

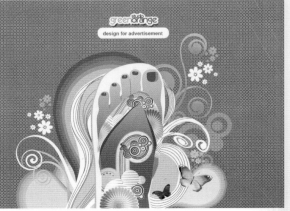

→ 参见第24章

→ 参见第14章

➔ 参见第24章

➔ 参见第22章

参见第18章

➔ 参见第6章

➔ 参见第5章

➔ 参见第20章

➔ 参见第7章

➔ 参见第19章

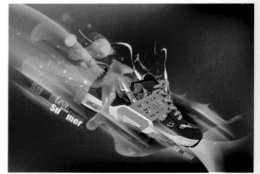

➔ 参见第21章

参见第21章

参见第21章

参见第2章

参见第10章

参见第7章

→ 参见第2章

→ 参见第2章

→ 参见第24章

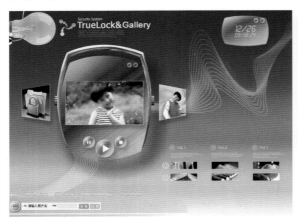

→ 参见第11章

→ 参见第7章

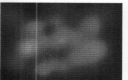

参见第12章

参见第13章　　　　参见第21章　　　　参见第9章

→ 参见第18章

→ 参见第16章

→ 参见第14章

→ 参见第2章

→ 参见第24章

周珂令 / 编著

完全学习手册

中文版

Photoshop CC 2018
完全实战技术手册

清华大学出版社

北京

内 容 简 介

本书定位于Photoshop CC 2018初中级用户。通过对本书的学习，读者可以在最短的时间内上手工作，即便是对软件一无所知的初学者也可以做到这一点。书中内容包含了与软件相关的所有知识，通过本书目录，读者可以快速检索到自己所需的内容。本书具有很强的实用性，书中所有的实例都精选于实际设计，不但画面精美考究，而且包含高水平的软件应用技巧。每个实例都是一个典型的设计模板，读者可以直接将其套用至实际工作中，或作为参考资料进行借鉴，为设计工作增加创作灵感。

本书内容系统全面，语言直白明了，既适合对软件一无所知的初级用户阅读和学习，也可以帮助中级用户提高自身水平，深入掌握软件的核心功能。另外，本书也可作为平面设计相关专业的参考教材。

图书在版编目（CIP）数据

中文版Photoshop CC 2018 完全实战技术手册/周珂令编著.—北京：清华大学出版社，2019（2019.12重印）
（完全学习手册）
ISBN 978-7-302-51691-0

Ⅰ．①中…　Ⅱ．①周…　Ⅲ．①图像处理软件—技术手册　Ⅳ．①TP391.413-62

中国版本图书馆CIP数据核字（2018）第265437号

责任编辑：陈绿春
封面设计：潘国文
责任校对：徐俊伟
责任印制：丛怀宇

出版发行：清华大学出版+社
　　　　　　网　　　址：http://www.tup.com.cn，http://www.wqbook.com
　　　　　　地　　　址：北京清华大学学研大厦A座　　　　　邮　　编：100084
　　　　　　社 总 机：010-62770175　　　　　　　　　　邮　　购：010-62786544
　　　　　　投稿与读者服务：010-62776969，c-service@tup.tsinghua.edu.cn
　　　　　　质量反馈：010-62772015，zhiliang@tup.tsinghua.edu.cn
印 装 者：三河市龙大印装有限公司
经　　销：全国新华书店
开　　本：188mm×260mm　　**印　张：**24.25　　　　**字　数：**738千字
版　　次：2019年1月第1版　　**印　次：**2019年12月第2次印刷
定　　价：99.00元

产品编号：055373-01

前言

　　Photoshop CC 2018 是 Adobe 公司推出的一款专业的图形图像处理软件，其功能强大，操作便捷，为设计工作提供了一个广阔的表现空间，使许多不可能实现的效果变成现实。Photoshop 被广泛地应用于美术设计、印刷出版、数码摄影等诸多领域，不仅受到专业人员的喜爱，也成为家庭用户的"宠儿"。

　　本书围绕 Photoshop 在设计中的应用，系统全面地为读者讲述了该软件的使用方法。整体来看本书具有详尽、实用、易于学习三大优点。通过对本书的学习，读者可以在最短的时间内上手工作，即便是对软件一无所知的初学者也可以做到这一点。本书在讲述软件功能时，全部通过实例操作的形式来呈现。作者将软件的功能全部融入操作过程中，读者只要跟随书中的操作实例进行练习，即可直观地理解和掌握软件的所有功能。而且，在每章的最后都安排了一组专项实例练习，读者可以对本章所讲述的知识进行练习巩固，并达到灵活应用。

　　本书对于 Photoshop 的讲解非常全面，内容包含了与软件相关的所有知识。通过本书目录，读者可以快速检索到自己需要的内容。此外，书中对于诸如"图层"功能、"通道"功能、"色彩调整"命令，以及"滤镜"等一些较为复杂的软件功能进行了专门讨论，使读者能够全面、深入地掌握这些知识。对于想要深入掌握软件功能的初、中级用户，都可以在本书中找到解决问题的方法。

　　本书具有很强的实际应用性，书中所有的实例都精选于实际设计，不但画面精美考究，而且包含高水平的软件应用技巧。实例内容包括照片处理、视觉特效制作、图形绘制、海报设计、户外广告、平面印刷物、插画绘制、网页设计等，最常见的设计工作内容都囊括其中。 每个实例都是一个典型的设计模板，读者可以直接将其套用至实际工作中，或作为参考资料进行借鉴，为设计工作增添创作灵感。

　　在本书配套素材中，包含了书中相关案例的教学视频，读者可以通过动态直观的方式学习本书内容。另外配套素材中还包含了实例的素材文件，以及含有源设置参数的实例完成文件，确保读者在学习过程中顺畅地进行操作与练习。添加本书微信公众号可以获得配套素材，并且和本书作者进行技术交流。

本书共分 24 章，各章主要内容如下所述。

第 1 章：主要介绍 Photoshop CC 2018 的工作环境、软件的安装与卸载方法，通过了解 Photoshop 的工具、菜单和调板等界面内容，使读者快速进入到 Photoshop 图像处理的精彩世界。

第 2 章：介绍 Photoshop 中的一些基本操作，包括图像的创建与管理，查看图像的方法，以及图像编辑的基础知识。

第 3 章：主要介绍 Photoshop 中选区的创建功能，在图像中创建选区，可以对区域外的图像进行保护，即使误操作，图像也不会被破坏。

第 4 章：主要介绍选区的编辑技术，灵活运用选区编辑命令，可以快速准确地创建出需要的选区形状。

第 5 章：详细介绍 Photoshop 中经常使用到的颜色模式，包括 RGB、CMYK、HSB、Lab、灰度和"位图"模式等内容。

第 6 章：讲述 Photoshop 的核心功能——"色彩调整"命令，该功能内容丰富、操作繁杂，本章从基础原理入手，详细为读者介绍"直方图"原理，以及"色阶"与"曲线"命令的应用方法。

第 7 章：继续讲述"色彩调整"命令。Photoshop 包含了二十多种色彩调整命令，本章通过案例操作对这些命令进行详述。

第 8 章：主要介绍 Photoshop 强大的绘图功能。使用这些功能可以模拟真实的笔触效果，绘制出带有艺术效果的画面，使图像更加丰富。

第 9 章：详细介绍丰富的特殊画笔工具，使用这些工具可以在画笔工具的基础设置之上，创建华美的画面效果。这些工具包括"铅笔"工具、"颜色替换"工具、"历史记录画笔"工具和"历史记录艺术画笔"工具等。

第 10 章：详细讲述功能强大的"修饰"工具，包括修复工具组、图章工具组等内容。这些工具是图像修饰过程中不可或缺的。

第 11 章：主要介绍可以更改图像像素的"橡皮擦"与"填充"工具。使用这些工具，可以将不需要的图像擦除，以及为图像的选定区域填充颜色。

第 12 章：主要介绍图像"润色"工具。这些工具的操作方法较为简单，只需在图像上拖动鼠标即可。根据鼠标拖动的方向和范围，图像将产生变化。

第 13 章：主要介绍使用 Photoshop 绘制和管理矢量图形的方法。使用"形状"工具组可以快速地创建诸如直线、矩形、圆角矩形、椭圆形等基础图形。

第 14 章：主要介绍使用"钢笔"工具创建路径的方法。使用"钢笔"工具，可以根据画面的要求创建出各种复杂形状的路径图形。

第 15 章：主要介绍"文字"工具的使用方法。在 Photoshop 中可以轻松地把矢量文本与位图图像完美地结合，随图像数据一起输出，生成高品质的画面效果。

第 16 章：主要介绍段落文本的创建与编辑方法。段落文本适用于编辑和管理具有段落特征的文本内容，例如印刷物的正文内容。

第 17 章：主要介绍 Photoshop 的辅助工具，使用这些工具不会对图像像素产生直接的影响，但可以从图像中获取色彩、尺寸、标注数据等信息，帮助用户对图像进行分析和比较，对图像的矫正与编辑提供参考数据。

第 18 章：主要讲述 Photoshop 的另一核心功能——"图层"的编辑与管理。通过调整各个图层之间的关系，能够实现更加丰富和复杂的视觉效果。

第 19 章：主要介绍特殊图层的创建与使用方法，其中包括填充图层、调整图层、智能对象图层等。这些特殊图层可以大大扩展用户对于图层的使用与编辑。

第 20 章：主要介绍"蒙版"的应用方法。使用"蒙版"可以将图层或图层组中的不同区域进行隐藏和显示，通过编辑蒙版可以对图层应用各种特殊效果，同时又不会影响该图层上的像素。

第 21 章：主要讲述 Photoshop 中"通道"功能的使用方法。"通道"是 Photoshop 软件中一个极为重要的概念，可以说它是一个极具表现力的处理平台。

第 22 章：整体介绍"滤镜"的概念，并详细展示了应用各种滤镜制作的效果。使用滤镜可以创建出各种各样的图像特效，例如，模拟艺术画的笔触效果，模拟真实的玻璃、胶片或金属质感等。

　　第 23 章：主要介绍"动作"和"自动化"功能，使用这些命令可以极大地减少重复操作的工作量，提高工作效率。

　　第 24 章：本章为综合实例演练。包括平面印刷设计、网页设计、POP 海报设计、户外海报设计、广告设计和动漫人物设定与绘制。

　　本书由周珂令编著，参与本书编写的人员还有白新民、孙姣、关振华、时盈盈、许苗苗、何玉凤、王永丹、焦礁、米艳红、朱科、侯辉、侯静、李建伟、张瑞玲、莫黎和秦贝贝等。由于作者水平有限，书中难免有疏漏之处，敬请读者批评指正。本书的在线教学与辅导工作，委托腾龙视觉网站开展，您可以登录 www.tlvi.net 在线进行交流学习，获取更多的优秀教程和免费设计资源。如果有问题需要与作者联系，可以发送邮件至 tlvi@vip.qq.com，我们会尽快给予回复。

益阅读

素材文件

　　本书相关视频教学可以扫描图书中相应位置的二维码直接进行观看。本书相关素材文件可以扫描右侧的二维码，在益阅读平台进行下载。

　　本书相关素材文件和相关视频文件也可以在百度网盘进行下载。下载地址和二维码如下。

　　素材文件下载地址 https://pan.baidu.com/s/1ucWc73pFCaNvXs6AiG27uA

　　视频文件下载地址 https://pan.baidu.com/s/1J0LTu-pA3yzpKMKbHYaMdQ

百度网盘　　　　　百度网盘

素材文件　　　　　视频文件

　　如果在相关素材下载过程中碰到问题，请联系陈老师，联系邮箱：chenlch@tup.tsinghua.edu.cn。

作　者
2018 年 10 月

目录

目录

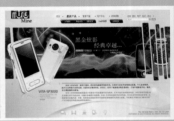

目 录

目录

第 1 章　初识 Photoshop CC 2018

Photoshop 是 Adobe 公司推出的一款专业的图形图像处理软件，其功能强大，操作便捷，为设计工作提供了一个广阔的表现空间，使许多不可能实现的效果变成了现实。图 1-1 是使用 Photoshop 绘制的平面设计作品示例。目前 Photoshop 被广泛地应用于美术设计、彩色印刷、数码摄影等诸多领域，不仅受到专业人员的喜爱，也成为家庭用户的宠儿。

图 1-1

1.1　Photoshop 的强大功能

Photoshop 具有强大的图像处理功能，从修复数码相机拍摄的照片，到制作出精美的图片并上传到网络中，从工作中的简单图案设计，到专业印刷设计师或网页设计师的图片处理工作，无所不能。

Photoshop 提供了丰富的图形工具、强大的色彩调整命令，以及各种特效滤镜，是专业的图像编辑处理软件。新的 Photoshop CC 2018 版本加强了数码图片的修饰功能，使我们可以更轻松地将照片处理成为自己满意的效果，如图 1-2 所示。

图 1-2

在 Photoshop 中对图像的色彩进行调整是核心内容，可以对图像的色调、明暗、颜色等进行调整，使偏色、偏暗、偏灰、偏亮等色调有问题的图像调整为正常的图像效果，如图 1-3 所示。

图 1-3

在平面设计中，Photoshop 也是必不可少的软件之一，它强大的图像处理功能、方便快捷的工作模式、不断更新的文字工具，使之成为平面设计师青睐的软件。Photoshop CC 2018 功能更加完善，可以制作出更加精美的设计效果，如图 1-4 所示。

图 1-4

利用 Photoshop 的强大图像处理功能，可以制作出各种绚丽的视觉特效，例如材质特效、纹理特效、科幻场景特效、绘画特效等。图 1-5 展示了使用 Photoshop 制作的视觉特效图像效果。

图 1-5

使用 Photoshop 还可以对网页的结构、配色、装饰元素进行设计，也可以为网页添加丰富的视觉效果。Photoshop CC 2018 还提供了创建网页图像的工具，读者可使用这些工具轻松地完成任何网页图像的制作，如图 1-6 所示。

图 1-6

1.2 安装与卸载

参照以下软件安装的步骤，即可将 Photoshop 安装完成。

01 登录Adobe官网，下载Photoshop CC 2018试用版安装程序。

02 下载完毕后，运行安装程序，根据提示，逐步进行安装。

如果不再需要 Photoshop，可以将该软件卸载。

01 单击桌面上的"开始"按钮，执行"设置"→"控制面板"命令，打开"控制面板"窗口，如图1-7所示。

图 1-7

02 在"控制面板"窗口中单击"程序和功能"图标，弹出"应用和功能"对话框，如图1-8所示。在其中选择"Photoshop CC 2018"，然后单击"卸载/更改"按钮。

图 1-8

03 接着弹出一个"卸载程序"对话框，在其中单击"确定"按钮，删除程序会自动搜索Photoshop CC 2018的各个文件，并将其删除。

1.3 熟悉工作环境

1.3 视频教学

安装 Photoshop CC 2018 并运行，可以看到Photoshop 的工作界面，如图 1-9 所示。整个界面呈现为炫酷黑灰色。

图 1-9

因为与 Windows 下的其他软件界面有区别，所以有些初学者用户可能不太适应这种黑灰色的界面，其实这样暗的界面对于操作者是大有益处的，因为周围的颜色暗了，我们处理的图片颜色才能更好地凸现出来。另外，较暗的黑灰色也有利于保护操作者的眼睛。

当然，如果用户实在是无法适应当前的界面，也可以将 Photoshop 的界面更改为传统的 Windows 程序界面效果，具体操作方法如下。

01 在Photoshop的菜单栏执行"编辑"→"首选项"→"常规"命令，如图1-10所示。

图 1-10

02 此时会弹出"首选项"对话框，在对话框左侧的选项栏内，选择"界面"选项，如图1-11所示。

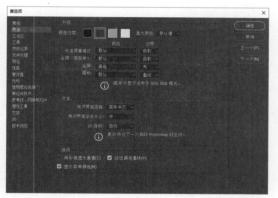

图 1-11

03 接着在对话框上端的"颜色方案"选项组中选择自己喜欢的界面亮度色，如图1-12所示。

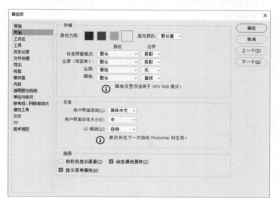

图 1-12

04 设置界面颜色方案后，界面颜色会立即发生变化，单击"确定"按钮，完成设置。

1.3.1 "开始工作"界面

在启动 Photoshop CC 2018 后，首先呈现的是"开始"工作界面，如图 1-13 所示。在该界面下用户可以进行新建文档、打开旧文档等操作。

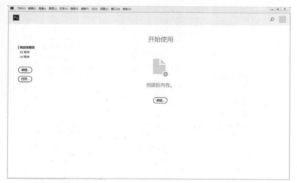

图 1-13

此时，我们可以在界面的左侧，单击"打开"命令，在我们的电脑上打开一幅图片，开始图像处理工作。

在打开了图片后，我们常用的图像处理工具及命令就呈现在了工作界面中，如图 1-14 所示。其中包括了：① 菜单栏；② 工具选项栏；③ 工具栏；④ 垂直停放的调板；⑤ 选项卡式"文档"窗口；⑥ 状态栏；⑦ 调板标题栏。在接下来的内容中，我们来了解这些工具及命令。

3

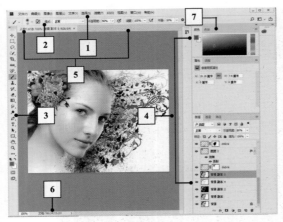

图 1-14

1.3.2　菜单栏

　　菜单栏在应用程序栏的最上端，它包含执行任务的菜单命令。Photoshop 将绝大多数功能命令分类，并分别放在 11 个菜单中。

01 单击"文件"菜单，整个菜单即可呈现在屏幕中。

02 观察菜单内容，可以发现在菜单的左侧为命令名称，右侧是该命令的快捷键。

03 另外在菜单内还包含一些特殊的符号，其功能如图1-15所示。

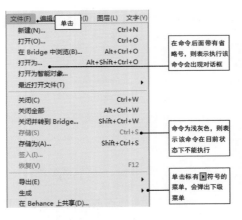

图 1-15

1.3.3　工具栏

　　在 Photoshop 界面的左侧是工具栏，工具栏中的工具以图标形式显示，从每个工具图标的形态就可以基本了解该工具的功能。单击工具图标，可以选择使用该工具。

01 每个工具都有其各自的功能分工，有些用于选择，有些用于绘图，有些则用于图像修饰，下面逐一来了解它们。图1-16展示了工具栏中各工具的名称和快捷键。

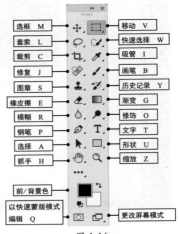

图 1-16

02 在带有三角图标的工具上右击，或者单击并停留一定时间，将会显示其他相似功能的隐藏工具。

03 图1-17显示了工具栏中全部的隐藏工具。在菜单的左侧为工具的图标和名称，右侧的英文字母为快捷键。

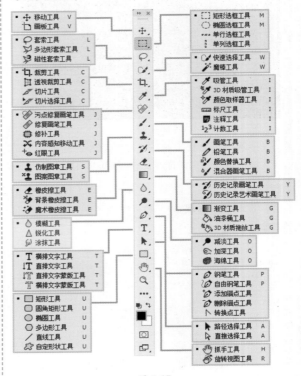

图 1-17

选择工具栏中带有隐藏工具的工具，按下 Shift 键并按快捷键，即可切换隐藏的工具。例如：选框工具其快捷键为 M。按下 Shift 键的同时并按 M 键，即可切换"矩形选框"工具和"椭圆选框"工具。

下面分别对各组工具做一些简单的介绍，如图 1-18～图 1-20 所示。

图 1-18

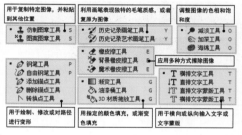

图 1-19

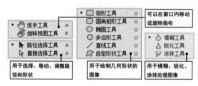

图 1-20

1.3.4　工具选项栏

菜单栏的下方为工具选项栏，工具选项栏显示工具的属性和控制参数。当选择不同的工具时，其选项栏会随着工具的不同产生变化。

01 选择 "矩形选框"工具，其选项栏显示如图 1-21 所示。

图 1-21

02 在工具选项栏的工具图标上单击，可以打开下拉式工具预设调板，在弹出的调板中可以选择已经设置好的工具，如图1-22所示。

图 1-22

03 选中弹出式调板底部的"仅限当前工具"复选框，在弹出式工具调板中只显示当前选择工具的预设，如图1-23所示。

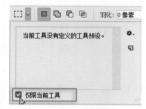

图 1-23

04 在工具选项栏的工具图标上右击鼠标，弹出一个菜单，可以将当前工具的选项栏或者所有工具的选项栏恢复到默认状态，如图1-24所示。

图 1-24

1.3.5　选项卡式图像编辑窗口

PhotoshopCC 2018 中间区域为选项卡式的图像编辑窗口，按下 Ctrl+Tab 键，可在多页面的选项卡间跳转；按下 Ctrl+1 键，可以切换到百分百显示图片等，大大方便了多文档编辑。

01 在菜单栏中执行"文件"→"打开"命令，在本书配套素材的"Chapter-01"文件夹中，选择4幅图片文件，将其全部打开，如图1-25所示。

图 1-25

02 在菜单栏中执行"窗口"→"排列"→"全部垂直拼贴"命令，此时所有打开的图像文档将以垂直排列的方式进行显示，如图1-26所示。

图 1-26

03 在菜单栏中执行"窗口"→"排列"→"将所有内容合并到选项卡中"命令，恢复默认文档排列。

04 按下Ctrl+Tab键，可在多页面的选项卡间跳转。或直接单击选项卡，可打开相对应的文档，如图1-27所示。

图 1-27

05 单击并拖动"人物3"文档选项卡，将其拖动到"人物1"文档选项卡的前方，松开鼠标，即可更换选项卡文档的排列位置，如图1-28所示。

图 1-28

06 选择"人物3"文档选项卡，将其向下拖动，即可成为独立的文档。在选项卡标题栏中显示

了当前文件的名称、格式、缩放比例等相关信息，如图1-29所示。

图 1-29

1.3.6　状态栏

图像窗口的下端为状态栏。状态栏主要显示当前编辑图像文件的大小，以及在工具栏中所选工具的说明信息等，如图 1-30 所示。

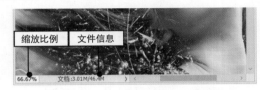

图 1-30

1.3.7　调板

在 Photoshop CC 2018 中，调板汇集了图像操作中常用的选项或功能，在界面中并非每个调板都是打开的，如果需要打开隐藏的调板，可以在菜单栏的"窗口"菜单中选择，如图 1-31 所示。

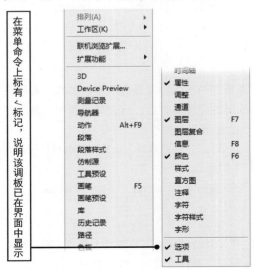

图 1-31

Photoshop CC 2018 根据各种功能的分类提供了 26 个调板，使用这些调板可以进一步细致调整各项工具的选项，也可以将调板中的功能应用到图像上。下面将对每个调板一一进行讲解。

图 1-32

1. 3D 调板

Photoshop CC 2018 中的"3D"调板，用户可以通过众多的参数来控制、添加、修改场景、灯光、网格、材质等，如图 1-32 所示。

2. 记录测量

"记录测量"调板可以将"标尺"工具的测量数据记录下来，如图 1-33 所示。

	标签	日期和时间	文档	源	比例	比例单位	比例因子	计数	长度	角度
0001	标尺 1	2017/2/10 16:11:25	01.bmp	标尺工具	1 像素 = 1.0000 ...	像素	1.000000	1	68.593003	82.460555
0002	标尺 2	2017/2/10 16:11:28	01.bmp	标尺工具	1 像素 = 1.0000 ...	像素	1.000000	1	142.947543	19.195468

图 1-33

3. 导航器

"导航器"调板利用缩览图显示图像，通过放大或缩小图像来查找制定区域。利用视图框便于搜索大图像，如图 1-34 所示。

图 1-34

4. 动作

使用"动作"调板可以将多个操作过程记录成为动作，并且可以将记录的动作播放、编辑和删除，还可以将存储的动作文件载入并应用，如图 1-35 所示。

图 1-35

5. 段落

使用"段落"调板可以设置与文本段落相关的选项。可调整行间距，增加缩进或减少缩进等，如图 1-36 所示。

图 1-36

6. 仿制源

"仿制源"调板可以设置特定复制的图像，也可以将特定复制的图像存储，如图 1-37 所示。

图 1-37

7. 工具预设

在"工具预设"调板中可以保存常用的工具，

也可以将相同工具保存为不同的设置，可以提高操作效率，如图 1-38 所示。

图 1-38

8. 画笔

"画笔"调板可以对画笔的形态、大小、材质、杂点程度、柔和效果等选项进行设置，如图 1-39 所示。

图 1-39

9. 画笔设置

在新增的"画笔设置"调板中，可以清晰、快捷地选择画笔笔尖形状，并对画笔进行管理，如图 1-40 所示。

图 1-40

10. 历史记录

"历史记录"调板将图像操作过程按顺序记录下来，并且可以在记录的操作中恢复操作过程，如图 1-41 所示。

图 1-41

11. 路径

"路径"调板用于将选区转换为路径，或者将路径转换为选区。利用该调板可以应用各种路径的相关功能，如图 1-42 所示。

图 1-42

12. 色板

"色板"调板用于保存常用的颜色。单击相应的色块，即可将该颜色指定为前景色或背景色，如图 1-43 所示。

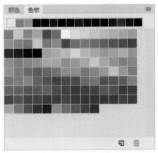

图 1-43

13. 时间轴

"时间轴"调板可以对动画进行编辑和操作，如图 1-44 所示。

图 1-44

14. 属性

在"属性"调板中可以找到应用命令的相关属性设置，比如选择图层蒙版，便会显示与蒙版相关的设置，如图 1-45 所示。

图 1-45

15. 调整

"调整"调板的功能和调整图层基本相同，不过色阶、曲线等以按钮形式出现会更加直观和方便，极大地提升了工作效率，如图 1-46 所示。

图 1-46

16. 通道

"通道"调板用于管理颜色信息和利用通道制定的选区。主要用于创建 Alpha 通道及有效管理颜色通道，如图 1-47 所示。

图 1-47

17. 图层

"图层"调板是最常用的调板之一，该调板列出了图像中所有的图层、图层组和图层效果。使用该调板可以对图层、图层组或图层蒙版进行编辑，如图 1-48 所示。

图 1-48

18. 图层复合

"图层复合"调板是存储图层的组成因素，以及同一个图像的不同图层组合，从而可以更有效地完成设计，如图 1-49 所示。

图 1-49

19. 信息

在"信息"调板中以数值形式显示图像信息。将鼠标的光标移动到图像上，就会显示光标下图像颜色的相关信息，如图 1-50 所示。

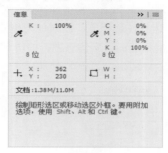

图 1-50

20. 颜色

"颜色"调板用于设置前景色和背景色的颜色。颜色可通过鼠标拖动滑块进行指定，也可以通过输入相应的颜色值进行指定，如图 1-51 所示。

图 1-51

21. 样式

"样式"调板用于制作立体图标。只用鼠标单击各个样式图，即可制作出应用特效的图像，如图 1-52 所示。

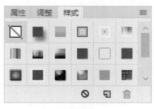

图 1-52

22. 直方图

在"直方图"调板中可以看到图像中所有色调的分布情况。图像的颜色主要分为最亮的区域（高光）、中间区域（中间色调）和暗淡区域（暗调）等 3 部分，如图 1-53 所示。

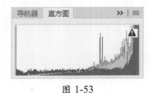

图 1-53

23. 注释

在"注释"调板中，可以对"注释"工具的内容信息进行编辑，如图 1-54 所示。在工具栏中选择"注释"工具，在图像中需要添加文字注释的位置单击鼠标，建立注释标签，此时就可以在"注释"调板内对注释标签的文字信息进行编辑了。

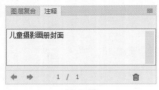

图 1-54

24. 字符

"字符"调板在编辑或修改文本时使用。可设置文字的大小、行距、颜色、字间距等，如图 1-55 所示。

图 1-55

25. 字符样式

在"字符样式"调板中，可以将字符的样式记录下来，并且将这些样式的设置方式，快速地套用到其他文字内容中，如图 1-56 所示。

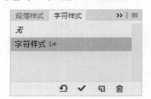

图 1-56

1.4 视频教学

1.4 自定义工作环境

我们知道 Photoshop 已经被广泛地应用到很多行业，比如摄影、印刷、艺术绘画、网页设计等。不同行业对于图片处理的要求也会有所不同。例如摄影行业对于图像处理工作更加侧重于颜色的调校，绘画工作可能在使用 Photoshop 时更侧重画笔应用。所以不同的用户在使用 Photoshop 时，对于工作界面的陈设方式也会有个性化的需求，所以我们要学会如何自定义工作环境。

Photoshop 可以根据自己的习惯对工作环境进行设置，并且可以将设置好的工作环境存储。设置工作环境不但可以调整调板、工具栏的位置，还可以对工作中的快捷键重新设置。

1.4.1 切换和存储工作区

在 Photoshop CC 2018 菜单栏中执行"窗口"→"工作区"命令，通过弹出的子菜单中的选项可以对当前的工作区进行定义，如图 1-57 所示。下面来具体讲述工作区的切换与存储。

图 1-57

1. 切换工作区

01 在菜单栏中执行"窗口"→"工作区"命令，在弹出的子菜单中可以看到，默认情况下，"基本

功能"工作区模式为选择状态，如图1-58和图1-59所示。

图 1-58

图 1-59

02 在 "窗口"→"工作区"命令的子菜单中选择"绘画"选项，切换到其工作区模式，如图1-60和图1-61所示。

图 1-60

图 1-61

2. 存储 / 打开工作区

01 执行"工作区"菜单中的"新建工作区"命令，打开"新建工作区"对话框，如图1-62和图1-63所示，在"名称"文本框中输入定义工作区的名称。

图 1-62   图 1-63

02 设置完毕后，单击"存储"按钮，即可将工作区域存储。

03 在"工作区"菜单中可以确认新建的工作环境，如图1-64所示。

图 1-64

04 当操作过多而使操作环境发生变化时，再次单击相应的操作环境命令，可以回到自定义的操作环境中。

1.4.2　自定义工作区域

下面通过操作来演示对 Photoshop CC 2018 工作区域的设置方法。

1. 定义工具栏

01 根据需要我们可以转换工具栏的形态。将鼠标指针移动到工具栏的顶端，单击 ▶▶ 按钮即可调整工具栏的显示形态，如图1-65所示。

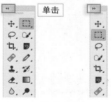

图 1-65

02 Photoshop在工具栏中提供了"编辑工具栏"命令，可以帮助我们定义工具栏工具的显示方式。

03 在工具栏底部右击"编辑工具栏"按钮，此时会弹出工具菜单，如图1-66所示，在菜单中选择"编辑工具栏"命令，弹出"自定义工具栏"对话框，如图1-67所示。

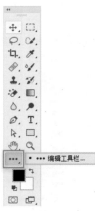

图 1-66

图 1-67

04 在"自定义工具栏"对话框中，可以将不常用的工具按钮进行隐藏。在对话框左侧的"工具栏"选项卡中是正常显示的工具按钮，如果隐藏某个按钮，可以将其拖动至对话框右侧的"附加工具"选项卡内，如图1-68所示。

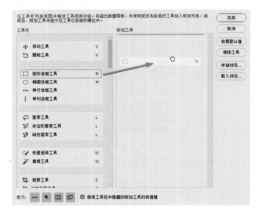

图 1-68

05 将不需要的工具全部拖动到"附加工具"选项卡内，如图1-69所示。设置完毕后，单击"完成"按钮，完成工具栏的设置。

图 1-69

06 此时在工具栏中，对部分工具按钮进行了隐藏，这些工具的位置移动到了"编辑工具栏"按钮菜单中，如图1-70所示。

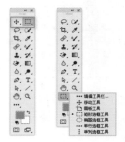

图 1-70

07 如果用户感觉工具栏下端还是显得有些臃肿，我们可以继续将"编辑工具栏"按钮，以及调色板、蒙版等按钮进行隐藏。

08 在"编辑工具栏"按钮菜单中，选择"编辑工具栏"命令，打开"自定义工具栏"对话框。

09 在对话框底部单击"工具显示"按钮，可以关闭相对应的工具按钮的显示方式，如图1-71和图1-72所示。

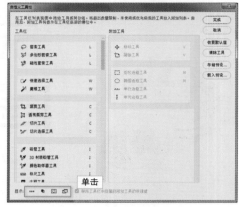

图 1-71

图 1-72

2. 复位工具栏

01 在菜单栏中选择"编辑"→"工具栏"命令，此时可以再次打开"自定义工具栏"对话框。

02 在对话框底部单击"显示"选项栏内的按钮，可以在工具栏内显示对应的工具按钮。

03 将"附加工具"选项卡内的工具拖动至"工具栏"选项卡内，可以设置工具在工具栏内的显示方式，如图1-73所示。

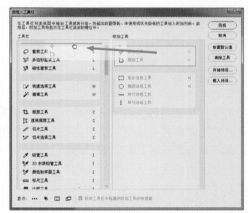

图 1-73

04 在"自定义工具栏"对话框右侧单击"恢复默认值"按钮，可以将工具栏复位至初始化状态。设置完毕后，单击"完成"按钮，完成工具栏复位操作。

3. 设置调板

01 将调板转换为按钮状态，可以减小调板在工作区中占用的面积。单击调板顶端的 按钮，即可将调板转换为按钮状态，如图1-74所示。

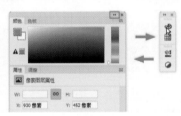

图 1-74

02 调整按钮的宽度。移动鼠标指针到调板按钮的侧边，指针呈状 时单击并拖动鼠标，即可调整按钮的宽度，如图1-75所示。

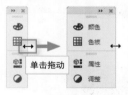

图 1-75

03 打开按钮状态的调板。单击相应的调板按钮，即可打开调板，如图1-76所示。

图 1-76

> **提示**
>
> 如果需要关闭调板，可以单击调板右上角的 按钮。

4. 组合 / 拆分调板

01 将调板从按钮组中拆分出来。在调板的顶部单击并拖动到工作区域中即可，如图1-77所示。

图 1-77

02 将调板从调板组中拆分出来。拖动调板的标签到工作区域中即可。

03 如图1-78所示，将"颜色"调板从原调板组中分离出来形成了独立的调板。

图 1-78

为进一步提高工作效率，可将需要的调板组合在一个调板中。

04 拖动"颜色"调板的按钮，到"色板"调板顶端的空白处，当调板呈蓝色时，松开鼠标，即可将这两个调板组合，如图1-79所示。

05 拖动刚刚组合的调板组，到"调整"调板按钮上，当该按钮呈蓝色时，即可将该调板组合和

"样式"调板组合,如图1-80所示。

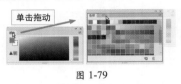

图 1-79

图 1-80

5. 关闭调板

01 关闭调板组中的调板,可以在 "色板"上右击,在弹出的快捷菜单中选择"关闭"命令,可单独关闭该调板,如图1-81所示。

图 1-81

02 关闭调板组可以单击调板右上角的 ✖ 按钮,如图1-82所示。

图 1-82

1.4.3 自定义工作快捷键与菜单

在 Photoshop CC 2018 中,可以使用预设的默认参数进行图像的编辑,也可以根据自己的习惯设定或更改工具、调板或菜单的快捷键。

执行"编辑"→"键盘快捷键"命令,打开"键盘快捷键和菜单"对话框,如图 1-83 所示。

在"键盘快捷键"选项卡内,可以对 Photoshop 中各项命令的快捷键进行定义。

01 在"快捷键用于"选项栏内可以选择需要定义快捷键的命令类型,选择"工具"选项,此时

图 1-83

就可以对工具栏内的工具进行快捷键定义了,对话框下端会出现工具栏内各工具的名称,如图1-84所示。

图 1-84

02 选择"移动工具"选项,选项右侧的快捷键定义栏将会成为可编辑状态,此时在键盘上输入字符,即可更改"移动工具"的快捷键。

> **提示**
>
> 在 Photoshop 中,对于快捷键的定义方式是有所要求的,如果设置的快捷键不符合规范要求,在"键盘快捷键和菜单"对话框下端会出现提示。

03 在键盘上键入1,此时Photoshop会提示您,只能使用字母A-Z来指定快捷键,如图1-85所示。

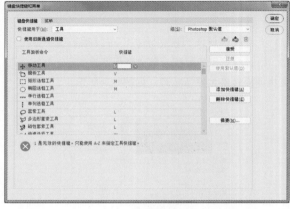

图 1-85

04 在键盘上键入A，然后单击"确定"按钮，完成快捷键的制定，此时在键盘上键入A，"移动"工具将会处于选择状态。

05 在菜单栏中执行"编辑"→"键盘快捷键"命令，打开"键盘快捷键和菜单"对话框。

06 按下Alt键，此时对话框右上角的"取消"按钮将变为"复位"按钮，单击"复位"按钮，将Photoshop的快捷键复位为初始化设置状态，如图1-86所示。

图 1-86

提示

对于 Photoshop 的初级用户来讲，建议不要自定义快捷键。目前 Photoshop 初始化定义的快捷键是非常合理的，初级用户完全没必要进行自定义快捷键。如果用户刻意按自己的习惯更改快捷键进行工作，那么突然更换计算机，就会感到极为不适应。

在"键盘快捷键和菜单"对话框中，可以设置菜单栏或者调板菜单中命令的可视性和颜色。

01 执行"编辑"→"键盘快捷键"命令，打开"键盘快捷键和菜单"对话框，在对话框上端选择"菜单"选项卡。

02 接着在"应用程序菜单命令"选项栏中单击"文件"前的按钮，将其展开，如图1-87所示。

03 在"在Bridge中浏览"命令选项右侧单击👁眼睛图标，将该命令项的可见性状态设置为不可见，如图1-88所示，单击"确定"按钮，完成隐藏命令的设置。

04 此时，"在Bridge中浏览"命令在"文件"菜单中将不可见，如图1-89所示。

05 执行"编辑"→"键盘快捷键"命令，打开"键盘快捷键和菜单"对话框，在对话框上

端，选择"菜单"选项卡。

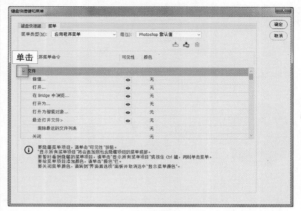

图 1-87

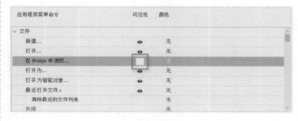

图 1-88

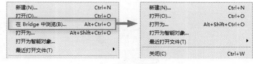

图 1-89

06 按下Alt键，此时对话框右上角的"取消"按钮将变为"复位"按钮，单击"复位"按钮，将菜单命令复位为初始化设置状态。

07 在"新建"命令项右侧单击"无"按钮，会弹出颜色设置下拉菜单，选择红色，如图1-90所示。

图 1-90

08 单击"确定"按钮，此时"新建"命令在菜单中将会用红色进行特殊标注，如图1-91所示。

图 1-91

09 按照我们前面讲述的复位方法，将菜单栏的显示方式复位为初始化状态。

1.5 图像处理基础

在目前数字化的图像处理中，将图像主要分为两类：位图图像和矢量图形。这两种类型的图像在 Photoshop 中都能进行创建和处理，Photoshop 文档既可以包含位图数据，也可以包含矢量数据。

1.5.1 位图图像

位图图像也称为栅格图像，它是由网格上的点组成的，这些点称为像素。每一像素都有一个明确的位置和色彩数值。这些像素的颜色和位置决定该图像所呈现出来的画面。因此文件中的像素越多，所包含的信息就越多，图像的品质也就越好。

01 执行"文件"→"打开"命令，打开本书的配套素材\Chapter-01\"儿童.tif"，如图1-92所示。

图 1-92

02 选择"缩放"工具，在视图中多次单击，将图像放大，此时，可以看到图像是由像素组成的，如图1-93所示。

图 1-93

1.5.2 矢量图形

矢量图形，也称为向量图形，在数学上定义为一系列由曲线连接的点。矢量是根据其几何特性来描绘图像，矢量文件中的图形元素称为对象。每个对象都是一个自成一体的实体，它具有如颜色、形状、轮廓、大小、屏幕位置等属性。

矢量图形与分辨率无关，可以将它们缩放到任何尺寸，也可以按任意分辨率打印，但都不会丢失细节或降低清晰度。因此，矢量图形在标志设计、插图设计及工程绘图上占有很大的优势。在 Photoshop 中绘制的矢量图形称之为路径。

01 保持"儿童.tif"的打开状态，打开"路径"调板，单击"路径 1"并将其显示，如图1-94所示。

图 1-94

02 使用"缩放"工具将图像不断放大，如图1-95所示，我们可以看到图像仍然清晰。

图 1-95

提示

为了便于读者观察，在这里暂时将"方向盘"图层组隐藏。

第2章 文件基本操作

在第 1 章中我们初步了解了 Photoshop CC 2018 的工作环境，本章将介绍一些使用 Photoshop CC 2018 进行图像处理时涉及的基本操作，例如，文件的创建、打开、关闭与保存，图像的复制，以及画布大小的调整等。通过这些文件的基本操作，来了解如何使用 Photoshop CC 2018 进行图像编辑工作，以使读者尽快熟悉 Photoshop CC 2018 的操作习惯和文件基本操作技巧，从而开始创作工作。

2.1 开始绘图工作

2.1 视频教学

启动 Photoshop CC 2018 后，必须打开或创建一个图像窗口，才可以开始绘图工作。这个图像窗口就是编辑处理图像的操作平台，如图 2-1 所示。

图 2-1

在 **Photoshop CC 2018** 中，可以创建一个空白的新图像文件，从零开始绘图工作；也可以打开一幅图像作品，对图像进行各种编辑处理，在此基础上进行再创作。下面将通过具体的操作步骤来学习如何创建或打开文件等基础操作，从而开始绘图工作。

2.1.1 开始工作区

在启动 **Photoshop** 后，会出现"开始"工作区界面，在该界面可以执行"新建"或"打开"命令，如图 **2-2** 所示。

在"开始"工作区左侧提供了"最近打开的文件"和"CC 文件"两个选项，默认状态下，"最近打开的文件"选项为选择状态，工作区右侧将会显示最近打开图像的缩览图。如果选择"CC 文件"选项，工作区右侧将会显示本机中 **Photoshop CC** 图像的缩览图。

图 2-2

在缩览图上端是图像文件显示方式按钮，单击"列表视图"按钮，用户可以以文件名方式显示，如图 **2-3** 所示。

图 2-3

如果用户觉得"开始"工作区显示了过多的缩览图，也可以清空之前打开的文件信息内容。

01 在菜单栏中执行"文件"→"最近打开文件"→"清除最近打开文件列表"命令，最近打开的文件列表将被清空。

02 此时"开始"工作区内将不再显示最近打开的文件，如图2-4所示。

图 2-4

如果用户希望开始 Photoshop 工作时，界面能够更为简洁，也可以关闭"开始"工作区的显示。

01 在菜单栏中执行"编辑"→"首选项"→"常规"命令，打开"首选项"对话框。

02 在"常规"选项卡中，将"没有打开的文档时显示'开始'工作区"选项设置为不复选状态，如图2-5所示。

图 2-5

03 再次启动Photoshop时，会发现"开始"工作区界面将不会再出现。

2.1.2 新建文件

启动 Photoshop CC 2018，执行"文件"→"新建"命令，打开"新建文件"对话框，如图 2-6 所示。

图 2-6

为了提高用户的工作效率，Photoshop 提供了丰富的文档模板，使用户可以根据不同的工作需要创建文档。在"新建文档"对话框上端，可以选择不同的选项卡，找到我们需要的文档模板。接下来，我们学习根据模板创建文档的方法。

1. 利用模板创建文档

01 在"新建文件"对话框上端选择"打印"选项卡，此时对话框中呈现出我们在设计印刷物时常用到的文档模板。

02 在"空白文档预设"选项栏内，选择"A4"模板选项，此时观察"新建"对话框右侧的参数栏，可以看到这些参数设置正是我们在设计一张A4幅面印刷物时所需的尺寸参数，如图2-7所示。

图 2-7

03 在"新建文件"对话框上端选择"Web"选项卡。

04 在"空白文档预设"选项栏内，选择"Web最小尺寸"模板选项。

05 观察"新建文件"对话框右侧参数栏内的参数变化，可以看到，此时新建文档的参数为网页设计时所需的参数设置，如图2-8所示。

图 2-8

06 此时，单击"创建"按钮，即可根据模板创建一个空白的新文档。

2. 自定义模板

当然，Photoshop 中所提供的所有模板可能都无法满足您的要求，此时，我们可以根据自己工作的需要自定义一个属于自己的专用模板。

01 在"新建"对话框右侧定义我们常用的文档设置参数。

02 单击"保存预设"按钮，在保存预设设置栏内输入新建预设模板的名称，如图2-9所示。

图 2-9

03 输入模板名称后，单击"保存预设"按钮，将当前设置参数保存为模板。此时，所保存的预设模板将会出现在"已保存"选项卡内，如图2-10所示。

图 2-10

04 此后即可使用该模板创建我们需要的空白文档了。

3. 自定义创建新文档

除了使用模板创建，我们也可以在"新建"对话框中输入参数，根据输入参数直接创建新文档。

01 按下Ctrl+N键，执行"新建"命令，打开"新建"对话框，如图2-11所示。

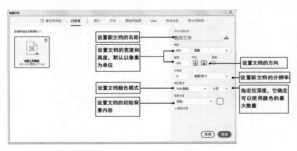

图 2-11

02 在"新建"对话框中设置文件的名称、大小、分辨率、颜色模式等参数，如图2-12所示。

图 2-12

提示

在制作网页图像的时候，一般使用"像素"作单位；在制作印刷品的时候，则用"厘米"作单位。

03 设置完毕后，单击"确定"按钮，即可关闭该对话框。此时，将得到一个名为"炫光效果"的空白图像文件。白色区域就是操作区域，如图2-13所示。

图 2-13

04 单击拖动图像文件标签，可以将其从工作区域中浮动出来，如图2-14所示。

图 2-14

05 在图像文档上端显示了文档的信息，以及文档操作按钮，如图2-15所示。

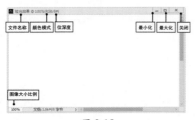

图 2-15

提示

将鼠标指针移到新文件窗口的边角部位，当指针变为 ↖↘ 时，单击并向指定的方向拖动鼠标，调整文档窗口的大小，如图2-16所示。灰色的部分对文件尺寸和区域没有影响。

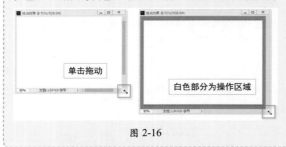

图 2-16

06 单击图像窗口标题栏左上角的图像控制图标，弹出控制窗口菜单，如图2-17所示。通过选择控制窗口菜单中的命令，可以对图像窗口进行移动、最小化、最大化等操作。

图 2-17

07 在菜单栏中选择"窗口"→"颜色"命令，打开"颜色"调板。

08 在调板右上角单击调板菜单按钮，在弹出的调板菜单中选择"RGB滑块"命令，调整"颜色"调板的设置方式，如图2-18所示。

图 2-18

09 设置背景色为橙色，如图2-19所示。

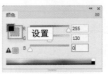

图 2-19

10 按下Ctrl+N键，快速打开"新建文件"对话框，设置"背景内容"为"背景色"。完毕后单击"确定"按钮，即可创建一个以背景色为底色的新文件，如图2-20和图2-21所示。

图 2-20

图 2-21

2.1.3 关闭文件

执行"文件"→"关闭"命令，即可将当前选择的"01"文件关闭。

另外单击图像窗口右上方的"关闭"按钮，也可将选择的"01"文档关闭，如图 2-22 所示。

图 2-22

2.1.4　打开文件

01 执行"文件"→"打开"命令，弹出"打开"对话框，如图2-23所示。

图 2-23

02 在"打开"对话框中找到本书配套素材"Chapter-02"文件夹。

技巧

在工作区域的空白处双击鼠标，或者按 Ctrl+O 键，也可以打开"打开"对话框。

03 打开"查看"菜单，选择"缩略图"命令，窗口中的文件将以缩略图显示，如图2-24所示。

图 2-24

04 选择"查看"菜单中的"列表"选项，以列表形式显示文件。单击打开"文件类型"下拉列表，选择"TIFF"格式，则在窗口中只显示此格式的文件，如图2-25所示。

05 在窗口中选择需要打开的文件，则该文件的文件名就会自动显示在"文件名"文本框中，如图2-26所示。

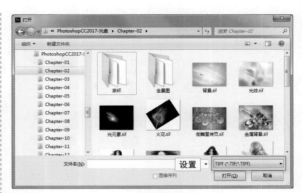

图 2-25

技巧

直接在"打开"对话框中双击选中的文件，即可将其打开。

图 2-26

06 按Shift键的同时单击选取图像文件，所有被选中的图像文件名都以蓝底白字反显，如图2-27所示。

图 2-27

07 配合按Ctrl键，单击不需要打开的文件，可以取消其选择状态，如图2-28所示。

08 单击"打开"按钮，打开选项卡式图像编辑窗口，如图2-29所示。

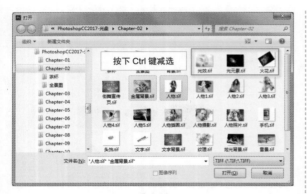

图 2-28

图 2-29

09 在工具栏中选择 ✛ "移动"工具。

10 单击并拖动"金属背景"文档中的图像，至"炫光图像"文档编辑卡上，此文档被激活，按下Shift键拖动鼠标至此文档视图区域，将拖动的图像添加到新建的空白文档中，如图2-31和图2-32所示。

图 2-31

图 2-32

11 依照以上方法，将"人物"文档中的图像也添加至新建的文档中，如图2-33所示。

图 2-33

12 若限制打开文件的格式，执行"文件"→"打开为"命令，打开"打开"对话框，如图2-34所示。

图 2-34

13 选择要打开的文件，单击"打开"按钮，如果选取的文件格式与设置的"打开为"格式不匹配，将弹出图2-35所示的提示对话框。

图 2-35

14 按下Alt+Shift+Ctrl+O快捷键，再次打开"打开"对话框，在"打开为"栏中选择相应的文件格式，如图2-36所示。单击"打开"按钮，便可按照指定的文件格式打开文件。

图 2-36

15 选择打开文件中的所有图像，配合Shift键拖动至"炫光效果"文档中，如图2-37所示。

图 2-37

16 执行"文件"→"最近打开文件"命令，在其子菜单下，将列举出以前打开过的文件名称，单击文件名即可重新打开该文件，如图2-38所示。

图 2-38

17 我们可以根据需要设置最近打开文件的显示数量。

18 执行"编辑"→"首选项"→"文件处理"命令，打开"首选项"对话框，然后参照图2-39所示更改选项参数。

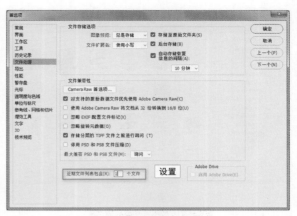

图 2-39

19 单击"确定"按钮，关闭"首选项"对话框。再次执行"文件"→"最近打开文件"命令，该命令下的子菜单显示出1个文件，如图2-40所示。

图 2-40

2.1.5 置入文件

2.1.5 视频教学

通过执行"文件"→"置入"命令，可以将图片放入到图像中的一个新图层里。置入的图像内容将会转变为智能对象图层。

使用智能对象可以对其内部的图像信息进行保护，用户对智能对象执行的变换操作，例如缩放、变形等，都记录在智能对象控制层，其内部的图像信息将不会被修改。

01 接着上一小节的操作，确认"炫光效果"文档处于被编辑状态。

02 执行"文件"→"置入嵌入的智能对象"命令，在打开的"置入嵌入对象"对话框中选择配套素材\Chapter-02\"光元素.tif"文件，如图2-41所示。单击"置入"按钮将文件置入。

03 置入的图片出现在图像中央的定界框中，如图2-42所示。

提示

拖动定界框或者设置选项栏中的参数，可调整置入图像的大小、旋转角度及位置。

图 2-41

图 2-42

04 按下Enter键置入图像，置入后的图像转换为Photoshop的智能对象图层，如图2-43和图2-44所示。

图 2-43　　　　　　　　图 2-44

05 在"图层"调板中，设置"图层混合模式"和"不透明度"，使图像融合，效果如图2-45和图2-46所示。

图 2-45　　　　　　　　图 2-46

06 执行"文件"→"存储为"命令，打开"另存为"对话框，选择存储的路径后单击"保存"按钮存储文件，如图2-47所示。

图 2-47

2.1.6　文件的导入与导出

在工作中，我们需要将图像文档在多个平台、多个软件中进行协同工作。例如我们可能在 PC 电脑下编辑图片，却要在苹果电脑下打印输出；亦或在 Photoshop 中处理图片，需要在 InDesign 中排版。所以跨平台、跨软件进行图片处理工作是在所难免的。此时，我们就需要用到 Photoshop 中的导入与导出功能。

1. 导入文件

在 Photoshop CC 2018 中，通过执行"文件"→"导入"命令，可以使用数码相机和扫描仪通过 WIA 支持来导入图像。如果使用 WIA 支持，Photoshop 将与 Windows 系统和数码相机或扫描仪软件配合工作，从而将图像直接导入到 Photoshop 中。

2. 导入批注

执行"文件"→"导入"→"注释"命令，可以将 PDF 文件中的批注导入到 Photoshop 文件中。

01 接着以上的操作。执行"文件"→"导入"→"注释"命令，打开"载入"对话框，选择包含批注的"批注"文件，如图2-48所示。

02 单击"载入"按钮，即可将注释导入到当前图像中，接着在注释图标上双击，查看注释的详细内容，如图2-49所示。

图 2-48

图 2-49

3. 导出文件

另外通过执行"文件"→"导出"命令下的子菜单命令，还可以将 Photoshop 文件导出为其他文件格式，例如 Illustrator 格式、ZoomView 格式等。

2.1.7 恢复文件

在编辑文件的过程中，大多数误操作都可以被还原。也就是说，可将图像的全部或部分内容恢复到上次存储的版本。

01 确认"炫光效果.psd"文档为当前选择文档，执行"文件"→"恢复"命令，即可将该文档恢复到上次存储的状态，如图2-50所示。

图 2-50

02 至此完成本实例的制作。读者可打开配套素材\Chapter-02\ "炫光效果.psd"文件查看。

2.2 查看图像

在绘图工作中，为了观察图像的整体效果和局部细节，经常需要在全屏和局部图像之间切换。下面学习如何调整视图大小，以方便对图像的查看。

2.2.1 图像的缩放

使用"缩放"工具、"抓手"工具或"导航器"面板，可以将图像缩小或放大，以便查看图像。

1. 使用"缩放"工具

01 执行"文件"→"打开"命令，打开配套素材\Chapter-02\ "雪景.tif"文件，如图2-51所示。

图 2-51

02 选择工具栏中的"缩放"工具，其工具选项栏如图2-52所示。

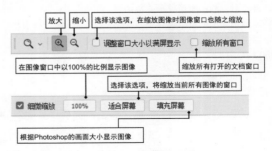

图 2-52

03 使用 🔍 "缩放"工具在图像上单击，则以单击的点为中心，将图像放大至下一个预设百分比，如图2-53和图2-54所示。

图 2-53　　　　　　　　　图 2-54

04 使用"缩放"工具在图像上单击并拖移，将需要查看的图像框选，松开鼠标后，即可将所选区域的图像放大，如图2-55和图2-56所示。

图 2-55　　　　　　　　　图 2-56

> **提示**
>
> 当图像放大到最大级别 3200% 时，放大镜图标中的加号将消失，光标显示为 Q 图标。

05 按下Alt键，"缩放"工具图标将变为 Q ，此时使用该工具在图像上单击两次，将缩小图像，如图2-57和图2-58所示。

图 2-57　　　　　　　　　图 2-58

> **提示**
>
> 通常还可以利用快捷键来缩放图像。按下 Ctrl+"+"键，将以画布为中心放大图像；按下 Ctrl+"－"键，将以画布为中心缩小图像；按下 Ctrl+0 键，则在整个画布显示图像。

2. 使用"抓手"工具

01 选择 抓手 "抓手"工具，其工具选项栏如图2-59所示。

图 2-59

02 当图像窗口不能显示整幅图像时，可以使用"抓手"工具在图像窗口内单击并拖移鼠标，自由移动图像，如图2-60和图2-61所示。

图 2-60　　　　　　　　　图 2-61

> **技巧**
>
> 选择"抓手"工具后，按下 Ctrl 键抓手图标变为 Q ，在视图中单击即可放大图像；按下 Alt 键抓手图标变为 Q ，在视图中单击即可缩小图像。

03 继续向上移动图像，在视图区域显示出滑板区域，如图2-62和图2-63所示。

图 2-62　　　　　　　　　图 2-63

04 在"图层"调板中，选择"雪"图层。

05 设置图层混合模式为"叠加"，去除雪图像中的黑色部分，效果如图2-64和图2-65所示。

图 2-64　　　　　　　　　图 2-65

3. 使用"导航器"

使用"导航器"面板不仅可以缩小或放大图像，而且还可以显示整幅图像的效果，以及当前窗口显示的图像范围。

01 默认状态下，"导航器"面板位于工作界面的右上角，如图2-66所示。如果没有"导航器"面板，可以通过执行"窗口"→"导航器"命令，将"导航器"面板打开。

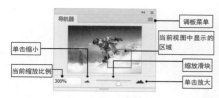

图 2-66

02 使用鼠标向右拖移"导航器"面板中的缩放滑块，红色边框缩小，视图中的图像被放大，如图2-67和图2-68所示。

图 2-67　　　　　图 2-68

03 将鼠标指针放置到"导航器"调板中的红色边框上，指针变为🖐形状，单击并拖移鼠标，即可调整红色边框的位置，快速查看图像内容，如图2-69和图2-70所示。

图 2-69　　　　　图 2-70

04 打开配套素材\Chapter-02\"文字.tif"文件，将文字图像拖动至"雪景"文档中的滑板图像的上方，如图2-71和图2-72所示。

图 2-71　　　　　图 2-72

05 在"图层"调板中，单击眼睛图标，将文档中隐藏的图像显示，如图2-73和图2-74所示。

图 2-73　　　　　图 2-74

4. 使用"旋转视图"工具

"旋转视图"工具可以360°旋转视图，更方便观察图像，特别适合使用 Photoshop 绘画的用户。

01 选择工具栏中的🖐"旋转视图"工具，其工具选项栏如图2-75和图2-76所示。

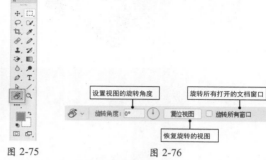

图 2-75　　　　　图 2-76

02 打开配套素材\Chapter-02\"火花.tif"文件，将鼠标移动至视图，出现旋转视图图标，如图2-77和图2-78所示。

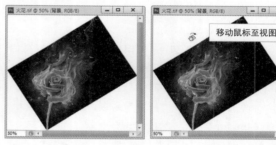

图 2-77　　　　　图 2-78

03 单击并拖动图像，释放鼠标即可将其旋转，如图2-79和图2-80所示。也可在其选项栏内输入精确的旋转角度。

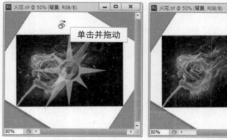 

图 2-79　　　　　图 2-80

04 将"火花"图像拖动至"雪景"文档中，可以看到图像的角度并没有调整，使用🖐"旋转视图"工具，只是为了方便查看图像，如图2-81所示。

05 在"图层"调板中设置混合模式为"滤色"，使图像更加融合，如图2-82和图2-83所示。至

此完成本实例的制作，读者可打开配套素材\Chapter-02\"极限运动.psd"文件查看。

图 2-81

图 2-82　　　　　　　图 2-83

2.2.2　窗口屏幕模式

Photoshop CC 2018 为用户提供了 3 种屏幕显示模式，分别为"标准屏幕模式""带有菜单栏的全屏模式"以及"全屏模式"。

01 执行"文件"→"打开"命令，打开配套素材\Chapter-02\"人物摄影.tif"文件。

02 默认状态下"标准屏幕模式"为当前工作界面，如图2-84所示。

图 2-84

03 将工具栏底部的 回 "更改屏幕模式"按钮切换为"带有菜单栏的全屏模式"，图像的视图被增大，如图2-85所示。

图 2-85

> **提示**
>
> 当屏幕显示模式转为"带有菜单栏的全屏模式"时，允许用户使用"抓手"工具在屏幕范围内移动图像，以查看不同的区域。

04 将工具栏底部的 回 "更改屏幕模式"按钮切换至"全屏模式"，将以最大视图来显示图像，如图2-86所示。

图 2-86

05 在图像以外的区域右击，弹出一个快捷菜单，执行快捷菜单中的命令，可设置图像窗口以外的颜色，如图2-87所示。

图 2-87

2.2.3　标尺、参考线与网格

如果想要精确把握图像尺寸，标尺、参考线和网格可帮助用户沿图像的宽度或高度准确定位图像或像素。在 Photoshop CC 2018 中，单击应用程序栏中的 ▣▾ "查看额外内容" 按钮，在弹出的菜单中分别选择 "显示参考线" "显示网格" 和 "显示标尺" 选项，可相应地快速打开或者关闭参考线、网格和标尺。

1. 使用网格

01 在工具栏中单击背景色色块，将其设置为灰色。

02 执行 "文件" → "新建" 命令，新建一个名为 "蛋糕包装.tif" 的文件，如图2-88所示。

03 执行 "视图" → "显示" → "网格" 命令，在视图中显示网格，如图2-89所示。

设置

图 2-88　　　　　　　　图 2-89

04 执行 "编辑" → "首选项" → "参考线、网格和切片" 命令，打开 "首选项" 对话框，在 "网格" 栏中设置 "子间隔线" 的数值，完毕后关闭对话框，按照设置调整网格大小，如图2-90和图2-91所示。

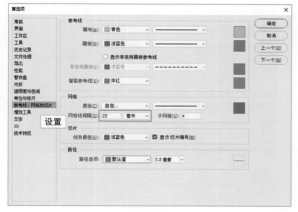

设置

图 2-90

05 执行 "视图" → "对齐到" → "网格" 命令，使编辑操作与网格对齐。选择 "矩形选框" 工具，沿网格绘制选区。此时选区会自动和网格对齐，如图2-92所示。

06 在 "矩形选框" 工具选项栏中，单击 ▣ "添加到选区" 按钮，继续参照图2-93所示绘制选区。

单击拖动

图 2-91　　　　图 2-92　　　　图 2-93

07 设置前景色为绿色（R:50，G:160，B:40），按下 Alt+Delete键使用前景色填充选区，完毕后按下 Ctrl+D键取消选区，如图2-94所示。

08 执行 "视图" → "显示" → "网格" 命令，取消网格的显示，如图2-95所示。

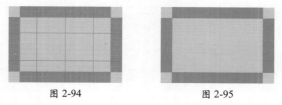

图 2-94　　　　　　　　图 2-95

2. 使用标尺

01 执行 "视图" → "标尺" 命令，在视图中显示标尺、默认情况下，标尺原点位于文档左上角，如图2-96所示。

02 使用鼠标在标尺栏左上角处单击并拖移，到达指定位置后松开鼠标，如图2-97所示，标尺原点被改变。

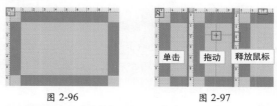

单击　　拖动　　释放鼠标

图 2-96　　　　　　　　图 2-97

03 在标尺栏左上角处的交叉点上双击，将标尺原点还原到默认值，如图2-98和图2-99所示。

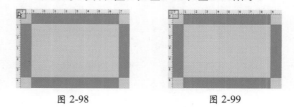

图 2-98　　　　　　　　图 2-99

04 将鼠标移至标尺，右击标尺，此时会弹出标尺单位设置菜单，在菜单中选择"厘米"，设置标尺的单位为厘米，如图2-100所示。

图 2-100

3. 使用辅助线

01 在水平标尺栏上单击并向下拖动鼠标，在垂直标尺栏的"1厘米"处释放鼠标，可创建水平参考线，如图2-101所示。

02 同样在垂直标尺栏上单击并向右拖动鼠标，在水平标尺栏的"1厘米"处释放鼠标，创建垂直参考线，如图2-102所示。

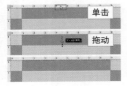
图 2-101

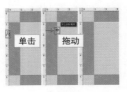
图 2-102

03 使用以上方法，参照图2-103所示设置参考线。

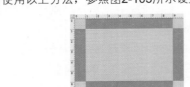
图 2-103

04 执行"视图"→"新建参考线"命令，弹出"新建参考线"对话框，单击"确定"按钮，根据设置更加精确地创建参考线，如图2-104和图2-105所示。

图 2-104

图 2-105

05 执行"新建参考线"命令，精确创建水平参考线，如图2-106和图2-107所示。

图 2-106

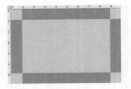
图 2-107

06 参照以上方法，分别在垂直方向的8.1厘米、水平方向5.3厘米处创建精确的参考线，如图2-108所示。

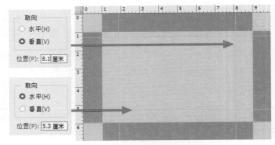
图 2-108

07 执行"视图"→"对齐到"→"网格"命令，使网格命令被勾选。

08 选择 ，"多边形套索"工具，沿参考线绘制多边形选区，设置"前景色"为黄色（R:250，G:255，B:10），按下Alt+Delete键使用前景色填充选区，如图2-109和图2-110所示。完毕后按下Ctrl+D键取消选区。

图 2-109

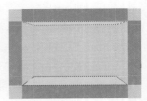
图 2-110

09 打开"颜色"调板，设置前景色和背景色。继续使用 ，"多边形套索"工具创建选区，并使用"渐变"工具填充选区，如图2-111所示。

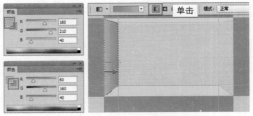
图 2-111

10 依照以上方法，创建选区并填充渐变色，如图2-112和图2-113所示。

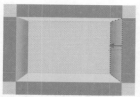

图 2-112

按下 Shift 键单击并拖动

图 2-113

11 打开配套素材\Chapter-02\ "装饰.tif" 文件，将其中的图像添加到包装平面图中，如图2-114 所示。

12 按下Ctrl+R键隐藏标尺，按下Ctrl+;键隐藏参考线。至此完成本实例的制作，如图2-115所示。读者可打开配套素材\Chapter-02\ "蛋糕包装.psd"文件查看。

图 2-114

图 2-115

2.3 视频教学

2.3 编辑图像

在 Photoshop CC 2018 中创建一个新文档，或打开一个现有的图像文档后，可以进行改变图像文档的大小、改变画布的大小、旋转画布方向、复制文档等基础编辑操作。还可以将编辑后的文档保存起来，方便以后再次对其进行编辑。

2.3.1 改变图像大小

01 打开配套素材\Chapter-02\ "人物照片.tif" 文件，如图2-116所示。

图 2-116

02 执行 "图像" → "图像大小" 命令，在打开的对话框中查看文档的大小，如图2-117所示。在打开的对话框中查看各选项的设置。

图 2-117

03 取消 "约束比例" 选项的勾选状态，然后参照图2-118所示设置文档大小，将文档不按比例进行调整。

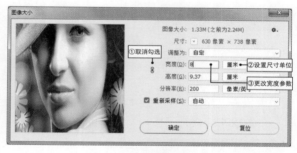

图 2-118

04 完毕后单击 "确定" 按钮，调整效果如图2-119所示。

图 2-119

05 按下Ctrl+Z键，还原上步操作。再次打开 "图像大小" 对话框，选中 "约束比例" 复选框，调整 "宽度" 值， "高度" 值也随之发生变化，如图2-120和图2-121所示。

06 执行 "文件" → "恢复" 命令，将该文档恢复为上次存储状态。

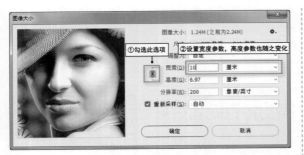

图 2-120

图 2-121

2.3.2 改变画布大小

使用"画布大小"命令可以添加或移去当前图像周围的工作区（画布）。还可以通过减小画布区域来裁切图像。

01 执行"图像"→"画布大小"命令，打开图2-122所示的对话框。

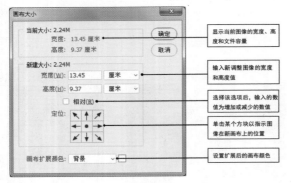

图 2-122

> **提示**
>
> 在"画布大小"对话框中，可以将扩展的画布颜色设置为当前前景色或背景色，也可将其设置为白色，或者单击颜色图标，打开"拾色器"对话框，自定义画布颜色。

02 确认前景色和背景色为默认颜色，参照图**2-123**所示设置画布大小，然后单击"确定"按钮，调整画布大小，效果如图**2-124**所示。

图 2-123   图 2-124

03 再次打开"画布大小"对话框，参照图2-125所示设置"定位"项的基准点，调整图像在新画布上的位置。然后单击"确定"按钮，关闭对话框，效果如图2-126所示。

图 2-125   图 2-126

> **提示**
>
> 当设置的新画布比原来的画布小时，将弹出图2-127所示对话框，单击"继续"按钮，即可将画布裁切。
>
>
>
> 图 2-127

04 执行"文件"→"恢复"命令，将文档恢复到打开时的状态。

2.3.3 旋转画布

利用"旋转画布"菜单下的各命令可以旋转或翻转整个图像。

01 执行"图像"→"旋转画布"→"180°"命令，将整个图像旋转180°，如图2-128所示。

02 按下Ctrl+Z键，还原上步操作。接下来分别执行"图像"→"旋转画布"菜单下的其他命令，

效果如图2-129所示。

图 2-128

图 2-129

03 执行"图像"→"旋转画布"→"任意角度"命令，弹出图2-130所示的对话框，设置"角度"选项为45°。

图 2-130

04 完毕后单击"确定"按钮，画布被顺时针旋转45°，如图2-131和图2-132所示。

图 2-131

图 2-132

05 将当前文档不保存关闭。

2.3.4 透视裁剪图像

在 Photoshop CC 2018 的裁剪工具中的"透视裁剪"工具，可以把具有透视的图像进行裁剪，并把画面拉直纠正成正确的视角。图 2-133 所示为"透视裁剪"工具的选项栏。

图 2-133

01 打开配套素材\Chapter-02\"人物5.tif"文件，使用"透视裁剪"工具，在具有透视效果的人物照片边界单击，创建第一个透视网格点，如图2-134所示。

02 继续沿着透视照片的边界，在其右上角单击鼠标，创建第二个透视网格点，如图2-135所示。

图 2-134   图 2-135

03 依照以上方法，依次在右下角和左下角单击，完成透视网格的创建，如图2-136和图2-137所示。

图 2-136   图 2-137

04 完毕后，按下Enter键，应用透视裁剪命令，将透视异常照片调整为正常状态，如图2-138所示。

图 2-138

2.3.5 裁剪图像

在 Photoshop CC 2018 中增强了"裁剪"工具的功能，它不仅能够整齐地裁切选择区域以外的图像，还可以调整裁剪角度，其工具选项栏如图 2-139 所示。

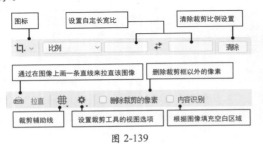

图 2-139

1. 基础裁切操作

01 接着以上的操作。单击"裁剪"工具，在图像的四周出现裁剪框，如图2-140所示。

02 按下Ctrl键，单击并拖动左侧中央的控制柄，将左侧的白边排除在裁剪区域之外，如图2-141所示。

图 2-140

图 2-141

03 按下Enter键，应用裁剪命令，去除图像上的白边，参照图2-142所示，

04 执行"文件"→"打开"命令，打开配套素材\Chapter-02\"炫光背景.tif"文件，如图2-143所示。

05 选择"裁剪"工具。在其选项栏中单击 "拉直"按钮，沿着图像倾斜的底边拖动出一条斜线，将旋转的图像调整至正常，如图2-144和图2-145所示。

图 2-142　　　　　　图 2-143

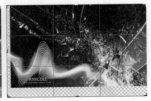

图 2-144　　　　　　图 2-145

06 单击并拖动图像，调整图像的位置，使其全部处于裁切框之内，如图2-146和图2-147所示。

图 2-146　　　　　　图 2-147

07 完毕后将"人物"图像拖动至"炫光背景"文档中，设置图层混合模式为"变亮"，使图像更好地融合，如图2-148和图2-149所示。

图 2-148　　　　　　图 2-149

08 选择"橡皮擦"工具，单击并拖动鼠标，擦除图像中残缺不全的头发，如图2-150所示。

09 打开配套素材\Chapter-02\"手机.tif"文件，如图2-151所示。

图 2-150　　　　　　图 2-151

10 执行"图像"→"裁切"命令,打开"裁切"对话框,查看对话框各选项的作用,如图2-152所示。

图 2-152

11 保持对话框的默认状态,单击"确定"按钮,将透明区域的图像裁切掉,如图2-153所示。将手机图像添加至"炫光背景"文档中,如图2-154所示。

图 2-153　　　　　　　　图 2-154

12 切换至"手机"文档,选择"裁剪"工具,在文档内单击拖动鼠标创建裁剪框,如图2-155所示。

13 将鼠标移动至裁剪框以外的区域,此时光标将会转变为旋转图标。单击并拖动鼠标调整裁切图像的角度,如图2-156所示。

图 2-155　　　　　　　　图 2-156

14 调整裁切框的尺寸,框选全部手机图像,按下Enter键,完成旋转裁剪图像操作。接着,将手机图像添加至"炫光背景"文档中,如图2-157和图2-158所示。

15 依照以上方法,再次调整裁剪旋转角度,更改裁切图像的角度,并添加至"炫光背景"文档。至此完成本实例的制作,如图2-159所示。读者可打开配套素材\Chapter-02\"手机广告.psd"文件查看。

图 2-157　　　　　　　　图 2-158

图 2-159

2. 重定义图像尺寸

　　"裁剪"工具可以按照特定比例,对图像的长宽进行修剪。另外,"裁剪"工具在修剪过程还可以对图像的尺寸进行重新定义。

01 打开配套素材\Chapter-02\"人物摄影.tif"文件,如图2-160所示。

02 选择"裁剪"工具,在工具选项栏内进行设置。

03 在图像文档内,单击并拖动鼠标,此时创建的裁切框长宽比例为1:1,也就是说我们创建了方形裁剪框,如图2-161所示。

图 2-160　　　　　　　　图 2-161

04 按下Esc键,取消当前裁剪框设置。

05 在"裁剪"工具选项栏重新进行设置,然后在图像文档中单击拖动鼠标,创建一个长宽比为4:3的裁切框,如图2-162所示。

图 2-162

06 按下Esc键,取消当前裁剪框设置。

"裁剪"工具除了可以按比例裁切图像以外,还可以在裁切过程中重定义图像尺寸及分辨率。

01 按下Ctrl+Alt+I键,执行"图像大小"命令,此时会弹出"图像大小"对话框,如图2-163所示。

图 2-163

> **提示**
>
> 执行"图像大小"命令的目的,并不是为了更改图像尺寸,而是为了准确地观察当前图像的尺寸。

02 选择"裁剪"工具,在工具选项栏内进行设置。在图像文档内,单击拖动鼠标,如图2-164所示。

图 2-164

03 按下Enter键执行裁剪操作。按下Ctrl+Alt+I键,再次执行"图像大小"命令,打开"图像大小"对话框。

04 观察"图像大小"对话框中的参数,可以看到裁剪后的图像尺寸,相比未裁剪前变大了,也就是说,我们刚刚对图像执行了裁剪并放大尺寸操作,如图2-165所示。

图 2-165

05 按下Ctrl+Z键,返回至裁剪操作前,重新定义"裁剪"工具选项栏,再次执行裁剪操作,我们同样可以对图像执行裁剪并缩小图像尺寸操作,如图2-166所示。

图 2-166

3.使用裁切辅助线

学习过美学知识的用户,一定了解"黄金分割点"在画面构图中的重要性。简单地讲,我们将图像中重要的内容,放置于画面中某个特定的位置,会使图像画面看起来更美,或者更具感染力。这个特定的位置是可以被计算出来的,通常被称为"黄金分割点"。

在使用"裁剪"工具对画面进行裁切时,实际上我们也是对图像进行重新构图,此时或许我们想要将画面中重要的图像内容放置于文档的重要位置,这就需要有辅助线来告诉我们这个重要的位置的方位。"裁剪"工具通过辅助线来帮我们定位构图位置。

01 打开配套素材\Chapter-02\"人物照片tif"文件,如图2-167所示。

图 2-167

02 选择"裁剪"工具,在工具选项栏内进行设置。设置裁切框内的辅助线为"黄金比例"方式。

03 在文档内单击拖动鼠标建立裁切框,并且根据裁切框的辅助线对图像内容进行摆放与构图,如图2-168所示。

04 在"裁剪"工具栏内更改裁切框内的辅助线选项,尝试借助辅助线的标注对画面进行构图,如图2-169～图2-174所示。

05 在使用某些辅助线标注时,例如"金色螺线",可能需要将辅助线的方向反转,在辅助线选项的下端提供了"循环切换取向"命令,可以更

改辅助线的方向，如图2-175所示。

图 2-168

图 2-169

图 2-170

图 2-171

图 2-172

图 2-173

图 2-174

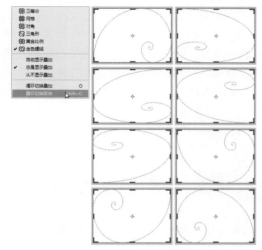

图 2-175

提示

用户可以在按下 Shift+O 键，快速执行"循环切换取向"命令，对辅助线的方向进行切换。

4. 填充裁剪空白区域

在裁剪过程中，如果裁切框的范围超过了图像区域，超出部分会产生透明留白，Photoshop CC 2018 的"裁切"工具提供了优化功能，能尽可能弥补透明留白的产生。

01 打开配套素材\Chapter-02\"人物摄影.tif"文件，如图2-176所示。

02 选择"裁剪"工具，在图稿中单击拖动鼠标创建裁切框，注意应使裁切框的范围超过图稿范围，如图2-177所示。

图 2-176

图 2-177

03 在裁切框内部双击鼠标，或者按下Enter键，完成裁切操作，可以看到裁切框超过图像的范围，产生了透明的区域，此时需要用户拼贴入图像素材弥补这些区域。

04 Photoshop CC 2018的"裁切"工具提供了弥补功能，弥补这些缺少像素信息的透明区域。

05 按下Ctrl+Z键，返回至裁切操作之前，重新在图稿内单击并拖动鼠标创建裁切框。

06 在确认裁切操作前，在"裁剪"工具选项栏内勾选"内容识别"选项，然后按下Enter键确认裁剪操作。

07 此时可以看到之前产生的透明区域自动填充了纹理，这些纹理是Photoshop根据图稿透明区域周围的图像纹理自动生成的，如图2-178所示。

图 2-178

08 这些由Photoshop自动补充的图像纹理可能有些生硬，甚至是错误的，但是我们在这个基础上稍加修补即可完成工作，这其实大大提升了我们的工作效率。

2.3.6 复制图像文件

在 Photoshop CC 2018 中还可以创建图像的副本文件，将整个图像（包括所有图层、图层蒙版和通道）都复制到可用内存中，而不存储到磁盘上。

执行"图像"→"复制"命令，弹出图 2-179 所示的对话框，保持对话框的默认设置，单击"确定"按钮，即可得到一个名为原文件拷贝的文档。

图 2-179

2.3.7 文件存储

当绘图工作结束后，则需要将编辑处理后的图像保存下来，以备后用。在 Photoshop CC 2018 中可以利用多种命令来保存图像，本小节中将通过具体操作来学习"存储""存储为"和"存储为Web 所用格式"这 3 种常用存储图像命令的使用方法。

1. 使用"存储"命令

"存储"命令是 Photoshop 中最常用的命令之一，经常用于存储对当前文件所做的更改。执行该命令后，每一次存储都会替换掉前面的内容。

01 执行"文件"→"存储"命令，可以对当前文档进行保存，此时会弹出"另存为"对话框，

如图2-180所示。

图 2-180

02 在"另存为"对话框下方的"存储选项"和"颜色"选项组中列出了多个相关选项，如图 2-181所示。

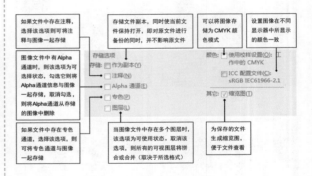

图 2-181

03 保持对话框默认设置，单击"保存"按钮，关闭"另存为"对话框。

2. 使用"存储为"命令

在 Photoshop 中，如果不想对原图像进行编辑与修改，可以将其另存为一个副本来进行编辑处理。使用"存储为"命令可以将原文件存储为一个副本文件，并且保持原图像不变。

01 选择"手机广告"文档，执行"文件"→"存储为"命令，打开"另存为"对话框。

> **提示**
>
> 执行"存储"命令或"存储为"命令后，都将打开"另存为"对话框。

02 如果在存储时，该文件名与前面保存过的文件重名，则会弹出图2-182所示的提示框。

图 2-182

03 单击"是"按钮，将对原文件进行替换；单击
"否"按钮，将不替换原文件，然后对其进行
另外命名，或选择另一个保存位置。

3. 使用"存储为 Web 所用格式"命令

使用"存储为 Web 所用格式"命令可以存储
用于 Web 的优化图像。该命令可以在保持原稿画质
的同时缩小文件容量。

01 确认"手机广告"文件为当前选择状态，执行
"文件"→"存储为Web所用格式"命令，打
开图2-183所示的对话框。

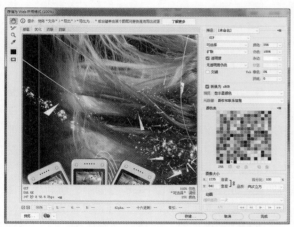

图 2-183

02 单击"存储"按钮，弹出"将优化结果存储
为"对话框，如图2-184所示，选择存储位置，
保持其他设置为默认状态。

图 2-184

03 单击"保存"按钮存储文档，弹出图2-185所示
的对话框，单击"确定"按钮，将文档存储为
GIF格式的副本文档。

图 2-185

2.3.8 视频教学

2.3.8 文件格式

Photoshop CC 2018 中提供有多种文件格式，
以便在其他应用程序中也可以导入Photoshop 图像。

在 Photoshop CC 2018 中，可以打开不同格式
的图像进行编辑并存储，还可以根据需要将图像存储
为其他格式。在"存储为"对话框"格式"下拉列表
中提供了多种文件格式供选择，如图 2-186 所示。

图 2-186

下面介绍几种常用的文件格式。

1. PSD 格式

PSD 格式是 Adobe Photoshop CC 2018 中新
建图像的默认文件存储格式，主要用于保存图层或
Photoshop CC 2018 功能的应用信息，是唯一支持
所有可用图像模式、参考线、Alpha 通道、专色通
道和图层的格式。

PSD 格式在保存时会将文件压缩，以减少占用
的磁盘空间，但该格式所包含的图像数据信息较多
（如图层、通道、剪贴路径、参考线等），因此比
其他格式的文件要大得多。由于 PSD 格式的文件保
留所有原图像数据信息，所以修改起来较为方便。
在编辑过程中最好使用 PSD 格式存储文件。但大多
数排版软件不支持 PSD 格式的文件，所以当图像处

理完以后，就必须将其转换为其他占用空间小、且存储质量好的文件格式。

图像存储为 PSD 格式后，将弹出图 2-187 所示的对话框，关闭"最大兼容"可大大压缩文件。

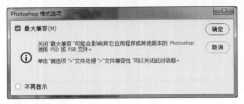

图 2-187

2. BMP 格式

BMP 是图形文件的一种记录格式，是 DOS 系统和 Windows 系统兼容计算机上的标准 Windows 图像格式。该格式支持 RGB、索引颜色、灰度和位图颜色模式，但不支持 Alpha 通道。可以为图像指定 Microsoft Windows 或 OS/2 格式，以及位深度。对于使用 Windows 格式的 4 位和 8 位图像，还可以指定 RLE 压缩，这种压缩不会损失数据，是一种非常稳定的格式。BMP 格式不支持 CMYK 模式的图像。

图像存储为 BMP 格式后，将弹出图 2-188 所示的对话框。

图 2-188

2.3.8.3 视频教学

3. GIF 格式

GIF 格式（图形交换）是在 World Wide Web 及其他联机服务上常用的一种文件格式，用于显示超文本标记语言（HTML）文档中的索引颜色图形和图像。它是一种用 LZW 压缩的格式，目的在于最小化文件大小和电子传输时间。该格式保留索引颜色图像中的透明度，但不支持 Alpha 通道。

图像存储为 GIF 格式后，将弹出图 2-189 所示的对话框。

图 2-189

> **提示**
>
> 如果在当前文档拥有多个图层的情况下将其存储为 GIF 格式，则弹出图 2-190 所示的提示对话框，单击"确定"按钮，将图层拼合即可。
>
>
>
> 图 2-190

2.3.8.4 视频教学

4. JPEG 格式

联合图片专家组（JPEG）格式是在 World Wide Web 及其他联机服务上常用的一种文件格式，用于显示超文本标记语言（HTML）文档中的照片和其他连续色调图像。JPEG 格式支持 CMYK、RGB 和灰度颜色模式，但不支持 Alpha 通道。与 GIF 格式不同的是，JPEG 格式保留 RGB 图像中的所有颜色信息，但通过有选择地扔掉数据来压缩文件大小。

JPEG 图像在打开时将自动解压缩。压缩级别越高，得到的图像品质越低；压缩级别越低，得到的图像品质越高。在大多数情况下，"最佳"品质选项产生的结果与原图像几乎无区别。

将图像保存为 JPEG 格式后，将弹出图 2-191 所示的对话框。

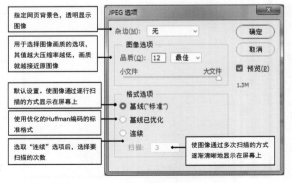

图 2-191

2.3.8.5 视频教学

5. TIFF 格式

TIFF 是英文 Tag Image File Format（标记图像文件格式）的缩写，用于在应用程序和计算机平台之间交换文件。TIFF 是一种灵活的位图图像格式，几乎所有的绘画、图像编辑和页面排版应用程序均能支持。而且几乎所有的桌面扫描仪都可以存储 TIFF 图像。TIFF 格式支持具有 Alpha 通道的 CMYK、RGB、Lab、索引颜色和灰度图像，以及无 Alpha 通道的位图模式图像。Photoshop 可以在 TIFF 文件中存储图层，但是，如果在其他应用程序中打开此文件，则只有拼合图像是可见的。

图像存储为 TIFF 格式后，将弹出图 2-192 所示的对话框。

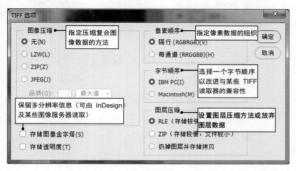

图 2-192

6. Photoshop EPS 格式

EPS 格式用于在应用程序之间传递 PostScript 语言图片。该格式可以同时包含矢量图像和位图图像，并且几乎所有的图形、图表和页面排版程序都支持该格式。将文件格式设置为 EPS，印刷出来的图像与原图像非常接近，并且还提供印刷时对特定区域进行透明处理的功能。当打开包含矢量图形的 EPS 文件时，Photoshop 将栅格化图像，使矢量图形转换为像素。

图像存储为 EPS 格式后，将弹出图 2-193 所示的对话框。

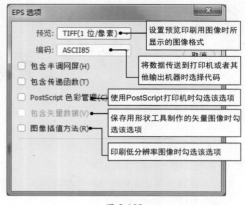

图 2-193

2.4 图像编辑基础

在编辑图像时，最常用到的便是那些较为简单的基础性操作，比如变换对象、复制和粘贴对象、拼合图像等。这些基础性的操作较为简单，但是却非常的实用，本节就将详细向用户讲述这些基础操作的方法与技巧。

2.4.1 智能的内容感知缩放

智能的内容感知缩放方式可在不更改重要可视内容的情况下调整图像的大小。常规的缩放在调整图像大小时会统一影响所有像素，而智能的内容感知缩放主要影响没有主要可视内容区域中的像素，可以放大或缩小图像以改善合成效果、适合版面或更改方向。

1. 普通智能缩放识别

普通智能缩放识别将自动识别图像中的高细节部分与低细节部分，分别不同程度地进行缩放。

01 打开配套素材\Chapter-02\"文字背景.tif"文件，在"图层"调板中选择"图层 2"，如图 2-194所示。

02 执行"编辑"→"自由变换"命令，对图像进行缩放，此时会发现图像将整体被压缩，如图 2-195所示。完毕后在选项栏中单击 ⊘ "取消变换"按钮，取消应用。

03 再执行"编辑"→"内容识别比例"命令，图像四周出现控制柄，可以发现图像中的重要内容，如文字部分不会产生明显的压缩效果，如图2-196所示。

图 2-194　　　　　　　　图 2-195

04 调整完毕后按下Enter键，应用"内容识别比例"命令。在"图层"调板中，显示隐藏的图像，完成实例的制作，如图2-197所示。读者可打开配套素材\Chapter-02\"街舞宣传页.psd"文件查看。

图 2-196　　　　　　　　图 2-197

2. 保护肤色缩放识别

使用保护肤色缩放识别，在对图像进行缩放时，可以对图像中的人物部分加以保护。

01 打开配套素材\Chapter-02\"人物1.tif"文件，如图2-198所示。

02 执行"编辑"→"内容识别比例"命令，图像四周出现控制柄，如图2-199所示。

图 2-198　　　　　　　　图 2-199

03 拖动控制柄，对图像进行不同方向的缩放，会发现图像中的人物会有较大的变化，如图2-200和图2-201所示。

图 2-200　　　　　　　　图 2-201

04 在选项栏中单击 ⚫ "保护肤色"按钮，此时在进行图像的缩放时，将对图像中类似人物肤色的区域加以保护，效果如图2-202和图2-203所示。

图 2-202　　　　　　　　图 2-203

05 在"图层"调板中显示隐藏的图层，完成本实例的制作，效果如图2-204和图2-205所示。读者可打开配套素材\Chapter-02\"美发广告.psd"文件查看。

图 2-204　　　　　　　　图 2-205

3. Alpha 精确的智能缩放识别

在 Alpha 通道中白色的部分完全不受缩放的影响，黑色的部分全部受到影响，而灰色的部分则根据其灰度值进行不同程度的缩放操作。

01 执行"文件"→"打开"命令，打开配套素材\Chapter-02\"人物2.tif"文件，在"图层"调板中，"背景"图层为正常状态，如图2-206和图2-207所示。

图 2-206　　　　　　　　图 2-207

02 在"图层"调板中，双击"背景"图层，打开"新建图层"对话框，单击"确定"按钮，将"背景"图层转换为普通图层，如图2-208和图2-209所示。

图 2-208

图 2-209

03 执行"图像"→"画布大小"命令,打开"画布大小"对话框,具体设置如图2-210所示。设置完毕后单击"确定"按钮,关闭对话框,重新调整画布,如图2-211所示。

图 2-210　　　　　　　　图 2-211

04 执行"编辑"→"内容识别比例"命令,向左拖动控制柄,对图像进行缩放,效果如图2-212所示,人物图像变得较为畸形。

05 在选项栏中单击 "保护肤色"按钮,可以看到人物图像的畸形效果并没有得到改善,如图2-213所示。

图 2-212　　　　　　　　图 2-213

06 这时打开"通道"调板,如图2-214所示,"Alpha 1"显示为人物部分。

图 2-214

07 在选项栏中的"保护"栏中选择"Alpha 1"通道,如图2-215所示,这时可以发现在缩放图像时,"Alpha 1"通道中的人物部分得到了有效的保护。

08 调整完毕后按下Enter键应用变换命令,效果如图2-216所示。读者可打开配套素材\Chapter-02\"雪景.psd"文件查看。

图 2-215　　　　　　　　图 2-216

2.4.2　选择性粘贴

使用"选择性粘贴"中的"原位粘贴""贴入"和"外部粘贴"命令,可以根据需要在复制图像的原位置粘贴图像,或者有所选择地粘贴复制图像的某一部分。

01 执行"文件"→"打开"命令,打开配套素材\Chapter-02\"背景.tif"、"人物3.tif"文件,如图2-217和图2-218所示。

图 2-217　　　　　　　　图 2-218

02 选择"人物3.tif"文件,按下Ctrl键,在"通道"调板中单击"Alpha 1"缩览图,将图像载入选区,按下Ctrl+C键,复制图像,如图2-219和图2-220所示。

图 2-219　　　　　　　　图 2-220

03 选择"背景"文件，执行"编辑"→"选择性粘贴"→"原位粘贴"命令，将复制的图像原位置粘贴，效果如图2-221所示。

04 按下Ctrl键，在"图层"调板中单击"图层1"的缩览图，将图像载入选区，如图2-222所示。

图 2-221　　　　　　　　　图 2-222

05 打开配套素材\Chapter-02\"头饰.tif"文件，并将其复制，完毕后，选择"背景"文件。

06 执行"编辑"→"选择性粘贴"→"贴入"命令，将复制的图像粘贴至此文档中，自动新建"图层 2"并创建图层蒙版，遮盖选区以外的图像，如图2-223和图2-224所示。

图 2-223　　　　　　　　　图 2-224

07 在"图层"调板中单击"链接"图标，断开蒙版与图层的链接状态，完成后调整图像的位置，效果如图2-225和图2-226所示。

图 2-225　　　　　　　　　图 2-226

08 打开配套素材\Chapter-02\"纹理.tif"文件，并将其复制，选择"背景"文件，再次将"图层1"中的图像载入选区。

09 执行"编辑"→"选择性粘贴"→"外部粘贴"命令，在"图层"调板中新建"图层3"，并创建图层蒙版，遮盖选区以内的图像，如图2-227和图2-228所示。

图 2-227　　　　　　　　　图 2-228

> **注意**
>
> 为了方便用户观察图像效果，在这里暂时隐藏了"图层 1"中的图像。

10 在"图层"调板中，设置"图层混合模式"为"深色"，如图2-229和图2-230所示。至此完成本实例的制作。读者可打开配套素材\Chapter-02\"歌手大赛广告.psd"文件查看。

图 2-229　　　　　　　　　图 2-230

2.4.3　操控变形

使用新增的"操控变形"命令，可以在一张图像上建立网格，然后使用"图钉"固定特定的位置后，拖动需要变形的部位。例如，轻松伸直一个弯曲角度不舒服的手臂。

01 打开配套素材\Chapter-02\"人物4.tif"文件，在"图层"调板中选择"人物"图层，按下Ctrl+J键复制此图层，如图2-231和图2-232所示。

02 执行"编辑"→"操控变形"命令，在图像上出现网格，在其选项栏中，"浓度"选项可以设置网格的疏密程度，如图2-233和图2-234所示。

图 2-231　　　　　　　　图 2-232

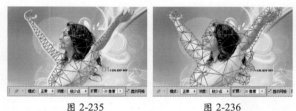

图 2-233　　　　　　　　图 2-234

03 在选项栏中，设置"扩展"选项的数值，当数值变小时网格将收缩，当数值变大时网格将扩展，效果如图2-235和图2-236所示。

图 2-235　　　　　　　　图 2-236

04 在其选项栏中单击"取消操控变形"按钮，取消应用操控变形。

05 执行"编辑"→"操控变形"命令。将鼠标移动到网格上，鼠标变为图钉状态时，单击鼠标便可添加图钉，如图2-237和图2-238所示。

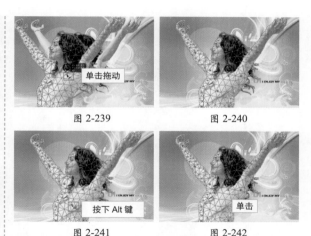

图 2-237　　　　　　　　图 2-238

06 拖动添加的图钉，图像将整体移动，如图2-239所示。

07 按下Ctrl+Z键，取消上一步的操作。依照以上方法，参照图2-240所示，添加多个图钉。

08 按下Alt键，将鼠标指针移动到图钉上，当指针变为剪刀时，单击鼠标将图钉删除，如图2-241和图2-242所示。

图 2-239　　　　　　　　图 2-240

图 2-241　　　　　　　　图 2-242

09 在选项栏中单击"显示网格"复选框，取消其选择状态，如图2-243所示，可以更加方便地观察变形效果。完毕后单击人物胳膊上的图钉，将其选择，如图2-244所示。

图 2-243　　　　　　　　图 2-244

10 单击并拖动手部的图钉，图2-245所示为变形人物手部的动作。

图 2-245

11 参照以上方法，拖动相对应的图钉，调整人物的动作。完毕后按下Enter键，完成操控变形命令，效果如图2-246和图2-247所示。

图 2-246　　　　　　　　图 2-247

12 完毕后按下Enter键，完成操控变形命令。在"图层"调板中设置图层的不透明度为60%，效果如图2-248和图2-249所示。

图 2-248　　　　　　　　　　图 2-249

13 按下**Ctrl+J**键，复制选择图层为"人物 拷贝 2"
图层。

14 执行"滤镜"→"模糊"→"动感模糊"命
令，打开"动感模糊"对话框，并对其进行设
置，为图像添加模糊效果，如图2-250和图2-251所示。

图 2-250　　　　　　　　　　图 2-251

15 最后显示隐藏的图层，并调整图层排列，完成
本实例的制作，效果如图2-252和图2-253所
示。读者可打开配套素材\Chapter-02\"健康运动公益
广告.psd"文件查看。

图 2-252　　　　　　　　　　图 2-253

2.4.4　拼合全景图

在 Photoshop CC 2018 中应用"自动对齐图层"
命令，可以将拍摄的多张照片制作成一张全景图照
片，并且系统会智能地分析需要的拼合照片，自动
选择"自动""透视""球面"等版面和其他选项，
以最好的状态拼合全景图。

01 启动Photoshop CC 2018后，在菜单栏中执
行"文件"→"在Bridge中浏览"命令，运行
Bridge程序。

02 打开配套素材\Chapter-02\"全景图"文件
夹，按下Shift键，将所有的风景图像选择，如
图2-254所示。

图 2-254

03 在该程序中执行"工具"→Photoshop→"将文件
载入Photoshop图层"命令，将选择的文件分为
不同的图层载入到一个文档中，如图2-255和图2-256
所示。

图 2-255

图 2-256

04 在"图层"调板中，配合按下Shift键，选择所有的图层，如图2-257所示。

图 2-257

05 执行"编辑"→"自动对齐图层"命令，打开"自动对齐图层"对话框，一般情况下，系统会根据拼合图像的需要自动对对话框进行设置，如图2-258所示。

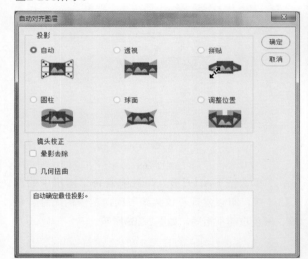

图 2-258

06 单击"确定"按钮关闭对话框。自动拼合全景图像，但是图像在色彩上存在较大的差别，效果如图2-259所示。

图 2-259

07 此时执行"编辑"→"自动混合图层"命令，打开"自动混合图层"对话框，系统将根据图

像的需要，智能地设置选项，如图2-260所示。

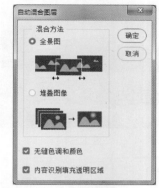

图 2-260

08 单击"确定"按钮，关闭对话框，匹配所有拼合图像的色调，效果如图2-261所示。

图 2-261

09 选择工具栏中的"裁剪"工具，参照图2-262所示调整裁剪范围。

图 2-262

10 在选项栏中勾选"删除裁剪的像素"选项，然后单击"提交当前裁剪操作"按钮，应用裁减操作，如图2-263所示。

图 2-263

11 设置背景色为白色，使用"裁剪"工具再次裁减图像。在"图层"调板的底部新建图层，并按下Alt+Delete键填充图层，制作出白色的边框效果，如图2-264所示。

12 最后为全景图添加文字，完成实例的制作，效果如图2-265所示。读者可以打开本书配套素材\

Chapter-02\"拼合全景图.psd"文件进行查看。

图 2-264

图 2-265

2.4.5　景深混合应用

　　在 Photoshop CC 2018 中应用"自动混合图层"命令，可以将多张焦距不同的照片，混合应用景深，制作为各方位焦点都清晰的照片。

01 在菜单栏中执行"文件"→"在Bridge中浏览"命令，运行Bridge程序。

02 打开配套素材\Chapter-02\"茶杯"文件夹，在其中可以看到文件夹中的茶杯图片焦距都不相同，按下Shift键，将所有茶杯图像选择，如图2-266所示。

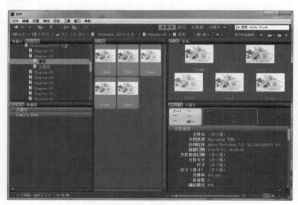

图 2-266

03 在该程序中执行"工具"→Photoshop→"将文件载入Photoshop图层"命令，将选择的文件分为不同的图层载入到一个文档中，如图2-267

所示。

图 2-267

04 在"图层"调板中，在按下Alt键的同时，单击"01.psd"图层前的眼睛图标，将其他图层中的图像暂时隐藏，如图2-268所示。

图 2-268

05 多次按下Alt+[键，单独查看每个图层中的图像，可以发现不仅焦距不同，图像的尺寸、角度、颜色也都不相同，如图2-269所示。

图 2-269

06 在"图层"调板中，配合按下Shift键，选择所有的图层，如图2-270所示。

07 执行"编辑"→"自动对齐图层"命令，打开"自动对齐图层"对话框，参照图2-271所示选

择"自动"选项。设置完毕后单击"确定"按钮，关闭对话框。

图 2-270

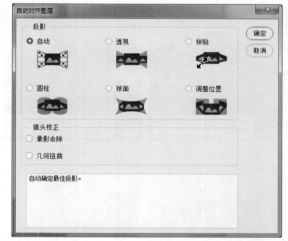

图 2-271

08 此时在"图层"调板中选择"05.psd"图层，多次按下Alt+]键，可以发现所有图层中的图像已对齐。

09 在"图层"调板中，将所有图层中的图像显示，如图2-272所示。

10 在"图层"调板中，选择所有图层，如图2-273所示。

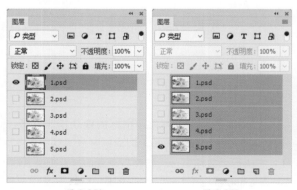

图 2-272   图 2-273

11 执行"编辑"→"自动混合图层"命令，打开"自动混合图层"对话框，系统会自动地设置选项，如图2-274所示。单击"确定"按钮关闭对话框。

12 在"图层"调板中，可以看到每个图层中都添加了图层蒙版。在图像中可以发现各个地方的焦点都变得清晰，如图2-275所示。

图 2-274   图 2-275

13 选择工具栏中的"裁剪"工具，设置其选项栏后，参照图2-276所示对图像进行裁剪。

图 2-276

14 完毕后按下Enter键，完成裁剪操作。至此完成本实例的制作，读者可打开本书配套素材\Chapter-02\"茶杯.psd"文件进行查看，效果如图2-277所示。

图 2-277

第3章　建立选区

一般情况下，要想在 Photoshop 中画图或者修改图像，首先要选取图像，然后就可以在选取的区域中进行操作。创建选区后将不能对选区以外的区域进行编辑，因此即使误操作了选区以外的内容也不会破坏图像。所以需要灵活地使用选区工具，在 Photoshop CC 2018 中提供了 9 种选取工具和一个移动工具，移动工具用于移动设置为选区的部分，如图 3-1～图 3-10 所示。

套索工具：可以创建出任意形状的选区，它就像用笔画画一样，可自由发挥

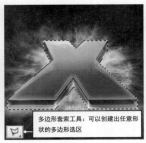
多边形套索工具：可以创建出任意形状的多边形选区

图 3-5　　　　　　　　　图 3-6

矩形选框工具：可以创建出矩形选区

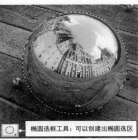
椭圆选框工具：可以创建出椭圆选区

图 3-1　　　　　　　　　图 3-2

磁性套索工具：可以创建出紧贴图像边缘的选区

快速选择工具：选择鼠标拖动范围内的相似颜色

图 3-7　　　　　　　　　图 3-8

单行选框工具：可以创建出单行选区

单列选框工具：可以创建出单列选区

图 3-3　　　　　　　　　图 3-4

魔棒工具：可以选取颜色相同或相近的区域

移动工具：可以移动选区、图层和参考线

图 3-9　　　　　　　　　图 3-10

3.1　视频教学

3.1 选框工具组

使用"选框"工具可以选取矩形、椭圆、1 个像素宽的行和列的区域。在工具栏中的"矩形选框"工具上右击，即可弹出选框工具组，如图 3-11 所示。

图 3-11

3.1.1 "矩形选框"工具

"矩形选框"工具仅限于选择规则的矩形，不能选取其他形状。首先来学习怎样创建矩形选区。

1. 创建选区

"矩形选框"工具通过鼠标的拖动指定区域，接下来通过一组操作来学习创建选区的方法。

01 执行"文件"→"打开"命令，打开配套素材\Chapter-03\"卡片背景.psd"文件。

02 在工具栏中选择 ，"矩形选框"工具，在视图中单击并拖动鼠标，即可绘制出矩形选区，如图3-12所示。

03 新建"图层 1"，设置前景色为紫色，按下Alt+Delete键使用前景色填充选区，如图3-13所示。

提示

通常情况下，按下鼠标的那一点为选区的左上角，松开鼠标的那一点为选区的右下角。

04 按下Ctrl+D键，将选区取消。接着在按住Alt键的同时，在视图中拖动鼠标绘制矩形选区，这时按下鼠标的那一点为选区的中心点，松开鼠标的那一点为选区的右下角，如图3-14所示。

05 保持选区的浮动状态，为选区填充深红色，如图3-15所示。

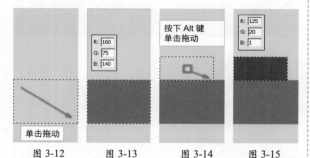

图 3-12　图 3-13　图 3-14　图 3-15

06 按下Ctrl+D键取消选区。然后按下Shift键的同时，即可在视图中绘制正方形的选区，如图3-16所示。完毕后再次使用前景色填充选区，效果如图3-17所示。

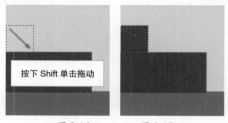

图 3-16　　　图 3-17

注意

要先松开鼠标左键再松开 Shift 键，这样才可以确保绘制的是正方形的选区。

2. 编辑矩形选区

通过设置选框工具的选项栏，可以对绘制的选

区进行一些简单的编辑，例如：添加选区、从选区中减去选区等。在工具栏中选择"矩形选框"工具，选项栏中会自动显示它的相关选项，如图3-18所示。

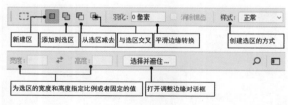

图 3-18

01 继续选择"矩形选框"工具，默认状态下选项栏中的 "新选区"按钮为选择状态。

02 保持选区的浮动状态，然后在视图中绘制选区，可以发现选择"新选区"按钮可以将旧选区取消，并创建新的选区，如图3-19所示。

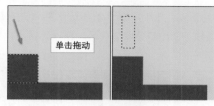

图 3-19

03 将鼠标指针放在选区中，当指针呈 状时，单击并拖动鼠标，可以调整选区的位置，如图3-20所示。

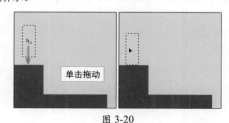

图 3-20

提示

利用键盘上的方向键也可以对选区的位置进行调整，但每按键一次只可以将选区移动1像素。

04 使用前景色填充选区，保持"新选区"按钮的选择状态，然后在视图中单击即可取消选区，如图3-21所示。

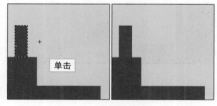

图 3-21

05 在选项栏中单击 "添加到选区"按钮，同样可以创建新的选区，在选区的下方绘制选区，绘制的新选区将添加到原选区，如图3-22所示。

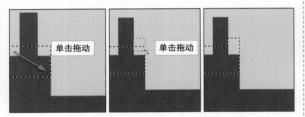

图 3-22

06 参照以上方法，继续添加选区并填充选区，然后按下Ctrl+D键取消选区，制作出楼房效果，如图3-23所示。

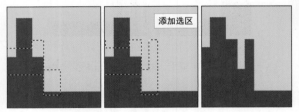

图 3-23

07 单击 "从选区减去"按钮可以创建新的选区，也可在原来选区的基础上减去不需要的选区，如图3-24所示。

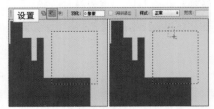

图 3-24

08 继续对选区进行减选，效果如图3-25所示。

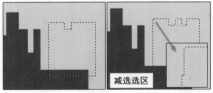

图 3-25

09 单击 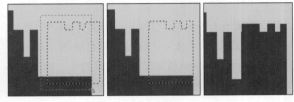 "与选区交叉"按钮可以创建新的选区，也可以创建绘制的选区与原选区相交的选区，为选区填充颜色，然后取消选区，如图3-26所示。

图 3-26

10 设置"羽化"选项的参数可以软化选区的硬边缘。取消选区，参照图3-27所示设置"矩形选框"工具的选项栏，然后在"羽化"选项的文本框中输入数字，数值的范围为0～250，数值越大，选区羽化效果越明显。

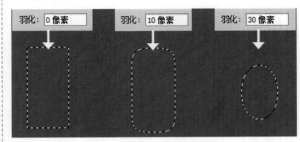

图 3-27

11 保持选区的浮动状态，确认背景色为白色，按下Ctrl+Delete键，为选区填充白色，然后取消选区，效果如图3-28所示。这时发现被羽化的选区填充的颜色向周围逐步扩散。

图 3-28

12 通过按下Ctrl+Alt+Z键，撤销上面创建羽化图像的步骤。

3. 设置样式

在"矩形选框"工具选项栏中有一个"样式"选项，该选项可以设置选区的基本形状。单击"样式"选项的下三角按钮，弹出一个下拉列表，如图3-29所示。

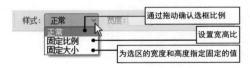

图 3-29

01 参照图3-30所示设置选项栏的参数，然后在视图中绘制选区。

02 选择"固定比例"选项，"宽度"和"高度"参数由不可用状态变为活动可用状态，在"高度"参数中输入3，然后在视图中拖动鼠标，即可制作出宽高比为1:3的矩形选区，如图3-31所示。

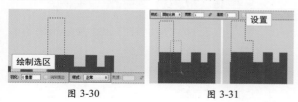

图 3-30　　　　　　　图 3-31

> **提示**
>
> 单击"高度和宽度互换"按钮，可以将高度和宽度的参数相互对换。

03 选择"固定大小"选项，在"宽度"和"高度"参数栏中输入数值，然后在视图中单击，即可绘制出固定大小的矩形选区，如图3-32所示。

04 为选区填充颜色，如图3-33所示，然后按下Ctrl+D键取消选区，完成楼房的绘制。

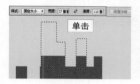

图 3-32　　　　　　　图 3-33

05 在"图层"调板中，将隐藏的图层显示，效果如图3-34所示。

图 3-34

3.1.2　"椭圆选框"工具

　　"椭圆选框"工具主要用于创建圆形选区。"椭圆选框"工具和"矩形选框"工具创建

选区的方法完全相同。选择"椭圆选框"工具，"椭圆选框"工具的选项栏如图 3-35 所示。

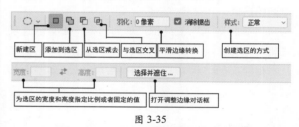

图 3-35

　　可以看到选项栏中的"消除锯齿"选项为活动可用状态。在 Photoshop 中生成的图像为位图图像，而位图图像是用颜色网格（像素）来表现的。因此在绘制椭圆、圆形或其他不规则的图像时就会产生锯齿边缘。将选项栏中的"消除锯齿"选项复选可以在锯齿之间填入中间色调，从视觉上消除锯齿现象。

01 取消"消除锯齿"选项，接着配合按下Shift键，在视图中拖动鼠标指针绘制圆形选区，如图3-36所示。

02 将"消除锯齿"选项复选，设置"椭圆选框"工具选项栏中的其他选项，拖动鼠标，然后按下Shift键在视图中绘制圆形选区，如图3-37所示。

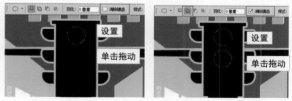

图 3-36　　　　　　　图 3-37

03 新建"图层 2"，调整顺序到"红绿灯"图层上面，为选区填充白色，然后取消选区，效果如图3-38所示。

04 通过按下Ctrl+Alt+Z键，撤销上面创建的两个白色圆形图像。然后使用"椭圆选框"工具依次创建圆形选区并分别填充颜色，制作出红绿灯图像效果，如图3-39所示。

图 3-38　　　　　　　图 3-39

3.1.3　单行、单列选框工具

　　"单行选框"工具和"单列选框"工具

只可以在视图中绘制 1 个像素的行和列的选区，并且绘制的选区长度无限。下面学习怎样绘制单行和单列的选区。

　　"单行选框"工具和"单列选框"工具的选项栏相同，并且与"矩形选框"工具选项栏中的选项几乎相同，只有"样式"选项为不可用状态，如图 **3-40** 所示。

图 3-40

01 选择 ⌷⌷⌷ "单行选框"工具，在选项栏中单击 ⊡ "添加到选区"按钮，然后在视图中单击即可绘制单行选区，如图3-41所示。

02 选择"单列选框"工具，在选项栏中单击"添加到选区"按钮，然后在视图中单击即可绘制单列选区，如图3-42所示。

03 新建"图层 3"，调整顺序到"背景"图层上面，然后为选区填充黑色并取消选区，效果如图3-43所示。

04 最后将"图层"调板中隐藏的图层显示，完成本实例的制作，如图3-44所示。读者可打开本书配套素材\Chapter-03\"时尚礼品卡.psd"文件进行查看。

图 3-41　　　　　　　图 3-42

图 3-43　　　　　　　图 3-44

3.2　套索工具组

　　套索工具组中的工具可以选取任意形状的选区。在 Photoshop CC 2018 中提供了 3 种套索工具，右击"套索"工具，即可弹出套索工具组，如图 3-45 所示。

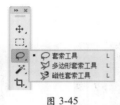

图 3-45

3.2.1　"多边形套索"工具

　　 ▷ "多边形套索"工具是指定直线形的多边形选区时使用的工具。"多边形套索"工具不能轻易地指定出由曲线组成的选区，但是可以轻松制作出多边形形态的图像选区。

01 执行"文件"→"打开"命令，打开配套素材\Chapter-03\"背景.tif"、"包装.tif"文件，如图3-46和图3-47所示。完毕后激活"包装"文件。

图 3-46　　　　　　　图 3-47

02 选择 ▷ "多边形套索"工具，查看该工具的选项栏，如图3-48所示。

图 3-48

03 在需要选择的图像边缘单击作为起点，松开鼠标，移动鼠标到直线的另一点，接着单击确定这一点，如图3-49和图3-50所示。

图 3-49　　　　　　图 3-50

04 继续沿着包装的边缘单击创建直线点，最后返回到起点，指针呈 ✂ 状时单击鼠标，即可闭合选区，如图3-51和图3-52所示。

图 3-51　　　　　　图 3-52

05 打开配套素材\Chapter-03\"巧克力.tif"文件，在"多边形套索"工具选项栏中单击 ▣ "添加到选区"按钮，将其他巧克力图像添加至选区，如图3-53和图3-54所示。

图 3-53　　　　　　图 3-54

06 分别将两个文档选区中的图像，拖动至"背景"文档中，调整其大小及位置，如图3-55所示。

图 3-55

07 使用 ⬭ "椭圆选框"工具，在包装袋的下方创建选区，如图3-56所示。

08 执行"选择"→"变换选区"命令，打开自由变换框，调整选区的大小和角度，如图3-57所示。

图 3-56　　　　　　图 3-57

09 在"图层"调板中"图层 1"的下方新建图层，设置前景色为黑色。选择"渐变"工具，并设置其选项栏，如图3-58所示。完毕后在选区中填充渐变，效果如图3-59所示。

图 3-58　　　　　　图 3-59

10 依照以上方法，参照图3-60所示，制作另外一个包装袋下的投影，以增强作品的空间感。

图 3-60

3.2.2　"套索"工具

使用 ⬭ "套索"工具，可以通过任意拖动鼠标来绘制所需的选区，因此一般不用来精确制定选区，下面通过一组操作来学习使用套索工具绘制选区。

01 打开配套素材\Chapter-03\"果粒.tif"文件，选择 ⬭ "套索"工具，沿着果肉区域单击并拖动鼠标，鼠标划过之处将出现一条实线，如图3-61所示。

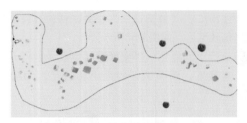

图 3-61

02 将鼠标拖动至起点处时，将变为闭合的路径，如图3-62所示。

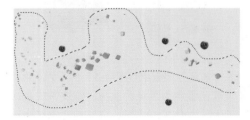

图 3-62

03 将选区中的图像拖动至"背景"文件中，如图3-63所示。

图 3-63

04 使用 ⬚ "套索"工具在蓝莓图像上创建闭合选区，如图3-64所示。

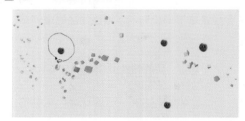

图 3-64

05 在选项栏中单击 ⬚ "添加到选区"按钮，即可将图像中的其他蓝莓图像加载到选区，如图3-65所示。

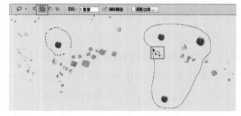

图 3-65

06 在选项栏中单击 ⬚ "从选区减去"按钮，在选区中多余的果粒处单击并拖动鼠标，将此区域从选区减去，如图3-66所示。

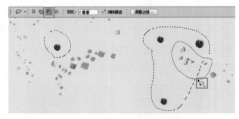

图 3-66

07 将选区中的图像拖动至"背景"文档中，效果如图3-67所示。

图 3-67

3.2.3 "磁性套索"工具

利用 ⬚ "磁性套索"工具可轻松绘制出具有复杂外边框的图像选区。如同工具名称，就像铁被磁石吸附一样，只要沿着图像的外边框形态拖动鼠标，即可自动绘制出选区。该工具主要用于制定色差较明显的图像区域。

01 打开配套素材\Chapter-03\"苹果.tif"文件。选择 ⬚ "磁性套索"工具，并查看其选项栏，如图3-68所示。

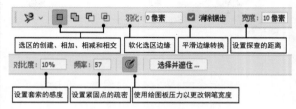

图 3-68

02 选择 ⬚ "磁性套索"工具，在苹果图像上单击以确定第一个紧固点，接着沿苹果图像慢慢拖移鼠标，紧固点会自动吸附到色彩差异的边沿，如图3-69和图3-70所示。

03 当苹果边缘与背景的色彩接近时，自动吸附会出现偏差，可单击鼠标手动添加紧固点，如图3-71和图3-72所示。

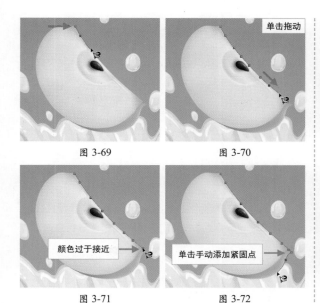

单击拖动

图 3-69　　　　　　　图 3-70

颜色过于接近

单击手动添加紧固点

图 3-71　　　　　　　图 3-72

04 拖移鼠标使线条至起点，鼠标指针呈现为 🖰状时，单击鼠标即可闭合选区，如图3-73和图3-74所示。

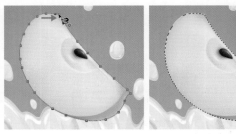

图 3-73　　　　　　　图 3-74

05 打开配套素材\Chapter-03\ "橙子.tif" 文件。按下Caps Lock键将鼠标指针更改为圆形，圆形的大小就是 "磁性套索" 工具探查的范围，如图3-75和图3-76所示。

06 设置 "宽度" 选项，数值越大，探查的范围越大，数值越小，探查的范围越小，如图3-77和图3-78所示。

图 3-75　　　　　　　图 3-76

图 3-77　　　　　　　图 3-78

07 在颜色接近的区域，按下Ctrl+[键，减小探查的范围，更加方便锚点的吸附；在颜色对比较为鲜明的区域，按下Ctrl+]键，增大探查的范围，如图3-79和图3-80所示。

图 3-79　　　　　　　图 3-80

08 打开配套素材\Chapter-03\ "草莓.tif" 文件。在 "磁性套索" 工具选项栏中， "对比度" 选项用来设置选区边界对比度。

09 设置的数值较大可用来选取对比度高的边缘，设置的数值较小可用来选取对比度低的边缘，如图3-81和图3-82所示。

图 3-81　　　　　　　图 3-82

10 设置 "对比度" 选项参数值为1，当遇到自动吸附出现偏差时，可单击鼠标手动添加紧固点，

如图3-83、图3-84所示，选取草莓图像。

图 3-83　　　　　　　　图 3-84

11 打开配套素材\Chapter-03\"水果.tif"文件，在"磁性套索"工具选项栏中，"频率"选项用来设置紧固点的密度。

12 数值越大，选取外框紧固点的速率越快，紧固点就越密，选取的图像也就更准确，如图3-85和图3-86所示。拖动鼠标选取水果图像。

> **提示**
>
> 当使用绘图板来绘制与编辑图像时，选择了该选项，则增大光笔压力时可以使边缘宽度减小。

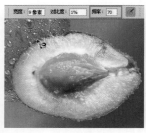
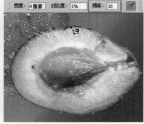

图 3-85　　　　　　　　图 3-86

13 最后将各文档中选区中的图像拖动至"背景"文档中，调整图像的大小和角度，并制作投影效果，完成本实例的制作，如图3-87所示。读者可打开配套素材\Chapter-03\"食品广告.psd"文件进行查看。

图 3-87

3.3 "魔棒"工具

使用"魔棒"工具可以选择颜色一致的区域，不必跟踪其轮廓，特别适用于选择颜色相近的区域，因此多用于选取颜色对比较强的图像区域。

01 打开配套素材\Chapter-03\"炫光.tif"文件，在"图层"调板中选择"图层 2"，如图3-88和图3-89所示。

图 3-88　　　　　　　　图 3-89

02 选择 ⚡. "魔棒"工具，其选项栏如图3-90所示。

03 使用 ⚡. "魔棒"工具在蓝色区域单击，即可将蓝色区域的图像选取，如图3-91所示。

04 由于"容差"值较高，可以选择更宽的色彩范围，所以部分人物也被选取，如图3-92所示。

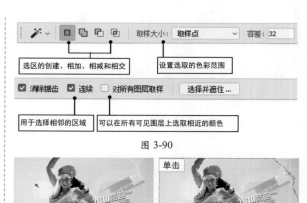

图 3-90

图 3-91　　　　　　　　图 3-92

> **提示**
>
> 不可以在位图模式的图像中使用"魔棒"工具。

05 在"容差"选项中输入较小值，可以选择与所点取的像素非常相似的颜色，选区的范围也较小，效果如图3-93和图3-94所示。

图 3-93　　　　　　　　图 3-94

06 在"魔棒"工具选项栏中，单击 "添加到选区"按钮，然后在其他蓝色背景处单击，即可将此区域添加至选区，如图3-95和图3-96所示。

图 3-95　　　　　　　　图 3-96

07 继续单击背景，将其全部选择，如图3-97所示。按下Delete键，删除选区中的图像，效果如图3-98所示。

图 3-97　　　　　　　　图 3-98

08 默认状态下，"对所有图层取样"按钮未被复选，在背景处单击，则只能在当前可见图层上选取颜色，如图3-99所示。按下Ctrl+D键取消选区。

09 复选"对所有图层取样"选项，再次在背景处单击，可以看到将在所有可见图层上选取相近的颜色，如图3-100所示。

10 默认状态下"连续"选项处于选择状态，在左侧的背景单击，则可以选择图像上所有色彩相邻的区域，如图3-101所示。

11 取消选区，取消"连续"选项的复选，然后再次在白色背景上单击，即可将图像中的所有白

色区域选取，如图3-102所示。

图 3-99　　　　　　　　图 3-100

图 3-101　　　　　　　　图 3-102

12 在"图层"调板中选择"图层 1"，按下Delete键，将选区中的图像删除，如图3-103所示，效果如图3-104所示。完毕后按下Ctrl+D键取消选区。

图 3-103　　　　　　　　图 3-104

13 最后在"图层"调板中设置混合模式为"正片叠底"，如图3-105所示，完成本实例的制作，如图3-106所示。读者可打开配套素材\Chapter-03\"酷跑大赛海报.psd"文件进行查看。

图 3-105　　　　　　　　图 3-106

 # 3.4 "快速选择"工具

"快速选择"工具与"魔棒"工具的使用较为类似，它也是通过对图稿中的颜色进行判断创建选区，

使用该工具在图稿中拖动鼠标，Photoshop 会综合分析拖动范围内的像素颜色值，将图稿中颜色相似的像素划定到选区内。

01 打开配套素材\Chapter-03\"首饰.jpg"文件，如图3-107所示。

02 选择 "快速选择"工具，在视图中拖动鼠标即可选择图像，如图3-108所示。

单击拖动

图 3-107　　　　　图 3-108

03 选择"快速选择"工具，即可显示该工具的选项栏，如图3-109所示。

选区的创建、相加和相减　　可在所有可见图层上选取图像　　消除选区边缘的锯齿

图 3-109

04 再次单击鼠标，此时绘制的新选区会和之前的选区添加到一起，如图3-110所示。

05 在选项栏激活"从选区减去"按钮，此时在选区内拖动鼠标，会将部分选区减去，如图3-111所示。

单击拖动

图 3-110　　　　　图 3-111

06 参照以上操作，对选区进行编辑，将首饰图像选取，如图3-112所示。

图 3-112

07 选项栏中的"自动增强"选项消除选区边缘的锯齿现象。

3.5 "移动"工具

"移动"工具可以将选区或图层移动到同一图像的某个位置或其他的图像中。还可以使用"移动"工具在图像内对齐选区或图层，并分布图层。

3.5.1 移动选区中的图像

利用 "移动"工具可以将设置为选区的图像移动到其他位置上，只要将鼠标光标放到要移动的选区中，然后拖动到需要的位置上即可。下面具体来操作一下。

01 保持选区浮动状态，确认背景色为白色，使用"移动"工具，将鼠标光标放到选区中，拖动鼠标即可调整图像的位置，如图3-113和图3-114所示。

提示

如果使用选区编辑的图层为"背景"图层，移动后的位置将以背景色填充。

02 打开配套素材\Chapter-03\"紫色背景.psd"文件，继续使用"移动"工具，将选区内的图像向"紫色背景"文档中拖动，如图3-115所示，当指针呈 状时松开鼠标，即可将选区内的图像拖动到该文档中，如图3-116所示。

单击拖动

图 3-113　　　　　图 3-114

单击拖动

图 3-115　　　　　图 3-116

3.5.2　图像中的图层和选区对齐

选择"移动"工具，其选项栏如图 3-117 所示。在选项栏中有 6 个按钮，单击不同的按钮，可以使图层中的图像和选区产生不同的对齐效果。

设置自动选择图层或图层组　　在选中的图像上显示变换控件　　对齐图像

分布图像　　自动应用对齐图层　　使用 3D 工具组

图 3-117

01 使用"矩形选框"工具，在视图中绘制选区。选择"移动"工具，单击 ▣ "右对齐"按钮，使图层和选区右对齐，效果如图 3-118 所示。

02 单击 ▥ "顶对齐"按钮，使图层和选区顶部对齐，如图 3-119 所示。

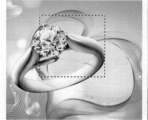
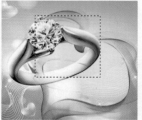

图 3-118　　　　　　　图 3-119

03 分别单击其他对齐按钮，使图层和选区对齐，效果如图 3-120 所示。

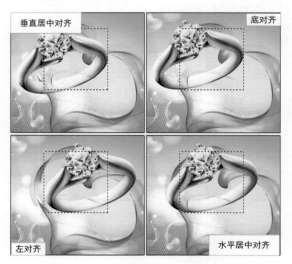

垂直居中对齐　　　底对齐

左对齐　　　水平居中对齐

图 3-120

04 通过按下 Ctrl+Alt+Z 键撤销上面绘制的选区和对齐操作。

3.5.3　变换图像

在制作图像时经常会遇到图像的大小不符合画面的要求，在这里使用"移动"选项栏中的"显示变换控件"选项，调整图像的大小。接下来通过一组操作来学习该选项的使用方法。

01 按下 Ctrl+J 键，将当前选择图层复制。选择"移动"工具，将"显示变换控件"选项复选，这时选区的周围显示定界框，如图 3-121 所示。

02 使用鼠标在定界框上单击控制点，如图 3-122 所示。

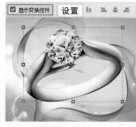
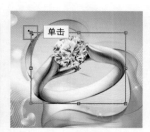

单击

图 3-121　　　　　　图 3-122

> **技巧**
>
> 按下 Ctrl+T 键执行"自由变换"命令，同样可以打开变换框。

03 这时选项栏变为"变换"选项栏，如图 3-123 所示。

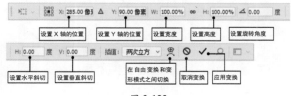

设置 X 轴的位置　设置 Y 轴的位置　设置宽度　设置高度　设置旋转角度

设置水平斜切　设置垂直斜切　　在自由变换和变形模式之间切换　取消变换　应用变换

图 3-123

04 X 参数用于设置图像水平方向的位置，Y 参数用于设置图像垂直方向的位置，通过这两个参数可以调整图像在文档中的位置，如图 3-124 所示。

05 W 参数用于设置图像水平缩放比例，H 参数用于设置图像垂直缩放比例。设置这两个参数调整图像的大小，如图 3-125 所示。

> **提示**
>
> 激活"链接"按钮，在调整宽度或高度参数时，可以保持图像的长宽比例。

06 更改"设置旋转"参数可以调整图像的角度，如图 3-126 所示。

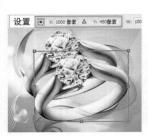

图 3-124

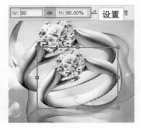

图 3-125

07 H参数用于调整图像横向斜切的角度，V参数用于调整图像纵向斜切的角度。更改H和V参数，调整图像的斜切，如图3-127所示。

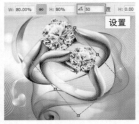

图 3-126

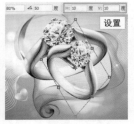

图 3-127

08 单击 "在自由变换和变形模式之间切换" 按钮可以对图像进行变形，这时调节变形控制柄，可以变换图像的形状，同时 "变换" 选项栏变为了 "变形" 选项栏，如图3-128所示。

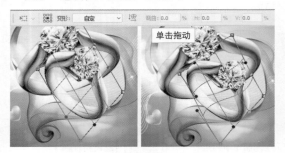

图 3-128

提示

系统提供了一些设置好的变形形状，可以直接对图像施加。单击选项栏中 "变形" 下三角按钮，将弹出一个下拉列表，从该下拉列表中选择一种变形形状改变图像外形，如图 3-129 所示。

图 3-129

09 单击 应用变换按钮或按下Enter键，将变换的图像大小应用。

10 在 "图层" 调板中将隐藏的图层显示，并调整图层的顺序，完成本实例的制作，效果如图3-130所示。读者可打开配套素材\Chapter-03\ "首饰广告.psd" 文件进行查看。

图 3-130

3.6 实例演练：手机宣传卡

3.6 视频教学

本节为读者安排了 "手机宣传卡" 实例。本实例在设计上采用了大量较为时尚、夸张的几何图形，在色彩上大胆地采用了对比色系，效果如图 3-131 所示。在实例的制作过程中，主要学习使用工具选取图像的操作方法和使用技巧，以及选区的加选和减选，使读者更加深入地了解综合应用选区的技巧。

图 3-131

以下内容简要地为读者叙述了实例的技术要点和制作概览，具体操作请参看本书多媒体视频教学内容。

01 打开背景素材，使用"椭圆选框"工具，配合加选和减选，编辑出选区，然后为其填充绿色。再依次绘制圆形选区，分别填充黑色和洋红色，制作出装饰点，如图3-132所示。

02 使用添加选区的方法，在视图中绘制3个圆形选区，并填充为洋红色。然后为图像添加图层样式效果。使用同样的操作方法，再绘制其他装饰圆形。最后将隐藏的图层显示，完成实例的制作，如图3-133所示。

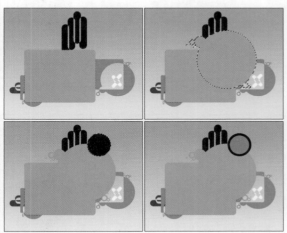

图 3-132

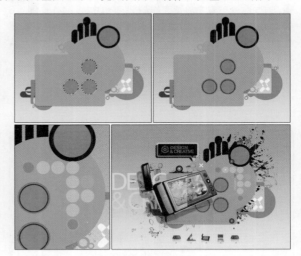

图 3-133

第4章　选区的编辑技术

在上一章中主要学习了创建选区的方法，但创建的选区不是很准确，在本章中将学习如何对选区进行修改和编辑，这些命令被集中放置在“选择”菜单中，图4-1～图4-6展示了这些命令的应用效果。综合运用这些命令可以快速准确地创建出需要的选区。下面我们通过具体的操作方法对这些命令进行学习。

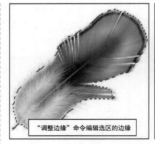

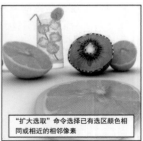

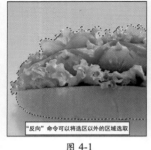

“反向”命令可以将选区以外的区域选取
图 4-1

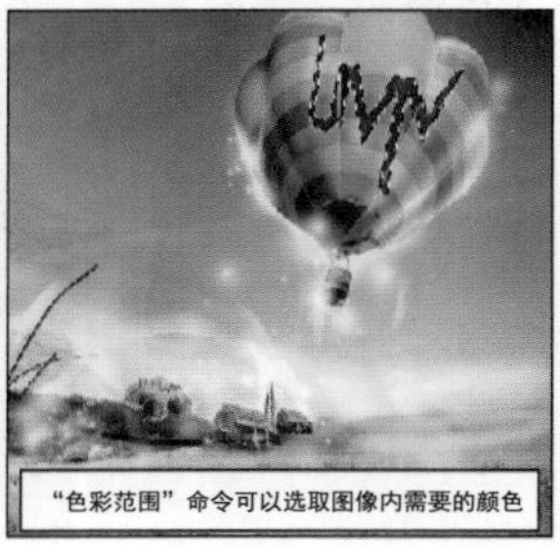

“色彩范围”命令可以选取图像内需要的颜色
图 4-2

“调整边缘”命令编辑选区的边缘
图 4-3

“扩大选取”命令选择已有选区颜色相同或相近的相邻像素
图 4-4

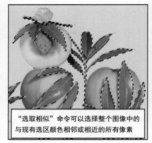

“选取相似”命令可以选择整个图像中的与现有选区颜色相邻或相近的所有像素
图 4-5

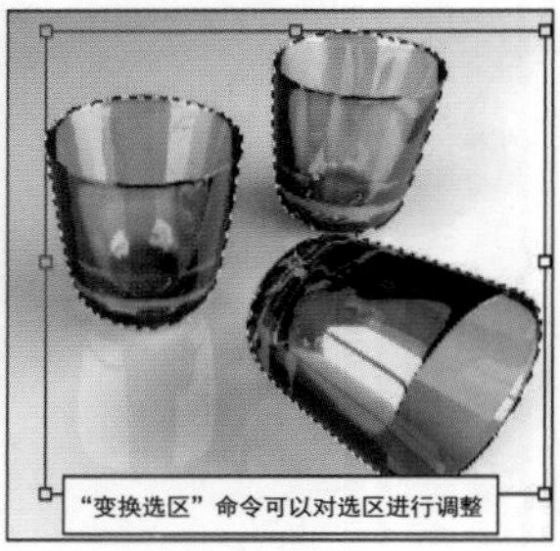

“变换选区”命令可以对选区进行调整
图 4-6

4.1 选择与取消选择

4.1　视频教学

在本节将介绍“全部”命令、“取消选择”命令和“重新选择”命令。执行“全部”命令可以将整个文档全部选择。执行“取消选择”命令可以将画面中的选区取消。执行“重新选择”命令可以将刚刚取消的选区再次选中。下面通过一组操作对这些命令进行学习。

01 执行“文件”→“打开”命令，打开配套素材\Chapter-04\“水珠.tif”文件，在“图层”调板中选择“背景”图层，如图4-7和图4-8所示。

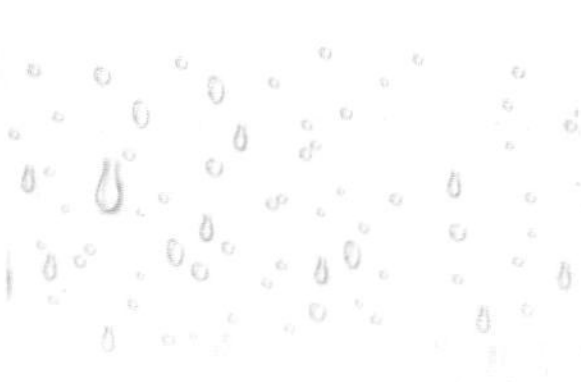

图 4-7

图层
类型
正常
不透明度：100%
锁定：
填充：100%
文字
草莓
图层 1
背景
单击
图 4-8

02 在“颜色”调板中，参照图4-9所示设置前景色和背景色。

03 选择工具栏中的“渐变”工具，在其选项栏中单击 “径向渐变”按钮，完毕后参照图4-10所示填充渐变。

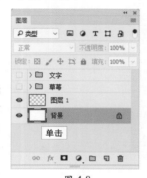

颜色
R
225
G
235
B
125
设置
颜色
R
120
G
160
B
30
图 4-9

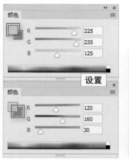

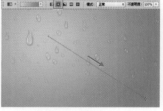

图 4-10

04 执行“选择”→“取消选择”命令，即可将选区取消，如图4-11所示。或者按下Ctrl+D键，也

可取消选择状态。

图 4-11

4.2　"反向"命令

执行"反向"命令，可以将文档中已有选区以外的所有区域选中，下面学习该命令的使用方法。

01 打开配套素材\Chapter-04\ "酸奶盒.tif" 文件。使用 ✦ "魔棒"工具在蓝色的背景区域单击，将背景图像选择，效果如图4-12所示。

02 执行"选择"→"反向"命令，反转选区，此时酸奶盒被选择，效果如图4-13所示。

技巧

按下 Shift+Ctrl+I 键同样可以将选区反转。

03 使用 ✦ "移动"工具，将选区内的图像拖动到"水珠"文档中，在"图层"调板中显示"草莓"图层组中的图像，并按图4-14和图4-15所示调整图层的顺序。

图 4-12

图 4-13

图 4-14

图 4-15

4.3　"选取相似"命令

使用"选取相似"命令可以选择整个图像中与现有选区颜色相邻或相近的所有像素。

01 打开配套素材\Chapter-04\ "花草.tif" 文件，如图4-16所示。

图 4-17

03 执行"选择"→"选取相似"命令，将选择图像中相似的颜色，如图4-18所示，再将所有背景图像处创建选区。

图 4-16

02 使用 ✦ "魔棒"工具，在蓝色的背景处单击，创建选区，如图4-17所示。

图 4-18

04 按下Ctrl+Shift+I键，将选区反转，选择花草图像，如图4-19所示。

图 4-19

05 将选区中的图像添加至"水珠"文档中，并按下Ctrl+T键打开自由变换框，调整图像的大小，如图4-20所示。完毕后按下Enter键，完成"变换"命令的应用。

06 选择 橡皮擦 工具，设置其选项栏，并在花草图像的底部涂抹，使其更加自然，如图4-21所示。

图 4-20

图 4-21

4.4 "扩大选取"命令

使用"扩大选取"命令，可以选取包含所有位于"魔棒"工具选项栏中的所有容差范围内的相邻像素，下面通过操作对该命令进行学习。

01 打开配套素材\Chapter-04\"酸奶.tif"文件。选择 魔棒 工具在白色的背景上单击，创建选区，如图4-22所示。

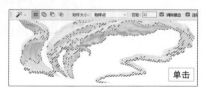

图 4-22

02 按下Ctrl+Shift+I键，反转选区，如图4-23所示。

图 4-23

03 执行"选择"→"扩大选取"命令，如图4-24所示，将酸奶图像选择。

图 4-24

04 使用 移动 工具，将选区中的图像拖动至"水珠"文档中，并在"图层"调板中显示"文字"图层组中的图像，如图4-25和图4-26所示。

图 4-25

图 4-26

4.5 存储与载入选区

可以把编辑好的选区存储起来，以便于在后面的操作中再次载入使用。使用"存储选区"命令可以将编辑好的选区存储为通道，以备后用。使用"载入选区"命令可以将图层中的图像作为选区载入，或将存储的选区载入到当前文档中。

01 打开配套素材\Chapter-04\"果肉.tif"文件。使用"魔棒"工具在白色背景处单击，将背景图像选择，如图4-27所示。

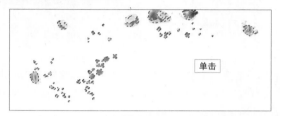

图 4-27

02 按下Ctrl+Shift+I键，反转选区，将果肉图像选择，如图4-28所示。

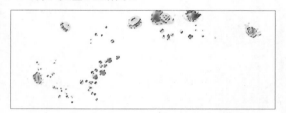

图 4-28

03 执行"选择"→"存储选区"命令，打开"存储选区"对话框，如图4-29所示，设置对话框。

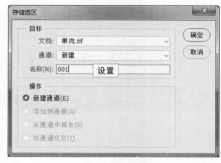

图 4-29

04 然后单击"确定"按钮，即可将编辑好的选区存储。取消选区后，打开"通道"调板，即可看到001通道，如图4-30所示。

05 使用"移动"工具，按下Shift键，将选区中的图像原位置拖动至"水珠"文档中，效果如图4-31所示。

图 4-30

图 4-31

"变换选区"命令

使用"变换选区"命令，可以移动、旋转与斜切选区，也可以调整选区的大小。下面来学习使用"变换选区"命令的方法。

01 接着以上的操作。在"图层"调板中，展开"文字"图层组，按下Ctrl键，单击"文字1"图层的缩览图，载入文字选区，如图4-32和图4-33所示。

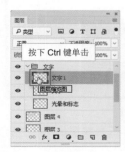

图 4-32

图 4-33

02 执行"选择"→"变换选区"命令，选项栏变为"变换"选项栏，并且选区的四周出现8个控制点，如图4-34所示。

图 4-34

03 在当前工具选项栏中，单击图 "在自由变换或变形模式之间切换"按钮，变换框变为变形调整框，如图4-35所示。

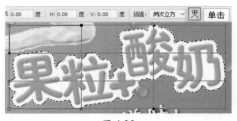

图 4-35

04 参照图4-36和图4-37所示，单击并拖动变形控制柄，变形选区。

图 4-36

图 4-37

05 在"图层"调板中，按下Ctrl键，单击"创建新图层"按钮，在选择图层的下方创建新图层。填充选区为黄色（R:255，G:225，B:160），效果如

图4-38和图4-39所示。

图 4-38   图 4-39

06 依照以上方法，为文字添加投影效果，完成本实例的制作，如图4-40所示。读者可以打开配套素材\Chapter-04\"酸奶广告.psd"文件进行查看。

图 4-40

4.7 "色彩范围"命令

4.7 视频教学

使用"色彩范围"命令可以对图像中的现有选区或整个图像内需要的颜色或颜色子集进行选择。下面通过一组操作对该命令的使用方法进行学习。

01 打开配套素材\Chapter-04\"云1.tif"和"海滩.tif"文件，如图4-41和图4-42所示。首先选择"云1"文件。

图 4-41   图 4-42

02 执行"选择"→"色彩范围"命令，打开"色彩范围"对话框，如图4-43所示。

图 4-43

03 单击"选择"选项的下三角按钮，弹出一个下拉列表，可以在该列表中选择颜色或色调范

围，也可以选择取样颜色。如图4-44所示。

04 选择"选择范围"为预览方式，在其中白色代表选择区域，黑色代表选区以外的区域，灰色将作为半透明状态，如图4-45所示。此时会发现创建的选择区域过于生硬。

图4-44　　　　　　　　图4-45

05 在"选择"栏中，选择"取样颜色"选项，此时 ✐ "吸管"工具自动被选择，使用此工具在需要选择的云彩上单击，定义取样颜色，如图4-46和图4-47所示。

图4-46　　　　　　　　图4-47

06 在"颜色容差"栏中拖动滑块调整颜色范围。数值越小，颜色范围越小，如图4-48所示。

07 复选"本地化颜色簇"选项，创建更加精确的颜色区域，如图4-49所示，黑、白、灰颜色区域细节增多，过渡也更加柔和。

图4-48　　　　　　　　图4-49

08 单击"确定"按钮，在云彩上创建选区，使用 ▸╋ "移动"工具将选区中的图像拖动至"海滩.tif"文件中，自动生成"图层1"，如图4-50和图4-51所示。

09 在"图层"调板中，设置"图层1"的图层混合模式为"滤色"，使云彩与背景图像融合，如

图4-52和图4-53所示。

图4-50　　　　　　　　图4-51

图4-52　　　　　　　　图4-53

10 打开"云2.tif"文件，将云朵图像创建选区后添加至文档中，如图4-54所示。

图4-54

11 打开配套素材\Chapter-04\"汽车.tif"文件。执行"选择"→"色彩范围"命令，在打开的"色彩范围"对话框中，设置"选区预览"选项为"灰度"，如图4-55所示。

12 在视图中预览效果变为"灰度"状态，方便观察选择图像的区域。使用 ✐ "吸管"工具在空白的背景上单击，取样选区颜色，如图4-56所示。

图4-55　　　　　　　　图4-56

13 在对话框中复选"本地化颜色簇"选项，单击 ✐ "添加到取样"按钮，并在图像中的背景处多次单击，直至背景完全变为白色，如图4-57和图4-58所示。

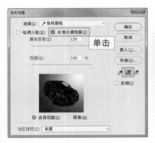

图 4-57　　　　　　　　图 4-58

14 设置"颜色容差"选项为120，减少颜色范围。再复选"反相"选项，黑白区域互换，使汽车图像成为选择状态，如图4-59和图4-60所示。

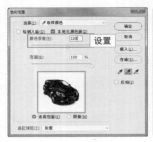

图 4-59　　　　　　　　图 4-60

15 单击"确定"按钮，在汽车图像上创建选区，如图4-61所示。

16 选择工具栏中的 "快速选择"工具，将汽车内部的选区添加至汽车选区中，只保留车窗处

的选区，如图4-62所示。

图 4-61　　　　　　　　图 4-62

17 将选区中的图像拖动至"海滩.tif"文件，并按下Ctrl+T键，打开自由变换框，将图像调整得小一些，如图4-63所示。完毕后按下Enter键，应用"变换"命令。

18 最后在"图层"调板中显示隐藏的图像，完成本实例的制作，如图4-64所示。读者可以打开配套素材\Chapter-04\"汽车广告.tif"文件进行查看。

图 4-63　　　　　　　　图 4-64

4.8　"焦点区域"命令

　　"焦点区域"这个名词来自于摄影技术当中，相机镜头的景深距离会对成像效果进行控制，处于相机焦点区域的图像清晰锐利，而处于景深以外的图像会产生模糊效果。这就产生了"焦点区域"这个名词。对于摄影技术当中的景深知识不了解的读者，可以学习一下摄影基础知识，本书因为篇幅限制不能展开讲述，望见谅。

　　由于照片中有"焦点区域"，所以 Photoshop 为我们提供了"焦点区域"命令，可以帮助我们对图像中处于视觉焦点位置的内容快速建立选区，下面对该命令进行学习。

01 打开配套素材\Chapter-04\"小狗.jpg"文件。

02 查看打开的图像，可以看到这是一幅典型的带有焦点区域的图像，小狗处于焦点位置，小狗前面和后面的景物都产生了景深模糊效果，如图4-65所示。

03 在工具栏内选择 "快速选择"工具，然后在图像中小狗的四周单击并拖动鼠标建立选区，

如图4-66所示。

图 4-65　　　　　　　　图 4-66

04 此时建立的选区会把小狗图像也包括在内，这是因为小狗图像的颜色与四周环境的颜色接

近，而"快速选择"工具是通过对图像的颜色进行判断来建立选区的。

05 按下Ctrl+D键取消当前创建的选区，在菜单栏中执行"选择"→"焦点区域"命令，如图4-67所示。

图 4-67

06 在"焦点区域"对话框上端设置"视图模式"为"白底"模式，选择不同的"视图模式"，可以便于我们对当前选区的边界形状进行观察。

07 此时，可以看到图稿中的小狗，以及小狗脚下清晰的草地纹理，被包含到了选区内。

> **提示**
>
> "焦点区域"命令在创建选区时，除了要分析图像中的颜色信息，还要分析图像纹理的颜色对比关系，颜色对比度强，纹理就会清晰锐利。处于焦点位置的图像，往往清晰锐利，所以"焦点区域"命令可以在图稿中分析出焦点区域的范围。

08 设置"焦点对准范围"参数可以对图像中焦点范围进行定义。设置参数为0，就是设定图稿中没有焦点范围，设定参数为7.50，就是设定图稿内容都是在焦点范围内，如图4-68所示。复选参数后的"自动"选项，则是让Photoshop根据图稿纹理的颜色对比关系来判断焦点范围。

图 4-68

09 "图像杂色级别"参数可以对焦点区域以外的背景颜色进行判断，背景颜色丰富，可以加大该参数，背景中颜色信息少，可以减小该参数，如图4-69所示。复选参数后的"自动"选项，则是让

Photoshop根据图稿中的颜色信息设置杂色级别。

图 4-69

10 在"焦点区域"对话框下端，提供了"柔化边缘"选项，复选该选项后可以使选区的外形更为柔和，如图4-70所示。

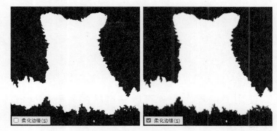

图 4-70

11 在"焦点区域"对话框下端还提供了"选择并遮住"按钮，单击该按钮，可以执行"选择并遮住"命令，通过该命令对当前选区进行深入的编辑与调整。

> **提示**
>
> 对于"选择并遮住"命令，将在稍后的章节中进行详细讲述。

12 在"焦点区域"对话框左侧提供了"视图调整"工具和"快速选择"工具，利用这些工具可以调整视图，手动对当前选区范围进行修改。

13 选择"快速选择"工具的"从选区中减去"模式，如图4-71所示，将小狗两侧的草地区域清除出选区范围。

图 4-71

14 完成选区编辑后，我们可以将选区输出，在输出选项栏里提供了多种输出方式，如图4-72所示。

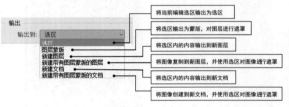

将当前编辑选区输出为选区	
将选区输出为蒙版，对图层进行遮罩	
将选区内的内容输出到新图层	
将图像复制到新图层，并使用选区对图像进行遮罩	
将选区内的内容输出到新文档	
将图像创建到新文档，并使用选区对图像进行遮罩	

图 4-72

15 选择输出方式为"选区"模式，单击"确定"按钮完成"焦点区域"命令操作。

16 在菜单栏中执行"图像"→"调整"→"色相/饱和度"命令，对当前选区内的图像色彩进行校正，如图4-73所示。

图 4-73

4.9 "修改"命令组

使用"修改"命令组中的命令可以对当前选区进行修改，增加或减少现有选区的范围。"修改"菜单中包括"边界""平滑""羽化""扩展"和"收缩"命令。下面对这些命令进行详细介绍。

1. "边界"命令

使用"边界"命令可以在选区的轮廓部分制作边框。

01 执行"文件"→"打开"命令，打开配套素材\Chapter-04\"化妆品.tif"文件，如图4-74所示。

02 使用  "椭圆选框"工具，配合按下Shift键，参照图4-75所示在画面中绘制正圆形选区。

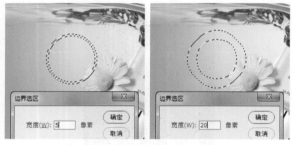

图 4-74　　　　　　图 4-75

03 执行"选择"→"修改"→"边界"命令，打开"边界选区"对话框，在对话框中输入数字，数值越大边框越宽，如图4-76和图4-77所示。

图 4-76　　　　　　图 4-77

04 在"图层"调板中单击 "创建新图层"按钮，新建"图层 1"，并设置不透明度为40%。将前景色设置为白色，按下Alt+Delete键使用前景色填充选区，如图4-78和图4-79所示。

图 4-78　　　　　　图 4-79

05 按下Ctrl+D键取消选区，再按下Ctrl+J键两次，复制选择对象。使用 "移动"工具调整复制图像的位置，如图4-80和图4-81所示。

图 4-80　　　　　　图 4-81

2. "平滑"命令

使用"平滑"命令可以使选区的轮廓变得平滑。

01 打开配套素材\Chapter-04\"花朵.tif"文件，使用 "多边形套索"工具将需要的图像选中，如图4-82所示。

02 注意在绘制选区时，选区范围超出了范围。

03 执行"选择"→"修改"→"平滑"命令，打开"平滑选区"对话框，如图4-83所示。

图 4-82　　　　　　　　图 4-83

04 然后在对话框中输入数字，数值越大，选区的轮廓越平滑，如图4-84和图4-85所示。

图 4-84　　　　　　　　图 4-85

05 如果在"平滑选区"对话框下端选择了"应用画布边界的效果"选项，那么选区被修改时，将不会受到画布边界的影响，如图4-86所示。

图 4-86

06 在"平滑选区"对话框中输入数字20，接着单击"确定"按钮，对选区进行编辑，如图4-87和图4-88所示。

图 4-87　　　　　　　　图 4-88

3. "羽化"命令

"羽化"命令可柔化和模糊选区的边缘，可以使填充图像更自然地与周围的图像融合。羽化过程是从选区的边缘到选区的中心，这样可以使边界的内侧和外侧模糊不清。通过设置"羽化"的半径值可以控制"羽化"的宽度。

01 保持选区的选择状态。执行"选择"→"修改"→"羽化"命令，打开"羽化选区"对话框，在对话框中输入数字，如图4-89和图4-90所示。

图 4-89　　　　　　　　图 4-90

02 按下Ctrl+D键取消选区，将花朵图像拖动至"化妆品.tif"文件中，设置图层混合模式为"颜色加深"，如图4-91所示。

03 按下Ctrl+T键，打开自由变换框，调整图像的大小以及旋转的角度，如图4-92所示。完毕后按下Enter键，应用"变换"命令。

图 4-91　　　　　　　　图 4-92

4. "扩展"命令

使用"扩展"命令可以对已有的选区进行扩展。

01 在"图层"调板中显示"文字"图层，按下Ctrl键，并单击"文字"图层的缩览图，将文字图像载入选区，如图4-93和图4-94所示。

02 执行"选择"→"修改"→"扩展"命令，打开"扩展选区"对话框，在文本框中输入数字，数值越大扩展的区域越大，如图4-95和图4-96所示。

图 4-93

图 4-94

图 4-99

图 4-100

03 执行"选择"→"修改"→"收缩"命令，设置打开的"收缩选区"对话框，在"收缩量"文本框中输入数字，数值越大选区收缩得越小，如图4-101所示。

04 使用 "移动"工具，将选区内图像拖入"化妆品"文档中，按下Ctrl+T键打开自由变换框，将其调整得小一些，如图4-102所示。

图 4-95

图 4-96

03 在"图层"调板中按下Ctrl键，单击 "创建新图层"按钮，在选择图层的下方新建图层，并填充为白色，如图4-97和图4-98所示。

图 4-101

图 4-102

05 完毕后按下Enter键应用"变换"命令。完成本实例的制作，效果如图4-103所示。读者可以打开配套素材\Chapter-04\"化妆品广告.psd"文件进行查看。

图 4-97

图 4-98

5. 收缩命令

使用"收缩"命令可以使选区收缩。

01 打开配套素材\Chapter-04\"蝴蝶.tif"文件，选择 "魔棒"工具，并设置其工具选项栏，完毕后在图像中灰色背景上单击，如图4-99所示。

02 按下Ctrl+Shift+I快捷键反向选区，如图4-100所示。

图 4-103

4.10 "选择并遮住"命令

4.10 视频教学

"选择并遮住"命令是一个对选区边缘进行深入编辑的命令，该命令提高选区边缘的品质，并且可以根据不同的背景查看选区以便轻松编辑。

1. 执行"选择并遮住"命令

01 执行"文件"→"打开"命令，打开配套素材\
Chapter-04\"人物1.tif"文件，如图4-104所示。

02 选择工具栏中的 📍"魔棒"工具，在图像灰色的背景处多次单击，将背景图像全部选择，如图4-105所示。

图 4-104　　　　　　　　　图 4-105

03 按下Ctrl+Shift+I键，反转选区，使人物图像处于选择状态，如图4-106所示。

04 此时，由"魔棒"工具建立的选区精度不够，对于人物的边界选择得非常粗糙，此时，我们可以通过"选择并遮住"命令对选区进行进一步调整，使其更为精确。

05 执行"选择"→"选择并遮住"命令，这时会弹出"属性"对话框，如图4-107所示。

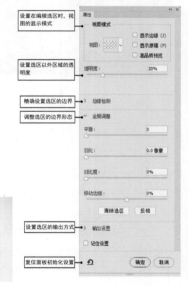

图 4-106　　　　　　　　　图 4-107

06 除了在菜单栏中执行"选择并遮住"命令以外，我们在选区建立工具的工具选项栏内也可以执行"选择并遮住"命令。

07 用户在工具栏选择任意一个选区建立工具，其工具选项栏内，都提供了"选择并遮住"按钮，如图4-108所示。

图 4-108

08 单击"选择并遮住"按钮，同样可以打开"选择并遮住"命令面板，对选区进行深入编辑。

2. 设置视图模式

"选择并遮住"命令可以精确地定义选区的边界，完成复杂选区的创建。

01 "选择并遮住"命令设置面板上端是"视图模式"选项组。设置视图模式可以更为准确地观察选区范围。

02 单击"视图"右侧的下三角按钮，在弹出的下拉列表中为用户提供了7种视图模式，用户可以根据当前图像的色调进行选择。

03 默认状态下"视图模式"以"白底"选项为选择状态，如图4-109和图4-110所示。

图 4-109　　　　　　　　　图 4-110

> **提示**
>
> 当前白色区域为选区以外的区域，如果选区内的图像内容色调较亮，那我们可以选择"黑底"选项，这样黑色背景可以衬托选区内容，便于观察选区选择效果。具体使用哪一种视图模式，需要根据图像色调与纹理进行判断，灵活加以运用。用户可以按下F键与X键，在不同的视图模式下切换。

04 按下F键，可循环切换视图，以便更加清晰地观察选取的图像，如图4-111和图4-112所示。完毕后选择默认的视图。

05 在这些视图模式中，有些是带有扩展参数设置的，通过这些参数设置可以更改视图显示效果。

图 4-111　　　　　图 4-112

06 在视图模式中选择"洋葱皮"模式，此时，图像中选区以外的区域会变为透明区域，如图4-113所示。

图 4-113

07 调整"视图模式"选项下端的"透明度"参数，可以设置选区以外区域的透明度效果，如图4-114所示。

图 4-114

08 在视图模式中选择"叠加"模式，图像中选区以外的区域会被叠加一层红色，如图4-115所示。

图 4-115

09 此时，在"视图模式"下端除了可以设置叠加颜色的透明度以外，还可以对叠加的颜色进行更改。

10 单击"颜色"选项中的颜色色块，在弹出的"拾色器"对话框中设置颜色值为蓝色，如图4-116所示。

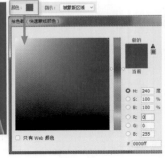

图 4-116

11 在"指示"下拉选项栏内，选择"被蒙版区域"选项设定选区外部叠加颜色，选择"选定区域"则设定选区内部叠加颜色，如图4-117所示。

图 4-117

3. "选择并遮住"命令工作原理

"选择并遮住"命令是通过划定范围，然后Photoshop对范围内的颜色进行自动分析判断，创建选区边界的。接下来，我们来详细地研究范围与选区判断。

01 在"选择并遮住"命令面板中，边缘检测选项内的"半径"参数可以划定选区判断的范围。

02 在对话框中的"边缘检测"栏中设置"半径"值为5，其值越大，边缘扩展区域越大，效果如图4-118和图4-119所示。

> **提示**
>
> 选区判断区域的参数名称被称为"半径"，是因为该范围是根据图像中已有的选区边界向两侧扩展而产生的，扩展单位以"像素"为单位。

图 4-118　　　　　　　　图 4-119

03 通过更改"半径"参数，我们可以感知到选区边界的变化，但是并不能准确地查看到这个范围的区域。

04 在"视图模式"选项栏右侧选择"显示边缘"选项，此时图像将显示根据"半径"参数产生的选区判断区域，如图4-120所示。

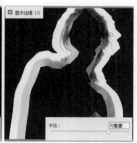

图 4-120

05 在这个区域中，Photoshop会自动对图稿的颜色进行判断，如果像素的颜色值与选区外的区域颜色接近，那么该像素将被划入选区以外；反之，则会被划入选区内。

06 在这里需要大家注意的是，Photoshop会根据像素颜色值的近似程度，产生半透明的选区。

07 选区判断范围圈定得小，那么选区判断得就会精确，选区范围圈定得大，Photoshop需要进行判断的因素就会增加，所产生的选区则会变得模棱两可，模糊不清。

4. 智能半径选项

　　利用"半径"参数可以以原有选区创建一条宽度均匀的颜色判断区域，这条区域带并不高效，因为在这个区域带中，有些位置纹理丰富，需要Photoshop 认真判断，如图 4-121 所示，人物的头发区域需要认真判断选区边界。图稿有些位置纹理单纯，非常容易判断，如图 4-122 所示，人物的臂膀处。

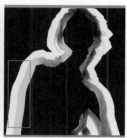

图 4-121　　　　　　　　图 4-122

01 此时，我们希望这条判断选区的区域带能够根据图像纹理进行变化，纹理丰富的地方，区域带边宽，纹理单纯的地方，区域带边窄。

02 Photoshop提供了"智能半径"选项，帮助我们来智能地创建选区判断区域。在"半径"参数下端复选"智能半径"选项，图稿中判断选区的区域带外形将会发生改变，如图4-123所示。

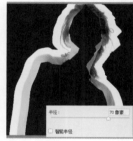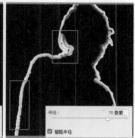

图 4-123

03 通过选择"智能半径"选项，可以看到选区判断区域带的外形发生了变化，图稿中纹理丰富的位置，选区判断区域带变宽，例如人物的发髻处，而纹理单纯简单的位置，选区判断区域带会自动变窄，例如人物的臂膀处。

04 利用"智能半径"选项，可以提高选区建立的精确性，并提高工作效率。

注意

"智能半径"选项与"半径"参数依然是有关联的，"智能半径"产生的范围是在"半径"参数划定的范围基础上产生的。半径参数划定的范围大，智能半径产生的范围就大，半径参数划定的范围小，智能半径产生的范围就小，如图 4-124 所示。

图 4-124

5. 调整选区形态

在"选择并遮住"设置面板中，还提供了对于选区外形进行再次调整的命令参数,利用这些参数,可以对选区的外观形态进行更改,下面来学习这些命令。

01 在"选择并遮住"设置面板底部,单击 ⟲"复位工作区"按钮,将其设置恢复为打开时的状态。

02 重新定义"选择并遮住"命令面板参数。为了便于对选区的调整效果进行观察,在此我们把"视图模式"设置为"黑白"模式,如图4-125所示,此时选区内的区域在图稿中显示为白色,选区外的区域显示为黑色。

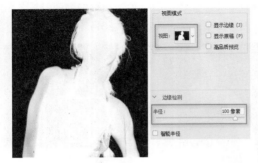

图 4-125

03 在"全局调整"选项组中提供了对选区进行调整优化的命令,使用这些命令可以对选区的外形进行调整。这些命令与菜单栏的"选择"→"修改"命令组中的命令有些类似,接下来我们来一一进行学习。

04 调整"平滑"参数可以让选区转角产生圆润光滑的效果,如图4-126所示。

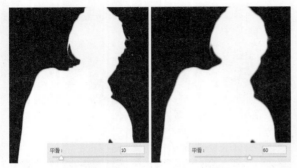

图 4-126

05 调整"羽化"参数,可以使选区产生柔和的模糊效果,如图4-127所示。

06 调整"对比度"参数,可以增强选区边界的对比度,使模糊的选区边界变得更为清晰锐利,如图4-128所示。

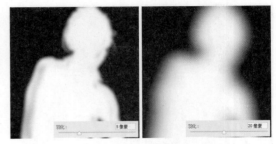

图 4-127

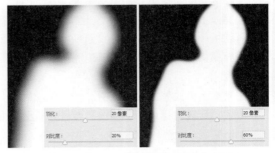

图 4-128

07 调整"移动边缘"参数,可以收缩或扩大选区范围。设置参数为负数是收缩选区,设置参数为正数是扩大选区,如图4-129所示。

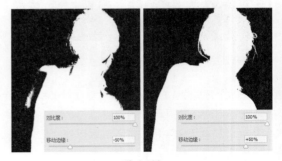

图 4-129

08 在"全局调整"选项组下端是"清除选区"命令与"反相"命令。单击"清除选区"按钮,可以将当前选区清除;单击"反相"按钮,可以将选区反转,这时选区内部会变为外部,而选区外部则会变为内部,如图4-130所示。

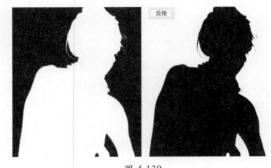

图 4-130

6. 手动创建与编辑选区

前面的这些内容，都是利用"选择并遮住"命令对一个已有的选区进行编辑调整。其实"选择并遮住"命令更为强大，利用该命令可以完全从无到有地精确创建选区，接下来我们来一起学习。

01 在执行"选择并遮住"命令时，Photoshop的工具栏会发生变化，此时工具栏提供了"选区编辑"工具以及"视图调整"工具，利用这些工具可以创建修改图像选区，如图4-131所示。

02 在"选择并遮住"命令设置面板中单击"清除选区"命令按钮，将当前选区清除，接下来我们使用工具栏中"选区建立与编辑"工具来创建选区。

03 在工具栏中选择 "快速选择"工具，在图稿中单击并拖动鼠标，可以根据图稿中的颜色快速建立选区，如图4-132所示。

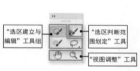

图 4-131　　　　　图 4-132

> **提示**
>
> "快速选择"工具是根据图稿中的颜色创建选区的，这一点与"魔棒"工具有些类似，不同点是"魔棒"工具是在图像中进行单击，获取颜色采样点，Photoshop会根据"魔棒"工具单击位置的像素颜色值创建选区，"快速选择"工具是在图稿中单击并拖动，Photoshop会对单击拖动区域内的像素颜色值进行整体分析，来创建选区。

04 在工具选项栏内选择"从选区减去"选项，在图像中单击并拖动鼠标，将错误区域从选区内减去，如图4-133所示。

05 在工具栏中选择"缩放"工具，将视图放大，然后选择 "画笔"工具，在图像底部进行涂抹，如图4-134所示。

图 4-133　　　　　图 4-134

06 使用"画笔"工具可以通过绘图的方式在图稿中创建选区，"画笔"工具涂抹的区域会创建

选区。在工具选项栏内选择"从选区减去"选项，可以将绘制错误的区域从选区内减去。另外，在工具选项栏内还可以对画笔的形态进行设置，通过更改画笔的大小、硬度，可以使绘制的选区更为精确，如图4-135所示。

> **提示**
>
> 关于画笔工具的应用，我们在本书第8章进行详细的讲述。

07 在工具栏中选择"套索"工具或"多边形套索"工具，在图稿下端绘制选区，如图4-136所示。

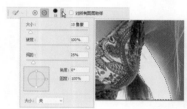
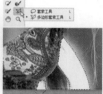

图 4-135　　　　　图 4-136

> **提示**
>
> "套索"工具与"多边形套索"工具，我们在第3章已经详细讲述，所以在此不再赘述。

08 使用"选区建立与编辑"工具创建选区后，我们还可以创建选区判断区域，让Photoshop为我们更加精确地分析选区边界。

09 在"全局调整"选项栏底部单击"反相"按钮，将当前选区反转。

10 对当前视图模式进行设置，设置视图模式为"黑底"，然后对"半径"参数进行设置，如图4-137所示。

11 观察当前选区的边界，可以看到图像中纹理丰富的位置，选区建立得并不令人满意，接下来我们可以手动对选区判断区域进行更改。

12 在"视图模式"选项栏内，选择"显示边框"选项，此时可以看到选区判断区域，如图4-138所示。

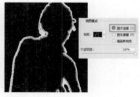

图 4-137　　　　　图 4-138

13 在工具栏中选择"调整边缘画笔"工具，然后在选区判断区域进行涂抹，可以修改这个区域

的形状，如图4-139所示。通过更改选区判断区域的范围，选区形状和状态也会发生改变，如图4-140所示。

图 4-139　　　　　　　图 4-140

7. 输出选区

在选区建立完成后，"选择并遮住"命令提供了输出选区的不同方案。

01 在"输出设置"选项栏中提供了选区输出的多种方案，如图4-141所示。

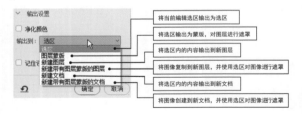

图 4-141

02 在"输出设置"选项栏中选择"图层蒙版"选项，单击"确定"按钮，完成"选择并遮住"命令面板，此时编辑的选区在图层中将生成一个蒙版对图像进行遮罩，如图4-142所示。

03 打开配套素材/Chapter-04/"光晕背景.tif"文件，在工具栏选择"移动"工具，将"人物

1.tif"文档中的人物移动至"光晕背景.tif"文档，如图4-143所示。

图 4-142

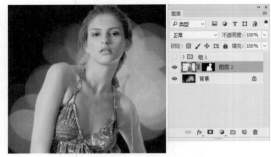

图 4-143

04 在"图层"调板中显示"组1"中的图像，完成本实例的制作，效果如图4-144所示。读者可以打开配套素材\Chapter-04\"服饰广告.psd"文件进行查看。

图 4-144

4.11 实例演练：房产 DM 宣传页

4.11 视频教学

本节为读者安排了"房产销售海报"实例。本实例在形式上采用水墨画的形式，体现出古香古色的特点。在此基础上，又突破传统的淡彩水墨画效果，采用浓艳的色彩，以增强视觉冲击力，图 4-145 所示为本实例的完成效果。在制作实例的过程中，主要学习选取图像和编辑选区的方法。通过本实例的制作，相信读者会对编辑选区命令的应用更加得心应手。

图 4-145

　　以下内容，简要地为读者叙述了实例的技术要点和制作概览，具体操作请参看本书多媒体视频教学内容。

01 打开素材图像，绘制椭圆选区，将选区羽化填充为白色，制作出光晕图像。然后添加风景素材，通过编辑蒙版对图像进行编辑，如图4-146所示。

图 4-146

02 添加纹理素材，将白色区域以外的图像删除。然后打开墨迹素材，使用"色彩范围"命令，将墨迹抠取，并添加到实例文档中，如图4-147所示。

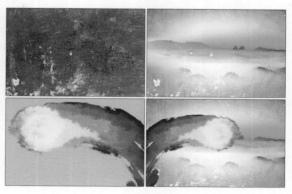

图 4-147

03 设置墨迹图像的不透明度，并载入墨迹的选区，新建图层，在选区内绘制渐变色。然后更改渐变色图像的混合模式，制作出幻彩墨迹效果，最后添加装饰，完成实例的制作，如图4-148所示。

图 4-148

第5章　颜色管理

在 Photoshop 中工作，是离不开色彩理论的。对颜色进行编辑和修改，是图像处理的重要工作。本章将详细介绍 Photoshop 中经常使用到的颜色模式：RGB 模式、CMYK 模式、HSB 模式、Lab 模式、灰度模式、位图模式等。并且介绍拾色器、"颜色"调板、"色板"调板等设置颜色的工具和方法。

5.1　颜色模式

初学者面对 Photoshop 中丰富的颜色模式设置，总是不知所措。简单地讲，颜色模式就是人们管理颜色的方法。学习颜色模式，要结合显示生活中的工作，这样就会轻松地掌握。

例如，现在把自己假设为一个工程师，交给你一个投影仪，让你通过控制光，在屏幕上透射出色彩，那此时，你就需要一种方法来管理每种光的颜色和亮度，这个方法就是 RGB 颜色模式。RGB 模式可以帮我们管理光电设备，是通过控制光亮在屏幕上呈现色彩的方法。

而现在把自己假设为印刷工人，你需要一种方法，控制油墨的印刷量和分布方式，在纸张上呈现出各种色彩，这种方法就是 CMYK 颜色模式。CMYK 模式可以帮我们控制油墨的印刷量。

在不同环境下，需要不同的方法来管理颜色。除了我们常用的 RGB 与 CMYK 模式以外，还有常用于网页环境的索引模式，用于选择颜色的 HSB 模式，以及进行特殊印刷的位图模式和双色调模式等。

初学者学习颜色模式感到吃力，最关键的原因是在工作中没有用到，本节将结合具体的设计与印刷工作，为大家详细讲述 Photoshop CC 2018 中的各种颜色模式。

5.1.1　RGB 颜色模式

RGB 颜色模式是一种最基本、应用最广泛的颜色模式，这是因为我们的工具——电脑，是标准的光电设备（通过光电显示颜色的设备），而 RGB 模式则是用于管理图像在光电设备上显示颜色的方法，所以电脑中大部分的图像，都是 RGB 模式的。

RGB 模式的组成颜色是 R（Red）红色、G（Green）绿色、B（Blue）蓝色。RGB 模式是一种光学颜色模式，起源于色光的 3 原色理论，即任何一种颜色都可以由红、绿、蓝这 3 种基本颜色组

合而成，如图 5-1 所示。在红、绿、蓝 3 种颜色重叠处产生了青色、洋红、黄色和白色。

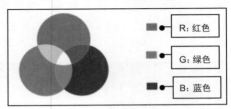

图 5-1

RGB 模式是以光的颜色为基础的，所以越大的 RGB 值对应的光量也越多。因此，较高的 RGB 值会产生较淡的颜色。如果这 3 个颜色值都为最大值，则产生的颜色为白色。此时大家可以想象一下，我们在生活中被强光照射到眼睛的时候，总是感觉光是白色的。

因为 RGB 模式是通过增加光来产生颜色的，所以它被称为加色模式（颜色加入越多，就越明亮、越鲜艳）。而当 RGB 每种颜色值都为 0 时，没有光将产生黑色。

1. 熟悉 RGB 颜色模式

Photoshop 的 RGB 模式，为彩色图像中每个像素的 RGB 分量指定一个介于 0（黑色）到 255（白色）之间的强度值。通过 RGB 这 3 种颜色叠加，可以产生许多不同的颜色。由此可以算出 $256 \times 256 \times 256 = 16\,777\,216$，即 RGB 图像通过 3 种颜色或通道，可以在屏幕上重新生成多达 1670 万种颜色。

01 启动 Photoshop CC 2018，执行"文件"→"打开"命令，打开配套素材\Chapter-03\"旅游宣传页.psd"文件，如图 5-2 所示。

图 5-2

图 5-5　　　　　　　　　　图 5-6

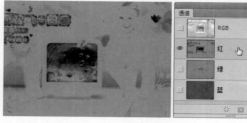

图 5-7

$O2$执行"编辑"→"首选项"→"界面"命令，打开"首选项"对话框，在"常规"选项组中勾选"用彩色显示通道"复选框，如图5-3所示。然后单击"确定"按钮，将"首选项"对话框关闭。

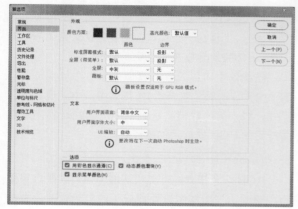

图 5-3

$O3$打开"通道"调板，观察RGB通道的颜色，如图5-4所示。

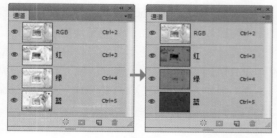

图 5-4

提示

关于通道的知识将在本书第 21 章讲述，为了让大家很好地理解颜色模式，在此应该补充一点通道知识。通道在 Photoshop 中非常重要，它主要用于记录颜色在图像中的分布情况。当前图像是 RGB 模式，通道中就展示了 R（红）G（绿）B（蓝）3 个颜色在图像中的分布情况。

$O4$为了便于观察通道调板的内容，可以对通道面板选项进行设置，如图5-5和图5-6所示。

$O5$单击"红"通道，视图以单色通道显示，可以查看红色分布的情况，如图5-7所示。

2. 使用 RGB 颜色模式管理颜色

为了让大家更为直接深刻地了解 RGB 颜色模式，在这里安排了一组小操作，让大家能够更好地理解光学颜色模式。

$O1$在菜单栏中执行"文件"→"新建"命令，在"新建文档"对话框中设置新建文档，如图5-8所示。

$O2$观察"通道"调板，可以看到"红""绿""蓝"3个通道内颜色饱满，3种颜色共同组成了图像的白色，这就如同投影机在荧屏上投射了"红""绿""蓝"3种光，组合出了白色光，如图5-9所示。

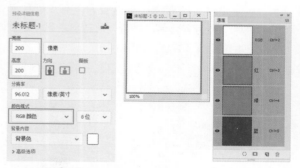

图 5-8　　　　　　　　　　图 5-9

$O3$在菜单栏中选择"编辑"→"填充"命令，对图像进行填充，在弹出的"填充"对话框内设置，完成填充操作，如图5-10所示。

$O4$观察"通道"调板，可以看到只有"红""绿""蓝"通道都是黑色，这就如同投影机关闭了，没有一丝光投射到屏幕，所以就呈现出黑色，如图5-11所示。

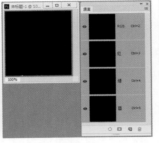

图 5-10　　　　　　　　图 5-11

05 在菜单栏中选择"编辑"→"填充"命令，对图像进行填充，在弹出的"填充"对话框内设置，完成填充操作，如图5-12所示。

06 观察"通道"调板，可以看到只有"红"通道有颜色，"绿"和"蓝"通道都是黑色，这就如同投影仪只在屏幕中透射了红光，而绿光和蓝光处于关闭状态，所以屏幕上只有红色，如图5-13所示。

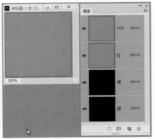

图 5-12　　　　　　　　图 5-13

07 再次选择"编辑"→"填充"命令，对图像进行填充，在弹出的"填充"对话框内设置，完成填充操作，如图5-14所示。

08 观察"通道"调板，可以看到只有"红"和"绿"通道有颜色，"蓝"通道都是黑色，红色和绿色共同组成了黄色，如图5-15所示。

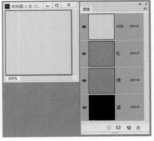

图 5-14　　　　　　　　图 5-15

09 按下D键，可以将前景色和背景色初始化为白色和黑色。

10 选择"矩形选框"工具，在图像中绘制一个选区，按下Alt+Delete键，使用前景色对选区范围进行填充，如图5-16所示。

11 观察"通道"调板，可以看到在白色区域，"红""绿""蓝"3种颜色都是充盈状态，3种颜色共同组成了白色。而黄色区域，在蓝色通道内还是黑色，处于无色状态，如图5-17所示。

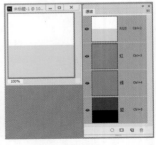

图 5-16　　　　　　　　图 5-17

12 通过上面这一组操作，主要是让大家了解图像在RGB颜色模式下管理颜色的方法。

在操作中可以看到，通道内颜色添加得越多，图像中呈现的颜色就越明亮。如果图像中呈现白色，那红、绿、蓝的数值将达到最高。这就是我们在前面提到的 RGB 模式是加色模式。

3. Photoshop 与 RGB 模式

RGB 颜色模式在计算机环境中可以说是应用最为广泛的，与图形图像处理相关的电脑软件，大都是使用 RGB 模式为基础管理图像和编辑图像的。默认情况下，Photoshop 就是以 RGB 模式来管理颜色，开展图像处理工作的。

在 RGB 模式下，Photoshop 的所有图像处理命令都可以使用，但是如果图像是其他颜色模式，某些编辑命令可能无法使用。感兴趣的读者可以同时打开 RGB 和 CMYK 两种模式的图片，然后观察"滤镜"命令，可以看到 CMYK 模式下某些滤镜命令是无法使用的，如图 5-18 所示。

图 5-18

以上这一点非常重要，初学者一定要加以注意，如果出现某些命令不可执行的状态，请检查图像的颜色模式。另外，我们对图像进行编辑的过程中，尽力保持图像为RGB模式。在图像编辑工作完成后，需要将图片输出时，最后再将图像转换为需要的颜色模式。

5.1.2　CMYK颜色模式

5.1.2　视频教学

RGB颜色模式可以管理显示器等光电设备上的颜色显示，而在印刷品上是通过油墨来呈现颜色的，所以就需要另一种管理颜色的办法，管理油墨呈现颜色的颜色模式是CMYK模式。

在印刷技术中把青色、洋红色、黄色和黑色的油墨组合起来，这4种颜色是CMYK颜色模式的颜色组件，即C（Cyan）青色、M（Magenta）洋红色、Y（Yellow）黄色和K（Black）黑色。因为RGB颜色模式中的B代表蓝色，为了不和B发生冲突，所以用K来表示黑色，如图5-19所示。

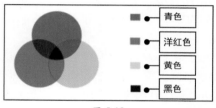

图5-19

CMYK颜色模式是以打印在纸上的油墨对光线产生反射特性为基础产生的。当白光照射到半透明油墨上时，白光中的一部分颜色被吸收，而另一部分颜色被反射回眼睛。通过反射某些颜色的光，并吸收其他颜色的光，油墨就可以产生颜色，黑色的墨吸收的光最多。因为CMYK颜色模式是以油墨的颜色为基础的，所以百分比越高的颜色越暗。构成CMYK颜色模式的红、黄、蓝和黑4种颜色，从无到完全显示的过程，用0到100之间的数值表示。当青色100、洋红色100和黄色100相混合，会产生黑色。实际上，它们只能产生较暗淡的棕色，并不是黑色。为了弥补油墨的缺陷，黑色墨必须被加到颜色模式中。CMYK颜色模式是通过吸收光来产生颜色的，因此被称为减色模式。

虽然CMYK颜色模式也能产生许多种颜色，但它的颜色表现能力很有限，因为CMYK是在模拟油墨表现颜色。与其他颜色模式相比，它所能描绘的色彩量较少。将CMYK模式图像与RGB模式图像进行比较，可以看到CMYK图像的颜色纯度不高，

并且看起来灰暗。

1. 熟悉CMYK模式

在Photoshop的CMYK模式中，为每个像素的每种印刷油墨指定一个百分比值。其中亮调的颜色所含印刷油墨的颜色百分比较低，暗调的颜色所含印刷油墨的颜色百分比较高，当4种颜色的值均为0%时，会产生纯白色。下一步，我们来了解CMYK颜色模式。

01 执行"图像"→"模式"→"CMYK颜色"命令，将其由RGB模式转换为CMYK颜色模式，观察其转换前后的效果，可看到CMYK图像的颜色纯度不高，并且看起来有些灰暗，如图5-20所示。

图5-20

02 分别单击"通道"调板中的单色通道，观察图像效果。这时可以看到每一种颜色在图像中的分布情况，如图5-21所示。

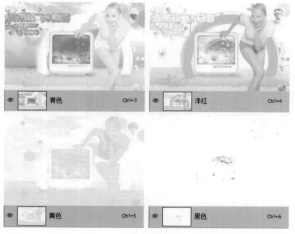

图5-21

2. 使用CMYK颜色模式管理颜色

为了让大家更为直接深刻地了解CMYK颜色模式，在这里安排了一组小操作，让大家能够更好地理解油墨颜色模式。

01 在菜单栏中执行"文件"→"新建"命令，如图5-22所示。

02 此时，大家可以把新建的（CMYK颜色模式）文档理解为一张将要印刷的纸张，如图5-23所示。

图 5-22　　　　　　　　图 5-23

03 在RGB模式的操作中，我们在"通道"调板内可以看到红、绿、蓝3种光源色组成了白色的图像，而在CMYK模式中，看到4个颜色通道中没有任何颜色，此时我们可以把它理解为印刷机没有印刷任何颜色。

04 使用"矩形选框"工具建立选区，按下Delete键，此时会弹出"填充"对话框，对选区填充"青色"，如图5-24所示。

05 观察"通道"调板，可以看到青色通道内出现了颜色，这如同印刷机对纸张印刷青色。

06 重复步骤4中的操作，对图像另外填充3块颜色，如图5-25所示。

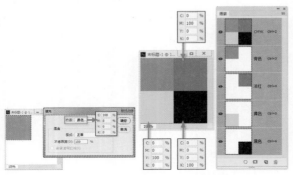

图 5-24　　　　　　　　图 5-25

07 随着填充完毕，观察"通道"调板可以看到，填充的颜色分布在其对应的颜色通道内，而白色区域则是无色区域。

08 通过上面这一组操作，主要是让大家明白CMYK模式如何在印刷中管理油墨颜色。

　　在操作中可以看到，图像原来是白色的，随着添加的颜色越多，画面就越暗，这也就是我们前面提到的，CMYK 模式是减色模式。

3. 颜色模式转换时颜色会损耗

　　由于 CMYK 模式描述颜色的能力有限，所以将 RGB 模式转换为 CMYK 模式后，图像颜色会产生损耗。因为 RGB 模式中，很多颜色是 CMYK 模式描述不了的，此时这些颜色会转变为 CMYK 模式可以表述的颜色，转换后颜色值就发生了转变，我们称这种转变为颜色损耗。

　　在这里需要大家注意的是，Photoshop 中包含了多种颜色模式，颜色模式相互转换，都会出现损耗现象，所以如果没有必要，尽量不要转变颜色模式。此时读者可能会迷惑，如果将低描述能力的模式转变为高描述能力的颜色模式，也会产生颜色损耗吗？答案是肯定的！因为颜色模式在转换时，图像的颜色都会以一种新的方式进行描述（例如：RGB 模式是按照 RGB 值表述颜色值、HSB 模式使用 HSB 值描述颜色、CMYK 模式按照 CMYK 值描述颜色等），数值描述方式发生改变，颜色同时就会发生改变，颜色有悖于最初的颜色值就是损耗。此外，低颜色描述能力的颜色模式，转变为高颜色描述能力的颜色模式时，图像中没有的颜色也不能凭空创造出来，这就如同小杯的水倒入大杯，其实还是那么多水，并不能因为容器空间增加而凭空产生水，这没有任何意义。

　　明白了以上原因，我们在工作中，一般先使用 RGB 颜色模式进行工作，对图像进行各种处理和操作，直至最后图像将要进行印刷时，才会将图像由 RGB 模式转换为 CMYK 模式，为了谨慎起见，在转换颜色模式前，往往还会对 RGB 模式图像进行备份。

　　因为 RGB 和 CMYK 模式是我们工作中最常用到的，所以我们以这两种颜色模式为例，为大家讲述颜色模式的转换，以及颜色损耗显现。为了让大家更为直观地了解 CMYK 的颜色损耗，我们可以执行以下操作。

01 在工具栏中单击前景色，打开"拾色器"对话框，设置RGB颜色值，如图5-26所示。

图 5-26

02 此时，我们使用RGB模式设置的红色，描述的是红色光的颜色，红光的鲜艳和通透是CMYK模式中的油墨色描述不出来的，所以这个RGB模式的红，用CMYK模式是无法表现和描述的。

03 在"拾色器"对话框中，其实已经为大家标注了此颜色不能被油墨打印，在颜色展示框右侧提示了警告图标来说明这一点，如图5-27所示。

04 将鼠标置于警告图标，会弹出提示，告诉用该颜色无法使用油墨打印，如果单击警告图标，颜色会进行转换，转换为油墨可以打印的颜色，但是转换后的颜色就没有原来的颜色那么鲜亮通透了，如图5-28所示。

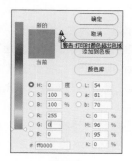

图 5-27

图 5-28

通过上述操作，可以了解到 RGB 模式在转换为 CMYK 模式时颜色的转变与损耗，以及损耗的原因。所以，如果不到最后印刷环节，尽量保持图像为 RGB 模式。

5.1.3　HSB 颜色模式

RGB 模式和 CMYK 模式都是以现实世界的成色原理作为理论基础而产生的。HSB 模式则是依据人类的眼睛对颜色的感知方式，作为理论基础而产生的。猛一听，大家可能会觉得这种颜色模式非常深奥，如同高深的医学理论，其实 HSB 颜色模式理解起来非常简单。

大家现在可以试着描述一下颜色，例如我们常会这么说：红色的花朵，绿色的叶子。这里的红和绿是我们描述出的颜色名称，这些颜色名称在 HSB 颜色模式中称为"色相"，也就是颜色的相貌。在生活中我们还会这么说：鲜艳的花朵，灰暗的天空。从颜色的鲜艳程度描述颜色也是常用的方法，颜色的鲜艳度在 HSB 颜色模式中，称为颜色的"饱和度"。在生活中我们也会这么讲：明亮的窗台，幽暗的树荫。从颜色的明度来描述颜色也是人们常用的方法，

所以在 HSB 颜色模式中还有一个"明度"。

图 5-29 所示展示了 HSB 模式中 3 种特性的关系。

图 5-29

在 HSB 颜色模式中，H（Hue）代表色相、S（Saturation）代表饱和度、B（Brightness）代表亮度。色相就是颜色本身固有的色彩属性，确定颜色的色彩称为色度，在 0 到 360°的标准色轮上，按位置度量色相。例如红色位于 0°，黄色位于 60°，绿色位于 120°，色度是按需分配360°圆周计算纯色。

饱和度是指颜色的强度或纯度，它表示色相中灰色分量所占的比例，使用从 0%（灰色）到 100%（完全饱和）的百分比来度量。在标准色轮上，饱和度是从中心到边缘逐渐递增。

明度是指通过光的强弱而导致颜色的明亮和黑暗程度。颜色的相对明暗程度，通常使用从 0% 到 100% 的百分比来度量，当百分比为 0 时代表黑色，百分比为 100 时代表白色。

在 Photoshop 中，用户可以使用 HSB 模式来选择和设置颜色，在"拾色器"对话框和"颜色"调板中都提供了 HSB 模式定义颜色的方法，但是没有用于管理图像颜色的 HSB 模式。也就是说，我们不能将图像转换为 HSB 模式，在 Photoshop 中只能用 HSB 模式来选择颜色。

5.1.4　Lab 颜色模式

Lab 颜 色 模 式 是 根 据 Commission Internationale de L Eclairage（CIE）国际发光照明委员会在 1931 年制定的一种测定颜色的国际标准建立的。该颜色模式在 1976 年被修订，并重新命名为 CIE Lab 颜色模式。

CIE Lab 颜色模式由亮度和两个色度分量组成，其中一个 a 分量范围从绿色到红色，另一个 b 分量范围从黄色到蓝色，如图 5-30 所示。此外，CIE Lab 颜色模式与设备无关，不管用户使用计算机显示器、扫描仪或者打印机创建及输出图像，该模式都能产生一致的颜色。它具有最宽的色域，包

括 RGB 和 CMYK 色域中的所有颜色。

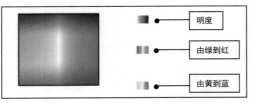

图 5-30

在 Photoshop 中，Lab 颜色模式的亮度分量范围在 0 到 100 之间，a 颜色模式的亮度分量（由绿到红）和 b 颜色模式的亮度分量（由蓝到黄）的范围则在 127 到—128 之间，如图 5-31 所示。

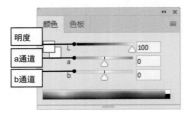

图 5-31

01 执行"图像"→"模式"→"Lab颜色"命令，将图像由RGB颜色模式变为Lab颜色模式。

02 在"通道"调板中选择"明度"通道，只将该通道显示，图像效果如图5-32所示。

图 5-32

03 单击a通道前侧的眼睛图标，效果如图5-33所示。

图 5-33

04 隐藏a通道，显示b通道，图像效果如图5-34所示。

图 5-34

5.1.5　灰度模式

5.1.5 视频教学

"灰度"模式是将照片的色彩转变为黑色、白色和不同级别的灰度，使图像产生黑白照片的图像效果。一般图像要进行黑白打印时，会将图像转换为"灰度"模式。因为彩色图像转换为黑白模式时，有时候得到的结果可能同我们想象的效果差别比较大。

01 打开配套素材\Chapter-05\"灰度模式转换.jpg"，观察图像可以看到红色和蓝色对比很明朗。

02 在菜单栏中执行"图像"→"模式"→"灰度"命令，将图像转变为"灰度"模式，如图5-35所示。

将图像转变为灰度模式

图 5-35

当图像转变为"灰度"模式后，整个图像变成了灰色，很难再区分红色和蓝色的区域，所以为了保险起见，将彩色图像进行黑白打印前，一定要转换为"灰度"模式检查一下。必要的情况下，还需要人为地对图像进行色彩调整，加大色彩差别，确保在黑白打印时能够有足够的色阶差别。关于色彩调整的知识，将在本书第 7 章进行讲述。

在 Photoshop "颜色"调板中灰度值是用黑色油墨覆盖的百分比来度量的，0% 为白色，100% 为黑色，如图 5-36 所示。

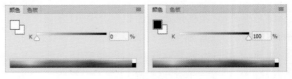

图 5-36

下面我们就来学习将彩色图像转换为灰度模式的方法。

01 执行"文件"→"打开"命令,打开配套素材\Chapter-05\"汽车广告.psd"文件,如图5-37所示。

图 5-37

02 执行"图像"→"复制"命令,将该文档复制,如图5-38所示。

图 5-38

03 执行"图像"→"模式"→"灰度"命令,打开一个"信息"对话框,单击"扔掉"按钮,将图像转换为"灰度"模式,如图5-39所示。

图 5-39

5.1.6 位图模式

当读者第一次听到位图颜色模式时,一定会和我们常说的 *.bmp 位图混淆,搞不清楚这两种位图的区别。其实这两者并不矛盾,它们都是位图。Photoshop 中"位图"颜色模式中的位图只有 1 位,也就说它只有一个颜色(单色模式)。而 *.bmp 位图是 8 位位图,它有 256 个颜色。它们都是位图,只是包含的颜色信息不同。

在位图颜色模式下,图像只有一个颜色,就是黑色。大家可能会奇怪怎样用一个颜色来描述图像中丰富的纹理,下面让我们来体验一下。

1. 创建"位图"模式

图像转换为"位图"模式前,必须先转换为"灰度"模式。

01 打开配套素材\Chapter-05\"花朵.jpg"文件,在菜单栏中执行"图像"→"模式"→"灰度"命令,先将图像转变为灰度模式,如图5-40所示。

图 5-40

02 执行"图像"→"模式"→"位图"命令,打开"位图"对话框,参照图5-41所示在对话框中设置,设置完毕后单击"确定"按钮。

图 5-41

> **提示**
>
> 在"分辨率"选项组中,可以在"输出"文本框内为位图模式图像的输出分辨率输入数值,通过"输出"参数可以放大或缩小图像,增加输出参数的数值,图像尺寸将会增大;反之,减小数值则会缩小图像。默认情况下当前图像分辨率同时作为输入和输出分辨率。

03 将转换前后的图像进行比较,可以看到位图模式下的图像显得有些粗糙,如图5-42所示。

图 5-42

04 此时看到位图图像中也有灰色的过渡色阶,大家可能会疑惑图像中是否还有除黑色和白色以外的灰色颜色。

05 在工具栏中选择"缩放"工具，在图像中单击鼠标将图像放大，如图**5-43**所示。

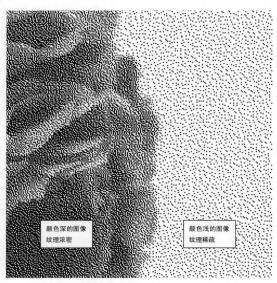

图 5-43

06 在位图模式下，通过颜色纹理的浓密稀疏来描述图像的黑白灰色调关系，这种模拟颜色的方法，在**Photoshop**中称为"仿色"。正如上述步骤中，用黑色纹理模仿出灰色。

> **提示**
>
> 仿色操作在 Photoshop 的很多命令中都会用到，这些操作往往都是用较少的颜色来模拟丰富的色调变化。这样做的最大目的是可以减小文件体积，最大化地丰富画面色调。

07 按下**Ctrl+Z**键，将图像还原至转换为"位图"模式之前。

08 再次执行"位图"命令，在弹出的"位图"对话框中，设置"使用"选项为"50%阈值"选项。

09 图像以"50%阈值"转换为位图时，图像中亮度高于中间灰（参数为50%的灰色）的像素转换为白色，将低于中间灰阶的像素转换为黑色，结果产生出高对比度的黑白图像，设置完毕后，单击"确定"按钮，关闭对话框，如图**5-44**所示。

图 5-44

> **提示**
>
> 之前我们曾讲到，在 Photoshop 中的灰度模式下，白色到黑色之间的参数数值按照 0%~100% 来表示，白色是 0%，黑色是 100%，那 50% 的灰色则是处于黑色和白色之间的中间灰。在前面操作中，"50% 阈值"选项的名称是指，以处于阈值参数为 50% 的灰色为分界线，将图像转变为黑色或白色。

10 图像以"50%阈值"转换为位图后，可以帮助我们快速制作出印章图案效果。

11 按下**Ctrl+Z**键将图像向前恢复一步，再次执行"位图"命令，设置"使用"选项为"图案仿色"。

12 此时图像中利用纹理的稀疏稠密变化，仿色出灰度过渡效果。但与前面"扩散仿色"选项不同的是，这里的仿色纹理在排列时是具有规律性的，形成了图案纹理效果。

> **提示**
>
> 前面操作中的"扩散仿色"选项可以让颜色根据画面原有纹理的分布向四周扩散，形成仿色效果。由于"扩散仿色"选项参考了原图的纹理形状，所以这种仿色效果产生的画面效果较为真实，较为贴近原稿。

13 在工具栏选择"缩放"工具放大视图，观察图像纹理，可以看到图案仿色纹理效果，如图**5-45**所示。

图 5-45

14 重复恢复灰度图像，打开"位图"对话框，将"使用"选项设置为"自定图案"，该选项可以根据定义的图案来生成位图的仿色效果，如图**5-46**所示。

15 设置完毕后，单击"确定"按钮，将图像转换为位图模式，如图**5-47**所示。在图像中可以看到"自定图案"与"图案仿色"非常类似，都是利用图像纹理来制作仿色效果的，不同的是"自定图案"可以自定义图案的形态。

图 5-46　　　　　　图 5-47

16 重复恢复灰度模式的图像，打开"位图"对话框，设置"使用"选项为"半调网屏"，如图5-48所示。

17 单击"确定"按钮，会弹出"半调网屏"对话框，参照图5-49在对话框中设置。

图 5-48　　　　　　图 5-49

提示

"半调网屏"这个名词来自于印刷领域，"半调网屏"是指在印刷中利用油墨网点的大小、疏密关系，来仿色颜色的渐变过渡，关于印刷理论，在此因为篇幅原因不能展开讲述，大家只需要明白，"半调网屏"选项是Photoshop模拟印刷网点作为仿色纹理生成位图图像。

18 "频率"参数可以控制网点在单位距离里出现的频率。频率越高，网点越浓密，网点也越小；频率越低，网点越稀疏，网点也越大。在这里设置该参数较低，目的是便于大家在图像中观察网点形状。

19 在"半调网屏"对话框中的设置可以储存下来，在其他图像中可以通过载入，重新被应用，这些操作可以通过"半调网屏"对话框中的"载入"和"储存"按钮来实现。

20 设置完毕后单击"确定"按钮，将图像转换为"位图"模式，效果如图5-50所示。

图 5-50

2. 位图模式的作用

通过前面的操作相信大家已经掌握了位图模式

的转换方法，这时大家心里一定会产生一个问题，将漂亮的彩色图像转换为这么粗糙的位图图像，到底可以用来做什么？在这里我要告诉大家，位图模式非常有用。在我们生活中有很多图案内容都是利用位图模式印刷制作的。在很多印刷精度受限制的印刷方式中，很多图像都需要转换为位图模式。

最常见的低精度印刷品就是丝网印刷品，例如T恤上的图案，如图5-51所示。还有塑料包装上的印刷图案，如图5-52所示。除此之外，还有一些打印精度比较低的打印机打印图案时，也需要将图案设置为位图模式，例如热敏打印机和针式打印机，如图5-53和图5-54所示。在一些特殊材质上进行印刷时，精度也比较低，这时也需要位图模式，例如，包装箱和木箱表面的印刷图案，如图5-55和图5-56所示。当然生活中还有很多低精度印刷品，在此不一一列举，大家在生活中多观察、多思考，分析图案设计在印刷工艺中的展现方式。

图 5-51　　　　　　　　图 5-52

图 5-53　　　　　　　　图 5-54

图 5-55　　　　　　　　图 5-56

5.1.7　双色调模式

在印刷品中如果只是使用黑色油墨印刷灰度图像，印刷出的图像会显得干涩粗糙。这是因为，虽然灰度图像在电脑中颜色过渡光滑细腻，但在印刷中油墨只能产生 50 种左右的灰度级别，图像中很多细腻的灰色过渡就无法表现出来。图 5-57 为大家展示了一幅典型的黑白印刷品中的图案，可以看到图案色阶变化很干涩。这种情况下，如果想提高图像颜色过渡的细腻程度，可以考虑使用"双色调"模式来印刷图像。

图 5-57

在 Photoshop 中，"双色调"模式并不是将图像用两个色调打印。"双色调"模式的真正作用是帮我们更好地印刷灰度图像。

"双色调"模式将灰度图像进行单色调、三色调、四色调以及双色调印刷。单色调是用非黑色的单一油墨印刷的灰度图像。双色调、三色调和四色调分别是用两种、3 种和 4 种油墨印刷的灰度图像。

双色调模式可以增大灰色图像在印刷时的色阶范围，使印刷的图像色调细腻。印刷机上的油墨只能表现出 50 种灰度级别。如果用单色的黑色油墨印刷，画面的颜色过渡不流畅。此时，如果使用两种、3 种或 4 种油墨印刷图像，那么每种油墨都能表现出 50 种灰色色阶，与单色油墨印刷图像相比，此时图像的颜色过渡会更为细腻柔和。

按照这种方法，我们可以在双色调模式中设置黑色和灰色两种油墨，黑色油墨用于印刷图像中较暗的区域，灰色用于印刷图像中较亮的区域，因为此时是两种油墨印刷，所以图像的灰度色阶就更为丰富了，印刷结果也就更加细腻柔和。

但在实际工作中，双色调模式更多地是应用于图像的专色印刷中。所谓专色就是专用油墨颜色，或者说是特殊的油墨颜色。除了 C（青色）M（洋红色）Y（黄色）K（黑色）标准印刷 4 色以外的其他油墨色，我们都可以称为专色。例如我们生活中常见的防近视图书，图书为了减轻眼睛疲劳，大量使用绿色进行印刷，如图 5-58 所示，这就是使用绿色专色

进行印刷的。

图 5-58

双色调模式可以在专色印刷品中，用较少的油墨（例如：只使用 2 种油墨）印刷出更为丰富漂亮的图像纹理。图 5-59 为我们出示了一组由专色印刷的磁卡，卡片中的图像纹理就是使用专色金黄色和深褐色结合印刷的，合理地组合两种颜色的印刷区域，画面中营造出金碧辉煌的效果。在这里双色调模式可以帮我们快速有效地管理和分布图像专色油墨。

图 5-59

下面介绍将图像转换为双色调模式的方法。

1. 熟悉"双色调"模式

图像在设置为"双色调"模式之前，必须先转换为"灰度"模式，这是因为"双色调"模式中设置的所有油墨色都是对当前的灰度图像进行打印的。

01 执行"文件"→"打开"命令，打开配套素材\Chapter-05\"音乐专辑.psd文件，如图5-60所示。

02 执行"图像"→"模式"→"灰度"命令，打开"信息"对话框，单击"扔掉"按钮，关闭对话框，将图像转换为灰度模式，如图5-61所示。

图 5-60   图 5-61

03 执行"图像"→"模式"→"双色调"命令，打开"双色调选项"对话框，如图5-62所示。

图 5-62

04 单击"类型"选项的下三角按钮，在弹出的下拉菜单中选择"双色调"选项，如图5-63所示。

图 5-63

05 单击"油墨 2"的颜色块，弹出"拾色器"对话框，单击"颜色库"按钮，将拾色器更改为"颜色库"对话框，设置油墨的颜色，如图5-64和图5-65所示。

图 5-64

图 5-65

2. 设置油墨的分布量

在设置了油墨颜色后，我们还可以控制油墨在

图稿中的分布量。图稿由灰度模式转变为双色调模式时，双色调模式设置的油墨是根据图稿中灰度级别进行分布的，图稿中颜色越暗的位置，分布的油墨色就越多，如果图稿中是白色，那么双色调模式将不设置油墨，如果图稿中是黑色，那么双色调模式将会设置油墨色为 100% 地着色。这种油墨分布方式，我们可以通过一条曲线来表示。

01 在"双色调选项"对话框，在"油墨1"选项右侧单击"双色调曲线"按钮，会弹出"双色调曲线"对话框，如图5-66所示。

图 5-66

02 "双色调曲线"对话框中的这条曲线，为大家展示了当前图稿中黑色油墨的分布情况，如图5-67所示。

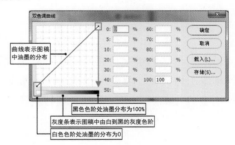

图 5-67

03 在曲线上单击鼠标可以创建控制点，拖动控制点，可以更改曲线的形状，曲线的形状变化，油墨的分布量也会发生变化，如图5-68所示。

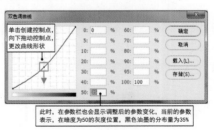

图 5-68

提示

如果想删除控制点，可以将控制点拖动到控制框以外区域，即可删除控制点。

04 用户可以通过修改曲线调整油墨的分布，也可以通过对话框右侧的参数栏控制油墨分布，如图5-69所示。

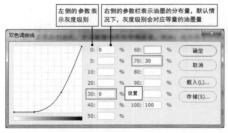

图 5-69

05 随着参数的更改，"双色调曲线"对话框左侧的曲线状态会变化，同时图稿中的色调也会发生变化，如图5-70所示。

图 5-70

06 通过减少黑色油墨的分布量，画面变得更加通透。

3. 双色调模式的应用技巧

通过前面小节的讲述，我们已经掌握了双色调模式的基本工作方法，我们可以设置色调数量，可以更改油墨的分布，但此时可能读者心里还会有疑问，本节将围绕双色调模式在印刷工作中的具体应用展开讨论。

01 按下Ctrl+Z键，将当前图像返回至"灰度"模式状态，然后添加"双色调"模式。

02 此时"双色调"模式为图像设置的是"单色调"类型，也就是对图像设置一种油墨印刷图像。

03 在"双色调选项"对话框单击油墨1前端的"双色调曲线"按钮，在对话框中进行设置，此时黑色油墨在图像亮部和中间调区域分布量减少了，如图5-72和图5-73所示。

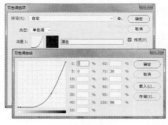 

图 5-72   图 5-73

04 通过"双色调选项"对话框调整油墨的分布只是基础功能，我们使用"双色调"模式主要是为了丰富图像色调关系，在"双色调选项"对话框设置"类型"选项为"双色调"选项。

05 单击"油墨2"选项右侧的色块按钮，参照图5-74在"拾色器"对话框内设置"油墨2"的颜色，并定义油墨的名称。

图 5-74

06 单击"油墨2"前端的"双色调曲线"按钮，在对话框中进行设置，减少灰色油墨在图像中暗色区域的分布，如图5-75和图5-76所示。

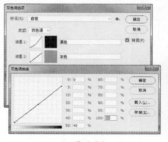 

图 5-75   图 5-76

07 此时使用黑色油墨印刷图像中的暗色区域，使用灰色油墨来印刷图像的亮色区域，两种油墨印刷图像其结果更为细腻。利用"双色调"模式可以有效地优化灰色图像的印刷。

08 除了增加灰度色阶，利用"双色调"模式还可以制作漂亮的专色印刷效果，按下Ctrl+Z键，将图像恢复为"灰度"模式，重新添加"双色调"模式命令。

09 在"双色调选项"对话框内进行设置，如图5-77所示。

图 5-77

10 参照图5-78对"油墨1"和"油墨2"前端的"双色调曲线"对话框进行设置。设置完毕后制作出前面内容提到的专色印刷效果，如图5-79所示。

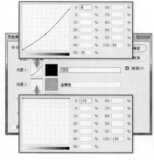

图 5-78   图 5-79

11 在"双色调选项"对话框上端提供了"预设"选项，在"预设"选项内Photoshop已经为我们提供了大量的"双色调"模式设置方式。

12 在"预设"选项内选择"424 bl 3"选项，如图5-80所示，可以看到对话框的设置效果，与我们在步骤05和步骤06设置的效果接近。

13 我们亦可以将自己设置的参数保存入"预设"选项内，在"双色调选项"对话框上端单击"预设设置"按钮。

14 利用"储存预设"和"载入预设"命令按钮，可以将当前设置的参数保存至预设选项内。

15 将当前设置参数储存为预设，可以快速地在其他图像中应用当前设置，因为我们的印刷物可能存

在多幅图像内容，利用预设可以大大提高工作效率。

图 5-80

4. 通过压印颜色观察图稿

在"双色调选项"对话框下端提供了"压印颜色"按钮，通过该命令可以设置图稿的颜色显示，预览印刷完成后的效果。

首先我们要理解"压印颜色"，当我们设置了多个色调时，就意味着在印刷时会使用多种油墨色对图稿进行印刷，不同的油墨会在图稿中同一区域进行印刷。结合我们现在设置的参数，在图稿中使用黑色油墨对图稿印刷后，会使用蓝色油墨对图稿进行印刷，黑色油墨和蓝色油墨在图稿中重叠印刷的颜色，我们称之为压印颜色。为了预先观察压印颜色在图稿中的颜色效果，我们可以设置压印颜色，对图稿进行预览观察。

01 当前的类型设置为多色调模式时，"双色调选项"对话框下端的"压印颜色"命令按钮即可进行设置，如图5-81所示。

02 单击"压印颜色"按钮，打开"压印颜色"对话框，如图5-82所示。

图 5-81   图 5-82

> **注意**
>
> 在"压印颜色"对话框内，可以设置油墨颜色叠加在一起时呈现出的颜色，在这里需要大家注意的是，设置压印颜色后，图稿中出现的颜色只是用于对印刷效果进行预览。设置压印颜色，并不能影响实际印刷效果。例如：我们将蓝色油墨和黄色油墨进行叠印，那叠印后的颜色将会是绿色，这时候可以在压印颜色对话框中设置压印颜色为绿色，此时，图稿中，两种油墨叠印的位置会出现我们设置的绿色，但是这时在屏幕中出现的颜色和实际印刷的结果色可能会有区别。设置叠印颜色只是对印刷结果色进行预览，并不等于实际印刷结果。

5. "双色调"模式的通道

在前面的内容中，我们学习的颜色模式，其通道的颜色数量都与颜色模式中的颜色数量对应，例如 CMYK 颜色模式有 4 个颜色，"通道"调板中有青色、洋红色、黄色、黑色 4 个颜色通道。

01 打开配套素材\Chapter-05\"水果.tif"文件，观察"通道"调板，如图5-83所示。

图 5-83

02 前面我们讲过颜色通道记录了图像中颜色的分布，通过通道可以观察颜色的分布。其实颜色通道也是可以直接进行编辑修改的，颜色通道被修改，那画面中颜色的分布情况也会被修改。

03 在工具栏设置"前景色"为白色，然后选择"画笔"工具，在图像中用鼠标涂抹，如图5-84所示。

图 5-84

04 可以看到图像中被涂抹成白色的区域，在4个颜色通道中颜色也消失了。

05 按下F12键，将图像恢复为打开状态，在"通道"调板单击选择黄色通道，然后在图像中涂抹白色，如图5-85所示。

图 5-85

06 在"通道"调板单击上端的CMYK通道，观察图像，黄色通道被修改后，图像中的黄色也消失了，如图5-86所示。

图 5-86

通过上述操作，可以看到颜色通道与图像颜色之间的关系。双色调模式的通道比较特殊，无论我们在"双色调选项"对话框中设置几种颜色，其通道只有一个，如图5-87所示。我们并不能通过修改颜色通道的方式，对图像的色彩进行调整。

图 5-87

此时，如果想要调整当前图像的色彩，可以在菜单栏中重新选择"图像"→"模式"→"双色调"命令，修改对话框的参数，但是无论颜色内容和数量如何调整，其"通道"调板内并没有任何变化，如图 5-88 所示。

图 5-88

如果想要通过修改色彩通道的方式来修改双色调图像的颜色，可以将当前图像转变为"多通道"模式。在菜单栏中执行"图像"→"模式"→"多通道"命令，如图 5-89 所示。

在"通道"调板内可以看到，执行"多通道"命令后，图像的通道由一个"双色调"通道，转变为 3 个色彩通道，这些通道的名称即是我们在转换"双色调"模式时设置的油墨颜色。用户此时可能会有疑虑，此时的多通道模式与原来的"双色调"

模式是否有区别。其实是没有区别的，通道中记录的就是在"双色调"模式中设置的颜色信息，将图片转变为多通道模式，便于下一步分色出片或印刷。关于通道的相关知识，我们在本书的第 21 章详细为大家讲述。

图 5-89

5.1.8 "索引颜色"模式

"索引颜色"模式的优点是它可以生成体积非常小的图片文件，在减小体积的同时，保持图像在视觉品质上满足需求。所以索引模式的图片常用于网页中。

图像的颜色信息越丰富，那么图像文件需要记录的信息就越多，这样在图像文件保存时，文件体积也会非常大。"索引颜色"模式之所以可以生成体积非常小的图片，原因就是图片在定义为索引颜色模式时，"索引颜色"模式将图像中丰富的颜色信息进行了归纳和删除，将颜色数量减少至 256 个。下面我们来学习"索引颜色"模式。

01 打开配套素材\Chapter-05\ "苹果.psd"文件。可以看到图像中包含的颜色信息非常丰富，另外图像中还包含了透明区域。

> **提示**
>
> 只有 RGB 颜色模式和灰度颜色模式的图像，才能够转换成"索引颜色"模式。灰度颜色模式转换为"索引颜色"模式时，Photoshop 会自动转换，RGB 颜色模式在转换为索引颜色模式时，会弹出"索引颜色"对话框，需要用户对图稿转换后的颜色进行设置。

02 执行"图像"→"模式"→"索引颜色"命令，打开"索引颜色"对话框，如图5-90所示。

图 5-90

03 "调板"栏内提供的选项，主要用于设置索引颜色在生成颜色表时参考的颜色方案，如图5-91所示。

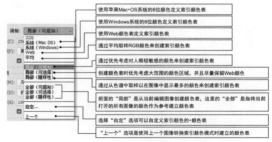

图 5-91

04 这时，读者可能会对这些调板选项产生迷惑，到底使用哪种方式来建立颜色表，一般情况下使用"局部（可感知）"选项就可以满足大部分的工作需要了。首先我们从"局部（可感知）"选项开始讲起。

> **提示**
>
> 使用"局部（可感知）"选项就是以当前图像的颜色为参考，Photoshop 会选择人眼较敏感的颜色来创建索引颜色表。

05 "强制"选项中提供的颜色方案，是强制添加到索引颜色表中的，选择"无"则不添加颜色至索引颜色表。

06 "透明度"选项可以设置图像是否保留透明像素。

07 "颜色"参数可以设置索引颜色表的颜色数量，颜色数量越少，生成的索引文件体积越小，图5-92出示了在不同颜色数量下的图像效果。可以看到随着颜色数量的增加，图像的颜色过渡也越细腻。

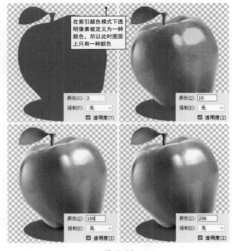

图 5-92

08 在"索引颜色"模式下，像素只能是透明或不透明两种方式，不能拥有半透明设置。"杂边"选项可以设置图像中半透明区域的颜色生成方案，如果图像中没有透明区域，"杂边"选项将会是不可用状态。

09 设置"杂边"选项为"无"，半透明像素将转变为不透明像素，如图5-93所示。

图 5-93

> **提示**
>
> 设置"杂边"选项为"无"，半透明像素将转变为不透明像素过程中，透明度大于50%的像素将被设置为完全透明，透明度小于50%的像素将被设置为完全不透明。

10 为了保持半透明像素柔和的渐变效果，还可以设置一个底层颜色与半透明像素叠加生成一个新的颜色。

11 选择"前景色"或"背景色"选项，可以将前景色或背景色设置为底层颜色，与半透明像素叠加，生成不透明像素，如图5-94所示。

图 5-94

12 除了利用前景色和背景色，还可以指定特定颜色，如图5-95所示，因为形式雷同，在此不再赘述。

图 5-95

13 选择"自定"选项，可以指定颜色作为底层颜色与透明像素进行叠加，如图5-96所示。

14 我们知道，"索引颜色"模式将图像中丰富的颜色归纳为了256种颜色，由于颜色数量减少，图像中的渐变过渡会变得非常生硬，如图5-97所示。

图 5-96

图 5-97

15 设置"仿色"选项可以模拟出图像中细腻的颜色过渡效果，如图5-98所示。

图 5-98

> **提示**
>
> 将图像放大，可以看到颜色过渡变得细腻。这并不是因为颜色数量增加了，而是颜色分界处产生了均匀的颗粒纹理。"仿色"选项就是通过设置颜色过渡处的颗粒纹理，来模拟丰富的颜色效果的。

16 在仿色中提供了4种模式来设置索引颜色的过渡效果，如图5-99所示。

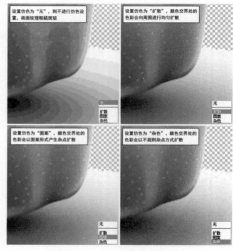

图 5-99

17 在选择"扩散"选项后，该选项下的"数量"参数将处于激活状态，通过设置"数量"参数，可以控制颜色边界处颜色颗粒的扩散力度，如图5-100所示。

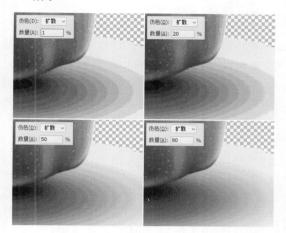

图 5-100

18 最后，与"仿色"的扩散选项配套的还有一个"保留实际颜色"选项，选择该选项后，扩散纹理将尽量模拟真实颜色的过渡，如图5-101所示。

19 设置完毕后单击"确定"按钮，关闭对话框，将图像转换为索引模式，如图5-102所示。

图 5-101

图 5-102

20 观察文档底部的"文档大小"提示栏，可以看到当前文档的保存大小，体积被缩小了很多，如图5-103所示。

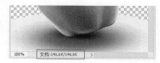

图 5-103

21 图像被转变为"索引颜色"模式后，可以通过菜单栏中的"图像"→"模式"→"颜色表"命令，查看当前索引图像的颜色表，颜色表陈列了当前图像中的所有颜色，如图5-104所示。

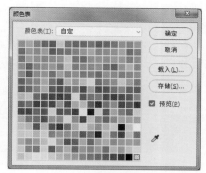

图 5-104

22 此时，通过颜色表还可以更改索引图像中的颜色值，如图5-105和图5-106所示。

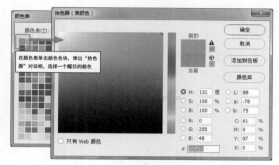

图 5-105

图 5-106

23 在"颜色表"对话框右侧，提供了"吸管"工具，使用该工具可以判断颜色表中的颜色处于图像中的位置，如图5-107所示。

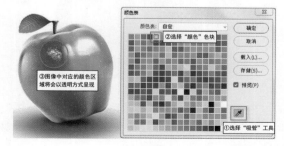

图 5-107

24 使用"吸管"工具在图像中单击，"颜色表"中也会激活所对应的颜色色块，如图5-108所示。

图 5-108

25 能够准确判断颜色色块在图像中对应的区域，可以为下一步手动更改"颜色表"色块颜色做准备。

26 索引颜色模式的颜色表还提供了其他的颜色方案，我们可以在对话框上端的"颜色表"选项中设置，如图5-109和图5-110所示。

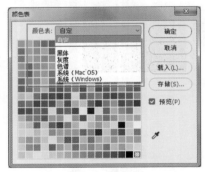

图 5-109

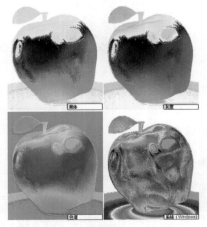

图 5-110

27 按下Alt键，此时"颜色表"对话框的"取消"键将变为"恢复"键，单击"恢复"键恢复对话框的初始设置。

28 我们可以将当前"颜色表"的颜色信息保存，在其他图像中使用，单击"颜色表"右侧的"储存"按钮，可以保存颜色表信息，单击"载入"

按钮，可以载入已经储存的颜色表信息。

5.1.9 "多通道"模式

"多通道"模式和我们前面学习的任何一种颜色模式都不同，之前我们学习的颜色模式都是根据工作中不同的应用需求而设立的。而"多通道"模式主要是为印刷工作提供辅助服务的。

首先我们要了解一些通道和印刷的关系。打开配套素材 \Chapter-05\ "水果.tif"文件。在通道内可以看到有青色、洋红色、黄色、黑色4个颜色通道。选择其中一个颜色通道，可以看到颜色的分布情况，如图 5-111 所示。

图 5-111

在实际印刷中，图像的色彩通道会被打印在印刷胶片上，如图 5-112 所示，印刷机会根据胶片上记录的颜色分布信息来分布油墨。

图 5-112

现在我们已经简单了解了通道与印刷的关系，多通道模式可以将图像中的颜色转变为可以打印的通道。所以使用"多通道"模式进行特殊印刷非常有用。

01 执行"文件"→"打开"命令，打开配套素材 \Chapter-05\."购物宣传页.psd"文件，如图5-113所示。

02 执行"图像"→"模式"→"多通道"命令，将图像转换为"多通道"模式，如图5-114所示。

图 5-113

图 5-114

03 观察"通道"调板，颜色通道在转换的图像中成为专色通道，如图5-115所示。

04 按下Ctrl+Z键，撤销"多通道"操作命令，然后单击并拖动"蓝"通道至"通道"调板底部的 🖬 "删除当前通道"按钮上，松开鼠标，该通道被删除，如图5-116所示。

05 从RGB、CMYK或Lab图像中删除通道后，可以自动将图像转换为多通道模式，如图5-117所示。

06 单击"通道"调板中"青色"通道前的"眼睛"图标，将该通道隐藏，图像效果如图5-118所示。

图 5-115

图 5-116

图 5-117

图 5-118

5.2 设置颜色

无论是图像调整还是画笔绘图，都需要使用到颜色，所以在 Photoshop 中需要快速准确地设置颜色。因此设置颜色成为绘画的首要任务。下面将学习设置颜色的几种方法。

5.2.1 前景色与背景色

在工具栏中提供了"前景色"和"背景色"按钮，通过这两个按钮可以快速定义颜色，如图 5-119所示。

图 5-119

很多初学者在刚开始使用 Photoshop 的时候，对于"前景色"和"背景色"两块颜色感到奇怪，为什么会设置上层和下层两种颜色？如果按照生活中的习惯，我们在绘画时，用笔蘸上颜料，此时只需要前景色就可以了，为什么还会有一个背景色。在此我要告诉大家的是，前景色和背景色是 Photoshop 一个巧妙的发明。下面我们来了解"前景色"和"背景色"的工作原理。

1. 前景色与背景色是巧妙的发明

在 Photoshop 中工作，实际上是在计算机提供的数字虚拟环境中工作，它极真实地模拟了现实中的工作方式，可是它毕竟还是虚拟环境。所以有些必须遵守的原则，那就是计算机逻辑的严谨性。下面我们来进行一组操作。

01 执行"文件"→"打开"命令，打开配套素材\Chapter-05\"人物.psd"文件，如图5-120所示。

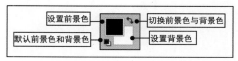

图 5-120

02 在工具栏中单击"背景色"按钮，设置"背景色"为红色。

03 选择"矩形选框"工具，在图像中创建一个选框，然后在工具栏中选择"移动"工具，单击并拖动选区，如图5-121所示。

此时我们执行的操作是移动选区内的像素，当像素被移动后，我们必须告诉 Photoshop 像素背后的颜色是什么，否则计算机将无法进行操作。当然，此时计算机可以设置一个自动颜色，但这个颜色未必是我们所需要的，所以此时对背景色的设置是非常有必要的。

图 5-121

04 按下F12键，将文档恢复至打开状态。

05 单击工具栏下方的"设置背景色"图标，打开"拾色器"对话框，在拾色器中单击鼠标设置背景色，如图5-122所示。

图 5-122

06 打开"路径"调板，选择"路径1"，单击"将路径作为选区载入"按钮将路径转换为选区，如图5-123所示。

07 按下Ctrl+Delete键，将选区内的像素删除，此时将会呈现背景色，如图5-124所示。

图 5-123　　　　图 5-124

在上述操作中，将选区内的像素删除时，必须告诉计算机像素删除后底层像素的颜色，这样才符合计算机的逻辑。由于该操作和填充操作的过程一致，我们将删除像素的操作还称为使用背景色填充。

2. 设置前景色与背景色

熟练地使用前景色和背景色可以提高绘制图像的效率。

01 执行"窗口"→"颜色"命令，打开"色板"调板，在调板中可以通过参数设置颜色，如图5-125所示。

02 执行"窗口"→"色板"命令，打开"色板"调板，在需要的颜色上单击，即可将颜色吸取到前景色，如图5-126所示。

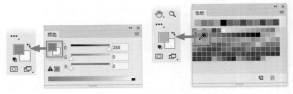

图 5-125　　　　　图 5-126

03 单击工具栏下方的 ⤢ "切换前景色与背景色"图标，或按X键，切换前景色与背景色的颜色，如图5-127所示。

04 单击 ▣ "默认前景色与背景色"图标，或按D键，将前景色与背景色设置为默认值，如图5-128所示。

图 5-127　　　　图 5-128

05 设置前景色为肉色，在"路径"调板中选择"路径2"，按下Ctrl+Enter键将路径转换为选区，并将选区填充为肉色，如图5-129所示。

图 5-129

通过上述操作，我们已经可以熟练地设置前景色和背景色了。其实在 Photoshop 中除了填充操作以外，还有很多命令需要结合前景色和背景色的设置，例如，"滤镜"→"渲染"→"云彩"命令，在工作时，必须结合前景色和背景色的设置。大家可以尝试操作一下。

5.2.2 使用拾色器

拾色器是一个功能全面、操作灵活的颜色设置工具。通过拾色器，可以快速地设置前景色和背景色的颜色，在工具栏中单击"前景色和背景色"按钮，即可打开"拾色器"对话框。在 Photoshop 一些需要定义颜色的操作命令中，也可以打开"拾色器"对话框。图 5-130 所示为"拾色器"对话框。

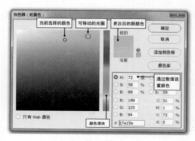

图 5-130

1. 指定颜色

在前面的内容中，我们详细为大家讲述了颜色模式，颜色模式可以管理颜色，按照颜色模式的原理可以设置颜色。在"拾色器"中提供了 4 种色彩模式供大家设置颜色，分别是 HSB、RGB、LAB 和 CMYK，如图 5-131 所示。

图 5-131

大家可以根据颜色模式的工作原理，通过参数来准确地设置颜色参数。除了通过参数控制，在拾色器里还可以通过鼠标在颜色立方体里来手动选择颜色。

01 单击"设置前景色"图标，打开"拾色器"对话框，拖动彩色条两侧的三角滑块来设置色相，如图5-132所示。

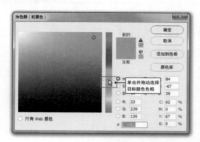

图 5-132

02 在拾色器中单击来确定饱和度和明度，如图5-133所示。

03 也可以在右侧的文本框中输入数值设置颜色，如图5-134所示。设置完毕后，单击"确定"按钮，关闭"拾色器"对话框。

图 5-133

图 5-134

04 在"路径"调板中将"路径 3"转换为选区，按下Alt+Delete键使用前景色填充选区，如图5-135所示。

图 5-135

2. 拾色器中的颜色立方体

拾色器的左侧是颜色立方体，如图 5-136 所示，在颜色立方体内通过单击鼠标，可以快速选择颜色。

图 5-136

颜色立方体这个名词听起来好像很深奥，其实很简单。颜色立方体是根据颜色模式理论，将颜色进行组合摆放，拼合出一个具有立体关系的图谱，便于用户观察颜色和选择颜色。Photoshop 中的颜色立方体可以根据用户选择的颜色模式而改变，接下来我们来学习。

默认情况下，拾色器的颜色立方体是按照 HSB

颜色模式的 H 值建立的。首先我们回顾一下 HSB 分别代表什么（本章第 1 节详细讲述了各种颜色模式），H 代表色相，S 代表饱和度，B 代表明度。默认情况下，拾色器的颜色立方体定义在 HSB 的 H 参数上，此时立方体会按照 H 参数来建立。立方体右侧的色带用于展示当前选择选项的含义，而左侧的方形立方体则展示了颜色模型各个参数间的交互关系，图 5-137 详细为大家展示了 HSB 颜色模式与立方体的关系。

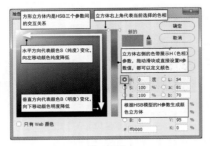

图 5-137

当选择 HSB 模型的 S 或 B 参数前端单选按钮时，颜色立方体会根据参数的变化而产生变化，虽然立方体外观改变，但构成形式还是一致的。右侧的色带代表选择的颜色模式参数，左侧的方形立方体展示 3 个参数之间的交互关系，如图 5-138 和图 5-139 所示。

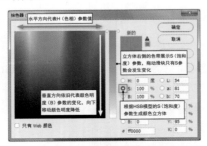

图 5-138

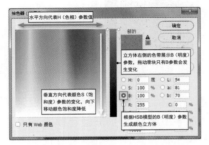

图 5-139

接下来我们来学习利用 RGB 模型创建的颜色立方体。在拾色器中选择 RGB 模型的 R（红）单选项，此时的立方体将会按 RGB 模型的 R 参数进

行建立，右侧的色带表示 R 参数的含义，左侧的方形立方体展示了 R、G、B 3 个参数的关系，如图 5-140 所示。

图 5-140

通过上述描述，相信大家可以对颜色立方体与 RGB 模型之间的关系有所了解，由于 G（绿）和 B（蓝）选项和 R（红）选项原理是相同的，在此就不再赘述。大家可以分别选择 G 和 B 单选项后尝试设置，结合 R 参数下的立方体进行学习。

下面我们来看一下 Lab 模式与颜色立方体之间的关系。Lab 模式的 3 个参数分别代表明度（L）、由红到绿（a）、由黄到蓝（b），在拾色器中选择 L 单选项，立方体右侧的色带代表 L 参数含义，方形立方体展示了 L、a、b 3 个参数的交互关系，如图 5-141 所示。

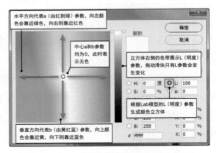

图 5-141

在拾色器中选择 a 或 b 单选项，立方体右侧的色带代表颜色参数，方形立方体展示了 L、a、b 3 个参数的交互关系，如图 5-142 和图 5-143 所示。

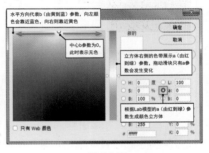

图 5-142

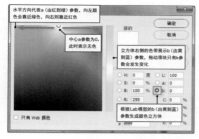

图 5-143

以上讲述了拾色器中所有的颜色立方体，如果初学者在理解方面感觉还是很吃力，说明你没有很好地掌握颜色模式理论，此时需要重新认真学习本章第1节中讲述的知识，只有深刻理解了各种颜色模式，才能够很好地理解由颜色模式生成的颜色立方体。

3. 使用 Web 安全颜色

首先我们要明白什么是 Web 安全色。我们使用的电脑主要分为两种系统，分别是 Windows（PC机）和 Mac OS（苹果机），这两种操作系统都有自己的颜色管理系统，两者之间使用的是不同的颜色管理方式。早期的电脑显示器只有 8 位（颜色数量是 2 的 8 次方，共 256 色），显示颜色的能力非常有限，如果颜色的数值在 Windows（PC机）或 Mac OS（苹果机）的颜色管理系统中不存在，那么颜色管理系统将会选择一个类似的颜色，仿色显示目标颜色，此时就会出现颜色偏差。

所以相同的颜色数值，在 Windows（PC机）和 Mac OS（苹果机）不同的颜色管理系统下可能会显示得有所差别。网页是需要在不同操作系统中打开的，所以网页中迫切地需要一种颜色管理方案，能够在不同的系统中显示相同的颜色，Web 安全色应运而生。

Web 安全颜色定义了 216 种颜色，结合 Windows 和 Mac OS 系统的颜色模式；在 8 位显示器的屏幕上显示颜色时，网页浏览器的颜色会保持一致，不会发生偏差。

在 Photoshop 中充分为用户考虑到了这一点，在"拾色器"对话框下端复选"只有 Web 颜色"选项，颜色立方体中的颜色以色块显示。这些色块均是 Web 安全色定义的颜色，如图 5-144 所示。

此时初学者可能会感觉网页设计受到了很大限制，因为 Web 安全色只为我们提供了 216 种颜色，其实这种担心大可不必。Web 安全色产生的环境是显示器的显示能力为 8 位，而现在我们使用的显示器早已是 32 位真彩色了，显示色彩的能力大大增强了，所以大家根本不用担心显示器无法准确显示你将要展示的颜色。但是 Web 安全色的设置功能，却在 Photoshop 中保留了下来。

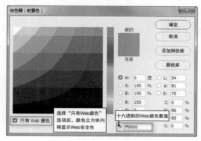

图 5-144

在"拾色器"对话框下端有 Web 颜色数值栏，其参数是以十六进制方式描述的。这是为了便于在编写网页代码时直接调用。如果读者的工作和网页代码编写并无关系，那只需要了解即可。

4. 颜色警告

在学习颜色模式的知识时，我们曾经讲到了 CMYK 模式所包含的颜色数量没有 RGB 模式中的颜色多，所以有些 RGB 模式中的颜色，CMYK 模式是无法展现出来的。"拾色器"对话框中的颜色警告标志可以提醒用户当前的颜色是否超出了 CMYK 模式的描述范围，如图 5-145 所示。

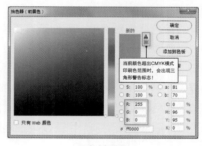

图 5-145

在三角形警告标志的下端，是 CMYK 模式中与选择颜色最接近的颜色，如图 5-146 所示。只要单击下面的颜色块，CMYK 模式颜色会替换当前选择颜色。

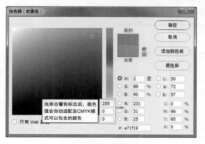

图 5-146

细心的同学一定会发现，颜色色标旁边会出现另一个警告色图标，是一个小的几何体形状。这个警告图标提示大家当前的颜色不是 Web 安全色。前面我们讲了 Web 安全色一共只定义了 216 种颜色，所以大部分情况下，该警告图标都会出现的。如果需要将当前目标色匹配为 Web 安全色，单击该警告图标即可。

5. 使用颜色库中的颜色

在"拾色器"对话框中除了可以自定义颜色以外，还为用户提供了丰富的颜色库，在颜色库中，用户可以方便地选择符合标准的印刷色。

初学者可能不明白颜色库的作用，这同样是因为和我们的具体工作脱节产生的问题。熟悉印刷的朋友应该了解，我们常会用到专色印刷（除了标准4色油墨以外的油墨色都可称为专色），专色油墨有很多，我们不能自己随便定义，因为你定义了未必油墨厂会有这个颜色。所以全球各大油墨生成厂商，就推出了各自的颜色模板。你可以在这些定义好的颜色模板中选择符合你需要的专色油墨，理论上可以买得到该颜色的油墨。所有这些颜色模板都被 Photoshop 集中放置在了颜色库中，供大家选择，并应用于当前的工作图稿。这就是"拾色器"对话框中颜色库的作用。下面通过操作学习选取颜色库中颜色的方法。

01 打开"拾色器"对话框，我们可以在颜色立方体内任意选择一个颜色。

02 单击"颜色库"按钮，接着弹出"颜色库"对话框，在其中已经显示了与拾色器中当前选中颜色最接近的颜色，如图5-147所示。

图 5-147

03 "颜色库"对话框中提供了丰富的颜色模板，单击"色库"选项的下三角按钮，在弹出的下拉列表中可以选择需要的颜色系统，如图5-148所示。

列表中的这些颜色模板库，均由全球各大油墨生产研究机构开发，下面我们对列表中的颜色模板库做简单的介绍。

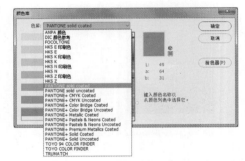

图 5-148

ANPA 颜色通常用于报纸。ANPA-COLOR ROP Newspaper Color Book 包含 ANPA 颜色样本。

DIC 颜色参考在日本通常用于印刷项目。

FOCOLTONE 由 763 种 CMYK 颜色组成，并提供了包含印刷色和专色规范的色板库、压印图表，以及用于标记版面的雕版库。FOCOLTONE 颜色有助于避免陷印和对齐问题。

HKS 在欧洲用于印刷项目。每种颜色都有指定的 CMYK 颜色。可以从 HKSE（适用于连续静物）、HKSK（适用于光面艺术纸）、HKSN（适用于天然纸）和 HKSZ（适用于新闻纸）中选择。有不同缩放比例的颜色样本。

PANTONE 用于打印纯色和 CMYK 油墨。PANTONE MATCHING SYSTEM 包括 1114 种纯色。要以 CMYK 模拟 PANTONE 纯色，请参考相关的"PANTONE 纯色/印刷色"手册。PANTONE 印刷色可从 3000 多个 CMYK 组合中进行选择。

TOYO Color Finder1050 由基于日本最常用的印刷油墨的 1000 多种颜色组成。TOYO Color Finder 1050 Book 包含 Toyo 颜色的打印样本，可以从印刷厂商和图片用品商店购得。

TRUMATCH 提供可预测的 CMYK 颜色，这种颜色可与 2000 多种计算机生成的颜色相匹配。TRUMATCH 颜色包含偶数步长的 CMYK 色域的可见色谱。TRUMATCH COLOR FINDER 中每个色相显示多达 40 种的色调和暗调，每种最初都是在四色印刷中创建的，并且都可以在电子照片机上用四色重现。另外，还包括使用不同色相的四色灰。

04 选择好颜色系统后可以拖动滑块来选取所需的色相，如图5-149所示。

05 在"颜色"列表中单击所需的编号，如图5-150所示，选择好后单击"确定"按钮，即可得到所需的颜色。

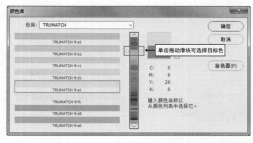

图 5-149

图 5-150

06 在"路径"调板中将"路径 4"转换为选区,并使用前景色填充选区,如图5-151所示。

图 5-151

5.2.3 使用"颜色"调板

"拾色器"对话框是一个临时的设置颜色的面板,当设置完毕后,单击"确定"按钮对话框将会关闭。有时候,我们的工作可能需要频繁地更换颜色,这样不停地打开关闭对话框会显得非常烦琐。此时我们可以考虑使用"颜色"调板来设置颜色。

01 如果当前视图中没有"颜色"调板,执行"窗口"→"颜色"命令,打开"颜色"调板,如图5-152所示。

02 默认状态下的"调板"包含3部分,分别是①前景色与背景色;②滑块与参数控制;③色谱。

03 学习了"拾色器"对话框后,来看"颜色"调板的组件,我们并不陌生,马上就可以熟练地使用。选择了前景色或背景色,我们就可以对其颜色进行定义。

04 在这里我想特别讲一下色谱模块,在"颜色"调板下端的色谱与"拾色器"对话框中的颜

立方体的使用是相同的,供大家直接吸取颜色,但"颜色"调板的色谱可以更改外观尺寸。

05 在"颜色"调板下端单击拖动面板控制柄,可以更改面板的外观,同时色谱的外观也会更改,如图5-153所示。

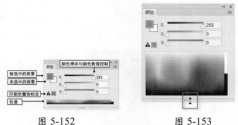

图 5-152   图 5-153

06 色谱范围变大,在观察和拾取颜色时也会非常便捷。

07 此外,我们还可以更改"滑块控制"及"色谱"组件的颜色模式,在"颜色"调板右上角单击菜单按钮,在弹出的菜单中可以设置面板的外观,如图5-154所示。由于这些内容非常简单,在此就不进行演示了,大家可以自行操作加以理解。

> **技巧**
>
> 按下 Shift 键,同时在色谱上单击,可以快速更改色谱类型。

08 菜单命令中还提供了将当前颜色的数值拷贝为网页代码命令,这些命令便于网页编程人员在网页中准确地定义当前选择颜色,如图5-155所示。

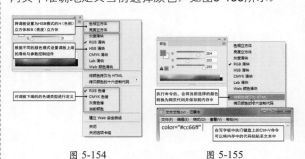

图 5-154   图 5-155

> **提示**
>
> "拷贝颜色的十六进制代码"命令与上述命令使用方法相同,不同点是该命令只会拷贝十六进制的颜色值代码,而不会生成整段颜色描述代码。大家可以自己操作一下,了解该命令的使用。

09 默认情况下"颜色"调板的前景色为选择状态。选择背景色,在"颜色"调板底部的色谱上单击,选取的颜色将显示在背景色中,如图5-156所示。

图 5-156

10 将"路径 5"转换为选区,并按下Ctrl+Delete键使用背景色填充选区,如图5-157所示。

图 5-157

5.2.4 使用"色板"调板

除了使用"颜色"调板设置颜色以外,我们还可以使用"色板"调板来设置颜色。如果说"颜色"调板是我们固定在界面中的"拾色器"对话框,那"色板"调板就是固定在界面中的"颜色库"对话框。这么讲相信大家对"色板"调板感觉亲切了许多,也大概明白了该面板的主要用途。

"颜色"调板的用途主要有两方面,我们可以将可能用到的颜色放到"颜色"调板中作参考,也可以将图稿中常用的颜色陈列在调板中待用。

1. 熟悉"色板"调板

01 默认情况下"色板"调板和"颜色"调板附着在一起,合成一个调板组。我们可以执行"窗口"→"色板"命令,打开"色板"调板,如图5-158所示。

02 在"色板"调板内单击颜色图标,可以对"前景色"的颜色进行定义。按下Ctrl键单击颜色图标,可以对"背景色"进行定义。

03 调板上端"最近使用的颜色"图标可以记录最近使用的颜色,如果在工作中需要用到之前操作中设置的某个颜色,可以从这个位置来拾取。需要读者注意的是,该处只能记录之前操作中的13个颜色内容。

04 在应用新颜色的同时,调板上端"最近使用的颜色"图标也会被改变,新使用颜色会出现在图标的左侧,之前的颜色图标会整体向右移动,最右

侧的已使用颜色图标会消失,如图5-159所示。

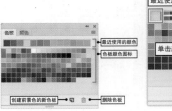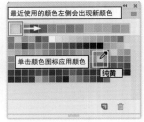

图 5-158　　　　　　　图 5-159

05 如果工作中不需要使用"最近使用的颜色"图标,可以在调板菜单内选择"显示最近颜色"命令将图标隐藏,如图5-160所示。

06 在"色板"调板菜单内还提供了色板外观设置命令,如图5-161所示。大家可以尝试执行这些命令进行了解,因为功能简单,在这里不再赘述。

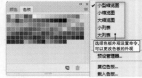

图 5-160　　　　　　　图 5-161

2. 载入色库色板

在"色板"面板内可以载入丰富的颜色模板。在调板右上角单击调板菜单按钮,在菜单中下端可以看到色库模板,可以看到这些色库模板与"颜色库"对话框内的模板基本一致,如图 5-162 所示。

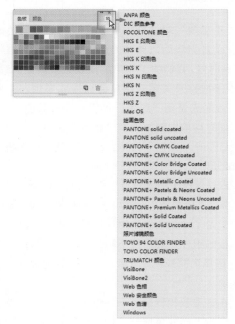

图 5-162

01 在菜单内选择"ANPA颜色"命令，此时"ANPA颜色"色库模板会被载入到"色板"调板内，此时会弹出提示对话框，单击"确定"按钮载入新的色板，如图5-163和图5-164所示。

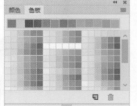

图5-163　　　　　　图5-164

02 大家可以根据工作需要，载入符合需要的色板模板进行工作。在调板菜单内选择"复位调板"命令，可以将调板还原至初始状态。

03 在执行"复位调板"命令时，同样会弹出提示对话框，选择"确定"按钮即可恢复对话框。

3. 自定义色板

使用色库模板可以将印刷色快速应用到工作内容中，这是使用 Photoshop 为我们定义好的色库模板。我们还可以根据工作习惯建立自己常用的颜色色库，另外我们建立的色库模板还可以导入到其他工作软件中（例如：Illustrator、InDesign 等软件），这极大地扩展了我们的工作能力。下面我们通过一组操作来学习这些内容。

01 打开"颜色"调板，对"前景色"进行设置，定义一个自己喜欢的颜色。

02 单击"色板"调板底部的"创建前景色的新色板"按钮，将前景色的颜色值建立一个新色板，如图5-165所示。

图5-165

03 在"色板名称"对话框，单击"确定"按钮，完成新色板的建立。

04 单击"前景色"按钮，打开"拾色器"对话框，在对话框的右侧单击"添加到色板"按钮，也可以将当前颜色定义为色板，如图5-166所示。

05 除了上述方法，我们还可以通过在"色板"调板内单击鼠标建立色板，如图5-167所示。

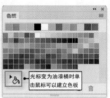

图5-166　　　　　　图5-167

06 如果我们对色板不满意，可以将其删除，拖动色板到 🗑 "删除色板"按钮上即可，如图5-168所示。

07 除了"删除色板"按钮，我们也可以通过按下Alt键删除色板，如图5-169所示。

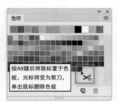

图5-168　　　　　　图5-169

08 在"色板"调板内双击颜色色板，可以重新打开"色板名称"对话框，在对话框中进行设置，可以更改色板名称，如图5-170所示。

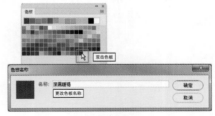

图5-170

09 上述讲到的方法，都是在"色板"调板内对颜色色板进行自定义的方法。除此之外，我们还可以在调板菜单内执行"预设管理器"命令，在"预设管理器"对话框内自定义色板内容，如图5-171所示。

图5-171

> **注意**
>
> 在"预设管理器"对话框内单击"储存设置"按钮，是将当前选择的色板储存为色板设置文件。未选择的颜色色板是不会被保存至设置文件的。

在"色板"调板的调板菜单内执行"储存色板"命令，可以将当前调板内的颜色色板设置保存至文件。在需要时，可以重新调入"色板"调板。

如果执行"储存色板以供交换"命令，将当前调板内的色板颜色储存为"*.ASE"文件，该文件可以在其他程序中（例如：Illustrator、InDesign 等软件）载入当前设置的颜色色板。

在调板菜单内有两个命令，都可以将储存的色板文件载入至"色板"调板，分别为"载入色板"和"替换色板"，如图 5-172 所示。这两个命令的区别是"载入色板"命令将文件内的颜色色板追加入"色板"调板，而"替换色板"命令将文件内的颜色色板替换当前的调板内容。

10 将"路径 6"转换为选区，按下Alt+Delete键使用前景色填充选区，如图5-173所示。

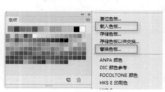

图 5-172

图 5-173

11 参照以上方法，再制作出其他图像，如图5-174所示。

图 5-174

12 最后添加相关的装饰图像完成本实例的制作，效果如图5-175所示。读者可以打开本书配套素材"化妆品广告.psd"文件进行查看。

图 5-175

5.3 检查图像颜色

在前面的内容中，我们讲了 Photoshop 是以 RGB 模式为基础展开工作的，一般情况下我们的图像都是使用 RGB 模式。因为印刷油墨无法完全表现出 RGB 模式中的颜色，此时我们并不知道 RGB 模式的图像中，哪些颜色可以被油墨打印，哪些颜色无法被油墨打印。这样会产生一个问题，就是当前编辑图像颜色在实际印刷后可能会出现色差。

为了解决这个问题，Photoshop 为我们提供了"校样颜色"命令，方便用户随时对当前的工作内容进行检查，判断图像颜色在印刷时的实际输出结果。下面我们对这些命令进行学习。

5.3.1 校样颜色

"校样颜色"命令可以让用户在 Photoshop 中，方便快捷地对 RGB 模式图像的印刷颜色进行检查，判断当前图像在输出时的颜色偏差。

打开配套素材 \Chapter-05\ "旅游宣传页 .psd"文件。使用"视图"→"校样颜色"命令，可以打开或关闭图像校样显示。当打开该功能时，"校样

颜色"命令旁边出现一个" √ "选中标记，另外在图像文件的标签处也会有所提示，如图 5-176 所示。此时的图像并没有转换为 CMYK 模式，图像只是按照 CMYK 模式进行显示。

图 5-176

当 RGB 模式图像以 CMYK 模式进行校验查看时，图像会有些暗淡，这是因为很多鲜亮的 RGB

颜色都转换为了 CMYK 模式的油墨色。图像在任何颜色模式下，都可以执行"颜色校样"命令。如果当前图像是 CMYK 模式，那如果使用 CMYK 模式进行校验查看图像是没有变化的。

5.3.2　"校样设置"命令

"校样颜色"命令除了可以检查图像的油墨输出颜色，还可以检查很多内容。具体检查的内容需要对"校样颜色"命令进行设置，在"校样设置"菜单栏内，可以对当前检查的内容进行设置。

在"视图"菜单下选择"校样设置"选项，在子菜单内提供了对于"校样颜色"命令进行设置的选项，如图 5-177 所示。根据其功能，选项分为 4 部分，下面我们对这些选项进行学习。

图 5-177

1. 校验打印色

默认情况下"校样设置"菜单下的"工作中的（CMYK）"选项为选择状态。在上一节操作中，我们检查图像的油墨打印效果实际上就是应用的该命令选项。

除了检查整幅图像全色印刷效果，还可以单独对某一印刷色进行检查。在"校样设置"菜单下选择对应的印刷色板，即可在图像中对其进行观察，如图 5-178 所示。

图 5-178

对工作中的色板进行观察，实际上就是对 CMYK 模式下的图像通道进行查看。这一点我们在讲 CMYK 模式时曾经提到，CMYK 模式图像在印刷时，会将每个颜色通道制作成胶片，印刷机根据胶片中的颜色分布情况来分布油墨。

印刷胶片还被称为印刷色板。印刷前检查每个印刷色板，可以判断图稿是否偏色（某个颜色过多），或者缺色（某个颜色过少）。

2. 检验旧版显示器

为了保证图稿在所有的设备上都能显示出令人满意的效果，Photoshop 还提供了模拟旧版显示器显示效果的选项，如图 5-179 所示。选择这些选项，可以查看图稿在旧版显示器中显示的效果，由于这些旧版显示器已经很少见了，所以这些功能很少用到，大家了解即可。

图 5-179

3. 检验色盲效果

全球有 5% 的人群患有色盲症，所以这个问题并不是小事儿。有些人可能不太了解色盲症，在这里我们模拟了一下色盲症患者眼中的颜色，如图 5-180 所示。

如果你是一位网页设计师，想让自己在网页中呈现的信息让全部的浏览者都能准确无误地获取到，那么一定要考虑到患有色盲症用户的需求，这些用户可能因为对红或绿不敏感而无法准确获取信息。在"校样设置"菜单中提供了针对色盲的效果预览，如图 5-181 所示。

打开"校样颜色"模式，分别切换到红色色盲和绿色色盲，检查图像在缺少红色和绿色信息时，图像中的信息是否受到影响。

图 5-181

4. 自定义校样条件

除了检查图像色彩在油墨印刷、色盲症等方面的问题，Photoshop 还为用户提供了更加高级和专业的自定义校样设置。在"校样设置"菜单下选择"自定"命令，可以打开"自定校样条件"对话框，从对话框的名字我们就可以了解到，这个对话框是让我们根据需要自定义校样条件的，如图 5-182 所示。

图 5-182

"自定校样条件"对话框中最重要的一个选项是"要模拟的设备"选项栏。该选项栏内提供的选项，都是由全球各大显示器生产研究机构推出的显示器显示颜色的协议。接下来我们来了解一下为什么需要这些协议。

我们知道显示器使用的是 RGB 模式，而印刷使用的是 CMYK 模式，但是只有在图稿被印刷后，我们才能看到真实的 CMYK 颜色。在显示器上显示 CMYK 模式，实际上是使用显示器的 RGB 模式模拟 CMYK 的颜色。

全球各大显示器生产研究机构制定了一些协议，用于控制显示器来模拟各种特殊的颜色内容，例如默认情况下选择的"工作中的 CMYK-Japan Color 2001 Coated"选项，该选项中的"Japan Color 2001 Coated"协议，是目前应用非常广泛的、在显示器下模拟铜版纸 4 色印刷效果的显示协议。我们在前面的操作中，查看 CMYK 印刷效果时，其实背后 Photoshop 就是使用该协议在屏幕中模拟印刷效果的。

当然在"要模拟的设备"选项栏还提供了很多模拟的显示内容，在这里读者只需要了解其工作原理即可。这些内容在工作中一般是不会用到，如

果偶尔用到的话，需要模拟的设备厂商会给出建议，告诉你设备是使用的是什么协议在管理颜色。

5.3.3 色域警告

在学习了"校样颜色"命令的工作原理后，最后我们来了解一下"色域警告"命令。该命令与"校样颜色"命令的工作原理非常类似。

"校样颜色"命令可以为我们展示在特殊环境下（例如印刷环境）图像颜色的变化效果。而"色域警告"命令可以为我们标明在特殊环境下图像中哪些颜色发生了变化。在使用"色域警告"命令时，图像中发生颜色变化的区域会以灰色显示，如图 5-183 所示。

图 5-183

与"校样颜色"命令相同，"色域警告"命令也是通过"校样设置"菜单内的选项对当前图像中需要警告的区域进行设置的。在前面我们详细讲述了"校样设置"菜单，在此因为用法相同，就不再赘述。读者可以自己尝试设置，并观察"色域警告"命令的作用。

如果你不喜欢使用灰色在图稿中标明警告区域，还可以对警告区域的颜色进行自定义。在菜单中执行"编辑"→"首选项"→"透明度与色域"命令，打开"首选项"对话框，在"色域警告"选项栏中可以自定义警告区域的颜色，如图 5-184 所示。

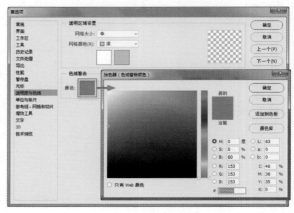

图 5-184

第6章 图像调色技术

在前一章，我们学习了 Photoshop 强大的颜色管理功能。以此功能为基础，本章我们将学习如何对图像的颜色进行修改。对图像颜色进行调校是 Photoshop 的核心功能之一，它已经成为当今数码摄影师的必备技能。而对于一位优秀的平面设计师来讲，图像色彩处理与调校，更加是必须熟练掌握的基本功。

Photoshop 的色彩调整功能非常强大。这些功能可以对图像的色调关系、细节纹理、颜色饱和度等信息进行快捷的修改。对色彩的调整方法非常灵活，我们可以从图像颜色入手调整，也可以从明暗色调入手调整；可以对整体进行校正，也可以对局部进行润色。由于篇幅关系，本章中将对图像调色原理，以及"色阶"和"曲线"两组命令进行讲述，其他内容将放到下一章进行介绍。

6.1 直方图是什么？

如果要调整图像的问题，首先要判断一幅图像是否有问题。如何判断呢？依靠有经验的人告诉你？还是用自己的眼睛观察？其实感官的判断都是不靠谱的，因为每台显示器显示颜色都会有所差别，而且受到室内光线强弱的影响，显示器呈现的颜色在我们看来也会有所不同。在计算机环境中，判断图像的颜色还要回到本质上，就是根据图像的数据来判断。

在 Photoshop 中提供了对图像数据进行观察的工具，这就是"直方图"调板。"直方图"以图形的形式显示了图像像素在各个色调区的分布情况，通过显示图像在暗调、中间调和高光区域是否包含足够的细节，以便进行更好的校正。

6.1.1 直方图工作原理

首先我们要了解直方图的工作原理。直方图就像一把尺子，图像就像一个班级，图像中的每个像素都是这个班级的学生。所有的学生用尺子测量身高后，如果尺寸都比较大，那这个班级我们叫作高个班级；如果尺寸都比较小，那这个班级叫作矮个班级。

回到 Photoshop 中，直方图中的尺子实际上是一个由暗（黑色）到亮（白色）的尺子。如果图像中的像素都集中在亮色位置，那我们说这个图像的色调是亮色调；如果图像中的像素都集中在暗色位置，那我们说这个图像的色调是暗色调。

01 运行 Photoshop，执行"文件"→"打开"命令，打开配套素材\Chapter-06\"照片.tif"文件，如图6-1所示。

02 接着执行"窗口"→"直方图"命令，将"直方图"调板打开。

03 当前的"直方图"调板只显示了最重要的信息，就是直方图峰值图，单击"直方图"调板右上角的 ≡ 按钮，可以弹出调板菜单，如图6-2所示。

图 6-1   图 6-2

04 在"直方图"调板上端的"通道"下拉列表中选择"RGB"选项，调板中的直方图以黑色方式显示，它的工作原理如同我们之前举的测量身高的例子一样，如图6-3所示。

05 结合上述内容，我们来看一下图6-4，相信大家一定会明白图像中的像素在直方图中的陈列方式了。

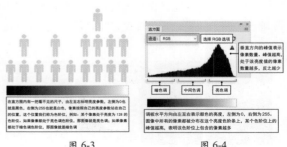

图 6-3   图 6-4

6.1.2 使用直方图判断图像色调

在了解了直方图的工作原理后，我们先来牛刀小试一下。通过直方图的峰值来判断一下图像的色调关系。

01 打开配套素材\Chapter-06\"风景1.jpg"文件，观察直方图，如图6-5所示，可以看到像素集中在直方图左端，表明图像大部分处于暗部，右端（亮部）没有像素，则表示图像亮度不足。

图 6-5

02 打开"风景2.jpg"文件，如图6-6所示，直方图左端像素较少，而右侧却集中了大部分像素，图像表现为缺少黑色成分，亮部细节损失较大，该图像为曝光过度的图像。

图 6-6

03 打开"风景3.jpg"文件，如图6-7所示，像素集中在直方图的两端，这说明像素的亮度要么是非常亮，要么就非常暗。画面效果表现为反差过大。

图 6-7

04 打开"风景4.jpg"文件，如图6-8所示，直方图的左右两端都存在大量空白，像素集中在中间部分，图像效果表现为反差过小，层次减少，画面发灰。

图 6-8

通过直方图可以了解图像的色调关系，即便是在显示器失真的情况下，也可以通过数值进行准确判断。识别图像色调范围有助于确定相应的色调校正方法。

6.1.3 用直方图显示更多细节参数

现在我们通过直方图能够简单判断画面的色调关系了，在直方图内还提供了非常多的细节数据，接下来我们一一学习。

1. 高速缓存的作用

01 在"直方图"调板菜单中，执行"扩展视图"命令，将直方图展开，如图6-9所示。

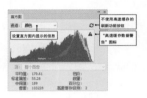

图 6-9

02 "直方图"调板展开后会展现更多的信息。在调板的右上角有高速缓存控制按钮，可以设置当前直方图是否使用高速缓存进行数据刷新。

"直方图"内汇集了整幅图像的颜色信息，此时如果图像的尺寸非常大，颜色信息非常丰富，那么这个颜色信息的汇集工作可能会因为数据过多而变得很慢。为了解决这个问题，Photoshop 使用了高速缓存采集颜色的办法。Photoshop 在图像中选取代表性的像素，在直方图中进行描述。所以这种通过采集汇总的颜色信息会和真实的数据有些偏差。"高速缓存数据警告"图标就是在提醒我们这一点。单击"不使用高速缓存的刷新"按钮，直方图内会展示图像真实的数据。

在调板底部的"高速缓存级别"参数，显示了当前所使用的高速缓存的刷新级别。简单讲，级别越高，Photoshop 从画面中采集的标本越少，对于图像的数据越概括；级别越低，呈现的数据越接近真实，低至 1 的话那就是画面的真实数据。

关于高速缓存的使用，大家了解即可，没必要深究。对于大部分工作来讲，直方图只是给我们提供参考，无须对于直方图的数据进行太精确的把握。

2. 调整直方图的显示内容

01 默认情况下"通道"选项栏中是"颜色"选项。此时直方图显示的是每种颜色的亮度关

系，如图6-10所示。

02 "通道"选项栏内还提供了更多的选项，不同选项下，直方图会对画面的数据进行不同的分析，如图6-11所示。

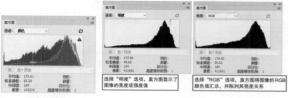

图 6-10　　　　　图 6-11

03 选择单独的颜色通道，直方图会显示该颜色的亮度关系。另外，在通道选项栏内选择"全部通道视图"命令，在调板底部会罗列所有颜色通道直方图，如图6-12所示。

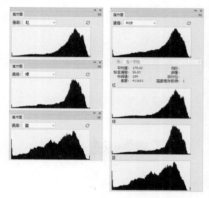

图 6-12

04 在调板菜单内还有两个命令可以设置调板的显示方式，如图6-13所示。

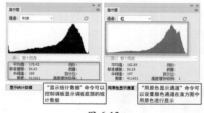

图 6-13

3. 直方图的信息源

01 在"通道"选项栏中选择"RGB"选项，观察调板底部的统计数据，此时"源"选项栏为灰色不可用状态，这是因为图像只有一个图层。

02 在"图层"调板新建图层，在"源"选项栏内可以观察不同图层信息，如图6-14所示。

03 "源"选项栏内的"符合图像调整"选项，需要建立调整图层后才可以使用，在"图层"调板建立调整图层，如图6-15所示。

04 在"直方图"调板选择"源"选项栏中的"符合图像调整"选项，直方图内可以看到图像被修改前后的差别，如图6-16所示。

图 6-14

图 6-15　　　　　图 6-16

提示

关于图层的知识我们将在第18章为大家讲述。

4. 直方图的统计信息

01 在"图层"调板底部单击"删除图层"按钮，将新建立的图层删除。此时，在直方图下端的左侧参数显示了图像中的常规信息，如图6-17所示。

图 6-17

02 在工具栏中选择"选框"工具，在图像中框选，此时直方图内的信息也会发生改变，如图6-18和图6-19所示。

图 6-18

图 6-19

115

从上述操作，大家应该发现，其实直方图能够非常灵活地为我们提供信息，使我们在下一步的图像调整操作中做出准确的判断。此外，我们在直方图内，也可以获取很多的信息。

03 按下Ctrl+D键取消选区，此时直方图内显示的是整幅图像的信息。

04 使用鼠标光标单击直方图，就可显示该色阶位的像素信息，如图6-20所示。

05 将鼠标光标在直方图上单击拖动，可以统计出光标拖动范围内的像素数据，如图6-21所示。

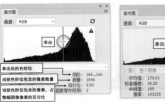

图 6-20　　　　　图 6-21

6.2 "色阶"命令

6.2 视频教学

能够判断图像的色调问题后，接下来我们开始学习图像色调的调整方法。首先要讲述的就是"色阶"命令，该命令功能强大，调整方法灵活。所以它是我们工作中使用频率非常高的命令之一。"色阶"命令中也有直方图，该直方图和我们刚讲述的"直方图"调板工作原理完全相同，我们可以结合前面的知识来操作"色阶"命令。

"色阶"调整命令通过调整图像的暗调、中间调和高光的亮度级别来校正图像的影调，包括反差、明暗和图像层次，以及平衡图像的色彩。

6.2.1　认识"色阶"对话框

"色阶"对话框内也有一个直方图，它的使用方法和我们前面讲的直方图原理相同。不同点是："直方图"调板只是观察图像数据。而"色阶"对话框内提供的是调整图像的各种控制命令。

01 执行"文件"→"打开"命令，打开配套素材\Chapter-06\"人物6.tif"文件，并在"图层"调板中选择"人物"图层，如图6-22和图6-23所示。

图 6-22　　　　　图 6-23

> **提示**
>
> 在 Photoshop 中，每个图层都是单独进行管理的，我们对某一图层进行编辑修改，不会对其他图层产生任何影响，在该操作中选择"人物"图层进行编辑调整，其他图层不会受到影响。关于图层的知识，我们将在本书第18章详细讲述。

02 执行"图像"→"调整"→"色阶"命令，打开"色阶"对话框，如图6-24所示。

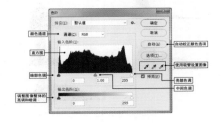

图 6-24

03 接下来我们利用这些控制滑块对图像进行调整。在"输入色阶"选项的直方图下端有3个滑块，分别代表暗部色调、中间色调和亮部色调，分别调动暗部色调和亮部色调滑块，观察图像的变化，如图6-25所示。

图 6-25

向左拖动亮部色调滑块，可以整体增加图像的亮部范围。拖动滑块时，其参数值也会变化。初始状态下滑块的参数为 255，也就是说滑块处于 255色阶位，拖动到 200 后，将色阶位 200 定义为了255 亮度。

滑块位置改变后，图中 A 区域的像素亮度会全部变为 255，B 区域的像素亮度由 0 至 200 色阶位，被修改为 0 至 255，这些色阶位的像素会按比例整体提亮。

向右拖动暗部色调滑块，可以整体增加图像的暗部范围。初始状态下滑块的参数为 0，滑块处于 0 色阶位。拖动到 60 后，将色阶位 60 定义为了 0 的暗度，如图 6-26 所示。

图 6-26

滑块位置改变后，图中 A 区域的像素亮度会全部降低为 0，B 区域的像素亮度由 60 至 255 色阶位，被修改为 0 至 255，这些色阶位的像素会按比例整体变暗。

04 接下来我们研究一下中间色调滑块。拖动该滑块，可以使图像的中间调变亮或变暗，如图 6-27所示。

图 6-27

向左拖动中间色调滑块，可以将图像的中间色调调亮。拖动滑块时其参数值也会变化。与亮部和暗部滑块不同的是，中间色调滑块的参数不是以色阶单位来定义的。这是因为 0 至 255 中间的平均数值为 127.5，而我们不可能将一个色阶位分为半个。所以在此 Photoshop 以整数 1 为初始值，而该参数在调整时，参数是以倍增方式设置的。当前参数为 2.5，其含义是当前图像的中间色调亮度增加了 2.5 倍。向右拖动中间色调滑块，可以将图像的中间色调调暗，如图 6-28 所示。

05 现在我们已经明白了"输入色阶"选项中3个滑块的作用，试着调整滑块，增加图像的对比度关系，如图6-29所示。

06 在"输出色阶"选项内拖动两侧的滑块，可以调整图像整体的亮调和暗调，如图6-30所示。

图 6-28

图 6-29

图 6-30

在"输出色阶"选项内向左拖动亮部滑块，可以将图像的整体色调变暗。拖动滑块时其参数值也会变化。初始状态下滑块的参数为 255，拖动至色阶位 200 后，意味着将图像的亮度由色阶位 255 降低至色阶位 200。此时这个图像整体变暗。

在"输出色阶"选项内向右拖动暗部滑块，可以将图像的整体色调调亮。拖动滑块时其参数值也会变化。初始状态下滑块的参数为色阶位 0，拖动至色阶位 50 后，意味着将图像整体色调提高 50 个色阶位。此时整个图像整体变亮，如图 6-31 所示。

图 6-31

07 如果对当前对话框内设置的参数不满意，可以快速将其恢复至初始状态。按下Alt键，"取消"按钮转换为"复位"按钮，单击"复位"按钮可将对话框初始化，如图6-32所示。

图 6-32

6.2.2 利用"色阶"校正颜色

现在大家对"色阶"对话框内的各个滑块已经有所了解,利用这些滑块可以调整画面的整体色调,同时还可以改变图像的颜色。

打开"色阶"对话框,默认状态下,"通道"选项中选择的是"RGB"选项,此时对图像进行调整,都是对整体色调进行修改。在"通道"选项中还提供了单独的颜色通道,选择颜色通道进行调整,即可对图像的颜色进行更改,如图 6-33 所示。

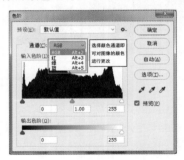

图 6-33

1. 颜色通道是一幅灰色图像

在开始调整图像色彩前,我们要补充一些通道知识。在前面章节中,学习颜色模式时,我们学习了图像的颜色分别管理各自的颜色通道。下面我们来学习颜色通道如何记录图像颜色。

01 打开"通道"调板,最上端是RGB复合通道,它展现了RGB这3种颜色组合在一起的效果,如图6-34所示。RGB复合通道对应了"色阶"对话框中"通道"选项的"RGB"选项。

图 6-34

02 选择"红"通道,此时图像中显示了红色的分布情况,如图6-35所示。

图 6-35

03 在菜单栏中执行"编辑"→"首选项"→"界面"命令,在"首选项"对话框内设置不以彩色方式显示通道,此时红色通道以灰度图方式显示,如图6-36所示。

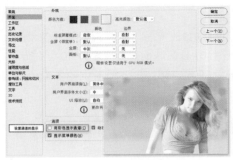

图 6-36

我们知道 RGB 的颜色值是由 0~255 的数值来表示的,例如描述红色颜色值就是(R:255,G:0,B:0),在颜色通道中利用 0 至 255 的色阶值来显示像素。如果某像素为红色,那就用 255 亮度值(白色)来展现,如果一个像素没有红色,那就用 0 亮度值(黑色)来展现,如图 6-37 所示。

图 6-37

理解了上述这一点,我们就可以明白为什么说颜色通道是一幅灰色图像了。同时也明白,Photoshop 如何用黑白灰色值描述颜色的分布了。

2. 调整颜色通道

使用"色阶"命令可以对图像的色调进行调整,同样使用"色阶"命令也可以对颜色通道这幅灰度图像进行调整。通过调整颜色通道内的灰度图,可以改变图像的颜色。

01 选择"红"通道,按下Ctrl+L键,执行"色阶"命令,如图6-38所示。

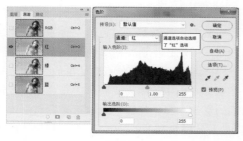

图 6-38

选择颜色通道，执行"色阶"命令，对话框中的"通道"选项会自动切换为当前选择的颜色通道。这和先执行"色阶"命令，然后在对话框内选择颜色通道的操作是一样的。

02 前面我们已经学习了各个滑块的作用，通过调整滑块可以提亮或调暗灰度图，需要注意的是，灰度图变亮或变暗，在这里应该理解为增加红色，或减少红色，如图6-39和图6-40所示。

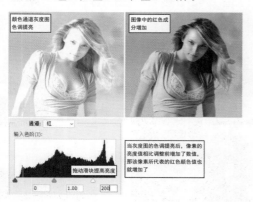

图 6-39

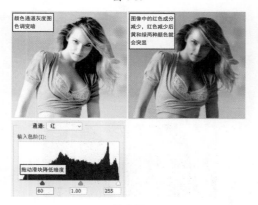

图 6-40

在使用"色阶"命令对图像颜色进行调整时，对于初学者来讲，主要的难点就是很难理解为什么灰度图色调变化，颜色的数值会变化。当我们能够很好地理解，通道是如何管理颜色分布的原理后，再来理解这一点就变得简单。

3. 使用"修剪"判断图像变化

在"色阶"命令中还提供了"修剪"功能，使用"修剪"功能可以查看黑场白场影响的范围。观察黑场和白场的影响范围可以帮助我们更好地设置图像的色调关系。

在开始学习之前，我们要先了解黑场和白场的概念（这一点在稍后的内容中还会讲到）。在"色阶"对话框内调整暗部和亮部滑块，实际是在图稿中调整最暗的区域和最亮的区域，我们称这种最暗的区域为黑场，最亮的区域为白场。定义这些区域，就是定义图稿的黑场和白场。

接下来我们通过操作来学习。

01 打开配套素材\Chapter-06\"花1.tif"文件，为了便于大家观察"修剪"效果，我们首先将图片转变为黑白图像。在菜单栏中执行"图像"→"调整"→"去色"命令，将图像的色彩去除，如图6-41所示。

图 6-41

02 按下Ctrl+L键执行"色阶"命令，在"色阶"对话框内调整暗部滑块，图像的暗色区域加大了，但是我们并不清楚都是哪些区域具体受到了影响。

03 按下Alt键并拖动暗部滑块，此时图稿内会以黑白模式显示，黑色区域为黑场覆盖"修剪"区域，白色区域为不受黑场影响的范围，如图6-42所示。

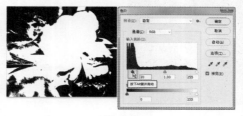

图 6-42

04 同样，按下Alt键并拖动亮部滑块，可以看到白场所覆盖的"修剪"范围。此时白色区域为白场覆盖区域，黑色区域为不受白场影响的区域，如图6-43所示。

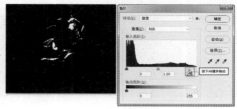

图 6-43

此时，由于图像是黑白色调，所以"修剪"范围所显示的内容也很单一，图稿中只有亮色区域和暗色区域。通过观察黑白场的"修剪"范围，可以了解我们在调整图像时影响的图像内容。在很好地理解了"修剪"范围概念后，接下来我们来观察彩色图稿的"修剪"范围。按下 Esc 键取消"色阶"命令操作，按下 F12 键将图稿还原为打开状态。

05 执行"色阶"命令，再次按下Alt键调整暗部色块，再次观察"修剪"范围，大家会发现除了原来的黑白区域，图像中还增加了红、绿、蓝的区域，如图6-44所示。

图 6-44

这些红色、绿色、蓝色分别显示了各个颜色通道的修剪范围。因为在调整黑场时，每个通道所受到的调整力度是不同的，所以各自的受影响力度和范围也会有所区别，此时图稿中同时标注了各个通道受到影响的区域。

06 再次按下Alt键调整亮部色块，其"修剪"范围也增加了红、绿、蓝的区域，如图6-45所示。

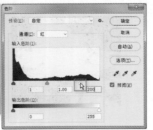

图 6-45

07 另外在每个通道下，也可以观察"修剪"范围，如图6-46所示。图中展示了在各颜色通道调整白场时的"修剪"范围。

图 6-46

4."色阶"校正颜色的技巧

现在我们已经掌握了"色阶"命令修改图像颜色的方法，但是还不清楚用"色阶"命令调整颜色的优势和技巧，下面对这一点做简单的讨论。

在摄影过程中，因为受到环境光线和天气情况等因素的影响，抓拍的照片很有可能会产生偏色的问题。照片的偏色有很多种情况，有些是整体偏色，有些是局部偏色，也有些是受光面或背光面偏色。用"色阶"命令调整图像色彩时，不但能够整体调整图像，还可以对暗部、中间调、亮部分别进行调整，这很好地应对了我们刚刚提出的问题。

图 6-47 ～图 6-49 为我们展示了几种利用"色阶"命令修复图像色彩的方案。

在图 6-47 中利用"色阶"命令修改"红"通道，通过调整亮部滑块，增加了亮部区域的红色成分。

在图 6-48 中利用"色阶"命令修改"绿"通道，通过调整中间色调滑块，使图像的中间色调区域增加了绿色成分。

图 6-47　　　　　　图 6-48

在图 6-49 中利用"色阶"命令修改"蓝"通道，通过调整暗部滑块，减少了图像在暗部区域的蓝色成分。

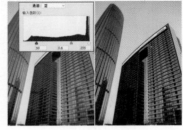

图 6-49

以上只是列举了我们常见的一些图像校色方法，目的是为了拓展大家的思路，了解"色阶"命令灵活的操作方法。在真正的工作中，我们还可能会遇到更加复杂的问题，这就需要配合使用更多的命令和工具来进行操作。

6.2.3 利用"色阶"设置黑白场

在"色阶"对话框的右侧有3个"吸管"工具，分别为 ✐ "在图像中取样以设置黑场"工具、✐ "在图像中取样以设置灰场"工具和 ✐ "在图像中取样以设置白场"工具。使用它们可以在视图中重新定义最暗颜色（黑场）、最亮颜色（白场），以及中间调（灰点）。"色阶"命令将根据这些设置，重新设置图像的色调。

下面通过对图像设置黑白场来调整图像整体的色调关系，使灰暗的画面色调变得明快、亮丽。

1. 使用黑白场

01 接着上面的操作。在对话框中选择 ✐ "像中取样以设置黑场"工具，在视图暗调的区域单击，将该点的像素转换为黑色，整个图像随着该像素的转换而进行相同量的转换，使图像变暗，如图6-50所示。

图 6-50

02 选择 ✐ "在图像中取样以设置灰场"工具，在视图中间调的区域单击，指定灰场色调，如图6-51所示。

图 6-51

03 选择 ✐ "在图像中取样以设置白场"工具，在图像中亮调区域单击，将该点的像素转换为白色，整个图像随着该像素的转换而进行相同量的转换，色调变亮。此时色调被拉开，如图6-52所示。

04 通过上述操作，我们学习了设定黑白场的方法。此时如果对调整结果不满意，还可以继续在"色阶"对话框内，对画面进行调整。

05 拖动中间色调滑块调整图像亮度，如图6-53所示，然后单击"确定"按钮，关闭对话框。

图 6-52

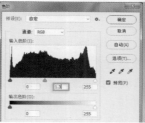

图 6-53

2. 设置黑白场时图像产生变色

在刚才的操作中，大家会发现使用吸管定义黑白场时，图像产生了偏色现象，这是初学者感到费解的地方。下面我们来了解产生偏色的原因。

01 打开配套素材\Chapter-06\ "黑白场变色.psd"文件，这是为了讨论该知识点专门准备的一个实验性图片，如图6-54所示。

02 该文件用于模拟我们工作中的图像，为了使效果更为明显，图像以RGB原色来定义。图像上端是颜色值参数，它显示了图像中最亮的几块颜色的数值，这些亮色块代表了图像中的亮色调区域。而下面的渐变条代表了图像中的中间色调和暗部色调。

03 按下Ctrl+L键执行"色阶"命令，选择 ✐ "在图像中取样以设置白场"工具。

在工作中设定白场时，用吸管吸取到的亮色调像素，很难找到没有色相的灰色（RGB这3个数值均相同时颜色为灰色）。所遇到的颜色大都如同现在图像上端的亮色色块。由于颜色值不同，这些颜色都带有一定的颜色倾向，有些泛出绿色，有些倾向红色。通过上端的颜色数值，我们可以找到原因。

此时，我们将这些亮色块颜色定义为白场，Photoshop会自动补齐颜色中缺失的参数，使其变为白色。在图中我们将亮红色（R:255，G:220，B:220）设置为白场，该颜色变为白色时，G值和B值会提升为255，如图6-55所示。

亮红色的G值和B值提升为255时，实际上整个图像的绿色和蓝色数值都会增加，所以此时图像就会出现一定的偏色现象。

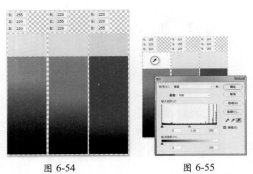

<table>
<tr><td>图 6-54</td><td>图 6-55</td></tr>
</table>

在"色阶"对话框中，分别设置"通道"选项为"绿"和"蓝"通道，观察直方图下端的滑块，如图6-56所示。可以看到G值和B值提升为255时，亮部滑块移动至了220色阶位，这意味着将图中色阶位为220的像素的亮度值提升至了255，所以图像中绿和蓝的颜色增加了。

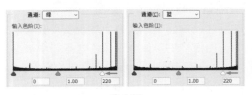

图 6-56

细心的读者会发现，调整过程中，在"RGB"通道下的滑块并没有变化，如图6-57所示。这是因为，在"RGB"复合通道进行调整时，是对RGB这3个通道的颜色值同时进行调整，RGB这3个颜色值同时进行变化，所以图像不会产生偏色。而设定白场时，实际上是将拾取的颜色调整为白色，这就需要分别更改每个颜色通道参数，使目标色适配为白色。所以设置白场时，RGB通道下的滑块是不会产生变化的。

图 6-57

3. 如何避免偏色

现在我们已经明白了，为什么使用吸管设置黑白场会产生偏色。那如何避免偏色呢？其实聪明的读者想必已经知道了方法，那就是在拾取目标色时，尽量找接近灰色的颜色（灰色的RGB值是相同的），因为灰色的颜色值比较均衡，这样在将目标色适配为白色时，各个颜色通道的调整也会比较均衡。

借助"颜色取样器"工具和"信息"调板可以

先在图像中对目标色的颜色进行分析，如图6-58所示。分析好目标色后，我们再在"色阶"命令中定义黑白场。

图 6-58

在实际工作中其实很难遇到一个标准的灰色，所以偏色现象或多或少都会存在。所以在设定了黑白场后，我们可以在各颜色通道下，将滑块手动进行调整，这样就可以在偏色和设定黑白场之间找到一个均衡。

4. 设置黑白场的颜色

前面的内容在设置黑白场时，其黑白场的默认值是黑色和白色。在定义白场拾取目标值时，目标颜色会自动适配为白色，黑场则适配为黑色。通过适配最亮和最暗的颜色，达到修改图像对比度的目的。

其实黑白场的黑色和白色是可以被重新定义的，当颜色被修改后，拾取的目标颜色会适配为新定义的颜色。这样做的目的有两点，①将画面制作出特殊的照片滤镜特效。②尽可能减少在设置对比度过程中的偏色情况。

01 打开配套素材\Chapter-06\"蓝色背景.psd"文件，按下Ctrl+L键执行"色阶"命令，如图6-59所示。

02 在"色阶"对话框双击 ✐ "在图像中取样以设置黑场"工具、✐ "在图像中取样以设置灰场"工具，或 ✐ "在图像中取样以设置白场"工具，会弹出"拾色器"对话框，如图6-60所示。在"拾色器"对话框内设置颜色，可以更改黑白场的目标色颜色值。

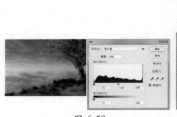

图 6-59　　　　　　　　　图 6-60

通过双击打开黑场、白场和灰场的拾色器，可以看到这些命令的默认颜色值，分别为黑色（R:0，G:0，B:0）、白色（R:255，G:255，B:255）和中间灰（R:128，G:128，B:128）。当我们在图像中拾取目标色定义黑白场时，实际上就是将目标色匹配为这些颜色。

03 双击 🖉 "在图像中取样以设置白场"工具，在拾色器中将白场设置为红色（R:255，G:0，B:0），然后在图像中单击亮色区域，设置白场色调，如图6-61和图6-62所示。

图 6-61　　　　　　　　图 6-62

04 此时整个图像由蓝色调转变为了红色调，如同遮罩了一层照片滤镜。更改黑白场的颜色后，可以使图像匹配为新的色调。

05 按下Ctrl+Z键返回上一步，接下来我们看看如何利用黑白场颜色设置来减小图像的偏色。执行"色阶"命令，打开"色阶"对话框。

06 选择"在图像中取样以设置白场"工具，在图像中单击亮色区域定义白场。图像的色调提亮了，如图6-63所示。

图像变亮的同时，也出现了紫色偏色的问题。因为图中的蓝色被适配为白色后，由于蓝色缺失后，红色和绿色便突显出来。该问题我们在前面的内容有所讨论。为了解决该问题，我们可以将白场设置为亮蓝色，这样在提亮色调的同时，可以适当地保留蓝色信息，使图像减小偏色的情况。

07 双击 🖉 "在图像中取样以设置白场"工具打开拾色器。在图像中将要定义白场的位置单击鼠标，会将目标颜色拾取至拾色器，如图6-64所示。

图 6-63　　　　　　　　图 6-64

08 在拾色器的立方体内，参考现有颜色色标，在其左侧定义亮蓝色。定义完颜色后再在图像中定义白场，此时画面提亮了，并最大程度地保留了蓝色成分，如图6-65和图6-66所示。

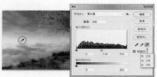

图 6-65　　　　　　　　图 6-66

利用自定义白场颜色的方法，只能减轻偏色的力度，但偏色情况是会永远存在的。此时如果对调色结果不满意，可以使用滑块再次对颜色通道进行微调，减少或添加图像中的偏色内容。

6.2.4　使用自动调整

在"色阶"对话框中，除了上述手动调整图像的方法，还提供了自动调整位图色调的功能。使用自动调整功能可以提高工作效率，但是由于调整操作是计算机分析图像得到的，所以调整的结果可能并不能让人满意。故自动调整功能一般用于对调整结果要求不太高的图像。

1. 使用自动调整

01 打开配套素材\Chapter-06\ "人物6.tif"文件，并在"图层"调板中选择"背景"图层，如图6-67和图6-68所示。

图 6-67　　　　　　　　图 6-68

02 按下Ctrl+L键，在打开的"色阶"对话框中单击"自动"按钮，"色阶"命令将根据位图像素的分布自动对图像进行调整。

03 此时背景图像的颜色变得鲜艳亮丽了，如图6-69所示。完毕后按下Enter键应用此命令。

图 6-69

2. 设置自动调整命令

"色阶"命令的自动调整功能可以使用 4 种不同的算法，对图像进行自动调整。

01 在"图层"调板中，选择"草1"图层。按下 Ctrl+L键，在打开的"色阶"对话框单击"选项"按钮，打开"自动颜色校正选项"对话框，如图6-70所示。

图 6-70

02 在对话框中选择"增强每通道的对比度"选项，此时可以看到图像的层次更加分明，如图 6-71和图6-72所示。

图 6-71　　　　图 6-72

3. 目标色与修剪

除了使用"增强亮度和对比度"选项以外，在选择其他 3 个选项时，对话框中"目标颜色和修剪"选项栏将激活，处于可设置状态，如图 6-73 所示。这是因为"增强亮度和对比度"选项是对图像的"RGB"复合通道进行调整，而其他的 3 个选项都是对颜色通道进行调整。当对颜色通道进行调整时，目标色的颜色值会发生变化，所以此时用户可以自定义黑白场的颜色匹配值。

图 6-73

在前面的内容中，已经为大家讲述了"目标颜色"的功能，在设置了目标颜色后，图中的黑白场将会适配为目标颜色。在此就不再赘述。

我们知道通过"修剪"范围可以观察黑白场的影响范围，而在"目标颜色和修剪"选项栏中却提供了"修剪"参数。该参数可以定义拾取颜色时的容差范围。下面我们通过具体操作来理解什么是修剪容差。

01 暂时关闭"自动颜色校正选项"对话框，在"色阶"对话框选择"红"通道。

02 然后再次单击"选项"按钮，打开"自动颜色校正选项"对话框，将鼠标光标置于白场后端的"修剪"参数，光标将变为调节箭头状态，拖动鼠标调整参数。随着参数变化，"色阶"对话框中的亮部滑块也会变化位置，如图6-74所示。

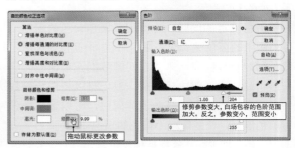

图 6-74

6.2.5 "色阶"命令的预设

在学习了"色阶"命令的各种调整方法后，最后我们来谈一下预设操作。我们可以将常用的图像调整设置方法储存到预设菜单内，从而可以将其快速地应用到其他图像文件中。

01 在"色阶"对话框上端，单击"预设"下拉选项栏，可以看到菜单中已经为我们提供了一些预设命令，如图6-75所示。

02 尝试在"预设"下拉栏内选择这些预设命令，可以看到对话框中的各项参数会发生变化，如图6-76所示。

图 6-75　　　　　　　　图 6-76

03 在"预设"下拉栏右侧有"预设选项"按钮，单击该按钮可以对当前设置进行存储和载入，如图6-77所示。由于这些操作很简单，在此就不再赘述，读者可以尝试操作学习。

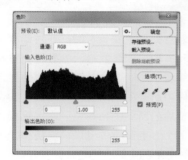

图 6-77

6.2.6 使用"色阶"命令调整图像

了解了"色阶"对话框后，下面将通过一组操作，使用"色阶"命令来调整图像色调。

01 在"图层"调板中，显示并选择"树叶"图层，如图6-78和图6-79所示。

02 按下Ctrl+L键打开"色阶"对话框。设置"通道"选项为"红"通道。向右拖动中间的滑块，减少图像中的红色成分，如图6-80和图6-81所示。

图 6-78　　　　　　　　图 6-79

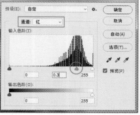

图 6-80　　　　　　　　图 6-81

03 选择"绿"通道，对相应选项参数进行设置，然后再对RGB通道相应选项参数进行设置，如图6-82和图6-83所示。完毕后按下Enter键应用此命令。

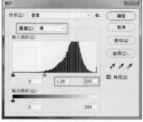

图 6-82　　　　　　　　图 6-83

04 最后将隐藏的图层显示，完成本实例的制作，如图6-84所示。读者可打开配套素材\Chapter-06\"玩味夏天.tif"文件进行查看。

图 6-84

6.3 "曲线"命令

6.3 视频教学

很多有经验的PS用户，都将"曲线"命令与"色阶"命令并称为双剑合璧。这是因为这两个命令本身功能非常强大，而且在调色工作中被应用得最为频繁。另外，这两个命令还能够互补，完成对方所欠缺的功能。

"曲线"命令与"色阶"命令的工作原理完全相同。两者有很多相似之处，"曲线"命令中也有一个直方图，也可以单独对图像的每个通道进行调整，也是通过调整亮部或暗部的色阶位修改色调的。

两者的不同点却只有一个，"曲线"命令利用一条曲线调整画面色调。如果大家认真学习了"色阶"命令，那么可以快速且轻松地掌握"曲线"命令。接下来，我们将开始详细学习"曲线"命令的使用法。

6.3.1 "曲线"命令工作原理

在"曲线"命令对话框内，提供了丰富的调整选项。由于其与"色阶"命令的工作原理相同，所以在讲述时会将其与"色阶"命令比对讲述，这样便于读者快速理解与掌握。

1. "曲线"对话框

01 打开配套素材\Chapter-06\"花朵背景.psd"文件，如图6-85所示。

02 执行"图像"→"调整"→"曲线"命令，打开"曲线"对话框，如图6-86所示。图中将"曲线"与"色阶"对话框同时进行了展示，根据图中标注，两组命令有很多相同的选项。

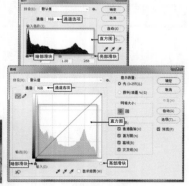

图 6-85　　　　　图 6-86

在"曲线"对话框中，"通道"选项中可以设置当前调整的内容，对话框中心是直方图，虽然是灰色的，并且与"色阶"对话框相比有些变形，但是依然可以看出是直方图形态。在直方图的下端有一条渐变色条，这如同我们在学习"直方图"中所讲的看不见的尺子。尺子的下端是暗部滑块和亮部滑块，滑块的使用方法与"色阶"中的完全相同。

讲了这么多的相同点，接下来看不同点。"曲线"命令没有"色阶"命令中的中间色调滑块。实际上，

"色阶"命令只有一个中间色调滑块，而"曲线"命令可以自由定义多个中间色调控制滑块。

2. "曲线"控制线

在"曲线"对话框中有一条可以控制色调的控制线，单击控制线中心位置，建立一个控制点，向上或向下拖动控制点，可以改变图像的色调，如图6-87所示。

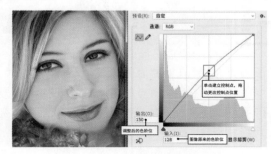

图 6-87

当控制点处于选择状态时，在对话框中会出现"输入"和"输出"参数栏，参数栏内显示了当前控制点的编辑状态。"输入"参数栏内显示的是控制点在图像中所处的色阶位。"输出"参数栏内显示的是调整后的所处的色阶位。在上述操作中，将图像中处于 128 色阶位的像素，调整亮度至 150 色阶位，这时图像的中间色调整体提亮了。

在"色阶"命令当中也有输入色阶和输出色阶选项，不同的是在"色阶"命令中输出色阶选项只能控制黑场和白场，并不能影响中间色调滑块，如图 6-88 所示。如果对该知识点不理解，可以重新学习前面关于"色阶"命令的内容。

"曲线"对话框中的控制线，对应的是 0 至 255 的色阶，以及色阶位的初始化亮度（例如处于 0 色阶位的亮度为 0，处于 128 色阶位的亮度为 128），如图 6-89 所示。调整控制线后，控制线则由原来的直线变成了一根弧线，此时控制线原来均衡的色阶位和亮度关系被打破了，控制点两侧的色阶位像素的亮度也会受到影响，如图 6-90 所示。

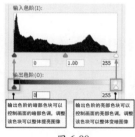

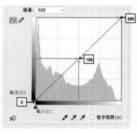

图 6-88　　　　　图 6-89

图 6-90

如果在"曲线"命令的控制线中只建立一个控制点，当前的控制模式和"色阶"命令非常接近。就是一个暗部控制点、一个亮部控制点，以及一个中间色调控制点。

3. 建立与删除控制点

在"曲线"命令中可以建立多个控制点，每个控制点可以控制其对应的色阶亮度。

01 在"曲线"对话框单击控制线，可以建立控制点，拖动控制点可以调整控制点的位置，如图6-91所示。

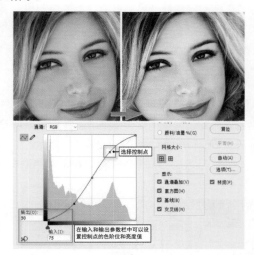

图 6-91

02 此时我们建立了3个控制点，对图像中间色调的亮部和暗部分别进行了加强，使亮部更亮，暗部更暗，加强了对比度。但请大家注意这些调整都是针对图像的中间色调进行的操作。这些操作在"色阶"命令中是无法实现的。

03 在"曲线"命令中最多可以建立14个控制点，这实际上就是创建了14个中间色调控制滑块，如图6-92所示。

04 如果在控制线上建立了过多的控制点，可以轻松地将其删除。拖动控制点至控制线区域以外，即可删除控制点，如图6-93所示。

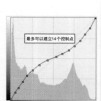
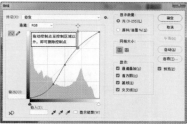

图 6-92   图 6-93

4. 取样点的作用

现在我们已经清楚了建立控制点的作用，那如何将控制点和画面中的目标色调对应呢？比如我们要调整人物脸颊的色调，如何快速知道脸颊在控制线上对应的色阶位置呢？

01 Photoshop已经为用户提供了解决方案，将鼠标光标移动到图像上时，光标将变为吸管图标，单击鼠标在图像上拾取目标色。

02 此时控制线上会显示一个对应的标注符号，该标注符号就是目标色在控制线上的对应位置，在输入和输出参数栏处也会显示标注符号的参数，如图6-94所示。

图 6-94

03 在清楚了目标色在控制线所处的位置后，即可用建立的控制点调整其色调了。

04 如果图像中的颜色颗粒非常粗糙，或者噪点非常明显（图6-95为噪点过于明显的图像），我们还可以更改取样点的取样范围，求得平均颜色值，以达到最大化地贴近目标色的目的。

图 6-95

05 在图像上右击，会弹出快捷菜单，在菜单内可以对取样点的覆盖范围进行设置，如图6-96所示。

图 6-96

5. 即时编辑模式

在前面的操作中，都是手动建立曲线控制点。另外，我们还可以进入"即时编辑"模式，通过在图像上单击拖动目标色的方式建立控制点。

01 按下Alt键，"曲线"对话框的"取消"按钮将转变为"复位"按钮，单击"复位"按钮将"曲线"对话框初始化。

02 在"曲线"对话框左下角单击"在图像上单击并拖动可修改曲线"按钮，此时就进入了即时编辑模式。

03 在图像上单击并拖动鼠标，"曲线"对话框的控制线上会自动建立控制点，如图6-97所示。

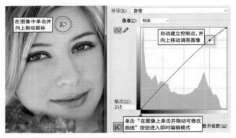

图 6-97

04 在人物图像的暗部区域单击并向下拖动鼠标，在控制线上建立第二个控制点，如图6-98所示。

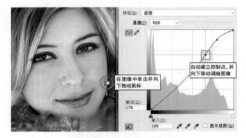

图 6-98

05 通过对图像亮部和暗部的调整，此时人物图像对比度增加了，变得更为清晰锐利。使用"即时编辑"模式的优点就是直观、高效。

6. 绘制曲线调整图像

除了建立控制点设置"曲线"命令控制线以外，

还可以通过绘制的方式来设置控制线的形态，从而起到调整图像色调的作用。

01 按下Alt键，"曲线"对话框的"取消"按钮将转变为"复位"按钮，单击"复位"按钮将"曲线"对话框初始化。

02 在"曲线"对话框中单击"通过绘制来修改曲线"按钮，此时光标将会变为"铅笔"图标，在控制线上绘制可以改变控制线形态，如图6-99所示。

图 6-99

03 如果对绘制的控制线形态不满意，可以再次单击拖动鼠标进行绘制，新绘制的控制线会覆盖旧的控制线。

04 如果绘制的控制线弯曲幅度过大，图像的色调过渡将不再柔和，会出现撕裂的断痕效果，如图6-100所示。

05 为了解决该问题，"曲线"对话框中提供了"平滑"按钮，单击"平滑"按钮可以使弯曲幅度过大的控制线趋于柔和，如图6-101所示。

图 6-100   图 6-101

06 随着控制线的曲率变得更加柔和后，图像中的色调渐变关系也会变得柔和，如图6-102所示。

图 6-102

07 在"曲线"对话框内单击"编辑点以修改曲线"按钮，会切换为控制点调整模式，此时我们还可以调整控制点，重新对图像色调进行优化，如图6-103所示。

图 6-103

08 使用绘制模式调整控制线的优点是省去了建立控制点的烦琐操作。

7. 设置"曲线"对话框外观

在"曲线"对话框中还提供了丰富的选项，可以对对话框的外观进行设置，这样可以使我们的图像调整操作更为直观和便捷。

在"曲线"对话框的右侧，"网格大小"选项组可以设置控制线背后的参考网格形态。更改网格的密度，可以更为精确地观察曲线控制线所对应的色阶位置，如图 6-104 所示。

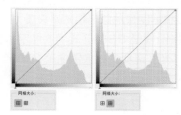

图 6-104

在"显示"选项组内可以设置曲线控制线的显示方法。

选择"通道叠加"选项后，在"RGB"通道编辑模式下，也可以同时显示颜色通道中的曲线控制线形态。

01 在"通道"选项中选择"红"通道选项，调整红色通道的控制线，如图6-105所示。

02 在"通道"选项中选择"RGB"通道选项，此时在RGB控制线的旁边会显示"红"通道的控制线。

03 "通道叠加"选项可以控制是否叠加显示颜色通道的控制线。如果取消该选项，在"RGB"通道编辑状态下，将不再显示颜色通道的控制线，如图6-106所示。

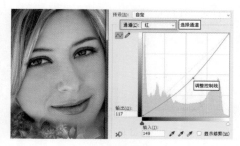

图 6-105

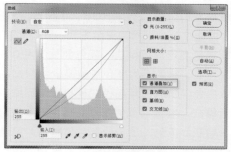

图 6-106

"显示"选项组内"直方图"选项，可以设置控制线区域内的直方图的显示状态。取消该选项将会隐藏直方图显示，如图 6-107 所示。

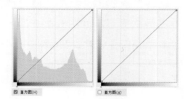

图 6-107

我们在调整"曲线"命令的控制线时，设置区域内会有一条灰色参考线，这条线就是"基线"。"基线"为我们展示的是控制线的初始化状态，调整控制线时参考"基线"的位置可以判断控制线的偏移力度。"显示"选项组内"基线"选项可以设置控制"基线"的显示状态，如图 6-108 所示。

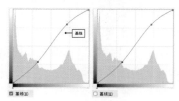

图 6-108

我们在"曲线"对话框中调整控制点位置时，以控制点为中心，水平和垂直方向会出现交叉轴线，交叉轴线可以准确地标注出当前控制点在网格中所处的位置。"显示"选项组内"交叉线"选项可以设置控制"交叉线"的显示状态，如图 6-109

所示。

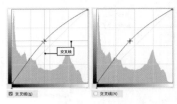

图 6-109

8. "曲线"命令与颜色模式

最后我们来讲一下在 RGB 与 CMYK 颜色模式下，"曲线"命令不同的显示方式。我们知道 RGB 颜色模式是加色颜色模式，颜色的数值用 0 ～ 255 来定义，红、绿、蓝的颜色值越高，组合出的颜色就接近白色。CMYK 颜色模式模拟油墨印刷，是减色颜色模式。颜色的数值用 0% ～ 100% 来定义，青色、品红、黄色、黑色的颜色值越高，颜色越接近黑色。在本书第 5 章详细讲述了与 Photoshop 相关的颜色模式，对以上知识不清楚的读者，可以重新学习第 5 章相关内容。

"曲线"命令对话框提供了"显示数量"选项，可以设置控制线区域以 RGB 光学模式显示，或者以 CMYK 油墨方式显示，如图 6-110 所示。

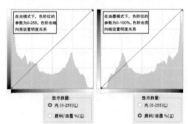

图 6-110

大家可能会疑问为什么设置两种方式显示"曲线"控制区域。这是因为在不同的工作下，我们的思考逻辑会有所区别。

在调整印刷图稿的色调时，如果我们调亮图像，实际上是减少了油墨颜色的印刷量，露出较多的纸张白色来呈现白色。而增加油墨量，会使图像更暗。按照这一逻辑，执行以下操作。

01 在"曲线"命令对话框的"显示数量"选项中，选择"颜料/油墨"选项。

02 单击控制线建立控制点。如果我们想要增加油墨用量，可以向上调整控制点；如果我们想要减少油墨，可以向下调整控制点。如图6-111所示。

03 在使用"颜料/油墨"选项时，控制点的参数也是按照油墨设置习惯，以0～100%的方式来进

行显示的，这便于我们精确地控制油墨的添加比例。

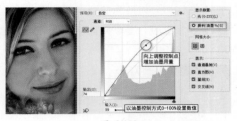

图 6-111

04 再在"显示数量"选项中，选择"光"选项，进行操作。

05 此时向上调整控制点，图像变亮了，这刚好和我们的印刷理论的逻辑相反。如果我们想要增加油墨量，却要将控制点向下方调整，这使得我们的操作非常别扭。尤其在需要添加很多控制点的图像中进行工作时，非常容易使操作者判断失误。

通过上述操作，大家应该能够很好地体会到"显示数量"选项的重要性了，此时大家可能还会问，为什么在"色阶"命令中不必设置这两种模式。这是因为"色阶"命令的控制方式较为简单，只需要将参数在 0 ～ 255 之间更改大小。而"曲线"命令控制线的设置方式较为灵活多样，需要对上下左右多个方向进行设置和调控。

另外，Photoshop 在工作时是非常智能的，"曲线"命令会根据图像的颜色模式来设置"显示数量"选项，如果图像是 RGB 模式，"显示数量"选项会设置为"光"选项，如果图像是 CMYK 模式，则会设置为"颜料/油墨"选项。

9. 黑白场与自动功能

我们知道"曲线"命令与"色阶"命令在工作原理方面是高度一致的。所以有些功能是完全相同的，例如"黑白场"和"自动"功能。

在"曲线"命令中也提供了黑白场设置功能，如图 6-112 所示。通过黑场、白场和灰场吸管可以重新定义图像的对比度。

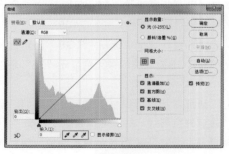

图 6-112

在黑白场设置按钮的右侧提供了"显示修剪"选项，复选该选项后，可以对图像的黑场和白场范围进行观察。选择暗部控制点会显示黑场的"修剪范围"，选择亮部控制点会显示白场的"修剪范围"，如图 6-113 所示。

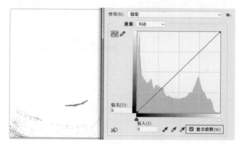

图 6-113

在对话框的左侧提供了"自动"和"选项"功能按钮，如图 6-114 所示。单击"自动"按钮，Photoshop 会通过对图像的数据进行分析，自动调整图像的色调。单击"选项"按钮，可以打开"自动颜色校正选项"对话框，对话框里提供了对"自动"功能设置的各种选项内容。

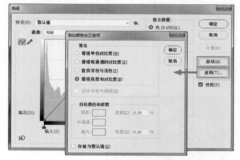

图 6-114

以上这些内容在讲述"色阶"命令时，都进行了详细的讲解，所以在此不再赘述。读者可以参考相关内容进行学习。

6.3.2 使用"曲线"命令调整图像

在详细地学习了"曲线"命令后，接下来我们学习该命令的具体操作方法。除了工作中正常的图像调整操作以外，"曲线"命令还可以实现一些特殊的色调效果，或许在多数情况下，这些夸张的色调效果并没有什么实际上的应用，但是了解这些方法可以开阔我们的思路，加深我们对软件的理解。

"曲线"命令和"色阶"命令有很多的相同之处，所以有些效果两种命令都可以实现，如果遇到这种情况，本书会将两种命令的设置同时展示出来，供大家参考。

1. 柔和的信笺底纹

底纹是应用非常广泛的设计素材。通过提升暗部色调，或者降低亮部色调，可以降低画面的对比度。对比度降低后，即可制作出虚化的背景底纹效果。通过更改输出参数值可以快速实现该效果。

01 打开本书配套素材\Chapter-06\"舞蹈人物.tif"文件，执行"曲线"命令。

02 调整暗部控制点，提升图像暗部的亮度，制作出底纹效果，如图6-115所示。

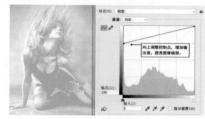

图 6-115

03 通过设置"色阶"命令的输出参数值也可得到该效果，如图6-116所示。

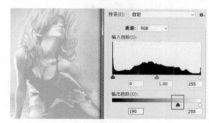

图 6-116

04 根据设计需要，我们也可以让底纹图像拥有某种色调效果，如图6-117和图6-118所示。

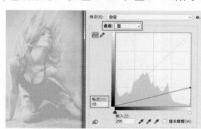

图 6-117

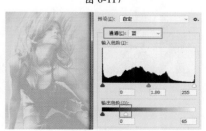

图 6-118

05 按照上述方法，我们还可以创建单色、暗色、彩色底纹效果，如图6-119～图6-121所示。

图 6-119

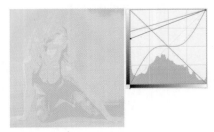

图 6-120

图 6-121

2. 强烈的版画影印效果

　　缩短暗部与亮部控制点之间的色阶值，画面对比度会增加。如果两个控制点之间的色阶值过少，画面会出现版画色块效果。

01 执行"曲线"命令，降低亮部控制点的"输入"参数值，增加暗部控制点的"输入"参数值，此时图像会呈现高对比度效果。

02 亮部和暗部控制点的"输入"参数值越接近，图像的对比度就越强，如图6-122～图6-124所示。

图 6-122

图 6-123

图 6-124

03 通过调整亮部和暗部控制点的"输入"参数值的色阶位，可以设置图像亮部和暗部的分布位置，如图6-125～图6-127所示。

04 通过对颜色通道进行调整，可以调整画面的色调，如图6-128～图6-130所示。

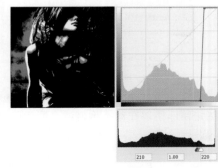

图 6-125

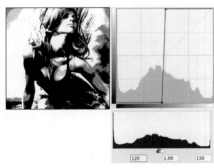

图 6-126

图 6-127

图 6-128

图 6-129

图 6-130

3. 照片底片效果

将亮部和暗部控制柄的输出色阶值反转，可以使图像的暗部变为亮色，而亮部区域变为暗色，这种画面色调可以模拟照片的底片效果，如图 6-131 所示。

图 6-131

将各个颜色通道的控制线分别进行反转，可以模拟出彩色照片底片效果，如图 6-132 所示。"色阶"

命令也可以实现该效果，由于不能像"曲线"命令直观地展示设置方法，所以没有进行展示，大家如果感兴趣，可以尝试设置。

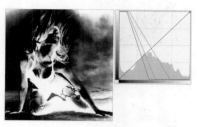

图 6-132

4. 鲜艳的反冲效果

反冲效果源自暗房冲洗技术。照片胶片有两种冲洗工艺，分别是负片冲洗工艺和反转片（正片）冲洗工艺。负片就是正常的照片底片，负片冲洗照片是正常的冲洗工艺。反转片也被称作正片，是利用负片通过特殊的冲洗工艺制作出来的。最常见的反转片就是幻灯片。反冲效果就是利用反转片冲洗出的照片效果。反冲工艺得到的照片会出现偏色，照片更加偏蓝和偏绿，然而正是这种偏色效果反而使冲洗出的照片看起来对比度更加强烈，颜色更加艳丽。

当这种艳丽的反冲效果一经出现便风靡一时，成为一种高级摄影技术的代名词。但我们现在已经不再使用传统摄影工具了，传统的胶片已经被数码技术完全取代，但是反冲效果成为一种情结被遗留了下来。

在强大的 Photoshop 调色功能面前，照片反冲效果可以轻松地实现，如图 6-133 所示。

图 6-133

延续反冲效果的思路，我们可以创建出更多的艳丽色调效果，如图 6-134 ～图 6-136 所示。

图 6-134

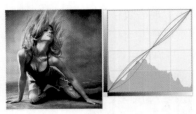

图 6-135

图 6-136

5. 怪异的光谱效果

"曲线"命令可以灵活地对多个目标色阶进行调整,利用这一点,我们可以创建出夸张的光谱效果,如图 6-137 所示。

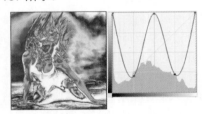

图 6-137

可能大家觉得这种夸张离谱的效果没有太大作用,但是此类操作可以使我们加深对工具的理解,拓展我们的创作技法。图 6-138 中的金属反光效果就是利用这种方法制作的。关于此类操作,我们在之后的章节中再进行讨论。

图 6-138

6. 美白人物皮肤

使用"曲线"命令调整图像色调时,不但灵活,而且非常精准。

01 打开配套素材\Chapter-06\ "花朵背景.psd"文件。

02 执行"曲线"命令,在对话框中打开"在图像上单击并拖动可修改曲线"按钮,在图像中单击并拖动亮色调颜色,建立控制点调整亮部色调,如

图6-139所示。

图 6-139

03 继续在人物暗部色阶位建立控制点,调整暗部色调,如图6-140所示。

图 6-140

04 设置完毕后,单击"确定"按钮完成人物色彩调整,接着在"图层"调板中选择"花朵"图层,如图6-141所示。

图 6-141

05 执行"曲线"命令,在对话框中提升底纹亮度。对每个通道进行调整,增加蓝色成分,减少红色和绿色成分,如图6-142所示。

图 6-142

06 设置完毕后单击"确定"按钮,图像的效果如图6-143所示。至此完成本实例的制作,读者可打开配套素材\Chapter-06\ "新书预售广告.psd"文件进行查看。

图 6-143

第7章 色彩调整命令详解

在上一章我们学习了 Photoshop 色彩调校原理，以及"色阶"和"曲线"两个强大的色彩调整命令。虽然这两组命令已经可以完成大部分的调色工作，但是在 Photoshop 中还提供了丰富的色彩调整命令，这些调色命令各有特点，可以使我们根据不同的工作需要进行调色操作。在本章中将对这些命令，及其使用技巧进行详细的讲述。

7.1 色彩调整命令概述

7.1 视频教学

本章将整体讲述 Photoshop 中包含的所有色彩调整命令，由于这些命令种类非常丰富，操作难易参差不齐，所以我们首先对所有色彩命令进行归类和介绍。

在 Photoshop 中，与色彩调整相关的命令都集中放置在"图像"菜单的"调整"子菜单内，如图 7-1 所示。

图 7-1

7.1.1 色彩调整命令分类

Photoshop 根据这些命令的特征与用户的工作习惯，将这些命令整体分为 5 大类，在菜单中可以看到进行分类的分割线。为了便于读者对于这些命令分类整体直观地快速认知，本书对这些分类进行了命名，分别是：①图像整体调整命令；②色相与饱和度调整命令；③特殊色调调整命令；④细节层次调整命令；⑤色调匹配调整命令。下面根据分类整体认识一下这些命令。

1. 图像整体调整命令

该组命令都是对于图像整体进行调整的，如图 7-2 所示。这里面包括了我们上一章详细讲述的"色阶"与"曲线"命令，这两个命令背景中的直方图就可以充分地说明这一点（如果不明白该观

点，请重新学习上一章关于直方图的知识）。另外还包含了"亮度 / 对比度"和"曝光度"命令，这些命令以非常简化的控制方式对图像色调进行整体调整。

图 7-2

2. 色相与饱和度调整命令

该组命令比较丰富，在进行操作的过程中各有特点，但都是基于图像的色相与饱和度进行调整的。不同点就是每个命令都有各自的工作特点，从而可以有针对性地解决工作中遇到的不同问题，如图 7-3 所示。

图 7-3

3. 特殊色调调整命令

从名字就可以看出，该组命令所产生的色调效果是非常规的，如图 7-4 所示。此时大家或许会奇怪，为什么我们要将图像调整为不符合现实世界规律的色调效果？照片不都要调整得更美吗？从两方面我们可以解释这一问题。

图 7-4

一类情况是为了解决图像的特殊输出要求。我们需要在不同环境下印刷图像，有些印刷方式只能使用粗糙的成像方式（例如丝网印刷、印章喷涂印

刷等），这时我们就需要将图像简化为简单的色调图案，如图 7-5 和图 7-6 所示。

| 图 7-5 | 图 7-6 |

另一类情况是我们利用 Photoshop 制作一些特殊的视觉效果画面（例如版画效果、底片效果、图章效果等）。此时这些特殊色彩调整命令就如同核武器般威力惊人了，如图 7-7 和图 7-8 所示。

| 图 7-7 | 图 7-8 |

当然所有的命令都没有固定的用法，当我们熟练掌握这些命令后，可以根据自己的理解，以及工作中的具体情况来随心所欲地进行操作。

4. 细节层次调整命令

这一组命令非常简单，只有"阴影 / 高光"与"HDR 色调"两个命令，如图 7-9 所示。它们主要针对高质量数码照片调整。通过它们，可以对图像中各色调的细节进行调整。

阴影/高光(W)...
HDR 色调...

图 7-9

5. 色调匹配调整命令

最后一类命令也是对图像的整体色调进行调整的，如图 7-10 所示。与第一类命令不同，色调匹配调整命令是根据一种特定方式，将图像的色调匹配为一种新的色调效果。例如将绿色调图像根据另一幅红色调图像的颜色进行匹配，使图像整体由绿色调转变为红色调效果，如图 7-11 所示。

去色(D)　　　　　Shift+Ctrl+U
匹配颜色(M)...
替换颜色(R)...
色调均化(Q)...

| 图 7-10 | 图 7-11 |

7.1.2　如何学习色彩命令

以上对于色彩调整命令的分类方式，是本书作者根据自身多年工作经验进行定义的。当然这种定义方式只是代表作者的理解方式，目的只是让读者快速对于繁杂的调色命令有一个整体直观的认知。以上这种分类方式未必是科学的，大家在深入学习之后，可以按自己的理解方式来定义这些命令。

在接下来的内容中，本书将按照色彩调整命令的摆放位置进行讲述。在对每个命令进行学习时，建议大家结合以上分类和描述方式进行学习，在了解了命令大致的工作方式时，再学习具体的命令操作，可以提高学习的效率。

由于在上一章我们已经对"色阶"和"曲线"命令进行了深入的讲解，所以本章在涉及这些命令时就直接跳过了。

7.2 "亮度 / 对比度"命令

"亮度 / 对比度"命令是一个简洁干脆的命令。使用该命令可以对图像的亮度和对比度进行直接的调整。在"色阶"命令和"曲线"命令中，如果要对图像的亮度和对比度进行调整，需要控制暗部色块、亮部色块、输出色阶等多个参数。而"亮度 / 对比度"命令将这些操作简化为了两个滑块，使我们的操作更为快捷有效。

7.2.1 理解亮度、对比度

打开一幅图像，在菜单栏中执行"图像"→"调整"→"亮度/对比度"命令，打开"亮度/对比度"对话框，如图7-12所示。通过调整参数可以更改图像的亮度和对比度，如图7-13所示。

图 7-12

图 7-13

当选定"使用旧版"选项时，"亮度/对比度"命令在调整图像时只是简单地增大或减小所有像素值，这样会使图像出现夸张的失真现象。在不使用旧版情况下，"亮度/对比度"命令的调节方式相对比较智能，在调整图像时会尽量保护中间色调的真实感，如图7-14所示。

图 7-14

此时大家可能会感觉"使用旧版"选项不具备实用性。其实不然，在不使用旧版时，由于保护了中间色调，所以感觉对图像的编辑修改力度比较有限。而使用旧版，则只是从更改像素颜色值入手，所以可以对图像颜色产生有力的影响。当然，具体的操作方式还要根据图像的具体情况来定，不能一概而论。

7.2.2 应用"亮度/对比度"命令

"亮度/对比度"命令的操作简洁有效，它使我们从"色阶"和"曲线"命令复杂的控制中摆脱出来，单纯地把注意力放在调整图像的结果上，所以该命令在日常工作中的使用是非常频繁的，下面我们通过一组操作来学习该命令。

01 执行"文件"→"打开"命令，打开配套素材\Chapter-07\"背景.tif"文件，如图7-15所示。这张图像色调过亮，且缺乏明暗对比，表现出发灰的状态。

图 7-15

02 执行"图像"→"调整"→"亮度/对比度"命令，打开"亮度/对比度"对话框，向左拖动"亮度"滑块，其参数值变为负数，图像变暗，如图7-16和图7-17所示。

图 7-16　　　　　　　图 7-17

03 在对话框中向右拖动"对比度"滑块，其参数值变为正值时，图像对比度增强，图像变清晰，如图7-18和图7-19所示。

图 7-18　　　　　　　图 7-19

04 打开配套素材\Chapter-07\"儿童.tif"文件，在"通道"调板中按下Ctrl键，单击"Alpha 1"通道缩览图，载入通道选区，如图7-20和图7-21所示。

05 使用"移动"工具，配合按下Shift键，将选区中的图像原位置拖动至"背景"文档中，并在

"图层"调板中显示隐藏的图像，如图7-22和图7-23所示。

图 7-20

图 7-21

图 7-22　　　　　图 7-23

06 执行"亮度/对比度"命令，在对话框中复选"使用旧版"选项，向右拖动"亮度"滑块，

将图像调亮，如图7-24和图7-25所示。

图 7-24　　　　　图 7-25

07 向左拖动"对比度"的滑块，降低图像的对比度，如图7-26和图7-27所示。

图 7-26　　　　　图 7-27

注意

当复选"使用旧版"选项时，容易失掉图像的色阶细节，所以要慎重调整亮度和对比度。

08 至此该实例已经制作完成，读者可以打开配套素材\Chapter-07\"照片处理.tif"文件进行查看。

7.3 "曝光度"命令

"曝光度"命令是为了调整 HDR 图像的色调而设计的，Radiance（HDR）是一种 32 位 / 通道文件格式，用于高动态范围的图像。HDR 图像的动态范围超出了标准计算机显示器的显示范围。在 Photoshop 中打开 HDR 图像时，图像可能会非常暗或出现褪色现象。Photoshop 提供了预览调整功能，以使显示器显示的 HDR 图像的高光和阴影不会太暗或出现褪色现象。

01 打开配套素材\Chapter-07\"卡通人物.jpg"文件，如图7-28所示。

图 7-28

02 执行"图像"→"调整"→"曝光度"命令，打开"曝光度"对话框，如图7-29所示。

03 在对话框中设置"曝光度"选项，如图7-30所示。

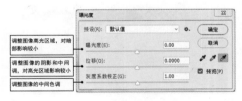

图 7-29

04 "位移"选项用于调整图像的阴影，对图像的高光区域影响较小。向右拖动该选项的滑块，使图像的阴影变亮，如图7-31所示。

05 "灰度系数校正"选项用于调整图像的中间调，对图像的阴影和高光区域影响较小。向右拖动该选项的滑块，使图像的中间调变暗，如图7-32所示。

06 完毕后单击"确定"按钮，至此本实例已经完成，效果如图7-33所示。如果在制作过程中遇到什么问题，可以打开配套素材\Chapter-07\"卡通人物修正.jpg"文件查看。

图 7-30

图 7-31

图 7-32

图 7-33

7.4 "自然饱和度"命令

"自然饱和度"命令源自Camera Raw的一个叫作"细节饱和度"的功能。和"色相/饱和度"命令类似，可以使图片更加鲜艳或暗淡，但效果会更加细腻。"自然饱和度"命令在调整图像时会智能地判断图像颜色信息，对饱和度低的区域进行调整的同时忽略饱和度高的区域。

01 打开一幅图像，执行"图像"→"调整"→"自然饱和度"命令，打开"自然饱和度"对话框，如图7-34所示。

图 7-34

02 使用"自然饱和度"选项对图像进行调整时，Photoshop会对图像的颜色进行判断，忽略饱和度较高的区域，对饱和度较低的颜色区域进行调整。另外，该选项可以防止人物肤色的饱和度过于鲜艳，如图7-35所示。

图 7-35

03 使用"饱和度"选项对图像进行调整时，图像颜色的饱和度会整体提升。相比"色相/饱和度"命令，该选项对于图像的调整效果非常温和，如图7-36所示。

图 7-36

7.5 "色相/饱和度"命令

"色相/饱和度"命令的功能非常灵活、丰富，该命令可以调整图像的饱和度、色相和亮度，解决图像中出现的亮度偏差和偏色问题。该命令不但可以针对整幅图像进行调整，还可以对图像局部色调进行修改。另外，选择对话框中的"着色"复选框时，可以使彩色图像变为单色图像。

7.5.1 色彩基本概念

由于"色相/饱和度"命令是根据颜色的特性进行工作，所以我们需要对一些基本概念进行回顾。

色相：是色彩的首要外貌特征，除黑白灰以外的颜色都有色相的属性，是区别各种不同色彩的最准确的标准。例如以下图片中图像的背景色为不同的色相：黄色、红色、绿色，如图7-37所示。

图 7-37

色相角度：在颜色模型中，所有颜色被定义在一个色轮上，根据颜色在色环上的位置可以为颜色设置角度值，如图 **7-38** 所示。

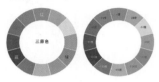

图 7-38

饱和度：指色彩的鲜艳度，不同色相所能达到的纯度是不同的。从以下图片我们可以看出，饱和度高的色彩较为鲜艳，饱和度低的色彩较为暗淡，如图 **7-39** 所示。

图 7-39

明度：即色彩的明暗差别，明度最高的是白色，最低的是黑色。从以下图片我们可以看出，明度高的图片与明度低的图片相比，表现出色彩深浅的差别，如图 **7-40** 所示。

图 7-40

在 Photoshop 中打开一幅图像，在菜单栏中执行"图像"→"调整"→"色相 / 饱和度"命令，在对话框中可以根据图像的色相、饱和度和亮度的特点进行调整，如图 **7-41** 所示。

在"色相 / 饱和度"对话框下端的颜色条，实际上是将色环展开后的效果，如图 **7-42** 所示。对话框中"色相"选项的参数值对应的就是颜色角度值。

图 7-41

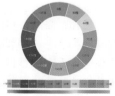

图 7-42

7.5.2 "色相/饱和度"命令工作原理

"色相 / 饱和度"命令包含的设置选项并不是很多，但是对图像的调整效果非常丰富。接下来我们来通过操作进行学习。

1. 整体更改图像色调

如果图像出现偏色问题，可以使用"色相 / 饱和度"命令对图像进行校正。另外，通过对图像颜色进行调整，也可以制作出特殊的色调效果。

01 执行"文件"→"打开"命令，打开配套素材\Chapter-07\"海滩.tif"文件。

02 在"图层"调板中选择"背景"图层，如图7-43和图7-44所示。

图 7-43　　　　　　　图 7-44

03 执行"图像"→"调整"→"色相/饱和度"命令，打开"色相/饱和度"对话框。

04 在对话框中拖动"色相"选项的滑块可以更改图像的色调，如图7-45所示。

05 在调整"色相"参数时，对话框下端的色彩条也会发生变化，当"色相"参数设置为-90时，实际上是将色环旋转了-90°，如图7-46所示。

图 7-45　　　　　　　图 7-46

06 这一点在对话框的颜色条上也会有所显示，上面的颜色条显示原图像的颜色，下面的颜色条显示图像调整后的颜色，如图7-47所示。

07 拖动"色相"选项的滑块至黄色处，将天空的颜色调整为黄色调，如图7-48和图7-49所示，单击"确定"按钮完成设置。

图 7-47

图 7-48　　　　　　　图 7-49

2. 局部更改色调

"色相／饱和度"命令除了可以整体更改画面色调以外，还可以对画面中的局部色调进行设置。

01 在"图层"调板中选择"人物"图层，如图7-50所示。

02 在"人物"图层中，颜色非常丰富，使用"色相／饱和度"命令可以对目标色调进行专项调整。

03 执行"图像"→"调整"→"色相/饱和度"命令，打开"色相/饱和度"对话框。

04 在对话框"目标色"选项栏选择将要进行调整的颜色，如图7-51所示。

图 7-50　　　　　　　图 7-51

05 调整"色相"参数，可以看到图中黄色区域的颜色会发生变化，如图7-52所示。

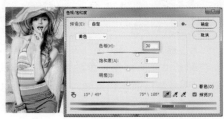

图 7-52

06 观察"色相/饱和度"对话框下端的颜色条，与"色彩调整"滑块对应的下端颜色条的颜色出现了变化，如图7-53所示。

图 7-53

> **提示**
>
> 与"全图"色彩调整不同，对图像的局部色调进行调整时，只有"颜色调整"滑块对应区域的颜色条发生了变化。

07 重新设置"目标色"选项栏，设置调整的色调为"红色"选项，此时"颜色调整"滑块移动至了颜色条的红色对应区域，如图7-54所示。

图 7-54

08 现在我们已经明白"目标色"选项与"颜色调整"滑块的关系，设置"目标色"选项可以定义"颜色调整"滑块对应的颜色位置。

09 在颜色条位置拖动"颜色调整"滑块，调整其位置，此时可以看到"目标色"选项内容也会发生变化，如图7-55所示。

图 7-55

10 除了在"色相/饱和度"对话框中定义图像的调整色调以外，还可以通过在图像中拾取目标色来定义图像调整色调。

11 当"目标色"选项栏设置为局部色调调整模式时（非"全图"选项以外的选项），对话框下端的"吸管"工具将处于激活状态，在图像中单击目标色区域，可以设置"图像调整"滑块的位置，如图7-56所示。

图 7-56

12 通过上述操作，我们已经掌握了定义目标色的方法。接下来我们来了解下"色彩调整"滑块。滑块的结构稍微复杂，其内部分为3个区域，包含了4个控制柄，如图7-57和图7-58所示。

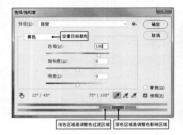

图 7-57　　　　　　图 7-58

13 "色彩调整"滑块中间的深色区域覆盖的是颜色被直接更改的区域，拖动其两侧的控制柄可以更改其覆盖范围，如图7-59所示。

图 7-59

14 除了拖动控制柄调整"色彩调整"滑块覆盖范围，还可以通过"添加到取样"工具和"从取样中减去"工具，来设置滑块的覆盖范围，如图7-60和图7-61所示。

图 7-60

图 7-61

15 "色彩调整"滑块两侧是色彩调整过渡区域。过渡区域可以解决在调色过程中出现的色阶裂痕显现。

16 按下Alt键，"色相/饱和度"对话框的"取消"按钮将转变为"复位"按钮，单击"复位"按钮初始化对话框参数。

17 在"目标色"选区选择"红色"选项，选择"吸管"工具，在人物服装处单击选择红色，如图7-62所示。

图 7-62

18 设置"色相"参数，更改图像中目标色的颜色，如图7-63所示。

图 7-63

19 调整"色彩调整"滑块左侧过渡区域的控制柄，观察颜色过渡效果，如图7-64和图7-65所示。

图 7-64　　　　　　图 7-65

20 在色彩条上端有两组角度数值，其对应的就是滑块4个控制柄的色环角度，如图7-66所示。通过调整4个控制柄的位置，可以自由地定义"色彩调整"滑块的外形。

图 7-66

21 在对话框中设置各选项的参数值，可以调整人物图像的黄色、绿色的颜色成分，如图7-67所示。

图 7-67

22 在渐变条中拖动衰减三角滑块，可以调整颜色衰减量（羽化调整）而不影响颜色范围，如图7-68所示，使颜色过渡更加自然。

23 在渐变条中拖动左侧的垂直滑块，增加调整颜色分布的范围，如图7-69所示。完毕后单击"确定"按钮，关闭对话框。

图 7-68　　　　图 7-69

3. 调整饱和度与明度

通过"饱和度"与"明度"选项可以设置图像的饱和度与明度效果。

01 在"图层"调板中选择"背景"图层，执行"图像"→"调整"→"色相/饱和度"命令，打开"色相/饱和度"对话框。

02 增加"饱和度"选项的参数值，增强天空图像色彩的鲜艳程度，如图7-70和图7-71所示。

图 7-70　　　　图 7-71

03 在对话框左下角单击"交互式"调整按钮，在图像中单击拖动需要调整的区域，即可以调整

该区域的"饱和度"参数，如图7-72所示。

图 7-72

04 使用"交互式"调整按钮，还可以调整"色相"参数，按下Ctrl键，在图像中单击拖动需要调整的区域，可以调整"色相"参数，如图7-73所示。

图 7-73

05 增加"明度"参数将天空图像调整得亮一些，参考图7-74设置对话框中的参数，然后单击"确定"按钮，完成设置，图像调整效果如图7-75所示。

图 7-74　　　　　　图 7-75

4. 调整单色图像

"色相/饱和度"命令除了可以更改图像的色彩与饱和度以外，还可以将图像设置为单色调效果。

01 在"图层"调板中选择"标牌"图层，按下Ctrl+U键，打开"色相/饱和度"对话框。

02 在对话框中选择"着色"复选框，此时图像变为单色效果，如图7-76和图7-77所示。

图 7-76　　　　　　图 7-77

03 设置各项参数值，调整单色图像颜色，如图7-78和图7-79所示。完成实例的制作，读者可打开配套素材\Chapter-07\ "旅游广告.tif" 文件进行查看。

图 7-78

图 7-79

7.6 "色彩平衡" 命令

使用"色彩平衡"命令可以对图像的色彩进行加强或者减弱，但与其他命令不同的是，该命令在工作时，结合了颜色理论中的"互补色"原理。在增强某一颜色时，可以减弱该颜色的补色。这样做的优点是，可以从色彩角度增加图像的对比关系。

根据颜色理论的补色原理，对图像的颜色进行加强或减弱。通过颜色的改变使画面对比度更为丰富，并且在暗调区、中间调区和高光调区，通过控制各个单色的成分来平衡图像的色彩。

7.6.1 熟悉"色彩平衡"命令

如果要熟练地使用"色彩平衡"命令，必须先要了解色彩理论中的补色概念。

1. 补色概念

RGB 颜色模式：大家都很熟悉，它是一种光色模式，其三原色为红、绿、蓝。如图 7-80 所示。

补色：是指一种原色与另外两种原色混合而成的颜色形成互为补色关系。例如：蓝色与绿色混合出青色，青色与红色为补色关系，如图 7-81 所示。在标准色轮上，绿色和洋红色互为补色，黄色和蓝色互为补色，红色和青色互为补色，如图 7-82 所示。

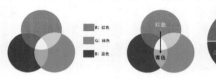

图 7-80   图 7-81   图 7-82

"色彩平衡"调板：在"色彩平衡"对话框中，处于渐变条两端的一组颜色互为补色，如图 7-83 所示。

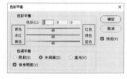
图 7-83

2. 补色概念与色彩平衡

在简单地了解了补色概念与"色彩平衡"命令之间的关系后，我们通过一组操作观察"色彩平衡"命令如何利用补色概念调整色彩。

01 执行"文件"→"新建"命令，新建图像文档，设置图像的颜色模式为RGB模式，图像的高与宽为400像素。

02 在工具栏中单击"前景色"色块，设置其颜色值为（R:128，G:128，B:128），按下Alt+Delete键，用前景色填充图像，如图7-84所示。

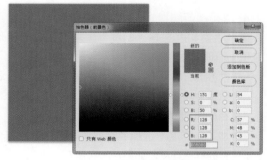
图 7-84

> **提示**
>
> 我们知道在 RGB 模式中，颜色值用 0~255 之间的数值进行定义，设置颜色值为 128 则是颜色的中间值，其目的是为了便于观察操作中图像的变化。

03 执行"图像"→"调整"→"色彩平衡"命令，打开"色彩平衡"对话框。

04 向右侧拖动"红色"滑块，图像呈现出红色，如图7-85所示。

图 7-85

05 拖动滑块时，观察通道调板，可以看到"红"通道变亮了，"绿"和"蓝"通道变暗了，如图7-86所示。

提示

在第5章讲述颜色模式时，曾讲到"颜色"通道中记录的是图像的颜色信息。"颜色"通道变亮了，意味着颜色值增加了。

06 向左侧拖动"青色"滑块，图像呈现出青色。观察"通道"调板，可以看到"红"通道变暗了，"绿"和"蓝"通道则变亮了，如图**7-87**所示。

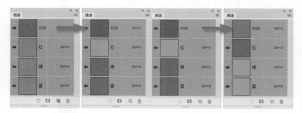

图 7-86　　　　　　　　图 7-87

07 通过上面的操作可以看出，在"色彩平衡"对话框中增强目标颜色时，其补色将会变弱。

08 在"色彩平衡"对话框下端提供了"保持明度"选项，设置该选项为不复选状态。再次执行前面的操作，此时目标色变化时，其补色的颜色值将不会发生变化，如图**7-88**和图**7-89**所示。

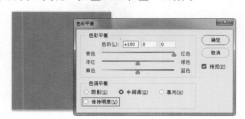

图 7-88

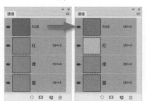

图 7-89

7.6.2 应用"色彩平衡"命令

在学习了"色彩平衡"命令后，接下来我们通过案例操作，学习该命令在工作中的操作方法。

01 执行"文件"→"打开"命令，打开配套素材 \Chapter-07\ "人物1.tif"文件，如图**7-90**和图**7-91**所示。

图 7-90　　　　　　图 7-91

02 执行"图像"→"调整"→"色彩平衡"命令，打开"色彩平衡"对话框，向"青色"拖动滑块，"色阶"中出现相应的数值变换，如图**7-92**所示。

03 观察调整图像的颜色，会发现图像中在添加"青色"成分的同时，会相应减少它的补色"红色"的成分，如图**7-93**所示。

图 7-92　　　　　　图 7-93

04 由此可以看出，图像中一种颜色成分的增加，必然导致它的补色成分的减少。

05 另外，补色是由相邻的颜色混合而成色，例如青色是由蓝色和绿色混合而成，如图**7-94**所示。

图 7-94

06 如果需要继续增加图像中的"青色"成分，可以通过增加与补色相邻的颜色来调整颜色，达到增加"青色"的目的，如图**7-95**所示。完毕后单击"确定"按钮关闭对话框，效果如图**7-96**所示。

图 7-95　　　　　　　　　　图 7-96

07 在"图层"调板中选择"人物"图层，打开"色彩平衡"对话框，默认状态下，"色调平衡"栏中的"中间调"为选择状态，如图7-97和图7-98所示。

图 7-97　　　　　　　　　图 7-98

> **技巧**
>
> 按下 Ctrl+B 键可快速地打开"色彩平衡"对话框。

08 在对话框中，参照图7-99所示，增加人物图像中间色调的"红色"和"黄色"成分，从而跟背景颜色匹配，如图7-100所示。

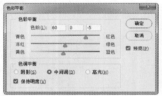 

图 7-99　　　　　　　　　图 7-100

09 在"色调平衡"中选择"阴影"选项，拖动滑块调整阴影部分的色调，使其偏向与青色，如图7-101和图7-102所示。

10 在"色调平衡"中选择"高光"选项，将高光部分的色调调整成黄色调，体现出光感变化，

如图7-103和图7-104所示。

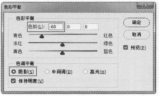 

图 7-101　　　　　　　　　图 7-102

图 7-103　　　　　　　　　图 7-104

11 "保持明度"选项为选择状态，将保持图像的原有亮度，图像亮度不会随着操作而更改，此时调整出的图像效果呈现出过亮的状态。

12 取消对"保持明度"选项的选择，人物图像呈现出自然的色彩调整变化，如图7-105和图7-106所示。

图 7-105　　　　　　　　　图 7-106

13 最后在"图层"调板中显示所有隐藏的图像，完成实例的制作，效果如图7-107所示。读者可打开配套素材\Chapter-07\"插画设计.tif"文件进行查看。

图 7-107

7.7 "黑白"命令

　　"黑白"命令可以将彩色图像转换为高质量的黑白图像。"黑白"命令可以根据图像中的颜色生成不同明度的黑白灰色调。这一功能在彩色图像进行黑白印刷时是非常有用的。另外，通过对图像应用色调可以创建单色的图像效果。

7.7.1 "黑白"命令原理

　　"黑白"命令中包含的命令与参数非常丰富，

接下来我们首先通过一些操作来了解"黑白"命令的工作原理。

1. 加大黑白色差

　　在 Photoshop 中有很多方法可以将彩色图像转变为黑白图像，例如使用"去色"命令、"色相/饱和度"命令等。但是所生成的黑白图像可能会出现色差不明显的问题。因为图像在彩色状态下易于识别，但颜色转变为灰度时，可能灰度色阶非常接近，这一点非常不利于黑白印刷，"黑白"命令可以很好地解决这个问题。接下来我们通过一组操作来学习。

01 新建一个文档，结合选区工具对画布进行填充，如图7-108所示。此时图像中的红和绿区域非常明显。

02 执行"图像"→"调整"→"去色"命令，可以看到当红色和绿色在转变为黑白图像后已经无法区分原来的区域了，如图7-109所示。

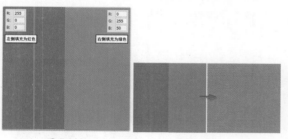

图 7-108　　　　　图 7-109

03 此时如果我们将当前的红绿图像进行黑白印刷，可能会得到一幅无法识别的灰度图。

04 按下Ctrl+Z键，将图像恢复至"去色"命令之前。

05 执行"图像"→"调整"→"黑白"命令，通过调整"黑白"对话框中的"红色"和"绿色"参数，可以结合图像色彩，更改黑白图像的明暗关系，如图7-110所示。

图 7-110

2. 设置颜色明暗

　　"黑白"命令中提供了非常丰富的"颜色"控制参数，通过调整对应的颜色参数，可以更改黑白图像中的色差。图像中的颜色纯度越高，受到的影响就越大。下面我们通过一组操作来进行学习。

01 打开配套素材\Chapter-07\"色环.tif"文件，执行"图像"→"调整"→"黑白"命令，如图7-111所示。

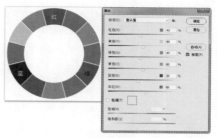

图 7-111

02 默认情况下"黑白"对话框中的颜色参数被定义了数值，黑白图像也因此呈现出错落的黑白灰关系。

03 在"黑白"对话框中将所有的颜色参数定义为0，此时图像中所有的颜色都变为了黑色，如图7-112所示。

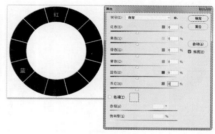

图 7-112

04 将"红色"参数设置为100，此时图像中的红色将变为白色，如图7-113所示。

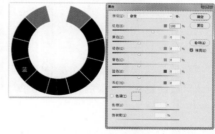

图 7-113

05 图像中的红色颜色值为（R:255，G:0，B:0），它是一个标准的红色，所以当"黑白"对话框中的"红色"值为100%时，图像中的红色区域就变为了白色。而图像中红色两侧的橙色和洋红也包含红色成分，但不像红色那么纯，所以这些颜色呈现出灰色。

3. 制作单色效果

　　"黑白"命令可以制作单色效果，这一功能和之前我们讲过的"色相/饱和度"命令的功能非常接近，不同点在于"黑白"命令在制作单色调图像的同时，还可以调整各种色彩的明度差别。为了便于学习，我们可以将"黑白"命令理解为一个变形后的"色相／饱和度"命令。

01 对"色环.tif"文件执行"色相/饱和度"命令并进行设置，整个图像变为了一个单色图像，通过更改"色相"参数可以设置图像的单色色彩，如图7-114所示。

图 7-114

02 单击"取消"按钮，关闭"色相/饱和度"对话框，对"色环.tif"文件执行"黑白"命令并进行设置，如图7-115所示。

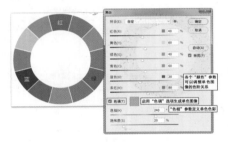

图 7-115

03 在"黑白"对话框下端的"色相"和"饱和度"参数，与"色相/饱和度"命令中的同名选项功能完全一样，不同点是"黑白"命令中没有"明度"参数，该命令利用上端的"颜色"参数定义单色图像的明度。

04 在"色调"选项右侧有一个颜色色块，单击该色块可以设置单色图像的色彩，如图7-116和图7-117所示。

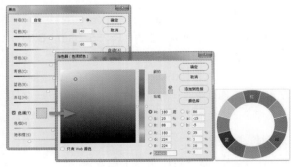

图 7-116　　　　　　图 7-117

7.7.2　制作水墨效果

现在我们已经对"黑白"命令有所了解了，下面我们利用该命令来制作一幅华丽的单色水墨作品。

01 执行"文件"→"打开"命令，打开配套素材\Chapter-07\"花2.tif"文件，如图7-118所示。

图 7-118

02 执行"图像"→"调整"→"黑白"命令，打开"黑白"对话框，彩色的照片已经变为较高质量的黑白照片，如图7-119和图7-120所示。

图 7-119　　　　　　图 7-120

03 在"预设"下拉列表中选择"绿色滤镜"预设，应用预设设置调整出较多细节的黑白照片，如图7-121和图7-122所示。

图 7-121　　　　　　图 7-122

04 向左拖动"绿色"滑块，可使原图像中绿色范围内的图像变暗，如图7-123和图7-124所示。

图 7-123　　　　　　图 7-124

05 使用  "快速选择"工具，沿着花朵的边缘拖动鼠标，选择花朵图像，如图7-125和图7-126所示。

图 7-125　　　　　　　　图 7-126

06 打开配套素材\Chapter-07\ "水墨背景.tif"文件，将选区中的图像拖动到此文档中，按下Ctrl+T键打开自由变换框，调整角度、大小和位置，如图7-127和图7-128所示。

图 7-127　　　　　　　　图 7-128

07 打开配套素材\Chapter-07\ "花1.tif"文件，执行"黑白"命令，如图7-129所示，使用吸管在花朵暗调处单击，此时"黑白"调板中自动选择要调整的颜色，如图7-130所示。

图 7-129　　　　　　　　图 7-130

08 向左拖动选择的"洋红"滑块，将此颜色区域的色调调整得暗一些，如图7-131和图7-132所示。

图 7-131　　　　　　　　图 7-132

09 依照以上方法，自动选择要更改的颜色区域并调整色调，如图7-133和图7-134所示。

图 7-133　　　　　　　　图 7-134

10 使用  "快速选择"工具选择花朵部分，并添加到"背景"文档中，如图7-135所示。

11 打开配套素材\Chapter-07\ "人物2.tif"文件，使用  "矩形选框"工具创建选区，如图7-136所示。

图 7-135　　　　　　　　图 7-136

12 执行"黑白"命令，在"黑白"对话框中选择"色调"选项，为选区中的图像着色，如图7-137、图7-138所示。

图 7-137　　　　　　　　图 7-138

13 此时"着色"栏中的选项变为可用状态，设置各项参数，调整着色的色调，如图7-139和图7-140所示，完毕后单击"确定"按钮关闭对话框，再按下Ctrl+D键取消选区。

图 7-139　　　　　　　　图 7-140

14 将"人物"图像拖动到"背景"文档中，并
在"图层"调板中显示隐藏的图像，完成实
例的制作，如图7-141所示。读者可以打开配套素材\
Chapter-07\"水墨效果.tif"文件进行查看。

图 7-141

7.8 "照片滤镜"命令

"照片滤镜"一词来源于传统摄影技术，在传统摄影技术中，将彩色的玻璃片安装在镜头之前，这样所拍摄出的照片会产生特殊的颜色效果，这种效果如同配戴了彩色眼镜来看世界。

在 Photoshop 的色彩调整命令中也提供了"照片滤镜"命令，该命令可以模拟相机镜头安装彩色滤镜后的拍摄效果。通过该命令可以调整图像的色彩平衡和色温，使照片图像更为华美动人。

7.8.1 "照片滤镜"对话框

"照片滤镜"命令对话框为用户提供了各种照片滤镜的类型，在传统摄影中应用到的滤镜镜片，在对话框中都可以找到对应的选项。除此之外，用户还可以根据需要，自定义滤镜色彩。下面来熟悉"照片滤镜"对话框。

01 打开配套素材\Chapter-07\"舞曲.psd"文件，如图7-142所示。

02 在"图层"调板中选择"背景"图层，使其成为可编辑状态。执行"图像"→"调整"→"照片滤镜"命令，打开"照片滤镜"对话框，如图7-143所示。

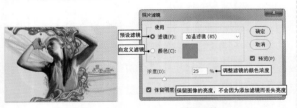

图 7-142　　　　图 7-143

03 在"使用"选项组内提供了两类滤镜，分别为"滤镜"和"颜色"两种类型。

"滤镜"选项：该选项内提供的是根据传统摄影中的滤镜镜片颜色定义的照片滤镜颜色。单击"滤镜"选项的下三角按钮，在弹出的下拉列表中选择设置好的滤镜效果，如图 7-144 所示。这些滤镜的名称和传统摄影中的滤镜镜片名称具有对应关系。

图 7-144

"颜色"选项：该选项可以自定义照片滤镜的颜色，使我们应用滤镜更为灵活，产生更为丰富的效果。

7.8.2 应用"照片滤镜"命令

在了解了"照片滤镜"命令后，接下来我们来了解该命令的应用技巧。

01 在"照片滤镜"对话框中单击"颜色"选项的颜色块，打开"拾色器"对话框，设置对话框中的参数，调整图像的色调，如图7-145所示。

02 向右拖动"浓度"选项的滑块，使应用在图像上的颜色加深，如图7-146所示。

图 7-145　　　　图 7-146

> **提示**
>
> 当选择"颜色"选项时，"滤镜"选项右侧的下三角按钮为不可使用状态。如果需要使用预设滤镜，单击"滤镜"选项，将该选项选中后，才可使用预设滤镜。

03 选择"保留明度"选项后图像中的亮度不会受到影响,取消对"保留明度"选项的复选后,添加颜色滤镜,图像会整体变暗,如图7-147所示。

04 勾选"保留明度"选项,完毕后单击"确定"按钮,关闭对话框。

05 在"图层"调板选择"装饰花纹2"图层,按下Ctrl键的同时单击"人物"图层缩览图,载入"人物"图层选区,如图7-148所示。

图 7-147　　　　　　　图 7-148

06 按下Ctrl+Shift+I键将选区反选,单击"图层"调板底部的 "创建新的填充或调整图层"按钮,创建"照片滤镜"调整图层,如图7-149所示。

07 在打开的"调整"调板中,参照图7-150所示设置其选项参数。打开"图层"调板,调整图层顺序,如图7-151所示。

08 至此本实例已经完成,效果如图7-152所示。如果在制作过程中遇到什么问题,可以打开配套素材\Chapter-07\"舞曲海报.psd"文件查看。

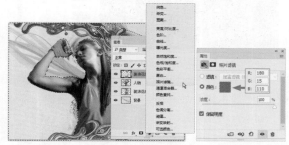

图 7-149　　　　　　　图 7-150

图 7-151　　　　　　　图 7-152

7.9 "通道混和器"命令

"通道混和器"命令可以利用通道中记录的颜色分布范围来更改图像的颜色。比如让图像中分布红色的区域变为蓝色;或者让图像中原本是绿色的范围加入红色和蓝色,从而变成紫色。该命令通过利用通道中记录的颜色范围更改颜色浓度,从而起到了混合画面颜色的效果。该命令在图像校色与印刷输出方面非常有用,下面我们通过操作来学习该命令。

7.9.1 "通道混和器"工作原理

"通道混和器"命令可以根据通道中记录颜色的范围来更改画面色彩。如果要真正理解其工作原理,首先要掌握一些通道相关知识。

1. 通道中记录的颜色

本书第5章,在讲述图像的颜色模式时,曾经为大家讲到了通道记录颜色的原理。接下来我们来回顾这一知识点。

01 执行"文件"→"打开"命令,打开配套素材\Chapter-07\"色彩.tif"文件,打开"通道"调板,观察颜色分布的状态,如图7-153和图7-154所示。

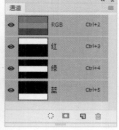

图 7-153　　　　　　　图 7-154

02 在"通道"调板中单击"红"通道,图像中将显示"红"通道内的信息,如图7-155所示。

03 此时图像中白色区域是分布了红色的区域,而黑色区域则是没有红色的区域。依次单击"绿"和"蓝"通道,也可以观察绿色和蓝色的分布情况。

图 7-155

04 单击"通道"调板上端的"RGB"复合通道，图像中将会显示3种颜色复合在一起的画面效果，如图7-156所示。

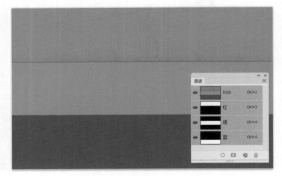

图 7-156

05 通过上述操作，相信大家已经明白了通道管理颜色分布的原理。

2. "通道混和器"对话框

在了解了通道管理颜色的方法后，接下来我们来熟悉"通道混和器"命令对话框。

01 执行"图像"→"调整"→"通道混和器"命令，打开"通道混和器"对话框，如图7-157所示。

02 "输出通道"选项中选择的通道是当前被编辑的通道。选择"红"通道选项则是对"红"通道进行编辑，如图7-158所示。

图 7-157   图 7-158

03 "源通道"选项组提供了控制颜色分布浓度的滑块，增加或减少滑块的数值会更改颜色的分布情况，如图7-159所示。

图 7-159

04 当前"红"通道为被编辑通道，此时"源通道"选项组中红色值为100%，这表明默认情况下"红"通道内拥有100%的浓度成分，如果减小该值会减少红色的浓度，如图7-160所示。如果将红色值设置为0，那么图像中的红色将完全消失，如图7-161所示。

图 7-160

图 7-161

05 在调整红色值时，在"通道"调板中观察"红"通道，也可以看到相应的变化，如图7-162所示。

图 7-162

06 以上操作是利用"红"通道自身来进行图像颜色的修改。此外，我们还可以利用其他通道对"红"通道进行修改。

07 在"源通道"选项内，更改绿色滑块的参数，可以在图像中分布了绿色区域的位置增加红色浓度，如图7-163所示。

08 此时新增加的红色和图像中原有的绿色组合出了黄色，在"通道"调板内也可以观察到红色通道的变化。

09 在"通道混和器"对话框中，设置"输出通道"选项为"绿"通道，此时我们对"绿"通道进行修改。

图 7-163

10在"源通道"选项组中设置绿色为0，将"绿"通道中原有的绿色分布区域去除，图像中的黄色区域由于缺少了绿色而变为了红色，如图7-164所示。

图 7-164

11接着将红色设置为100%，此时原本分布红色的区域分布为了绿色，而原本绿色的区域分布为了红色，如图7-165所示。

图 7-165

通过上述操作想必大家已经熟悉了"通道混和器"命令利用通道来混合图像颜色的方法。最后我们再来了解一下"常数"参数的作用，该参数可以整体增强或减弱当前被编辑通道的色彩信息，如图7-166 所示。

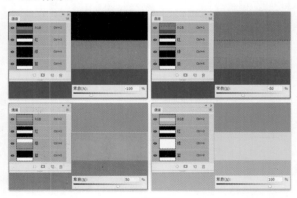

图 7-166

7.9.2　修改图像颜色

利用"通道混和器"命令可以修改图像的色相，增强减弱颜色浓度。在了解了该命令工作原理后，我们通过案例操作来学习该命令在具体工作中的应用方法。

01打开配套素材\Chapter-07\"时尚插画底纹.tif"文件，在"图层"调板中选择"背景"图层，如图7-167和图7-168所示。

图 7-167　　　　　　图 7-168

02在"通道"调板中，逐一单击"红""绿""蓝"通道，查看背景图像中的颜色分布情况。经过比较可以看出"绿"通道中的亮色区域细节较多，且层次丰富，如图7-169～图7-171所示。

图 7-169

图 7-170

图 7-171

03 在"通道"调板中单击"RGB"通道,且切换到"图层"调板。下面需要将背景图像中的亮色调整为白色光效。

04 执行"图像"→"调整"→"通道混和器"命令,分别选择"红""绿""蓝"通道进行修改,利用"绿"通道对图像中的颜色进行加强,如图7-172~图7-174所示。

图 7-172　　　　　　图 7-173

图 7-174

05 由于在相同范围区域,同时加入了红色、绿色、蓝色成分,这3种RGB原色可以混合出最亮的白色,所以将背景处的亮色调整为白色光效,如图7-175和图7-176所示。

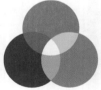

图 7-175　　　　　　图 176

06 下面需要将背景图像调整为金色效果,以便于人物图像色调匹配。

07 在"通道混和器"中,设置"输出通道"为"蓝",向左拖动"蓝色"滑块,减少图像中的蓝色成分,图像被调整为红色效果,如图7-177和图7-178所示。

08 我们知道红色与绿色相加可以得到黄色,为了使当前红色调的背景转变为金黄色,我们需要在画面中增加绿色的成分。

图 7-177　　　　　　图 7-178

09 设置"输出通道"为"绿"通道,向右拖动"红色"滑块,在"绿"通道中图像的红色区域增加绿色成分,调整出金黄色的背景效果,如图7-179和图7-180所示。

图 7-179　　　　　　图 7-180

10 分别选择"红""绿""蓝"输出通道,将其"常数"值都设置为-20%,如图7-181~图7-183所示。

11 单击"确定"按钮关闭对话框。此时背景图像整体变暗,调整出图像的厚重感,如图7-184所示。

图 7-181　　　　　　图 7-182

图 7-183　　　　　　图 7-184

12 最后在"图层"调板中显示所有图像,完成实例的制作,如图7-185所示。读者可打开配套素材\Chapter-07\"时尚插画.tif"文件进行查看。

图 7-185

7.10 "颜色查找"命令

"颜色查找"命令可以对图像的色调进行快速调整。整个操作过程和"滤镜"命令的使用方法非常相似,根据"颜色查找"命令添加的不同算法,整体将图像颜色匹配为新的色调。

打开配套素材 \Chapter-07\ "模特 .jpg" 文件,执行"图像"→"调整"→"颜色查找"命令,此时会弹出"颜色查找"对话框,如图7-186和图7-187所示。

图 7-186

图 7-187

1. 3DLUT 概念

LUT 的英文含义是 Lookup table(查找表格)。这一技术源自于显示器颜色调校技术。我们知道在设计工作中很多载体可以呈现颜色,比如胶片、扫描仪、摄像头等,但是不同的形式呈现出的颜色又有着很大差别。为了使这些颜色能够准确地在显示器上显示,就产生了 LUT 技术。LUT 技术可以将不同载体的颜色与显示器进行匹配,使颜色准确且标准统一。

将这一技术应用于图像,可以将图像的颜色快速呈现出一种新的色调。在"颜色查找"对话框中,

单击"3DLUT 文件"下拉列表,可以对图像的颜色进行匹配与调校,如图 7-188 所示。

图 7-188

2. 3DLUT 应用效果

在"颜色查找"对话框中设置"3DLUT"选项,使画面呈现出特有效果,图 7-189 ～图 7-197 为列表选项匹配出的图像色彩。

图 7-189

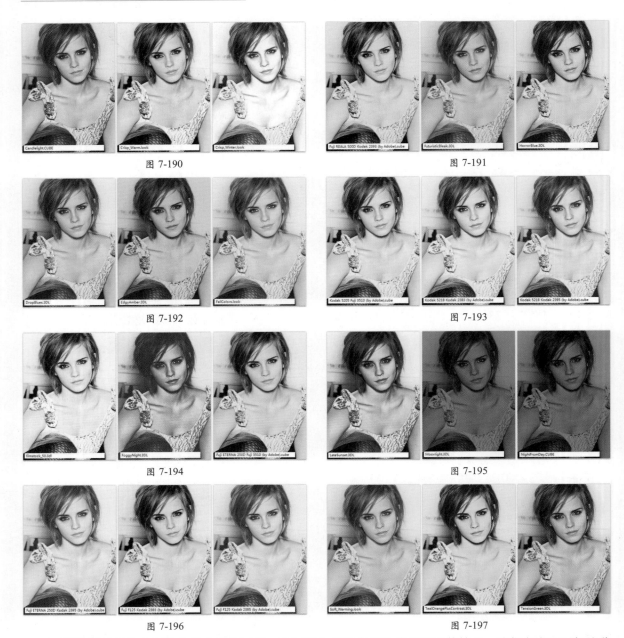

图 7-190　　　　　　　　　　　　　　　图 7-191

图 7-192　　　　　　　　　　　　　　　图 7-193

图 7-194　　　　　　　　　　　　　　　图 7-195

图 7-196　　　　　　　　　　　　　　　图 7-197

　　可能读者对于这么多的效果会无从下手，不知道如何来应用这些色彩调整效果，我们完全可以把这些"色彩调整"命令当做滤镜效果来使用。其实使用"色阶""曲线"等色彩调整命令也可以编辑出这些华丽的色彩效果。

7.11　特殊色彩调整命令

　　Photoshop 除了提供上述调整图像的命令外，还提供了一些可以创建特殊图像效果的命令，分别为"反相""色调分离""阈值""渐变映射"和"可选颜色"。这些命令的操作方法快捷有效，还能够完成一些特殊工作的需要。由于这些命令操作方法相对简单且易于理解，所以我们将其归纳为一节进行讲述，下面来学习这些命令。

7.11.1 反相

使用"反相"命令可以将图像的颜色进行反转，使黑色转变为白色，红色转变为青色，图像中的颜色和亮度会全部进行反转。

"反相"命令实际上是将像素的颜色值转换为256级中相反的值。在256个颜色级中，暗色为0，亮色为255，中间色为128。执行"反相"命令后，颜色值为255，会转变为0；颜色值为200，会转变为155；颜色值为128，会转变为127。下面通过一组操作来学习"反相"命令。

01 执行"文件"→"打开"命令，打开配套素材\Chapter-07\"色标.tif"文件，如图7-198所示。

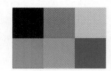

图 7-198

02 在工具箱中单击"前景色"按钮，打开"拾色器"对话框，在图像中的颜色色块上单击鼠标，观察色块的颜色值。这些颜色分别为：黑（R:0，G:0，B:0）、中灰（R:128，G:128，B:128）、浅灰（R:200，G:200，B:200）、红（R:255，G:0，B:0）、绿（R:0，G:255，B:0）、蓝（R:0，G:0，B:255），如图7-199所示。

图 7-199

03 关闭"拾色器"对话框，执行"图像"→"调整"→"反相"命令，将图像色彩反转，如图7-200所示。

图 7-200

04 再次打开"拾色器"对话框，观察图像执行"反相"命令后的颜色值。颜色分别为：白

（R:255，G:255，B:255）、中灰（R:127，G:127，B:127）、深灰（R:55，G:55，B:55）、青（R:0，G:255，B:255）、洋红（R:255，G:0，B:255）、黄（R:255，G:255，B:0）。

通过以上操作，可以看到图像中的颜色数值会在256级色阶位中进行反转，其实这颜色的反转效果，可以通过"色阶"和"曲线"命令实现，将输出和输入色阶位进行反转即可，如图7-201和图7-202所示（该知识点已在第6章详细进行了讲述）。Photoshop之所以单独提供"反相"命令来实现这种效果，可以简化设置，提高工作效率。

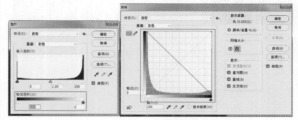

图 7-201　　　　　　图 7-202

Photoshop还为"反相"命令提供了快捷键，按快捷键Ctrl+I可以快速执行该命令，这说明"反相"命令在工作中的使用是非常频繁的。

利用"反相"命令可以制作特殊画面效果，例如负片效果、图章效果。另外"反相"命令在通道编辑操作中使用得也非常频繁，这一点我们在讲到通道编辑功能时再进行讨论。下面利用该命令制作两组案例。

01 打开配套素材\Chapter-07\"小狗.jpg"文件。

02 执行"图像"→"调整"→"反相"命令，将图像色彩反转，这时就制作出了照片底片效果，如图7-203所示。

03 打开配套素材\Chapter-07\"拓片.jpg"文件，如图7-204所示。

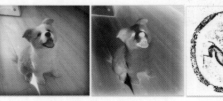

图 7-203　　　　　　图 7-204

04 执行"图像"→"调整"→"反相"命令，将图像反转，制作出图章效果。

05 选择"小狗.jpg"文档，按下F12键，将文档恢复至打开状态。

06 在工具箱中选择"移动"工具，将"拓片.jpg"文档中的图像移动至"小狗.jpg"文档中，如图7-205所示。

07 在"图层"调板中设置拓片图层的图层混合模式，制作出图章效果，如图7-206和图7-207所示。

图 7-205　　　　图 7-206　　　　图 7-207

08 网络图片中的水印效果就是通过以上操作实现的，通过更改图层的"不透明度"参数可以修改水印的透明效果。

7.11.2　色调分离

我们知道，为了让颜色过渡变得细腻柔和，在Photoshop中将颜色定义为256级色阶位。"色调分离"命令可以重新定义颜色的过渡级别，可以将颜色过渡色阶定义为2至255级。

打开配套素材\Chapter-07\"色阶.jpg"文件，如图7-208所示。执行"图像"→"调整"→"色调分离"命令，打开"色调分离"对话框，参照图7-209所示设置其参数。

图 7-208

图 7-209

通过设置"色调分离"命令可以看到，图像柔和的渐变色调，按照设定的"色阶"参数进行了分离。

"色调分离"命令在印刷方面作用非常大。在生活中很多印刷品的印刷分辨率很低，比如塑料袋包装印刷、铁皮印刷、T恤印刷等。当图像进行低分辨率印刷时，可以使用"色调分离"命令将图像

的颜色过渡降低后，再进行低分辨率印刷。

除了在印刷方面的作用，"色调分离"命令在制作图像特殊效果方面也被经常使用。例如可以利用该命令制作出版画效果、剪影效果等。

01 打开配套素材\Chapter-07\"风景.jpg"文件，如图7-210所示。

图 7-210

02 然后执行"图像"→"调整"→"色调分离"命令，打开"色调分离"对话框，参照图7-211所示设置其参数。

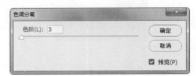

图 7-211

03 执行"图像"→"调整"→"色相/饱和度"命令，对当前图像的色调进行调整，完成版画效果制作，如图7-212和图7-213所示。

图 7-212　　　　　　　图 7-213

04 打开配套素材\Chapter-07\"时装模特.jpg"文件，如图7-214所示。

05 按下Ctrl+Shift+U键，执行"去色"命令，移除画面色彩信息。执行"图像"→"调整"→"色调分离"命令，制作出剪影画效果，如图7-215和图7-216所示。

图 7-214　　　　图 7-215　　　　图 7-216

7.11.3 阈值

"阈值"命令将图像转换为高对比度的黑白图像。图像中黑白区域的界定是根据图像色调中指定的色阶位进行划分的，可能读者并不能理解以上定义，我们可以通过一个简单的操作来说明这一定义。

打开配套素材\Chapter-07\"色阶位.jpg"文件，如图7-217所示，执行"图像"→"调整"→"阈值"命令，打开"阈值"对话框，如图7-218所示。

图 7-217　　　　图 7-218

此时图像转变为了黑白模式，更改"阈值色阶"参数可以定义图像中黑色和白色的区域，如图7-219所示。

图 7-219

从操作中可以看到，图像根据"阈值色阶"的参数定义的色阶位划分为了黑白两个区域。在工作中有些介质只能以单色方式印刷，比如木箱印刷、印章图案等。

利用"阈值"命令可以灵活地将图像生成黑白图像，以胜任单色印刷方面的介质需要，如图7-220和图7-221所示。接下来我们通过案例来学习该命令。

图 7-220　　　　图 7-221

01 打开配套素材\Chapter-07\"时装展示.jpg"和"红茶.psd"文件，如图7-222所示切换到"时装展示.jpg"图像。

02 接着以上的操作，执行"图像"→"调整"→"阈值"命令，打开"阈值"对话框，参照图7-223所示设置其参数选项。

03 单击"确定"按钮，将图像转换为黑白图像，如图7-224所示。

图 7-222　　　　图 7-223　　　　图 7-224

04 使用 移动"工具将调整好的人物图像移动至"红茶.psd"文档中，得到"图层 1"，如图7-225所示。

05 在工具选项栏中选择"显示变换控件"选项，然后调整"图层1"中图像的角度和位置，如图7-226所示。设置完毕后按下Enter键完成调整操作。

图 7-225　　　　图 7-226

06 在"图层"调板中右击"图层1"，在弹出的快捷菜单内选择"创建剪贴蒙版"命令，创建剪贴蒙版，如图7-227和图7-228所示。

图 7-227　　　　图 7-228

7.11.4 渐变映射

"渐变映射"命令将相等的图像灰度范围映射到指定的渐变填充色。如果指定双色渐变填充，图像中的阴影映射到渐变填充的一个端点颜色，高光映射到另一个端点颜色，而中间调映射到两个端点颜色之间的渐变色。

01 接着以上的操作，执行"图像"→"调整"→"渐变映射"命令，打开"渐变映射"

对话框，如图7-229所示。

02 单击渐变条，打开"渐变编辑器"对话框，参照图7-230所示设置对话框中的参数。

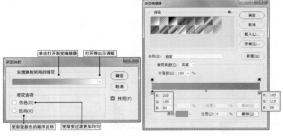

图 7-229　　　　　图 7-230

03 设置完毕后，单击"确定"按钮，回到"渐变映射"对话框，单击"反向"复选框，将其选中，使渐变色的顺序反转，如图7-231所示。

04 单击"确定"按钮，关闭对话框，接着为"图层 2"添加图层蒙版，使其边缘过渡自然，如图7-232所示。

图 7-231　　　　　图 7-232

05 至此完成本实例的制作，效果如图7-233所示。读者在制作过程中如果遇到什么问题，可以打开配套素材\Chapter-07\"红茶宣传页.psd"文件进行查看。

图 7-233

7.11.5　可选颜色

可选颜色是高端扫描仪和分色程序使用的一种技术，可以有选择地修改图像中某种颜色的印刷色数量，而不会影响其他颜色。例如，可以使用可选

颜色显著减少图像绿色图素中的青色，同时保留蓝色图素中的青色不变。

01 执行"文件"→"打开"命令，打开配套素材\Chapter-07\"春装海报.psd"文件。在"图层"调板中选择"人物"图层，然后使用"磁性套索"工具，选取人物的裙子部分，如图7-234所示。

图 7-234

02 接着执行"图像"→"调整"→"可选颜色"命令，打开"可选颜色"对话框，如图7-235所示。

03 在对话框中选择"黄色"选项，如图7-236所示。

图 7-235　　　　　图 7-236

04 向右拖动"黑色"选项的滑块，使图像黄色中的黑色增多，如图7-237和图7-238所示。

图 7-237　　　　　图 7-238

05 "绝对"选项的效果要比"相对"选项的效果更明显。在"颜色"选框中选择"绿色"选项，参照图7-239所示设置对话框中的参数，对图像进行调整，效果如图7-240所示。

图 7-239

图 7-240

图 7-241

图 7-242

提示

"相对"选项，按照总量的百分比更改现有的青色、洋红色、黄色或黑色的量。如，从 50% 洋红的像素开始添加 10%，则实际是将 5%（ 50%×10%=5% ）添加到洋红，结果为 55% 的洋红。"绝对"选项，则按绝对值调整颜色。如，从 50% 的洋红像素开始，然后添加 10%，洋红会设置为 60%。

06 确定"相对"选项为选择状态，在"颜色"下拉列表中分别选择"青色"和"中性色"，并参照图7-241和图7-242所示对其各选项参数进行设置。

07 设置完毕后单击"确定"按钮，关闭对话框，并取消选区的浮动状态，如图7-243所示。至此完成本实例的制作，读者可打开配套素材\Chapter-07\"春装海报设计.psd"文件进行查看。

图 7-243

7.12 细节层次调整命令

随着硬件技术的不断发展与提高，数码摄影技术逐步取代了传统的摄影技术。Photoshop 中也提供了专门针对数码照片进行调校的命令，分别是"阴影 / 高光"和"HDR 色调"。这两组命令都可以对数码照片的颜色细节进行调整。

7.12.1 阴影 / 高光

"阴影 / 高光"命令不是简单地使图像变亮或变暗，而是根据图像中阴影或高光的像素色调增亮或变暗。该命令允许分别控制图像的阴影或高光，非常适合校正强逆光而形成剪影的照片，也适合校正由于太接近相机闪光灯而有些发白的焦点。

01 打开配套素材\Chapter-07\"体操人物.psd"文件，如图7-244所示。

02 打开"通道"调板，按下Ctrl键的同时，单击"红 副本"通道，将通道内的选区载入。打开"图层"调板，按下Ctrl+J键将选区内图像复制，得到"图层 1"，如图7-245所示。

图 7-244　　　　　图 7-245

03 执行"图像"→"调整"→"阴影/高光"命令，打开"阴影/高光"对话框，如图7-246所示。

图 7-246

04 复选"显示更多选项"选项，打开"阴影/高光"对话框的所有选项，如图7-247所示。

控制阴影色调的修改范围

控制每个像素周围相邻像素的大小

控制高光色调的修改范围

控制每个像素周围相邻像素的大小

在图像的已更改区域中微调颜色

调整中间调中的对比度

值越大，生成的图像的对比度越大

可以将设置好的值存储为默认值

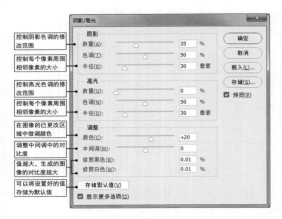

图 7-247

05 设置"阴影/高光"对话框中的参数，对图像进行调整，如图7-248和图7-249所示。

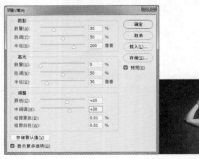

图 7-248　　　　图 7-249

7.12.2 HDR 色调

"HDR 色调"命令可用来修补太亮或太暗的图像，制作出高动态范围的图像效果。

01 执行"文件"→"打开"命令，打开配套素材\Chapter-07\"明星海报.jpg"文件，如图7-250所示。

图 7-250

02 接着执行"图像"→"调整"→"HDR色调"命令，打开"HDR色调"对话框，如图7-251所示。观察图像可以发现发灰且不清晰的图像效果得到一定程度的改善，如图7-252所示。

03 在对话框中，设置"边缘光"选项栏中的参数，效果如图7-253所示。

04 设置"色调和细节"选项栏中的各项参数，使图像的色调和细节更加丰富细腻，效果如图7-254所示。

图 7-251　　　　　　　图 7-252

图 7-253　　　　　　　图 7-254

05 设置"高级"选项栏中的各项参数，使图像的整体色彩更加艳丽，如图7-255所示。

图 7-255

06 最后参照图7-256所示，再在"色调曲线和直方图"栏中调整图像的整体色调，制作出较高质量的图像效果，设置完毕后单击"确定"按钮，关闭对话框。

07 至此完成本实例的制作，效果如图7-257所示。
读者可打开配套素材\Chapter-07\"明星海报设计.psd"文件进行查看。

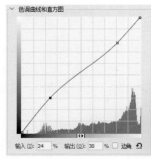

图 7-256　　　　　　　图 7-257

7.13 色调匹配调整命令

色调匹配调整命令可以让图像的色调，根据设置方式整体匹配为一种新的色调效果。这些命令可以快速创建底纹和背景。下面我们来详细学习这些命令。

7.13.1 去色

"去色"命令将彩色图像转换为灰度图像，但图像的颜色模式保持不变。

01 打开配套素材\Chapter-07\"花朵.jpg"文件，如图7-258所示。

02 然后执行"图像"→"调整"→"去色"命令，使图像呈现为灰度图像，如图7-259所示。

图 7-258　　　　　　图 7-259

7.13.2 匹配颜色

"匹配颜色"命令可以将两个图像或图像中两个图层的颜色和亮度相匹配，使其颜色色调和亮度协调一致。其中被调整修改的图像称为"目标图像"，而要采样的图像称为"源图像"。"匹配颜色"命令仅适用于 RGB 模式。

01 执行"文件"→"打开"命令，打开配套素材\Chapter-07\"舞蹈人物.tif"和"抽象背景.tif"文件，如图7-260和图7-261所示。

图 7-260　　　　　　　图 7-261

02 选择"舞蹈人物"文档，在"通道"调板中，按下Ctrl键并单击通道缩览图，将人物图像载入选区，如图7-262和图7-263所示。

图 7-262　　　　　　图 7-263

03 使用"移动"工具将选区中的图像拖动至"抽象背景"文档中，在"图层"调板中双击图层名称，并改名为"人物"，如图7-264和图7-265所示。

图 7-264　　　　　　图 7-265

04 执行"图像"→"调整"→"匹配颜色"命令，打开"匹配颜色"对话框，如图7-266所示。

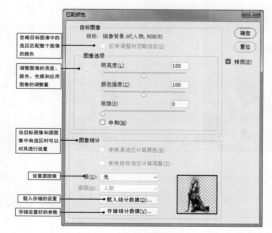

图 7-266

05 在对话框中，"目标"选项显示为当前选择的"人物"图像，如图7-267所示。

图 7-267

06 在"源"选项中可以设置颜色匹配操作中参考的图像，单击"源"选项，在其下拉列表内显示了当前Photoshop中处于打开的文档，如图7-268所示，选择"抽象背景.tif"文档。

图 7-268

07 在"源"选项中指定了文档后，在"图层"选项内将会列出源文档内的图层内容，在"图层"选项中可以指定匹配颜色的图层内容，如图7-269所示。

图 7-269

08 设置完毕后，"人物"图像的颜色发生了改变。"目标图像"选项中的"人物"图像将与"源"选项中设置的"背景"图像的色调相匹配，如图7-270所示。

09 勾选"中和"选项，移去图像上的色痕，使"人物"图像的颜色和亮度自然过渡，如图7-271所示。

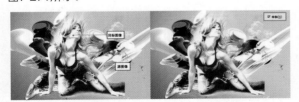

图 7-270　　　　　　图 7-271

10 设置"图像选项"中的"明亮度"值，可增加或减少目标图像的亮度，如图7-272和图7-273所示。

11 设置"图像选项"中的"颜色强度"值，可调整目标图像的色彩饱和度，如图7-274和图7-275所示。

图 7-272　　　　　　图 7-273

图 7-274　　　　　　图 7-275

12 设置"图像选项"中的"渐隐"值，可控制用于图像匹配颜色的调整量，在这里减少应用图像匹配颜色的量，如图7-276和图7-277所示。完毕后单击"确定"按钮，关闭对话框。

图 7-276　　　　　　图 7-277

13 选择 "橡皮擦"工具，并设置其选项栏，如图7-278所示。

图 7-278

14 使用 "橡皮擦"工具，擦除不完整的人物图像，完成本实例的制作，效果如图7-279所示。读者可以打开配套素材\Chapter-07\ "人物插画.tif"文件进行查看。

图 7-279

7.13.3　替换颜色

　　"替换颜色"命令可以将图像中选择的颜色用其他颜色替换，并且可以对选中颜色的色相、饱和度及亮度进行调整。

01 执行"文件"→"打开"命令，打开配套素材\Chapter-07\"美妆海报.tif"文件，在"图层"调板中选择"人物"图层，如图7-280和图7-281所示。

图 7-280　　　　　　　　图 7-281

02 执行"图像"→"调整"→"替换颜色"命令，打开"替换颜色"对话框，如图7-282所示。对话框可以分为两部分，分别为"建立选区"和"调整颜色"区域。

图 7-282

> **提示**
>
> 当前对话框看似非常复杂，其实这些内容在之前的章节中我们都已学习过了，"建立选区"区域中的设置选项与"色彩范围"命令相同，该命令我们在第4章中进行了详细讲述。"调整颜色"区域中的选项与"色相/饱和度"命令相同，该命令在本章第5节进行了详细讲述。

03 在对话框中，默认状态下 ![icon] "吸管"工具为选择状态，参照图7-283所示在人物的衣服上单击。

04 此时吸取的颜色替换"颜色"色块，且在蒙版缩览图中以白色显示选择颜色的范围，如图7-284所示。

05 在"替换"栏中向左拖动"色相"滑块，更改颜色为黄色，此时将根据选择范围替换部分衣服的颜色，如图7-285和图7-286所示。

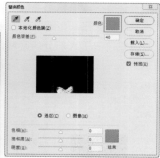

图 7-283　　　　　　　　图 7-284

图 7-285　　　　　　　　图 7-286

06 设置"饱和度"选项，将替换后的颜色设置得鲜艳些，如图7-287和图7-288所示。

图 7-287　　　　　　　　图 7-288

07 单击 ![icon] "添加到取样"按钮，当"本地化颜色簇"选项为选择状态时，在人物衣服的暗部单击，可以精确地设置暗部区域的范围，如图7-289和图7-290所示。

图 7-289　　　　　　　　图 7-290

08 取消"本地化颜色簇"选项的选择状态，单击人物衣服，将此区域的颜色添加到选择区域，此时将更改衣服大部分的区域，如图7-291和图7-292所示。

图 7-291　　　　　　　　图 7-292

09 调整"颜色容差"值，向右拖动滑块，扩大颜色的区域，此时完全更改人物衣服的颜色，如图7-293和图7-294所示。完毕后单击"确定"按钮，关闭对话框。

图 7-293　　　　　　　　图 7-294

10 保持人物图像的选择状态。再次执行"替换颜色"命令，使用 "添加到取样"工具在人物皮肤的暗部单击，设置需要替换的颜色区域，如图7-295和图7-296所示。

图 7-295　　　　　　　　图 7-296

11 在"替换"栏中设置"明度"选项，将人物肤色提亮，如图7-297和图7-298所示。完毕后按"确定"按钮键应用此命令。

图 7-297　　　　　　　　图 7-298

12 "替换颜色"命令还可以通过设定颜色的方式来选择替换区域。

13 在"图层"调板中选择"文字"图层，执行"替换颜色"命令，分别单击"颜色""结果"色块，重新设置颜色，如图7-299所示。

14 按下Enter键应用此命令，更改文字的颜色，效果如图7-300所示。读者可以打开配套素材\Chapter-07\"美妆海报设计.tif"文件进行查看。

图 7-299　　　　　　　　图 7-300

7.13.4　色调均化

"色调均化"命令可以重新分布图像中像素的亮度值，使图像均匀地呈现所有范围的亮度值。应用该命令时，Photoshop 会查找图像中最亮和最暗的值，并重新映射这些值，使最亮的值呈现为白色，最暗的值呈现为黑色，并且在整个灰度范围内均匀分布中间像素值。

01 打开配套素材\Chapter-07\"运动鞋.psd"文件，并将以上调整好的人物图像添加到该文档中，然后调整其大小和位置，如图7-301所示。

02 确定"背景"图层为当前可编辑状态，执行"窗口"→"直方图"命令，打开"直方图"调板，如图7-302所示。

03 接着执行"图像"→"调整"→"色调均化"命令，此时查看"直方图"调板，可以发现直

方图几乎呈现为直线状态，如图**7-303**所示。

图 7-301

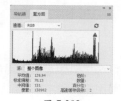

图 7-302

图 7-303

提示

如果在视图中有选区的情况下使用"色调均化"命令，将打开"色调均化"对话框，如图7-304所示。在对话框中选择需要色调均化的区域。

图 7-304

7.14　实例演练：杂志插画

7.14 视频教学

本节为读者安排了"杂志插画"实例，通过这一实例来介绍使用"调整"命令调整图像颜色的方法，在实例制作过程中，通过调整图像中添加各素材的颜色，使整体画面效果的颜色更加协调统一，制作出沧桑怀旧的杂志插画效果，图7-305为本实例的完成效果。

图 7-305

以下内容简要地为读者叙述了实例的技术要点和制作概览，具体操作请参看本书多媒体视频教学内容。

01 打开素材图片，使用"渐变映射"命令，对图片色调进行调整，然后再添加"色阶"和"可选颜色"调整图层，进一步对图像颜色进行调整，如图7-306所示。

02 添加人物素材，将人物复制，使用"阈值"命令，对人物进行调整，通过设置图层混合模式，制作出特殊人物图像色调。然后对画面整体色调进行调

整并添加装饰，完成实例的制作，如图7-307所示。

图 7-306

图 7-307

第8章　画笔设置基础

Photoshop 提供了强大绘图工具。"画笔"工具是绘画工具中最为常用的工具之一，可以模拟真实的笔触效果，而且可以绘制带有艺术效果的笔触图形，使画面图像更加丰富。因为"画笔"工具的功能非常强大，所以 Photoshop 为其配备了丰富的设置选项，本章将结合实际操作，详细地介绍该工具的使用方法和绘图技巧。图 8-1 ～图 8-3 所示是使用画笔工具绘制图像的效果。

图 8-1

图 8-2

图 8-3

8.1 画笔工具

"画笔"工具可以使用前景色在画布上绘制出各种图案。该工具的工作原理与实际中的画笔相似，只要设置好所需要的颜色、笔刷大小、形状、压力等参数，画笔工具就可以模拟出现实生活中的各种绘画工具，例如：毛笔、钢笔、马克笔等。本节将主要介绍"画笔"工具的基础使用方法。

8.1.1 使用画笔绘画

画笔工具的使用方法简单有效，选择该工具后，设置绘制颜色，即可在画布中作画。

执行"文件"→"打开"命令，打开配套素材\Chapter-08\"啤酒瓶广告素材.psd"文件，如图8-4所示。

图 8-5　　　　　　图 8-6

图 8-4

在"图层"调板中，确定"背景"图层为选择状态，设置前景色为橙色，如图8-5和图8-6所示。

选择 "画笔"工具，按下]键，将画笔尺寸调大，如图8-7和图8-8所示。

图 8-7

图 8-8

> **注意**
>
> 此时如果中文输入法为打开状态，会影响快捷键的功能。

04 在背景图像上涂抹，如图8-9和图8-10所示，绘制出具有层次感的背景。

图 8-9　　　　　　　　　图 8-10

8.1.2　画笔选项栏设置

如果对将要使用的画笔笔刷有特殊的要求，那么就需要在绘制前在选项栏内进行更多的设置。选择"画笔"工具后，其工具选项栏内的选项设置如图8-11所示。下面我们就对这些选项逐一进行介绍。

图 8-11

1. "画笔"选项

在"画笔预设"选取器中可以选择画笔的型号。Photoshop 为用户提供了丰富的画笔形状。

01 在"画笔"选项栏中，打开"画笔预设"选取器，如图8-12所示。

02 首先在"画笔预设"选取器中选择"湿介质画笔"组中的"KYLE终极上墨（粗和细）"画笔，如图8-13所示。

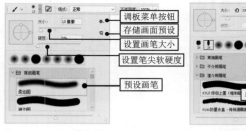

图 8-12　　　　　　　　　图 8-13

03 在"大小"文本框中输入画笔大小的值，完毕后使用绿色（R:195，G:220，B:40）在视图中绘制笔触，如图8-14所示。

04 再向左拖动"主直径"滑块，"主直径"文本框中的数值变小，使用蓝色（R:195，G:220，B:40）绘制笔触，如图8-15所示。由此可以看出主直径的值越大，画笔笔尖越粗。

图 8-14　　　　　　　　　图 8-15

05 在"画笔预设"选取器中，选择并设置画笔，如图8-16所示。

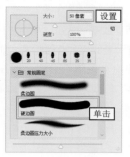

图 8-16

06 "硬度"选项数值用来控制画笔边缘的羽化程度，数值越小，边缘越柔和，如图8-17和图8-18所示。

图 8-17　　　　　　　　　图 8-18

2. 调板菜单

为了方便用户选择和调用画笔，调板菜单内提供了多项命令对画笔进行管理。

01 在"画笔预设"选取器中，打开"画笔"调板菜单，如图8-19所示。

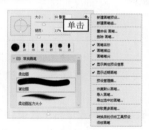

图 8-19

02 在调板菜单中选择"新建画笔预设"命令，弹出一个名为"新建画笔"的对话框，如图8-20所示。

图 8-20

03 保持对话框的默认状态，单击"确定"按钮，即可将刚刚设置的画笔存储起来，如图8-21所示。

04 执行"重命名画笔"命令。打开"画笔名称"对话框，在文本框中输入需要的名字，如图8-22所示。

图 8-21　　　　　　　　图 8-22

05 然后单击"确定"按钮，即可更改画笔的名称，如图8-23所示。

06 执行"删除画笔"命令，弹出提示对话框，如图8-24所示，单击"确定"按钮即可将选择的预设画笔删除。

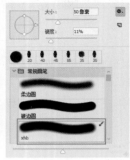

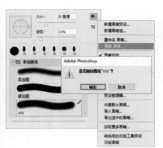

图 8-23　　　　　　　　图 8-24

07 执行"画笔名称""画笔描边""画笔笔尖"命令，可以设置画笔预设的显示方式，如图8-25所示。

08 执行"显示其他设置信息"选项命令，可以显示预设画笔所对应的画笔工具，如图8-26所示。

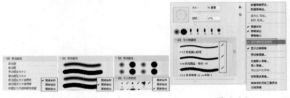

图 8-25　　　　　　　　图 8-26

09 选择"显示近期画笔"选项命令，可以显示近期使用的画笔工具，如图8-27所示。

10 执行"导入画笔"命令，在打开的"载入"对话框中，选择配套素材\Chapter-08\"11款墨迹笔刷.abr"文件，如图8-28所示。

图 8-27　　　　　　　　图 8-28

11 单击"载入"按钮，将画笔库载入，如图8-29所示，再在载入的画笔库中选择画笔。

12 调整画笔大小，使用载入的画笔绘制墨迹笔触效果，如图8-30所示。

图 8-29　　　　　　　　图 8-30

13 执行"导出选中的画笔"命令，可以将画笔导出为画笔预设文件。执行命令会打开"另存为"对话框，如图8-31所示。设置文件名称后单击"保存"按钮，即可存储画笔。

14 在载入的画笔库中选择画笔，如图8-32所示。调整画笔的大小，使用橙色在图像的边框绘制斑驳的笔触，如图8-33所示。

图 8-31

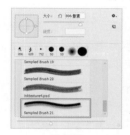

图 8-32

图 8-33

15 执行"预设管理器"命令，打开"预设管理器"对话框，在对话框中可以对预设画笔进行管理。选择一个画笔预设，对话框左侧的命令按钮即可执行，如图8-34所示。

16 使用选择的笔刷，在视图中绘制笔触效果，如图8-35所示。

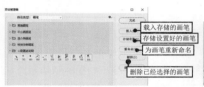

图 8-34

图 8-35

3. "模式"选项

在"模式"下拉列表中提供的模式选项可以控制"画笔"工具影响图像像素的方式。用户在选择混合模式之前，首先应了解3种色彩概念，即"基色""混合色"和"结果色"。"基色"指图像原有色，"混合色"是通过"画笔"工具应用在图像上的颜色，"结果色"是混合后得到的新颜色。单击"模式"选项右侧的下三角按钮，弹出模式选项菜单，如图 8-36 所示。

图 8-36

01 接着以上的操作，在"图层"调板中，暂时将"装饰1"图层中的图像隐藏，以方便观察绘制效果，如图8-37所示。

02 在模式选项中选择"正常"选项，然后在视图中进行绘制，将覆盖下面的图像，如图8-38所示。

图 8-37　　　　图 8-38

03 在"模式"选项中选择"滤色"选项，然后在视图中继续进行绘制，用黑色过滤时颜色保持不变，用白色过滤将产生白色，效果如图8-39所示。

04 在"模式"选项中选择"溶解"选项，然后在视图中进行绘制，形成交融的效果，如图8-40所示。

图 8-39　　　　图 8-40

4. "不透明度"选项

"不透明度"选项可以用来设置笔刷的不透明度。数值越小，绘制出的颜色越透明。

01 在画笔选项栏的"不透明度"文本框中输入数值，设置完毕后在视图中进行绘制，如图8-41所示。

02 单击"不透明度"右侧的三角按钮，利用弹出的滑块调整"不透明度"，然后在视图中绘制。可以看出其参数越小，绘制的图像越透明，如图8-42所示。

图 8-41　　　　图 8-42

5. "流量"选项

"流量"选项决定画笔在绘画时油彩的流动速度。数值越大，画笔涂抹得油彩越多，绘制出的图案色彩就会越浓重。

01 在画笔选项栏的"流量"文本框中输入数值，如图8-43所示。

02 或者单击其后的三角按钮，利用弹出的滑块进行调整，设置完毕后在文档中进行涂抹。可以发现由于颜色的流量减小，涂抹图案的颜色会变淡，如图8-44所示。

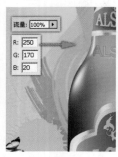 

图 8-43　　　　　　图 8-44

> **注意**
>
> 很多初学者容易将"不透明度"和"流量"两个选项的功能混淆，"不透明度"对画笔的内容整体透明效果进行控制，在透明状态下虽然画笔颜色会变淡，但重复叠加涂抹时并不改变油墨流量，图8-45和图8-46显示了设置"不透明度"和"流量"后绘制出的不同效果。
>
>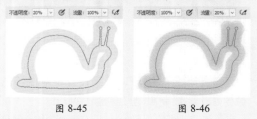
>
> 图 8-45　　　　　　图 8-46

6. "喷枪"选项

在生活中使用喷枪喷涂颜料时，喷涂的时间越长颜色就越浓重。在画笔选项栏内打开"喷枪"选项就可以模拟喷枪的喷涂效果。鼠标喷绘颜色时停留的时间越长，喷涂区域就会越大，且颜色越重。

此时读者需要注意，如果此时画笔的"平滑"选项为开启状态，将会影响"喷枪"功能。需要将"平滑"选项关闭，才能够使"喷枪"功能正常使用。在选项栏内单击切换"画笔设置"面板按钮，打开"画笔设置"面板，在面板左侧，将"平滑"选项去掉，如图8-47所示。

图 8-47

01 在"图层"调板中，显示"装饰1"中的图像，在"画笔预设"选取器中选择画笔并设置画笔大小，如图8-48和图8-49所示。

图 8-48　　　　　　图 8-49

02 不激活 "喷枪"按钮，在画面上绘制颜色，图案不会因鼠标停留的时间长短而改变，如图8-50所示。

03 单击 "喷枪"按钮，在画面上单击并保持鼠标按下，喷绘颜色，图像会根据鼠标停留的时间长短而改变粗细和边缘模糊程度，如图8-51所示。

图 8-50　　　　　　图 8-51

04 最后在"图层"调板中显示"虚线装饰"图层中的图像，完成本实例的制作，如图8-52所示。读者可打开配套素材\Chapter-08\"啤酒广告.psd"文件进行查看。

图 8-52

8.2 自定义画笔

自定义画笔就是将图像或选定为选区的图像定义为画笔。接下来学习定义画笔的方法。

01 执行"文件"→"打开"命令，打开配套素材\Chapter-08\"古典花纹.psd"文件，如图8-53所示。

02 执行"编辑"→"定义画笔预设"命令，打开"画笔名称"对话框，如图8-54所示，保持对话框的默认状态，单击"确定"按钮，即可将图像定义为画笔。

图 8-53 图 8-54

03 选择"画笔"工具，在"画笔"调板中即可选择刚刚设置的画笔，如图8-55所示。

图 8-55

8.3 画笔调板

通过前面的学习，已经掌握了画笔的基本使用方法。在画笔工具选项栏和"画笔预设"选取器中，提供了画笔工具的基本设置功能。通过这些选项设置，可以使画笔快速达到使用需求。但画笔的功能并不仅限于此，画笔工具的功能非常强大，伴随这些功能其内部提供了丰富的选项设置。这些选项被集中放置于"画笔"调板中。本节将详细介绍"画笔"调板的使用方法。执行"窗口"→"画笔"命令，打开"画笔"调板，如图8-56所示。

笔设置"调板。这两个调板被定义在一起，形成画笔设置调板组。"画笔"调板负责对画笔的外观形态进行设置和定义，还可以将设置好的画笔保存下来，定义成预设画笔，以方便调用，如图8-57所示。

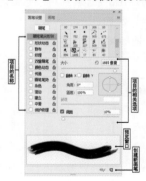

图 8-56

图 8-57

> **技巧**
>
> 按下 F5 键或单击选项栏中的 "切换画笔面板"按钮都可以打开"画笔"调板。

8.3.1 画笔预设

当"画笔"调板被打开时，同时出现的还有"画

在前面的内容中，讲述"画笔预设"选取器面板时，其实我们已经了解了画笔预设功能。"画笔

预设"选取器中包含的画笔预设栏，其功能与"画笔"调板的功能是完全相同的，如图8-58和图8-59所示。将两者的外观和调板菜单比较，可以看到工作模式和选项完全一致。

图 8-58　　　　　　　图 8-59

关于画笔预设的功能我们在前面的内容中已经详细进行了讲述，所以在此对于"画笔"调板的功能就不再赘述，大家可以参看之前的内容，对"画笔"调板进行学习。

8.3.2　画笔笔尖形状

Photoshop 的"画笔"功能非常强大，伴随强大的功能也会有丰富的选项设置。下面我们将对画笔的选项设置进行详细的讲述。

使用画笔绘制时，图像是由许多单独的画笔迹组成，所选的画笔笔尖决定了画笔笔迹的形状、直径和其他特性。可以通过编辑"画笔笔尖形状"选项来自定画笔笔尖，也可以通过采集图像中的像素样本来创建新的画笔笔尖形状。

01 执行"文件"→"打开"命令，打开配套素材\Chapter-08\"插页背景.psd"文件，如图8-60所示。

图 8-60

02 在"画笔"调板中，选择"画笔笔尖形状"项目，在缩览图上单击，就可以选择需要的画笔笔尖。同时在预览窗口中显示画笔的效果，如图8-61所示。

03 设置"大小"选项为20像素，该选项可以调整画笔的大小，值越大画笔越大，如图8-62所示。

图 8-61　　　　　　　图 8-62

04 单击 🔄 "恢复到原始大小"按钮，可以将画笔复位到它的原始大小，如图8-63所示。

05 "翻转X"选项用于设置画笔笔尖在X轴上的方向，"翻转Y"选项用于设置画笔笔尖在Y轴上的方向，图8-64显示了几种画笔翻转的情况。

图 8-63　　　　　　　图 8-64

06 "角度"选项用于调整画笔的角度。可以在文本框中输入数字，也可以在右侧的坐标上通过单击鼠标来指定画笔的角度，如图8-65所示。

07 设置"圆度"选项可以调整画笔笔尖的形状，当参数为100%时表示画笔笔尖为圆形，为0时表示画笔笔尖为线形，介于两者之间的值表示画笔笔尖为椭圆，如图8-66所示。

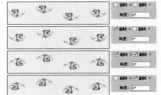

图 8-65　　　　　　　图 8-66

08 将"角度"和"圆度"恢复到默认的设置。拖动"间距"选项滑块可以控制画笔绘制时两个画笔笔迹之间的距离，数值越大两个画笔笔迹之间的距离越大，如图8-67所示。

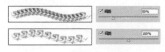

图 8-67

09 下面对各选项参数进行设置，如图8-68所示。

10 在"图层"调板中新建"图层 1"，设置前景色为深棕色，使用设置好的画笔，在视图中进行绘制，如图8-69所示。

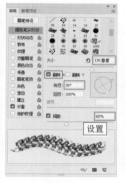
图 8-68

图 8-69

8.3.3 形状动态

"形状动态"项目决定描边中画笔笔迹的变化，即抖动的大小以及角度、椭圆度等。下面通过操作来学习设置画笔形状动态的方法。

在"画笔"调板中选择"形状动态"选项，打开相应的选项参数，如图 8-70 所示。

图 8-70

1. 大小抖动、最小直径和倾斜缩放比例选项

01 设置"大小抖动"选项可以调整画笔的抖动大小，值越大抖动幅度越大，如图 8-71 所示。

02 在"大小抖动"选项的下方是"控制"选项，在"控制"选项中提供了多个控制选项，如图 8-72 所示。这些选项可以对画笔的抖动进行细致的调整。

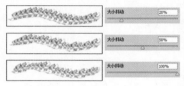
图 8-71

图 8-72

03 设置"大小抖动"为0%，在"控制"选项中选择"关"，将不能指定画笔抖动的程度。

04 选择"渐隐"选项，将使画笔的大小逐渐缩小。在文本框中输入数值，可指定步长的数量，每个步长等于画笔笔尖的一个笔迹，如图8-73所示，该值的范围为1～9999。

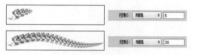
图 8-73

05 "钢笔压力""钢笔斜度"和"光笔轮"选项是在使用绘图板时起作用，依据钢笔压力、钢笔斜度、钢笔拇指轮位置或钢笔的旋转来改变初始直径和最小直径之间的画笔笔迹大小。

> **提示**
>
> 在没有使用绘图板时，选择"钢笔压力""钢笔斜度"和"光笔轮"选项将在"控制"选项的前方出现 ⚠ 警示标志。

06 在"画笔笔尖形状"项目中设置"间距"选项为200%，切换到"形状动态"项目，设置"大小抖动"为100%。接着设置"最小直径"选项，该选项在画笔的抖动幅度中设置最小值，值越小，画笔抖动得越明显，如图8-74所示。

图 8-74

07 "倾斜缩放比例"选项在画笔抖动幅度中指定倾斜幅度。只有在"控制"选项为"钢笔斜度"时该选项才可使用。

2. 角度抖动选项

01 设置"角度抖动"选项可以在画笔的抖动幅度中指定画笔的角度。值越小，越接近画笔的原始角度值，如图8-75所示。

02 在"角度抖动"选项的下方是"控制"选项，在"控制"选项中提供各种控制角度抖动的选项，如图8-76所示，这些选项可以调整画笔的抖动效果。

图 8-75

图 8-76

03 选择"关"选项将不指定画笔的抖动效果。

04 设置"角度抖动"为0%，选择"渐隐"选项可以使画笔的角度逐渐减小，如图8-77所示。

图 8-77

05 "钢笔压力""钢笔斜度""光笔轮"和"旋转"选项是基于钢笔压力、钢笔斜度、钢笔拇指轮位置或钢笔的旋转，在0~360°之间改变画笔笔迹的角度。

06 选择"初始方向"选项，可以使画笔笔迹的角度基于使用画笔时的角度。新建一个空白文档，选择"沙丘草"画笔，确认前景色为黑色，在视图中多次绘制图像，如图8-78所示。

07 选择"方向"选项，可以使画笔笔迹的角度基于画笔绘制的方向，设置完毕后在视图中顺时针和逆时针绘制两个圆，效果如图8-79所示。

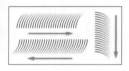

图 8-78

图 8-79

> **提示**
>
> "初始方向"选项和"方向"选项都可以设置画笔绘制的方向。不同的是，"初始方向"选项设置画笔笔迹为第一次绘制图像时的方向；"方向"选项随着绘制图像的方向改变画笔笔迹的方向，图8-80显示了使用不同选项绘制的圆形图像效果。

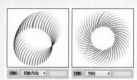

图 8-80

3. 圆度抖动选项

01 "圆度抖动"选项在画笔抖动幅度中用于指定笔触的椭圆程度。选择"画笔笔尖形状"选项，在该选项中选择上面定义的画笔，并设置相应选项参数，如图8-81所示。

02 选择"形状形态"选项，设置"圆度抖动"选项，值越大椭圆形状越扁平，如图8-82所示。

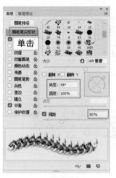

图 8-81

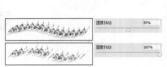

图 8-82

03 在"圆度抖动"选项的下方有一个"控制"选项，该选项中提供了很多控制圆度抖动的选项，如图8-83所示。这些选项可以调整画笔的圆度抖动效果。

04 选择"关"选项将不指定画笔的抖动效果。

05 设置"圆度抖动"选项为0%，接着在"控制"选项中选择"渐隐"选项，可以使画笔的笔触椭圆度越来越小，如图8-84所示。

图 8-83

图 8-84

06 "钢笔压力""钢笔斜度""光笔轮"和"旋转"选项是基于钢笔压力、钢笔斜度、钢笔拇指轮位置或钢笔的旋转，在100%和"最小圆度"值之间改变画笔笔迹的圆度。

07 "最小圆度"选项可以根据画笔的抖动程度，指定画笔的最小值。设置"圆度抖动"选项为100%，接着设置"最小圆度"选项，值越小画笔抖动得越明显，如图8-85所示。

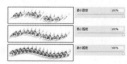

图 8-85

> **提示**
>
> 需要所有的画笔使用同样的"形状动态"，单击"形状动态"项目的🔒锁定图标，使"形状动态"项目锁定。要对画笔笔尖进行解锁，单击🔓解锁图标即可。

08 在调板中对各选项参数进行设置，如图8-86所示。设置前景色为淡黄色（R:255，G:205，

B:10），然后在视图中进行绘制，效果如图8-87所示。

图 8-86

图 8-87

8.3.4　散布

对"散布"项目中的选项进行设置可以调整画笔笔迹的分布和密度。

01 选择"散布"选项，在"画笔"调板的右边即可显示其相关选项，如图8-88示。

02 设置"散布"选项可以调整画笔笔触的分布，值越大分布的范围越大，如图8-89所示。

图 8-88

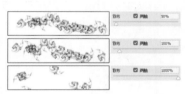

图 8-89

> **提示**
>
> 取消复选"两轴"选项时，画笔笔迹垂直分布于绘画路径；当该选项复选时，画笔笔迹按绘画的路径分布。

03 设置"数量"选项可以设置每个间距间隔应用的画笔笔迹数量，设置的数值越大，笔迹数量越多，如图8-90所示。

04 "散布"选项可以调整笔迹的数量如何针对各种间距间隔而变化。设置"散布"选项为150%，"数量"选项为2，然后设置"数量抖动"选项，数值越大抖动密度越高，如图8-91所示。

图 8-90

图 8-91

05 参照以上方法，在调板中设置各选项参数，如图8-92所示。设置前景色为深棕色（R:155，G:80，B:5），然后使用设置好的"画笔"工具在视图中进行涂抹，效果如图8-93所示。

图 8-92

图 8-93

8.3.5　颜色动态

设置"颜色动态"项目可以决定画笔绘制时油彩颜色的变化方式。下面来设置画笔的颜色动态。

01 取消"散布"项目的选择状态，选择"颜色动态"选项，打开该选项，如图8-94所示。

02 设置前景色为棕色（R:105，G:0，B:0），背景色为橙色（R:255，G:204，B:0）。接着设置"前景/背景抖动"选项，该选项指定前景色和背景色之间的颜色变化方式。新建一个空白文档，在该文档中绘制图像，观察画笔绘画效果，如图8-95所示。

图 8-94

图 8-95

03 "色相抖动"选项用于设定使用画笔绘制图像时色相的变化程度。设置"前景/背景抖动"选项为0%，接着设置"色相抖动"选项，值越大，色相间的差异越大，然后在视图中绘制，如图8-96所示。

04 "饱和度抖动"选项用于设定使用画笔绘制图像时颜色饱和度的变化程度。设置"色相抖动"选项为0%。然后设置不同的"饱和度抖动"选项参数，并在视图中绘制，如图8-97所示。

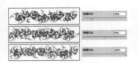 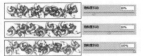

图 8-96　　　　　　　图 8-97

05 "亮度抖动"选项用于设置使用画笔绘制图像时亮度的范围。设置"饱和度抖动"选项的参数为0%，然后设置"亮度抖动"选项的参数，值越大，亮度级别之间的差异越大，如图8-98所示。

06 "纯度"选项用于增大或减小颜色的饱和度。设置"纯度"选项，值为-100%时颜色将完全去色；值为+100%时颜色将完全饱和，如图8-99所示。

 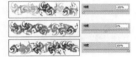

图 8-98　　　　　　　图 8-99

07 下面对各选项参数进行设置，如图8-100所示。然后使用设置好的"画笔"工具在视图内进行涂抹，如图8-101所示。

图 8-100　　　　　　　图 8-101

08 至此完成本实例的制作，读者可打开本书配套素材\Chapter-08\ "杂志插页.psd"文件进行查看。

8.3.6　纹理

"纹理"选项利用图案，使绘制的图像就像是在带纹理的画布上绘制的一样。

01 执行"文件"→"打开"命令，打开配套素材\Chapter-08\ "雪地背景.psd"文件，如图8-102所示。

图 8-102

02 选择"画笔"工具，在选项栏中载入本书配套素材\Chapter-08\ "画笔笔刷.abr"，如图8-103所示。然后选择"雪花画笔"笔触，如图8-104所示。

 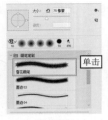

图 8-103　　　　　　　图 8-104

03 打开"画笔"调板，然后选择"纹理"选项，打开该项目的相关选项，单击"纹理"图标的下三角按钮，弹出"纹理"调板，如图8-105和图8-106所示。

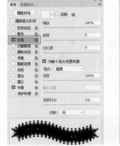 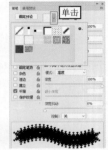

图 8-105　　　　　　　图 8-106

04 在弹出的"纹理"调板中也可以载入新的纹理，单击调板右上角菜单按钮，在弹出的菜单中选择"图案"选项，载入"图案"纹理，如图8-107所示。此时会弹出设置对话框，询问是否替换当前纹理，单击"确定"按钮以替换纹理，如图8-108所示。

图 8-107　　　　　　　图 8-108

05 在"模式"选项中设置画笔图案与画笔的混合模式，选择"正片叠底"模式，如图8-109所示。

06 在该调板中可以选择所需的纹理，图8-110为选择了几种纹理后的效果。

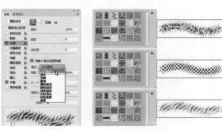

图 8-109　　　　　　　图 8-110

07 将"反相"选项复选，可得到反相的纹理效果，如图8-111所示。

08 设置"缩放"选项可以设定图案纹理的缩放比例，数值越大，图案纹理越大，如图8-112所示。

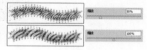

图 8-111　　　　　　图 8-112

09 将"为每个笔尖设置纹理"选项复选，可以通过调整"最小深度"和"深度抖动"选项的值，更加细腻地设置图案纹理。

10 "模式"选项可以设置图案纹理和画笔笔迹混合应用的模式。单击下三角按钮，即可打开下拉列表，如图8-113所示。图8-114所示是选择模式后的效果。

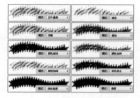

图 8-113　　　　　　图 8-114

11 设置"模式"选项为"变暗"，然后设置"深度"选项，该选项可以调整图案纹理显示的程度，数值越大，图案纹理越明显，如图8-115所示。

12 "深度抖动"选项可以设置画笔笔迹颜色的深度变化，复选"为每个笔尖设置纹理"选项，然后设置"深度抖动"参数，数值越大，深度变化越明显，如图8-116所示。

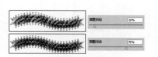

图 8-115　　　　　　图 8-116

13 参照以上方法，对各选项参数进行设置，如图8-117所示。

14 在"画笔笔尖形状"项目中，将"间距"选项设置为160%。再依次对"形状大小"和"散布"项目选项进行设置，如图8-118和图8-119所示。

图 8-117　　　图 8-118　　　图 8-119

15 在"图层"调板中新建"图层 1"，确认前景色为黑色，使用设置好的"画笔"工具，在视图中绘制雪花效果，如图8-120所示。

图 8-120

8.3.7　双重画笔

　　"双重画笔"选项使用两个笔尖创建画笔笔迹，从而创造出两种画笔的混合效果。在"画笔"调板的"画笔笔尖形状"项目中可以设置主要笔尖的选项，在"双重画笔"选项中可以设置次要笔尖的选项。接下来设置双重画笔。

　　为了使"画笔设置"面板中拥有更多的画笔笔刷图案，我们可以在"画笔"面板中载入更多的画笔预设方案，在"画笔"调板的面板菜单中选择"旧版画笔"命令，将旧版画笔载入至"画笔"调板中，如图 8-121 所示。

　　载入"旧版画笔"后，打开"画笔设置"调板，在其画笔刷展示栏内会出现更多的笔刷图案，如图8-122 所示。下面我们结合这些丰富的笔刷图案，学习"双重画笔"选项设置。

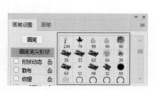

图 8-121　　　　　　图 8-122

01 在"画笔"调板中选择画笔，如图8-123所示，然后在"画笔"调板中的"画笔笔尖形状"项目中设置画笔大小，如图8-124所示。

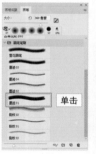

图 8-123　　　　　　图 8-124

02 选择"双重画笔"选项，调板顶部的"模式"选项可以设置两种画笔的混合模式。参照图8-125所示选择相应的画笔。

03 "大小"选项可以设置次要笔尖的直径大小。值越大，次要笔尖越大，如图8-126所示。

图 8-125　　　　　　图 8-126

04 "间距"选项用于控制绘制图像时双重画笔笔迹之间的距离，数值越大，次要画笔笔迹之间距离越大，如图8-127所示。

05 "散布"选项用于设置使用画笔绘画时双笔尖画笔笔迹的分布方式。设置"散布"选项，数值越大，次要画笔笔迹散布的范围越大，如图8-128所示。

图 8-127　　　　　　图 8-128

> **提示**
>
> 取消选择"两轴"选项时，双笔尖画笔笔迹垂直于画笔绘画时路径的分布。

06 设置"数量"选项可以指定在每个间距间隔应用的双笔尖画笔笔迹的数量。数值越大，数量越多，如图8-129所示。

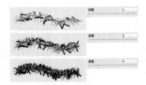

图 8-129

07 下面参照图8-130所示对各选项参数进行设置。然后在"图层"调板中新建图层，在视图顶部绘制笔触，效果如图8-131所示。

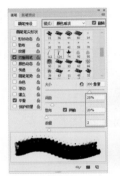

图 8-130　　　　　　图 8-131

08 使用 移动"工具，将绘制的墨迹向上移动，如图8-132所示。

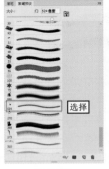

图 8-132

8.3.8　传递

除了前面介绍的选项以外，其他调整选项都被整合在"传递"选项里，包括"不透明度抖动"选项和"流量抖动"选项。接下来我们学习这些选项的使用方法。

01 首先在"画笔预设"调板中选择画笔笔刷，如图8-133所示。

02 在"画笔"调板中选择"传递"选项，打开该选项的相关选项，如图8-134所示。

图 8-133　　　　　　图 8-134

03 "不透明度抖动"选项可以设置使用画笔绘制时透明度的变化程度，值越大，透明度的变化越大，如图8-135所示。

04 "流量抖动"选项用于设置使用画笔绘制时颜料流动的变化程度。设置"不透明度抖动"选项为0%，接着设置"流量抖动"选项，值越大，颜料

流动的变化程度越大，如图8-136所示。

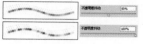
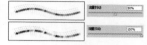

图 8-135　　　　　　图 8-136

05 参照图8-137所示对"不透明度抖动"和"流量抖动"选项进行设置。

06 在选项栏中设置画笔大小为100像素，并设置前景色为紫色（R:140，G:0，B:90）。然后在"图层"调板中新建图层，使用设置好的画笔工具，在文档右侧绘制墨滴效果，如图8-138所示。

图 8-137　　　　　　图 8-138

07 在"图层"调板中将"装饰和文字"图层组显示，完成本实例的制作，如图8-139所示。读者可打开配套素材\Chapter-08\"收藏爱好者网页.psd"文件进行查看。

图 8-139

8.3.9　杂色

"杂色"选项可以在画笔透明的区域添加杂点。设置前景色为绿色，任意选择画笔，在视图中单击，然后选择"杂色"选项，再在视图中单击，效果如图 8-140 和图 8-141 所示。可以看出，选择"杂色"选项后，笔触图案中出现了很多斑驳的杂点纹理。

图 8-140　　　　　　图 8-141

8.3.10　湿边

"湿边"选项可使画笔的边缘油彩量增大，从

而创建水彩效果。

选择"柔角30"的笔尖，在视图中绘制，接着选择"湿边"选项，在视图中绘制，效果如图 8-142 所示。

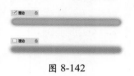

图 8-142

8.3.11　建立

"建立"选项可用于对图像应用渐变色调，以模拟传统的喷枪手法，和选项栏中的 ✍ "启用喷枪样式的建立效果"按钮使用方法完全相同，如图 8-143 所示。在前面的内容中，已经对该功能进行了讲述，在此就不再赘述。需要注意的是，当"平滑"选项启用时，将会影响到喷枪的喷涂效果。

图 8-143

8.3.12　平滑

选择"平滑"选项可在画笔描边中产生较平滑的曲线。新版的 Photoshop CC 2018 对"画笔"工具的平滑选项，在功能上做了很大的改进。

在"画笔设置"调板内启用了"平滑"选项后，画笔工具选项栏内将会出现"平滑"设置选项，如图 8-144 所示。

图 8-144

新版的 Photoshop CC 2018 提供的"平滑"选项，可以使画笔绘制出更为平滑光洁的笔触外观。

在选项栏内设置"平滑"参数，可以控制平滑效果的力度。值为 0 等同于 Photoshop 早期版本中

的旧版平滑。应用的值越高，平滑效果就越明显。不同参数下画笔的绘制效果如图 8-145 所示。

　　除了"平滑"参数，描边平滑功能还提供了多种模式，单击"设置其他平滑选项"按钮，可以设置"平滑"模式，如图 8-146 所示。

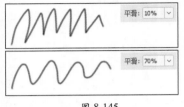

图 8-145　　　　　　图 8-146

1. 拉绳模式

　　选择"拉绳模式"选项后，仅在绳线拉紧时绘画。在平滑半径光圈内，移动光标不会留下任何标记。

01 选择该选项后，绘画时笔触周围会出现一个圆形的光圈，标明了光滑半径，笔触在光圈内，不会涂抹上颜色，如图8-147所示。

02 当画笔光标贴近"光滑"半径时，光滑辅助线会被拉直，此时就可以涂抹出颜色，如图8-148所示。

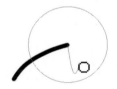

图 8-147　　　　　　图 8-148

　　启用"拉绳模式"选项的作用就是在绘制光滑笔触的同时，绘制出锐利的转角。

2. 描边补齐

　　启用"描边补齐"选项后，在停止画笔涂抹后，绘画笔触会继续沿着光滑辅助线，将笔触涂抹柔和地补齐至画笔光标位置，如图 8-149 所示。如果在补齐过程中，松开鼠标左键，那么补齐操作将会终止。

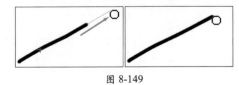

图 8-149

3. 补齐描边末端

　　"补齐描边末端"选项的功能和"描边补齐"选项功能非常类似，都是将画笔笔触补齐到画笔光标位置。不同点在于，使用"描边补齐"选项，补

齐的过程是缓慢柔和的，在补齐过程中松开鼠标，将终止补齐操作。"补齐描边末端"选项补齐笔触是在绘制完毕后，松开鼠标，笔触会自动补齐至画笔光标位置。读者可以在两种选项下绘制画笔笔触，多体会其不同点。

4. 调整缩放

　　选择"调整缩放"选项后，平滑功能会根据当前视图的显示大小自动调整。在放大显示文档时减小平滑功能；在缩小显示文档时增加平滑功能。

8.3.13　保护纹理

　　选择"保护纹理"选项可对所有具有纹理的画笔预设应用相同的图案和比例。

8.3.14　画笔调板的弹出式菜单

　　在画笔调板中单击右上角的按钮，即可弹出如图 8-150 所示的菜单，利用菜单中的各命令可对画笔以及画笔调板进行控制。下面对这些命令进行学习。

图 8-150

01 "清除画笔控制"命令可以消除画笔所有选项设置。

02 在"画笔预设"调板中选择"散布枫叶"画笔，然后在"画笔"调板中执行"清除画笔控制"命令，消除画笔所有的选项设置，如图8-151所示。

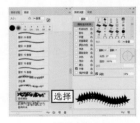

图 8-151

03 "复位所有锁定设置"命令可以恢复所有锁定的设置。

04 "将纹理拷贝到其他工具"命令可以复制画笔的纹理并将其应用于其他工具。

第9章 华丽的特效画笔

在上一章我们详细介绍了"画笔"工具的基础应用和选项设置。除了基础画笔工具，Photoshop 中还提供了丰富的特殊画笔工具，这些工具可以在画笔工具的基础设置之上，创建出特殊的笔触效果。从而创建出更富创造力的华美画面效果。这些工具包括"铅笔"工具、"颜色替换"工具、"历史记录画笔"工具和"历史记录艺术画笔"工具等。本章将结合实际操作，详细介绍这些工具的使用方法和绘图技巧。图9-1～图9-4所示是使用这些工具绘制图像的效果。

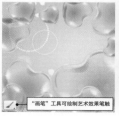
图 9-1

图 9-2

图 9-3

图 9-4

9.1 特殊画笔工具

在"画笔"工具组内还包含了"铅笔"工具和"颜色替换"工具，这些工具既包含了画笔基础设置功能，同时还增添了新的绘图特性，从而可以绘制出特殊的笔触效果。下面我们通过操作对其进行讲述。

9.1.1 "铅笔"工具

"铅笔"工具工作原理和生活中的铅笔绘画一样，绘出来的线条是硬的、有棱角的，其操作方式与画笔工具相同。

01 打开配套素材\Chapter-09\ "人物照片.psd"文件，如图9-5所示。

02 在"图层"调板中新建图层，依次使用硬边缘"画笔"工具和"铅笔"工具，在视图中进行绘制，图9-6所示为绘制的效果比较图。

图 9-5

图 9-6

03 撤销上面的操作，选择"铅笔"工具，其选项栏如图9-7所示。

图 9-7

04 设置前景色为白色，并单击"切换画笔面板"按钮，打开"画笔"调板，参照图9-8所示在调板中进行设置。

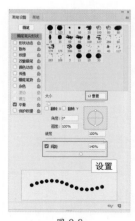
图 9-8

05 在"路径"调板中选择"路径 1"，单击调板底部的"用画笔描边路径"按钮，为路径添加描边效果。描边完毕后单击调板空白处，将路径隐藏，效果如图9-9和图9-10所示。

06 设置画笔大小为8像素，在"路径"调板中选择"路径 2"，为其添加描边效果，并隐藏路径，如图9-11所示。

07 "自动抹除"选项是铅笔工具的特别选项。如果将该选项勾选，在前景色上将使用背景色涂抹。

图 9-9   图 9-10   图 9-11

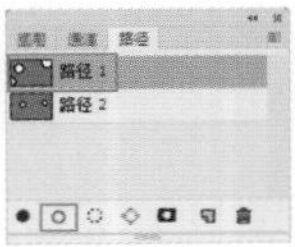

08 设置背景色为洋红色，选择"自动抹除"选项，使该选项复选，在前景色上将使用背景色涂抹，如图9-12所示。

> **提示**
>
> 选择"自动抹除"选项后，"铅笔"工具在涂抹时，使用的颜色会在"前景色"和"背景色"之间进行切换。画笔涂抹时，如果检测到画布已经涂抹过"前景色"了，会使用"背景色"进行覆盖涂抹；反之亦然，如果检测到了"背景色"，会使用"前景色"进行覆盖涂抹。

09 按下Ctrl+Shift+Z键撤销上一步操作，在"图层"调板中将隐藏的图层显示，完成本实例的制作，如图9-13所示。读者可打开配套素材\Chapter-09\"照片处理.psd"文件进行查看。

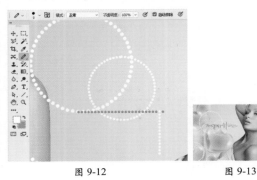

图 9-12   图 9-13

9.1.2 "颜色替换"工具

使用"颜色替换"工具在图像中的特定颜色区域进行涂抹，可以更改原有颜色。该工具常用于校正图像的偏色问题。下面我们就来介绍该工具的使用方法。

01 执行"文件"→"打开"命令，打开配套素材\Chaptert-09\"封面背景.psd"文件，如图9-14所示。

图 9-14

02 在工具栏中选择 "颜色替换"工具，默认状态下其选项栏如图9-15所示。

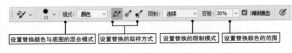

设置替换颜色与底图的混合模式   设置替换的取样方式   设置替换的限制模式   设置替换颜色的范围

图 9-15

03 设置前景色为紫色（R:255，G:204，B:227），在"图层"调板中选择"文字"图层。

04 单击并拖动鼠标，在图像上涂抹，使用设置的"前景色"将涂抹区域的颜色替换，如图9-16所示。

05 在选项栏中单击"模式"右侧菜单按钮，在弹出的下拉列表中有4个选项，可以调整替换颜色与底图的混合模式，如图9-17所示。

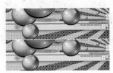 

图 9-16   图 9-17

06 在"图层"调板中选择"装饰"图层。分别选择"色相""饱和度""颜色"和"明度"选项，在装饰图像上涂抹，效果如图9-18所示。

图 9-18

07 设置前景色为绿色（R:185，G:220，B:0）。确定 "取样：一次"按钮为选择状态，如图9-19所示。

图 9-19

08 选择"球体"图层，在球体暗部图像上单击并拖动鼠标，不松开鼠标，将只替换第一次点按的颜色所在区域中的相似颜色，如图9-20和图9-21所示。

图 9-20   图 9-21

09 按下Ctrl+Z键，将图像恢复到球体没有替换颜色前的状态。

10 在"颜色替换"工具选项栏中设置"容差"为**100%**，在球体上单击并拖动鼠标，由于容差值较高，可以替换范围广泛的颜色，如图**9-22**所示。

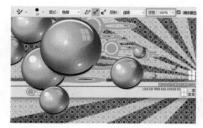

图 9-22

11 在"图层"调板中，选择"背景"图层，设置前景色为紫色（R:245，G:130，B:180），背景色为黄色（R:206，G:155，B:42）。

12 在"颜色替换"工具选项栏中，确定 "取样：背景色板"按钮为选择状态，如图**9-23**所示。

图 9-23

13 在背景图像上涂抹，使用前景色替换设置的背景色，如图**9-24**所示。

图 9-24

14 至此，本实例已经制作完毕，用户可打开配套素材\Chapter-09\"企业文化宣传册封面.psd"文件查看。

9.2 "历史记录画笔"工具组

"历史记录画笔"工具组在工作时，其工作原理比较特殊，这些画笔将图像的历史状态作为画笔的笔触图案进行作画，这样可以将老的图案与新的图案进行叠加，以创建出特殊的画面效果。下面我们通过案例操作来学习这些工具。

9.2.1 "历史记录画笔"工具

"历史记录画笔"工具可以将图像的一个状态或快照的备份绘制到当前图像窗口中。该工具可以创建图像的备份或样本，然后用它来绘画。

01 打开配套素材\Chapter-09\"人物.jpg"文件，如图**9-25**所示。

图 9-25

02 执行"图像"→"调整"→"色相/饱和度"命令，打开"色相/饱和度"对话框，参照图**9-26**所示设置对话框中的参数，调整图像的色调，效果如图**9-27**所示。

图 9-26   图 9-27

03 打开"历史记录"调板，在"打开"历史状态的左侧图标上单击，使 "历史记录画笔的源"图标显示，将该状态设置为历史记录画笔的源，如图**9-28**所示。

> **提示**
>
> 如果在工作区域中的"历史记录"调板没有打开，可以执行"窗口"→"历史记录"命令，打开"历史记录"调板。

04 接着选择 "历史记录画笔"工具，调整画笔大小，在人物背景图像上涂抹，效果如图**9-29**所示。

图 9-28   图 9-29

05 执行"滤镜"→"渲染"→"光照效果"命令，如图**9-30**和图**9-31**所示，设置光照效果。

06 在"历史记录"调板中设置历史记录画笔的源，如图**9-32**所示。

07 在人物图像上进行涂抹，将图像返回到调整色相饱和度后的状态，如图**9-33**所示。至此完成

实例的制作，读者可打开配套素材\Chapter-09\"油漆涂料广告.psd"文件进行查看。

所示。

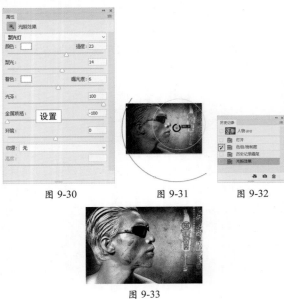

图 9-30　　　　图 9-31　　　　图 9-32

图 9-33

图 9-35　　　　图 9-36　　　　图 9-37

9.2.2 "历史记录艺术画笔"工具

"历史记录艺术画笔"工具可以使用指定历史记录状态或快照中的源数据，以风格化描边进行绘画，使图像产生抽象的艺术风格。与"历史记录画笔"工具一样，"历史记录艺术画笔"工具通过重新创建制定的源数据来绘画，还为创建不同的色彩和艺术风格设置了选项。

03 查看"历史记录"调板，"历史记录画笔的源"图标在"风景.jpg"快照前，如图9-38所示。

图 9-38

04 选择 "历史记录艺术画笔"工具，在工具选项栏中对画笔笔刷进行设置，载入新的画笔笔刷。新载入的笔刷如图9-39和图9-40所示。

1. "历史记录艺术画笔"的选项栏

在"历史记录艺术画笔"选项栏中，设置不同的绘画样式、大小和容差，可以产生不同的色彩和艺术风格模拟绘画的纹理。选择 "历史记录艺术画笔"工具，其选项栏即可打开，如图 9-34 所示。

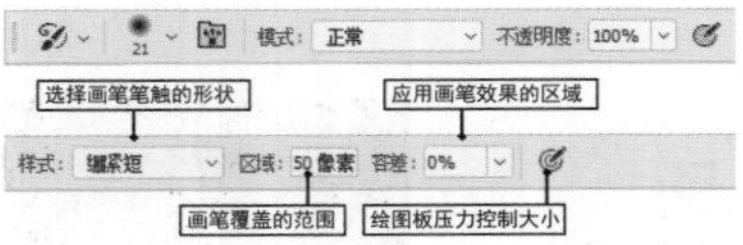

图 9-39　　　　　　　　　图 9-40

05 画笔的大小不同，绘制的图像效果也不同。新建"图层 1"，依次使用不同大小的画笔笔刷在视图中进行涂抹，如图9-41所示。

图 9-34

01 执行"文件"→"打开"命令，打开配套素材\Chapter-09\"风景.jpg"文件，如图9-35所示。

02 单击"图层"调板底部的"创建新的填充或调整图层"按钮，在弹出的菜单中选择"纯色"命令新建填充图层，在弹出的"拾色器"对话框内设置颜色为黑色。新建"颜色填充 1"图层，并在"图层"调板内更改图层的不透明度，如图9-36和图9-37

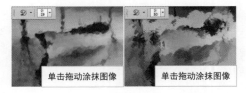

单击拖动涂抹图像　　　　单击拖动涂抹图像

图 9-41

06 单击"样式"选项菜单按钮，即可打开该选项的下拉列表，如图9-42所示。在打开的列表中即可选择需要的画笔笔触形状，图9-43所示为选择各个选项后的绘制效果。

图 9-42

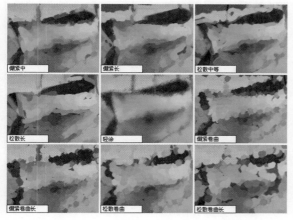

图 9-43

07 "区域"选项用于设置画笔覆盖的范围。设置画笔大小为19像素，"样式"选项为"绷紧短"。接着设置"区域"选项，值越大，覆盖的范围越大，然后在视图中单击，效果如图9-44所示。

图 9-44

08 设置"容差"选项可以限定可应用绘画描边的区域。低容差可用于在图像中的任何区域绘制图像。高容差将绘制的区域限定在与源状态中的颜色明显不同的区域，如图9-45所示。

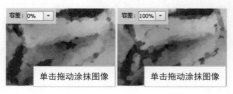

图 9-45

2. 使用"历史记录艺术画笔"工具

使用"历史记录艺术画笔"工具和使用"历史记录画笔"工具的方法相同，首先设置画笔的源，然后就可以在视图中绘制图像。接下来使用"历史记录艺术画笔"工具绘制图像。

01 按下Ctrl+Alt+Z键，将文档恢复到没有涂抹之前的状态，然后在"历史记录艺术画笔"工具选项栏中进行设置，如图9-46所示。

图 9-46

02 使用设置好的"历史记录艺术画笔"工具在视图中涂抹，涂抹时适当调整画笔的大小，效果如图9-47所示。

03 新建"图层 2"，将画笔笔触设置得小一些，接着在图像上涂抹，将图像细节显示出来，如图9-48所示。

图 9-47　　　　　图 9-48

04 新建"图层 3"，再将画笔笔触设置得更小一些，然后在树木图像上涂抹，刻画出图像的细节，效果如图9-49所示。

05 在"图层"调板按下Shift键，同时单击"图层 1"，将图9-50所示的图层选中，接着按下Ctrl+E键将选中的图层合并。

图 9-49　　　　　图 9-50

9.2.3 "历史记录"调板

"历史记录"调板可以记录在处理图像时操作的过程。对历史记录的编辑几乎都是在"历史记录"调板中进行的，接下来对"历史记录"调板进行了解。

如果"历史记录"调板没有在程序窗口中显示，执行"窗口"→"历史记录"命令，打开"历史记录"调板，如图9-51所示。

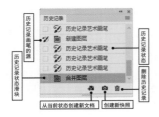

图 9-51

1. 恢复图像

"历史记录"调板不但可以记录操作的过程，并且可以恢复到记录过程中的任意状态。在本节中将重点介绍恢复图像的几种方法。

01 在"历史记录"调板中选择需要恢复到的状态，即可将图像恢复，如图9-52所示。

图 9-52

02 执行"编辑"→"后退一步"命令，同样可以对图像恢复。但使用该命令只可以一步一步地恢复图像。

> **技巧**
> 按下 Ctrl+Alt+Z 键同样可以一步一步地恢复图像。

2. 创建快照

快照可以将图像的任何状态复制并存储。新快照将被添加到"历史记录"调板顶部的快照列表中。选择快照即可从存储时的状态开始工作。下面学习创建快照的方法。

01 单击"历史记录"调板的下拉菜单按钮，在弹出的菜单中选择"新建快照"命令，打开"新建快照"对话框，如图9-53和图9-54所示。

02 单击"确定"按钮，即可创建"快照 1"，如图9-55所示。

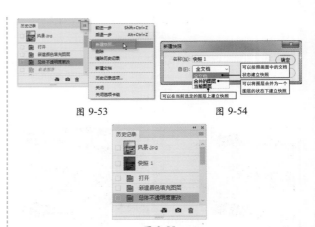

图 9-53　　　　　　　　图 9-54

图 9-55

> **提示**
> 单击"历史记录"调板底部的"创建新快照"按钮，同样可以创建快照。

3. 从当前状态创建文档

从当前状态创建文档就是将"历史记录"调板中的快照或被记录的任意状态创建成新的文档。要注意新创建文档的历史记录列表是空的。

01 单击"历史记录"调板底部的"从当前状态创建新文档"按钮，即可创建一个名为"总体不透明度更改"的新文档，如图9-56所示。

图 9-56

02 激活"风景"文档，拖动"新建图层"状态到"历史记录"调板底部的 🔳 "从当前状态创建新文档"按钮，即可创建新文档，如图9-57所示。

03 激活"风景"文档，在"历史记录"调板中选择"合并图层"状态，然后单击"历史记录"调板右上角的菜单按钮，在弹出的菜单中执行"新建文档"命令，创建"合并图层"文档，如图9-58所示。

单击拖动

图 9-57

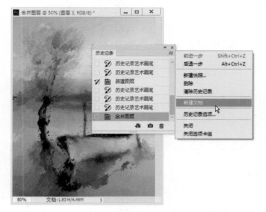

图 9-58

> **提示**
>
> 使用快照创建文档的方法和使用任意状态创建文档的方法是相同的。

4. 删除状态和快照

　　如果对创建的状态和快照不满意，可以将其删除。下面学习删除状态和快照的方法。

01 激活"风景"文档，在"历史记录"调板中，选择"新建图层"状态，然后拖动该状态到"历史记录"调板底部的 🗑 "删除当前状态"按钮，即可将"新建图层"以下的状态删除，如图**9-59**所示。

单击拖动

图 9-59

02 按下Ctrl+Z键，可以将删除的状态恢复。

03 单击"历史记录"调板右上角的下拉菜单按钮，在弹出的菜单中执行"删除"命令，打开提示对话框，如图9-60所示。单击"是"按钮即可删除状态。

> **提示**
>
> 删除快照的方法和删除状态的方法相同。

04 刚刚学习的删除状态，是将状态下方的状态同时删除，也可以将单一状态删除。按下**Ctrl+Z**键，将删除的状态恢复。

05 单击"历史记录"调板右上角的菜单按钮，在弹出的快捷菜单中选择"历史记录选项"命令，打开"历史记录选项"对话框，如图9-61所示。

图 9-60　　　　　　　图 9-61

● **自动创建第一幅快照**：在打开文档时自动创建图像初始状态的快照。

● **存储时自动创建新快照**：每次存储时生成一个快照。

● **允许非线性历史记录**：可以选择某个状态，并且只删除该状态。如果需要更改将附加到"历史记录"调板的结尾。

● **默认显示新快照对话框**：创建快照时，强制打开"新建快照"对话框，即使使用调板上的按钮时也是如此。

● **使图层可见性更改可还原**：设置图层可见性时可以记录到"历史记录"调板中。

5. 设置历史记录状态

　　在默认状态下可以在"历史记录"调板中存储20个操作，有时操作过多而无法记录到"历史记录"调板中。在"首选项"对话框中提供了一个"历史记录状态"选项，该选项可以根据我们的需要设置"历史记录"调板中存储操作的数量。

01 执行"编辑"→"首选项"→"性能"命令，打开"首选项"对话框，如图9-62所示。

图 9-62

02 在"首选项"对话框的右侧有一个"历史记录状态"选项，在该选项的文本框中输入数值，即可调整"历史记录"调板中存储操作的数量，如图9-63所示。设置完毕后单击"确定"按钮，关闭对话框。

03 最后打开本书配套素材\Chapter-09\"封面装饰.psd"文件，使用"移动"工具，将"风景"文档中的图像添加到该文档中，并调整大小和位置，如图9-64所示。

04 至此，完成实例的制作，读者可打开本书配套素材\Chapter-09\"杂志封面.psd"文件进行查看。

图 9-64

图 9-63

9.3 实例演练：艺术节宣传页

9.3 视频教学

本节内容为用户安排了"艺术节宣传页"实例，效果如图9-65所示。在制作本实例时，主要使用"历史记录艺术画笔"对图像进行绘制，使图像产生块状的油画笔触效果。然后使用"滤镜"命令和图层混合模式，增加笔触的立体感，从而制作出充满艺术气息的逼真的油画效果。

图 9-65

以下内容，简要地为读者叙述了实例的技术要点和制作概览，具体操作请参看本书多媒体视频教学内容。

01 打开并拼合背景和人物素材，使用"历史记录艺术画笔"工具，在人物图像上涂抹，制作出绘画笔触效果，如图9-66所示。

02 复制图像并添加浮雕效果，增强笔触的立体感。使用"历史记录画笔"工具，在人物图像周围绘制定义的"墨滴"效果，设置图层的混合模式，完成实例制作，如图9-67所示。

图 9-66

图 9-67

第10章　修饰图像技术

在绘图工作中，有时导入的素材图片可能不完全符合设计作品的要求，这就需要对图片进行修饰。Photoshop 提供了多种具有强大功能的修饰工具组，如图章工具组、修复工具组。这些工具组是图像修饰过程中不可或缺的得力助手，图 10-1～图 10-8，展示了修饰工具组的强大功能。下面就对这些工具组展开详细介绍。

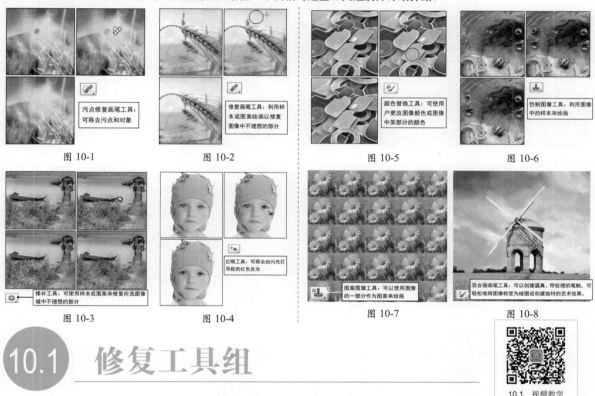

图 10-1　　　　图 10-2　　　　　　图 10-5　　　　图 10-6

图 10-3　　　　图 10-4　　　　　　图 10-7　　　　图 10-8

10.1　修复工具组

修复工具组可用于修复图像中的瑕疵，移去图片中的污点和错误色斑。该工具组包括 5 个工具，分别为 "污点修复画笔" 工具、"修复画笔" 工具、"修补" 工具、"内容感知移动" 工具、"红眼" 工具，如图 10-9 所示。

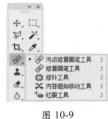

图 10-9

10.1.1　"污点修复画笔" 工具

"污点修复画笔" 工具可以快速移去照片中的污点，它取样图像中某一点，将该点的图像修复到当前要修复的位置，并将取样像素的纹理、光照、

透明度和阴影与所修复的像素相匹配，从而达到自然的修复效果。

1. 使用 "污点修复画笔" 工具

01 执行 "文件" → "打开" 命令，打开配套素材 \Chapter-10\ "旅游广告背景.psd" 文件，如图10-10所示。

图 10-10

02 观察画面，会发现视图左侧土壤有些破损，下面就对其进行修补。在工具箱内选择"污点修复画笔"工具，其工具选项栏会自动显示它的相关选项，如图10-11所示。

图 10-11

03 保持选项栏内的默认设置，然后在图10-12所示位置单击并拖动鼠标，该工具会自动在图像上进行取样，并将取样的像素与修复的像素相匹配。

图 10-12

04 完毕后，参照图10-13所示效果，继续使用"污点修复画笔"工具多次涂抹，对图像进行修复。

图 10-13

2. 设置"污点修复画笔"工具的选项栏

01 在选项栏的"类型"选项内，选择"创建纹理"选项，然后在土壤图像上单击并拖动鼠标，这时该工具将自动使用覆盖区域中的所有像素创建一个用于修复该区域的纹理，如图10-14所示。

02 按下Ctrl+Alt+Z键撤销上一步操作。单击"模式"选项右侧的下三角按钮，在弹出的下拉列表中可以选择所需的修复模式，如图10-15所示。其中"替换"模式可以保留画笔描边时边缘处的杂色、胶片颗粒和纹理。

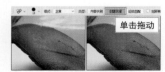

图 10-14

图 10-15

03 有关其他模式选项的功能，在后面"图层基本操作"一章中会作详细介绍，图10-16和图10-17出示了使用"污点修复画笔"工具分别以各种模式对图像修复后的效果。

04 按下Ctrl+Alt+Z键撤销上面的操作。在选项栏中如果选择"对所有图层取样"选项，则绘画可

以从所有的可见图层中提取信息。取消选择该选项，"污点修复画笔"工具只能从当前图层中取样。

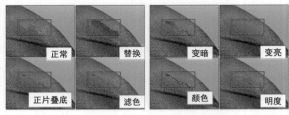

图 10-16　　　　　图 10-17

05 在"图层"调板中新建一个图层。确认"对所有图层取样"选项为取消状态，然后在视图中单击并拖动鼠标，这时发现图像没有任何变化，因为当前选择的图层为空白图层，如图10-18所示。

06 将"对所有图层取样"选项复选，然后在视图左侧适当位置单击并拖动鼠标，对图像进行修复，如图10-19所示。

图 10-18　　　　　图 10-19

07 按下Ctrl+E键，将创建的新图层向下合并。

10.1.2　"修复画笔"工具

　　"修复画笔"工具的工作方式与"污点修复画笔"工具类似，但不同的是"修复画笔"工具必须从图像中取样，然后在修复的同时将样本像素的纹理、光照、透明度和阴影与源像素进行匹配，从而使修复后的像素不留痕迹地融入图像的其余部分。

01 下面打开配套素材\Chapter-10\"海水.jpg"文件，如图10-20所示。

02 在工具箱内选择 "修复画笔"工具，其工具选项栏如图10-21所示。

图 10-20　　　　　图 10-21

03 该选项栏中的"源"选项包括"取样"和"图案"两个选项。"取样"选项是利用从图像中定义的图像图案进行修补，在默认状态下为选择状态。然后按下Alt键，光标变成 准星形状，这时在左

侧海水图像处单击，定义取样点，如图10-22所示。

04 接着在人物图像上单击并拖动鼠标，即可对人物进行修复，效果如图10-23所示。

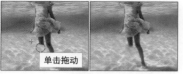

图 10-22　　　　　　　图 10-23

05 "修复画笔"工具不但可以在一个文档中对图像进行修复，还可以在两个文档间修复图像，继续在海水图像进行取样，如图10-24所示。

06 激活"旅游广告背景"文档，选择"图层 2"，然后在蓝色图像上涂抹，即可将"海水"文档中的样本像素复制到"旅游广告背景"文档中，如图10-25所示。

图 10-24　　　　　　　图 10-25

注意

从一幅图像取样并应用到另一图像，需要注意的是这两个图像的颜色模式必须相同，除非其中一幅图像处于灰度模式中。

07 按下Ctrl+Alt+Z键撤销上一步操作，切换到"海水"文档，在选项栏内选择"图案"选项，该选项使用右侧的图案对图像进行修复。选择该选项不需要对图像进行取样，只需在需要修复的位置拖动鼠标即可，如图10-26所示。

提示

执行完此项操作后按下 Ctrl+Alt+Z 键，还原到使用图案进行修复前的状态。

08 选择"取样"选项，确认"对齐"选项为取消状态，按下Alt键的同时，在图10-27所示的人物上单击，对其进行取样。

图 10-26　　　　　　　图 10-27

09 在视图中多个位置单击，此时可以发现在每次停止并重新开始绘画时，将使用初始取样点中的样本像素，也就是说取消"对齐"选项的复选，取样点始终保持在最初的位置，如图10-28所示。

10 选择"对齐"选项可以对像素连续取样。撤销上面的操作，并选择"对齐"选项，然后按下Alt键的同时在图10-29所示位置单击取样。

11 接着在视图左侧人物图像上多次单击，对图像进行修复，如图10-30所示。

图 10-28　　　　图 10-29　　　　图 10-30

12 此外，在选项栏的"样本"下拉列表中有3个选项，各选项功能如图10-31所示。

13 结合以上方法，多次在视图中取样，并对图像进行修复，效果如图10-32所示。

图 10-31　　　　　　　图 10-32

14 使用"矩形选框"工具，在海水左侧绘制矩形选区，如图10-33所示。

15 使用"移动"工具，将选区内海水图像拖动到"旅游广告背景"文档中，调整图层顺序到"图层 2"上面，并调整其位置和旋转角度，如图10-34和图10-35所示。

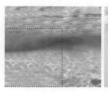

图 10-33　　　　图 10-34　　　　图 10-35

16 使用"多边形套索"工具，在海水上绘制选区，如图10-36所示。然后按下Ctrl+Shift+I键将选区反转，并按下Delete键删除图像，最后取消选区，如图10-37所示。

17 在"图层"调板中设置海水图像所在图层的混合模式，如图10-38和图10-39所示。

18 最后将隐藏的图层组显示，完成本实例的制作，如图10-40所示。读者可打开配套素材\

Chapter-10\“海岛旅游广告.psd”文件进行查看。

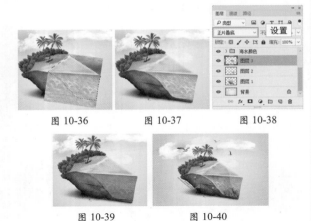

图 10-36

图 10-37

图 10-38

图 10-39

图 10-40

10.1.3 “修补”工具

使用“修补”工具可以用其他区域或图案中的像素来修复选中的区域。该工具同样将样本像素的纹理、光照和阴影与源像素进行匹配，从而使修复的效果更自然。

01 打开配套素材\Chapter-10\“人物.psd”文件，如图10-41所示。

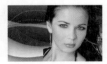

图 10-41

02 观察人物图像，可以看到左侧部分残缺不完整，下面将对其进行修补。在工具箱内选择“修补”工具，其工具选项栏如图10-42所示。

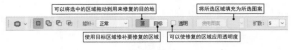

图 10-42

03 在该选项栏内确认“源”选项为选择状态，使用“修补”工具在视图中单击并拖动鼠标，在人物残缺处绘制选区，如图10-43所示。

04 将选区向上拖移至正确的样本图像区域，到合适位置后松开鼠标，如图10-44所示，可以发现选区内图像并没有修复，这是因为选区内没有图像。

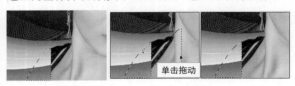

图 10-43

图 10-44

> **提示**
>
> 通过上面的操作可以发现，使用“修补”工具创建选区的操作方法与“套索”工具相同。另外，在修复图像中的像素时，选择较小区域可以获得最佳效果。

05 接下来将选区填充为黑色，然后拖动选区到合适位置后松开鼠标，这时图像被修补，如图10-45所示。完毕后取消选区。

06 在选项栏内选择“目标”选项。该选项与选择“源”选项的使用方法恰好相反，首先使用“修补”工具选取用于修复区域的样本图像，然后将其拖动到要修复的区域即可，如图10-46所示。

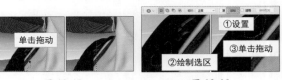

图 10-45

图 10-46

07 选择“源”选项，接着使用“修补”工具在图像中需要修复的区域绘制一个选区。勾选“透明”选项后，可以使修复的区域应用透明度，图10-47和图10-48显示了勾选“透明”选项的前后图像效果。

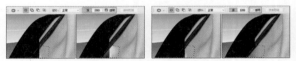

图 10-47

图 10-48

08 保持选区浮动状态，这时“使用图案”按钮呈可用状态。单击“使用图案”按钮，可以使用图案纹理对选区内容进行修复，效果如图10-49所示。如果图像中没有选区，此按钮将不可用。

> **提示**
>
> 此项操作完毕后按下 Ctrl+Alt+Z 键，撤销上步操作。

09 取消选区的浮动状态，配合使用“修复画笔”工具，对图像的细节进行修复，效果如图10-50所示。

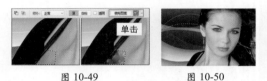

图 10-49

图 10-50

10.1.4 “内容感知移动”工具

“内容感知移动”工具可以智能地判断图像内

容，并在图像进行移动时创建柔和的边界。该工具是内容识别填充功能的延伸和加强，使编辑处理图像更加便利。

01 执行"文件"→"打开"命令，打开配套素材\Chapter-10\"人物3.psd"文件，如图10-51和图10-52所示。

图 10-51　　　　　图 10-52

02 在"图层"调板中选择"背景"图层。选择 ✕."内容感知移动"工具，显示其工具选项栏，如图10-53所示。

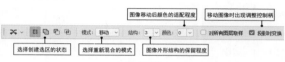

图 10-53

03 使用 ✕."内容感知移动"工具，沿着人物的轮廓单击并拖动鼠标，释放鼠标，以创建选区，如图10-54和图10-55所示。

图 10-54　　　　　图 10-55

04 "内容感知移动"工具进行工作时，为了便于对图像的调整，提供了调整图像的控制柄。

05 在工具选项栏内选择"投影时变换"选项后，移动选区内图像时，图像周围将会出现调整控制柄，如图10-56和图10-57所示。

图 10-56　　　　　图 10-57

06 通过调整控制柄的形状和位置可以修改图像的外观，在选项栏内单击"√"按钮可以完成操作。

07 在 ✕."内容感知移动"工具选项栏内，设置"模式"选项为"移动"选项时，可以移动选区内的图像。如果选择"扩展"选项，则会对选区内的图像执行复制移动操作。

08 按下Ctrl+Z键将图像恢复至移动图像操作之前，选择"内容感知移动"工具，分别使用"移动"模式和"扩展"模式，对图像进行移动操作，如图10-58和图10-59所示。

图 10-58　　　　　图 10-59

09 "结构"选项可以控制图像在进行移动时，适配变形的力度，参数越大，结构越严谨，图像变形力度越小；参数越小，图像变形力度越大。

10 按下Ctrl+Z键，将图像恢复至移动图像操作之前，选择"内容感知移动"工具，在工具选项栏内进行设置，如图10-60所示。

图 10-60

11 将"结构"选项设置为不同参数，然后移动选区内的图像，观察图像结构的变化，如图10-61和图10-62所示。可以看到当参数为1时，人物图像产生了变形。当参数为7时，图像的外形非常完整。

图 10-61　　　　　图 10-62

12 "颜色"选项可以控制图像在移动后，与周围图像在适配颜色时的变化力度。如图10-63～图10-65所示，如果参数为0，则将禁用颜色混合。如果参数为10，则将应用最大颜色混合。

13 按下Ctrl+Z键将图像恢复至移动图像操作之前，选择"内容感知移动"工具，在工具选项栏内进行设置，如图10-66所示，将人物图像向左移动，以

调整构图。

图 10-63

图 10-64

图 10-65

图 10-66

14 最后显示隐藏的图像，完成实例的制作，效果如图10-67所示。读者可打开配套素材\Chapter-10\"照片处理.psd"文件进行查看。

图 10-67

10.1.5 "红眼"工具

"红眼"工具可移去用闪光灯拍摄的人物照片中的红眼，也可以移去用闪光灯拍摄的动物照片中的白色或绿色反光。

01 下面通过使用"红眼"工具来对眼睛进行修复，选择工具箱中的"红眼"工具，其工具选项栏如图10-68所示。

图 10-68

02 使用"红眼"工具，保持选项栏中的默认设置，移动光标到人物的红眼上，绘制一个选框将红眼选中，如图10-69所示。释放鼠标即可将选取的红眼修复。

03 参照上面的操作方法对人物的另一只红眼进行修复，最后将"文字"图层组显示，完成本实例的制作，如图10-70所示。读者可打开配套素材\Chapter-10\"人物完成.psd"文件进行查看。

图 10-69

图 10-70

10.2 图章工具组

图章工具组包括两个工具，分别为 "仿制图章" 工具和 "图案图章" 工具，如图 10-71 所示。使用这两个工具可以在图像中复制图像，这两个工具的作用都是复制图像，但是复制的方式不同。"仿制图章"工具是对画面中的样本进行复制，而使用"图案图章"工具可以利用图案进行绘画。可以从图案库中选择图案或者自定义创建图案。

图 10-71

10.2.1 "图案图章"工具

使用"图案图章"工具可以利用图案进行绘画。可以从预设的图案库中选择图案，或者创建自定义图案。

01 选择工具箱中的 "图案图章"工具，工具选项栏如图10-72所示。

图 10-72

02 执行"文件"→"打开"命令，打开配套素材\Chapter-10\"汉堡.tif"文件，在"图层"调板中选择"背景"图层，如图10-73和图10-74所示。

03 在工具选项栏内对"图案图章"工具进行设置，为该工具载入新的图案纹理，如图10-75和

图10-76所示。

图 10-73　　　　　图 10-74

图 10-75　　　　　图 10-76

04 在"图案图章"工具选项栏中单击"图案拾色器"按钮，在展开的菜单中可以找到添加的图案，如图10-77所示。

05 在其选项栏中，设置仿制图案"画笔大小"为200，以及"不透明度"为50%，如图10-78所示。

图 10-77　　　　　图 10-78

06 使用设置好的"图案图章"工具，在背景图像中单击并涂抹，仿制出选择的纹理图案效果，如图10-79所示。

07 打开配套素材\Chapter-10\"花纹.tif"文件，如图10-80所示。

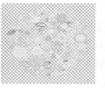

图 10-79　　　　　图 10-80

08 执行"编辑"→"定义图案"命令，打开"图案名称"对话框，保持默认状态，单击"确定"按钮关闭对话框，如图10-81所示。

09 在"图案图章"工具选项栏中，单击"图案"拾色器按钮，在打开的菜单中选择自定义的"花纹"图案，如图10-82所示。

图 10-81

10 使用"图案图章"工具，在视图中单击并涂抹，绘制出自定义的花纹图案，效果如图10-83所示。

图 10-82　　　　　图 10-83

11 按下Ctrl+Z键取消上一步的操作。在"图案图章"工具选项栏中设置"模式"选项为"明度"，并设置"不透明度"为20%，再次绘制花纹图案，使其与背景图像充分融合，如图10-84所示。

12 默认状态下"对齐"选项为选择状态，接着仿制花纹图案，会发现对像素连续取样，从而绘制出连续的图案效果，如图10-85所示。

图 10-84　　　　　图 10-85

13 取消"对齐"选项的选择状态，会在每次停止并重新开始绘画时使用初始取样点中的样本，如图10-86所示。完毕后按下Ctrl+Z键取消上一步的操作。

14 在选项栏中设置"模式"选项为"划分"，并设置其他选项，继续仿制花纹图案，使其层次更加丰富，效果如图10-87所示。

图 10-86　　　　　图 10-87

10.2.2 "仿制图章"工具

使用"仿制图章"工具可以从图像中取样，然后将样本应用到其他图像或同一图像的其他部分。下面通过实际操作来演示"仿制图章"工具的使用方法。

01 执行"文件"→"打开"命令,打开配套素材\Chapter-10\"面包.tif"文件,如图10-88所示。

02 选择工具箱中的 █ "仿制图章"工具,按下Alt键在面包图像上单击,定义取样点,如图10-89所示。

图 10-88　　　　图 10-89

03 查看"仿制图章"工具选项栏的默认状态,如图10-90所示。

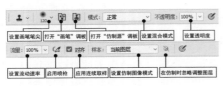

图 10-90

04 切换至"汉堡"文档,在"图层"调板中,单击"侧面"图层组的下三角按钮,在展开的图层组中单击"形状 1"图层,如图10-91所示。

图 10-91

05 在"仿制图章"工具选项栏中,设置"模式"选项为"溶解",使用此工具在面包图像的侧面单击、涂抹,在仿制出定义的面包图像的同时与下方图像融合,如图10-92所示。

06 设置"模式"选项为"正片叠底",在面包侧面的暗部区域单击并涂抹,制作出面包的暗部效果,如图10-93所示。

图 10-92　　　　　　图 10-93

07 打开配套素材\Chapter-10\"烤肉.tif"文件,在"图层"调板中"背景"图层为选择状态,如图10-94所示。

08 选择"仿制图章"工具,在其选项栏中将"样本"选项设置为"当前图层",按下Alt键将取样当前选择的"背景"图层中的图像,如图10-95所示。

图 10-94　　　　　　图 10-95

09 切换至"汉堡"文件,在"图层"调板中选择"形状 2"。使用"仿制图章"工具,在肉饼图像的侧面单击并涂抹,会发现仿制的图像为取样的白色背景图像,如图10-96和图10-97所示。

10 切换至"烤肉"文档,在"仿制图章"工具选项栏中设置"样本"选项为"所有图层",按下Alt键单击,将以此文档中的所有图像定义取样点,如图10-98所示。

图 10-96　　　图 10-97　　　图 10-98

11 在"汉堡"文档中肉饼图像的侧面单击并拖动,仿制出肉饼图像,如图10-99所示。

12 当"对齐"选项为选择状态,继续在另一块肉饼上涂抹,会对像素连续取样,从而绘制出连续的图案效果,由于烤肉图像较小,仿制出的图像出现不完整的状态,如图10-100所示。

13 取消"对齐"选项的选择状态,再次涂抹时使用初始取样点中的样本,从而补齐肉饼部分,如图10-101所示。

图 10-99　　　图 10-100　　　图 10-101

10.3 "仿制源"调板

"仿制源"调板可以为"仿制图章"工具或"修复画笔"工具设置 5 个不同的样本源。既可以显示样本源的叠加，帮助在特定位置复制图像，也可以缩放或旋转样本源按照特定大小和方向复制图像。

01 接着以上的操作。在"图层"调板中选择"主体"图层，如图 10-102 所示。使用 "磁性套索"工具在菜叶图像上创建选区，如图 10-103 所示。

图 10-102　　　　　图 10-103

02 按下 Ctrl+C 键复制选区中的图像，再按下 Ctrl+V 键将复制的图像粘贴到新图层中，如图 10-104 和图 10-105 所示。

图 10-104　　　　　图 10-105

03 按下 Alt 键，使用"仿制图章"工具，确定取样点，如图 10-106 所示。

04 执行"窗口"→"仿制源"命令，打开"仿制源"调板，在其中可以看到定义取样点所在的文档及图层，如图 10-107 所示。

图 10-106　　　　　图 10-107

05 在"仿制源"调板中，复选"显示叠加"选项，并设置"不透明度"为 100%，如图 10-108 所示。将光标移动到视图中，可以看到所要绘制的预览效果，如图 10-109 所示。

图 10-108　　　　　图 10-109

06 设置"旋转仿制源"选项为 30°，将光标移动到视图中，可以预览到在仿制图像时，将图像旋转 30°，如图 10-110 和图 10-111 所示。

图 10-110　　　　　图 10-111

07 设置 W "水平缩放"选项为 60%，由于 "保持长宽比"按钮为按下状态，H "垂直缩放"选项自动设置为 60%。将光标移动至视图，预览到仿制图像被缩小，如图 10-112 和图 10-113 所示。

图 10-112　　　　　图 10-113

08 在"图层"调板中选择"形状 6"图层，使用"仿制图章"工具在蔬菜的侧面仿制出蔬菜图像，如图 10-114 和图 10-115 所示。

09 在"仿制源"调板中，单击 "保持长宽比"按钮取消锁定状态，设置 H "垂直缩放"选项为 20%，将图像压得扁一些，移动光标至视图，预览设

置后的效果如图10-116和图10-117所示。

图 10-114　　　　　图 10-115

图 10-116　　　　　图 10-117

10 在"仿制图章"工具选项栏中，取消"对齐"选项的选择，在蔬菜侧面多次单击并涂抹，制作出切断面的蔬菜效果，如图10-118和图10-119

所示。

图 10-118　　　　　图 10-119

11 依照以上方法，制作汉堡的其他切割面，如图10-120所示。

12 在"图层"调板中显示所有隐藏的图像，至此完成本实例的制作，如图10-121所示。读者可打开配套素材\Chapter-10\"汉堡广告.tif"文件进行查看。

图 10-120　　　　　图 10-121

10.4 视频教学

10.4　实例演练：化妆品广告

　　在这一节中为用户安排了"化妆品广告"实例，本实例色彩亮丽，符合女性消费群体的审美需求，图10-122所示为本实例的完成效果。在制作实例的过程中，综合讲述了修复图像的技巧，并对修复工具组、图章工具组等修饰与修复图像工具进行了细致、形象、生动的讲述。

图 10-122

以下内容，简要地为读者介绍实例的技术要点和制作概览，具体操作请参看本书多媒体视频教学内容。

01 打开背景素材，再添加人物素材，将图像放大，可以看到人物脸部存在瑕疵，使用"污点修复画笔"工具、"修补"工具对人物脸部的斑点进行修复，如图10-123所示。

02 使用"修复画笔"工具，对人物不对称的酒窝进行修复。然后使用"颜色替换"工具，对背景右侧的羽毛图像颜色进行替换，使颜色更加丰富。最后添加装饰，完成实例的制作，如图10-124所示。

图 10-123

图 10-124

第11章 填充与擦除图像

在本章中主要介绍可以更改图像像素的"橡皮擦"工具组。使用该工具组中的工具可以将不需要的图像擦除，保留需要的部分，在擦除的过程中还可以使图像产生特殊的效果。如果擦除的图像过多，可以使用"渐变"工具和"油漆桶"工具对其填充。图 11-1 ～图 11-5 所示是使用这些工具后的效果。

图 11-1

图 11-2

图 11-3

图 11-4

图 11-5

11.1 擦除图像内容

在图像合成的过程中，我们有时需要擦除图像中多余的内容，这就需要使用到 Photoshop 擦除图像功能。利用这些工具可以对图像抠图、删除错误像素、制作特效画面。下面我们通过案例操作来学习这些工具的使用技巧。

11.1.1 "橡皮擦"工具

"橡皮擦"工具可以更改图像中的像素，如果直接在"背景"图层上使用"橡皮擦"工具，相当于使用画笔用背景色在"背景"图层上绘制图像。如果在普通图层上使用该工具，则会将像素涂抹成透明的效果。下面通过一组操作，来学习"橡皮擦"工具的使用方法。

01 执行"文件"→"打开"命令，打开配套素材\Chapter-11\"背景.psd"文件，在"图层"调板中选择"黑白格"图层，如图11-6和图11-7所示。

图 11-6

图 11-7

02 选择 "橡皮擦"工具，在其选项栏中设置"模式"选项，设置"橡皮擦"工具的擦除方式。在该选项的下拉列表中有3个模式，选择"块"模式，如图11-8所示。

图 11-8

03 确定文档为100%的显示状态，使用 "橡皮擦"工具，在文档的左上角单击，擦出生硬的块状效果，继续单击，制作出黑白相间的图案，如图11-9所示。

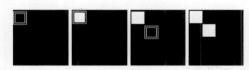
图 11-9

> **提示**
>
> 选择"块"模式后，画笔笔刷的大小变为不固定状态，画笔大小会随着文档缩放比例而改变，文档被放得越大，笔刷会越小。

04 在"模式"栏中选择"铅笔"选项，如图11-10所示。

图 11-10

05 打开"画笔"调板，参照图11-11和图11-12所示设置画笔笔触。

图 11-11　　　　　　　　　图 11-12

06 使用设置好的"橡皮擦"工具，配合按下Shift键，参照图11-13所示，擦出连续的黑白格图案效果。

07 依照以上方法，将整个"黑白格"图层擦出黑白格效果，如图11-14所示。

图 11-13　　　　　　　　　图 11-14

08 在"图层"调板中，选择并显示"黄色背景"图层，如图11-15所示。

09 设置"橡皮擦"工具选项栏，并在"画笔预设"选取器的调板菜单中，执行"旧版画笔"命令，在"旧版画笔"中选择"干画笔尖浅描"画笔，如图11-16所示。

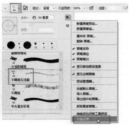

图 11-15　　　　　　　　　图 11-16

10 使用"橡皮擦"工具，在黄色背景图像的边角涂抹，擦出斑驳的纹理效果，如图11-17所示。

11 最后在"图层"调板中显示所有隐藏的图像，完成实例的制作，如图11-18所示。读者可打开本书配套素材\Chapter-11\"女装海报.psd"文件进行查看。

图 11-17　　　　　　　　　图 11-18

11.1.2 "魔术橡皮擦"工具

用 "魔术橡皮擦"工具在图层中单击，可以将单击位置相似的像素删除，相当于使用"魔棒"工具加"删除图像"命令。下面就在实际的操作中来学习"魔术橡皮擦"工具的使用方法。

01 执行"文件"→"打开"命令，打开配套素材\Chapter-11\"人物.tif"文件，如图11-19所示。

02 使用 "钢笔"工具，沿着人物的脚部绘制路径，如图11-20所示。

03 按下Ctrl+Enter键，将路径转换为选区。再按下Ctrl+Shift+I键，将选区反转，如图11-21和图11-22所示。

图 11-19　　　　图 11-20　　　　图 11-21　　　　图 11-22

04 选择 "魔术橡皮擦"工具，显示此工具的选项栏，如图11-23所示。

图 11-23

05 设置"容差"值为32，使用 "魔术橡皮擦"工具，在背景图像上单击，擦除图像，其参数值越小，擦除相近颜色的范围越小，如图11-24所示。

06 按下Ctrl+Z键取消上一步的操作。设置"容差"值为80，再次单击擦除图像，其参数值越大，擦除相近颜色的范围越大，如图11-25所示。

07 按下Ctrl+D键取消选区。使用 "矩形选框"工具，在人物腰带处创建选区，并设置"容差"值为30。

08 当"连续"选项为选择状态时，参照图11-26所示，单击擦除图像，可以清除与单击处颜色相近并且相互连接的区域。

09 取消"连续"选项的选择状态，参照图11-27所示，单击擦除图像，所有与单击处颜色接近的区域都被清除。

10 打开配套素材\Chapter-11\"人物背景.tif"文件，将人物图像拖动到此文档中，按下Ctrl+T键打开自由变换框，调整图像的大小，如图11-28

所示。

11 使用 "套索"工具，沿着人物边界创建选区，完毕后按下Ctrl+Shift+I键反转选区，如图11-29所示。

图像。由于人物边缘与背景色颜色接近，部分衣服也被擦除，如图11-34所示。

18 按下Ctrl+Z键，取消上一步的操作。

19 选择"对所有图层取样"选项，再次单击，将根据所有显示图层取样擦除图像，如图11-35所示，由于"人物 拷贝"图层增强了颜色对比，擦除的人物边缘将更加精确。

   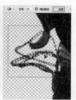

图 11-24　　　图 11-25　　　图 11-26　　　图 11-27

图 11-28　　　　　　图 11-29

12 设置"不透明度"为30%，在选区中的背景处单击，擦除的图像呈现出半透明状态，如图11-30所示。

13 设置"不透明度"为100%，在选区中的背景处单击，将选区外的图像全部擦除，如图11-31所示。完毕后，按下Ctrl+D键取消选区。

图 11-30　　　　　　图 11-31

14 在"图层"调板中双击人物所在图层，将其命名为"人物"，按下Ctrl+J键，将此图层中的图像复制到新的图层，如图11-32所示。

15 执行"图像"→"调整"→"可选颜色"命令，调整人物衣服的颜色，使其与周边的背景色形成鲜明对比，如图11-33所示。

图 11-32　　　　　　图 11-33

16 在"图层"调板中选择"人物"图层。

17 未选择"对所有图层取样"时，单击擦除图像，将根据此图层中人物边缘颜色的对比擦除

图 11-34　　　　　　图 11-35

20 依照以上方法，保持"对所有图层取样"选项的选择状态，不断单击，擦除人物边缘的背景图像，如图11-36所示。

21 最后使用  "橡皮擦"工具擦除剩余背景，完成人物的抠取，并删除"人物 副本"图层，效果如图11-37所示。

图 11-36　　　　　　图 11-37

22 打开配套素材\Chapter-11\"油漆.tif"文件，如图11-38所示。

23 将油漆图像移动至"人物背景"文档中，调整图层顺序、图像位置，完成实例的制作，如图11-39所示。读者可打开配套素材\Chapter-11\"服饰广告.tif"文件进行查看。

图 11-38　　　　　　图 11-39

11.1.3 "背景橡皮擦"工具

"背景橡皮擦"工具可以根据设置的背景色颜色，将图像中相同的颜色擦除，在背景色中指定的

颜色叫作标本色。使用"背景橡皮擦"工具的方法和使用"橡皮擦"工具的方法相同，接下来使用"背景橡皮擦"工具进行绘图。

01 执行"文件"→"打开"命令，打开配套素材\Chapter-11\"光效.psd"文件，如图11-40所示。

02 选择 ✎ "背景橡皮擦"工具，其选项栏如图11-41所示。

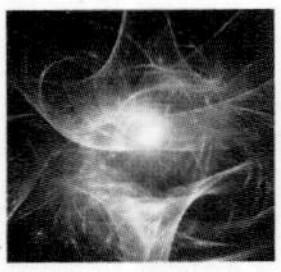

图 11-40

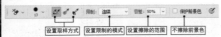

图 11-41

03 单击 ✎ "取样：一次"选项按钮，在图像上单击拖动鼠标擦除图像。使用"取样：一次"模式时，在第一次单击鼠标时，建立颜色取样点，并根据取样点颜色值删除图像背景，如图11-42所示。

04 单击 ✎ "取样：连续"按钮后，在图像上单击拖动鼠标擦除图像。使用连续取样模式时，随着鼠标移动，取样点颜色都会变化，所以鼠标覆盖的区域大部分被删除了，如图11-43所示。

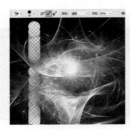 

图 11-42　　　　　　　图 11-43

05 如果使用"取样：连续"选项，可以通过单击鼠标的方式来擦除图像背景，在每次单击鼠标时都会建立新的颜色取样点，利用新的颜色取样点判断颜色删除背景。

06 结合上述操作知识在图像上涂抹，擦除光晕背景，如图11-44所示。

提示

如果使用"背景橡皮擦"工具的图层为"背景"图层，Photoshop是不支持"背景"图层有透明部分的，因此在"背景"图层中使用"背景橡皮擦"工具，"背景"图层将自动更改为普通图层。

07 设置"图层 2"的混合模式为"滤色"，如图11-45所示。

08 打开"通道"调板，按下Ctrl键，单击"Alpha 1"通道，将"Alpha 1"通道内包含的选区载

入，如图11-46所示。

图 11-44　　　　　　　图 11-45

09 按下Delete键，将选区中的图像删除，如图11-47所示。完毕后按下Ctrl+D键取消选区。

10 选择并显示"图层 1"中的图像。

11 确定"取样：一次"按钮处于激活状态，不同的"容差"值决定抹除颜色区域范围的大小，如图11-48所示。

图 11-46 　　　　图 11-47　　　　图 11-48

12 单击"取样：背景色板"按钮，如图11-49所示，选择"限制"中的"连续"选项，并设置背景色为黑色。

图 11-49

13 在视图中涂抹，由于单击 ✎ "取样：背景色板"按钮，可以根据背景色中设置的颜色对图像进行擦除；而选择"连续"选项，可以抹除包含样本颜色并且相互连接的区域。如图11-50所示。

14 在选项栏中设置"限制"选项为"不连续"模式，设置背景色为绿色（R:45，G:105，B:100），然后在图像上涂抹，所有与色样接近的区域都被清除，如图11-51所示。

图 11-50　　　　　　　图 11-51

15 设置背景色为深黄色（R:100，G:50，B:0），选择"查找边缘"模式后，可以抹除包含样本颜色的连接区域，同时更好地保留形状边缘的锐化程

度，如图11-52所示。

查看。

> **提示**
>
> 选择"保护前景色"复选项，可防止抹除与前景色匹配的区域。

16 最后设置图层混合模式为"线性减淡"，完成实例的制作，效果如图11-53所示。读者可打开本书配套素材\Chapter-11\"光效文字.psd"文件进行

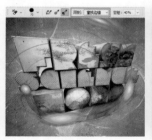

图 11-52　　　　　　　　图 11-53

11.2　颜色与渐变填充

在 Photoshop 中提供了"渐变"和"油漆桶"工具，可以创建出丰富的填充效果，几乎包含了所有能够想象出的填充效果，其中包括色彩填充、纹理填充，以及渐变色填充。下面具体来学习这两组工具。

11.2.1　"渐变"工具

"渐变"工具用于填充图像，填充时可以创建多种颜色渐变混合效果。可以从预设渐变填充中选取或创建渐变色。

1. 使用"渐变"工具

使用鼠标在图像上单击起点，然后拖动鼠标定义终点位置，松开鼠标即可在图像上填充渐变色。渐变色的长度和方向是根据拖动的线段长度和方向来控制的。

01 执行"文件"→"打开"命令，打开配套素材\Chapter-11\"网页背景.psd"文件，如图11-54所示。

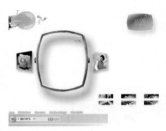

图 11-54

02 设置前景色为深褐色（R:150，G:40，B:0），选择 ▣ "渐变"工具，从视图的左上角向视图的右下角拖动鼠标，效果如图11-55所示。

03 按下Shift键，垂直填充渐变，由此可见"渐变"工具是根据鼠标拖动的方向来确认渐变色的方向，如图11-56所示。

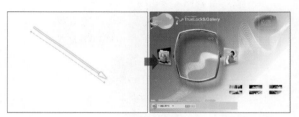

图 11-55

图 11-56

2. "渐变"工具选项栏

在"渐变"工具的选项栏中可以对渐变的方式、渐变的模式、渐变的不透明度等进行设置，下面在具体操作中学习"渐变"工具选项栏的使用方法。

当选择"渐变"工具后，该工具的选项栏即可显示，如图 11-57 所示。

图 11-57

01 参照图11-58单击渐变缩览图右侧的下三角按钮，打开弹出式调板并选择渐变色。

02 除了预设渐变设置以外，单击弹出式调板右上方的菜单按钮，还可以载入更多的渐变填充设置，如图11-59所示。

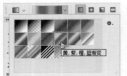 

图 11-58　　　　　　图 11-59

3 渐变填充方式

渐变填充的方式有5种："线性渐变""径向渐变""角度渐变""对称渐变"和"菱形渐变"。在"渐变"工具选项栏中有相对应的5个按钮，单击这些按钮即可设置渐变的填充方式，如图 11-60 所示。

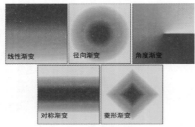

图 11-60

4. 透明区域选项

复选"透明区域"选项后，包含有透明效果的渐变填充色才能填充透明效果。取消选中该选项，将无法填充透明效果。

01 设置前景色为（R:51，G:15，B:0）的颜色。单击"渐变"选项栏中的下三角按钮，在弹出的调板中选择"前景色到透明"预设渐变，如图11-61所示。

02 单击"透明区域"选项，使其处于取消状态，在视图中绘制渐变色，将不保留渐变填充的透明区域，如图11-62所示。

图 11-61　　　　　　图 11-62

03 按下Ctrl+Z键取消上一步的操作。单击"透明区域"选项，使其处于选择状态，在视图中绘制渐变色，保留透明区域，如图11-63所示。

图 11-63

04 设置前景色为橘红色（R:210，G:90，B:50），在视图上绘制渐变色，如图11-64所示。

05 依照以上方法，设置前景色为（R:255，G:180，B:120），并填充渐变色，如图11-65所示。

图 11-64　　　　　　图 11-65

5. 反向选项

复选"反向"选项可以反转渐变填充中的颜色顺序，设置前景色为白色，图 11-66 所示为复选和取消该选项复选的不同效果。

图 11-66

11.2.2　渐变编辑器

如果在预设渐变中没有所需要的渐变色。在"渐变编辑器"对话框中可以设置需要的渐变色。

单击"渐变"选项栏中的渐变缩览图，即可打开"渐变编辑器"对话框，然后参照图 11-67 所示选择预设渐变。

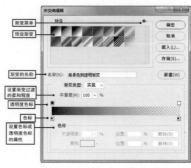

图 11-67

1. 编辑色标

　　可以通过修改现有的渐变色来定义新渐变方式，还可以向渐变中添加其他颜色，创建两种以上的渐变色。

01 在"路径"调板中，选择"路径 2"，单击"将路径作为选区载入"按钮，将路径转换为选区，如图11-68所示。

02 参照图11-69所示，在渐变色带下端单击鼠标，即可建立一个"色标"。

图 11-68　　　　　　　　图 11-69

03 在"色标"选项组内可以对建立的色标进行设置，单击"颜色"选项右侧的色块，打开"拾色器"设置色标的颜色，如图11-70所示。

04 单击"颜色"选项右侧的下三角按钮，可以利用"前景色"或"背景色"设置色标颜色，如图11-71所示。

图 11-70　　　　　　　　图 11-71

05 在渐变色带下端拖动色标，可以调整色标的位置。另外，在"色标"选项组内设置位置参数，也可以更改色标在渐变条下端的位置，如图11-72所示。

06 单击渐变色带右端的白色色标，选择该色标。在渐变色带下端单击鼠标建立一个色标。新建立的色标会以之前选择的色标颜色设置颜色，如图11-73所示。

图 11-72　　　　　　　　图 11-73

07 将鼠标移动至渐变色带上，单击鼠标可以将单击位置处的颜色添加至选择色标，如图11-74所示。

08 在"色标"选项组内单击"删除"按钮，可以删除选择的色标，如图11-75所示。

图 11-74　　　　　　　　图 11-75

09 在选择的色标两侧会有两个菱形控制柄，该控制柄可以控制色标与两侧颜色之间的颜色过渡效果。拖动菱形控制柄可以更改渐变色的中心点，如图11-76所示。

10 参照图11-77所示，设置渐变色标的颜色和位置。

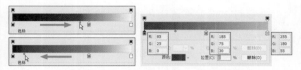

图 11-76　　　　　　　　图 11-77

11 在"图层"调板中，新建"图层 1"，使用设置好的渐变填充选区，如图11-78所示。

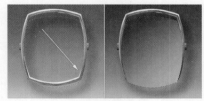

图 11-78

2. 编辑不透明度色标

　　不透明度色标可以设置渐变的填充不透明度。如果色标为黑色，其不透明度为100；如果色标为白色，其不透明度为0；如果色标为灰色，表明该色标为半透明状态。根据色标的颜色可以预知其透明程度。

01 在"路径"调板中，选择"路径 1"，并将其转换为选区，如图11-79所示。

02 选择"渐变"工具，打开"渐变编辑器"对话框，对渐变色带的颜色进行设置，如图11-80所示。

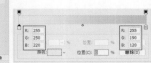

图 11-79　　　　　　　　图 11-80

03 在渐变色带上端的是不透明度色标，可以设置渐变色的不透明度。选择右侧的不透明度色标，在"色标"选项组内设置"不透明度"参数，更

改渐变色的不透明度，如图11-81所示。

04 在渐变色带上端拖动不透明度色标可以更改色标位置。在"色标"选项组内设置"位置"参数，也可以对色标的位置进行修改，如图11-82所示。

图 11-81　　　　　　图 11-82

05 在不透明度色标之间同样会有菱形图标，该图标可以设置不透明色标之间的渐变中心。拖动该图标或选择该图标后设置"位置"选项，即可设置透明中心的位置，如图11-83所示。

06 添加或删除不透明度色标与添加或删除色标的方法相同，在这里不再赘述。

07 参照图11-84所示，设置渐变色带的透明效果。

图 11-83　　　　　　图 11-84

08 在"名称"文本框中输入渐变色的名字，然后单击"新建"按钮，可以将设置好的渐变色存储，以方便下次使用，如图11-85所示。

09 在"图层"调板中新建"图层2"。使用设置好的"渐变"工具填充选区，如图11-86所示。

图 11-85　　　　　　图 11-86

3. 编辑杂色渐变

　　在渐变类型选项栏内可以选择"杂色"选项，使用"杂色"渐变类型，可以用随机模式创建变化丰富的杂色渐变色，通过设置颜色范围可以控制渐

变色中包含的颜色数量，以及颜色渐变的变化力度。

01 打开"渐变编辑器"对话框，在"渐变类型"栏中选择"杂色"选项，这时"渐变类型"选项组中的选项也随之更改，如图11-87所示。

02 "粗糙度"选项可以设置渐变颜色的粗糙程度，也就是渐变色的锐化程度。输入的值越大，渐变色越粗糙，如图11-88所示。

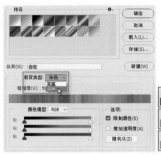 

图 11-87　　　　　　图 11-88

03 在"颜色模型"选项组内，可以设置杂色渐变色中包含的颜色，如图11-89所示，在下拉列表内提供了"RGB""HSB"和"LAB"选项，设置后选项组内会出现相应的颜色模型。

> **提示**
>
> 在本书第5章详细为读者介绍了利用颜色模式管理颜色的方法，读者可以根据相关内容学习颜色模型的知识。

04 在R、G、B选项右侧的颜色条下端有两个三角形滑块，调整滑块可以设置杂色渐变色带中出现的颜色。

05 参照图11-90分别设置"R""G"选项的三角滑块，此时红色和绿色颜色接近于黑色，渐变条内的颜色只剩下了蓝色。

图 11-89　　　　　　图 11-90

06 设置"限制颜色"选项，可以防止杂色渐变色带中出现过于鲜艳的颜色。选择该选项，杂色渐变色带中的颜色会自然柔和；取消该选项，杂色渐变带中将会出现鲜艳的颜色色块，如图11-91所示。

07 复选"增加透明度"选项，可以向渐变色中添加透明度色标，如图11-92所示。

08 单击"随机化"按钮，可以随机产生渐变色的分布方式。参照图11-93在"渐变编辑器"对话

框内进行设置。

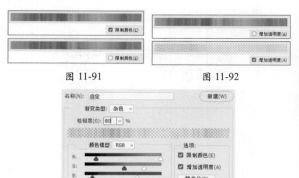

图 11-91　　　　　图 11-92

图 11-93

09 选择"图层 1"，单击"新建图层"按钮，新建"图层 3"，如图11-94所示。

10 按下Ctrl键，单击"图层 1"缩览图，载入"图层 1"的选区，如图11-95所示。

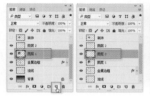

图 11-94　　　　　图 11-95

11 使用设置好的"渐变"工具填充选区，填充完毕后，设置图层的混合模式为"线性加深"模式，如图11-96所示。

12 在"图层"调板中显示隐藏的图层，完成实例的制作，如图11-97所示。读者可打开本书配套素材\Chapter-11\"图像欣赏网页.psd"文件进行查看。

图 11-96　　　　　图 11-97

11.2.3 "油漆桶"工具

"油漆桶"工具可以快速执行填充操作，可以在图稿中创建颜色色块和纹理图案。熟练地使用"油漆桶"工具，可以高效地完成绘图工作。下面通过操作来学习"油漆桶"的使用方法。

01 执行"文件"→"打开"命令，打开配套素材\Chapter-11\"街道.jpg"文件，如图11-98

所示。

02 选择工具栏中的"油漆桶"工具，其选项栏如图11-99所示。

图 11-98　　　　　图 11-99

03 设置前景色为橘黄色（R:250，G:180，B:80）。选择"油漆桶"工具，在视图相应的位置单击，工具会根据单击位置的颜色设定填充范围并填充颜色，如图11-100所示。

04 默认情况下，选项栏中的"连续的"选项为选择状态，此时将只填充相同颜色的邻近区域，继续在图像内单击，对画稿的天空进行填充，如图11-101所示。

图 11-100　　　　　图 11-101

05 设置前景色为橙色（R:215，G:110，B:30）。在选项栏中将"容差"值设置为10，对图像中的街道区域进行填充，如图11-102所示。可以看到细节纹理处没有填充颜色，容差值可以设置填充范围的精确度，容差值越小，对于填充范围的判断就越严谨。

06 按下Ctrl+Z键，取消上一步的操作。将"容差"值设置为50，单击鼠标填充颜色，可以看到当"容差"值越大，填充的范围越大，如图11-103所示。

图 11-102　　　　　图 11-103

07 再次按下Ctrl+Z键，取消上一步的操作，设置"容差"值为10。

08 设置前景色为深蓝色（R:70，G:115，B:140）。取消"连续的"复选框的选择状态。在图像上单击，如图11-104所示，将会填充整个图像中所有与填充目标颜色相同的区域。

09 使用"油漆桶"可以进行图案填充，参照图 11-105所示，在选项栏设置填充的类型为"图案"选项。

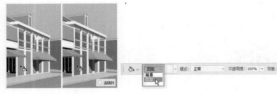

图 11-104　　　　　　图 11-105

10 在"图案"下拉列表内载入纹理库，并选择将要填充的纹理内容，如图 11-106所示。

11 打开"图层"调板，新建一个图层。参照图 11-107所示，对"油漆桶"工具进行设置，在图像中单击填充图层，由于新建图层中没有内容，所以整个图层被填充了。

图 11-106　　　　　　图 11-107

12 按下Ctrl+Z键，取消上一步的操作。在选项栏内选择"所有图层"选项，此时进行填充操作时，会对所有图层的颜色进行判断。执行填充操作，如图11-108所示。

13 完成实例的制作，读者可打开本书配套素材\Chapter-11\"颜色填充.jpg"文件进行查看，如图11-109所示。

图 11-108　　　　　　图 11-109

11.2.4 "填充"命令

除了上面讲述的"填充"工具，Photoshop 还提供了"填充"命令，使用该命令可以对图像填充制定颜色或者图案纹理。下面在实例操作中学习该命令的使用方法。

执行"文件"→"打开"命令，打开配套素材\Chapter-11\"女性人物.psd"文件。在"图层"调板内新建图层。执行"编辑"→"填充"命令，

打开"填充"对话框，如图 11-110 和图 11-111 所示，在"填充"对话框内，"内容"选项可以定义填充操作的填充内容，如图 11-112 所示。

图 11-110

图 11-111　　　　　　图 11-112

1. 填充图案纹理

"填充"命令可以对图像填充颜色和图案纹理，由于填充颜色操作相对简单，所以在此不多做介绍，下面我们开始学习填充纹理的方法。填充纹理功能由于增加了"脚本"选项，使填充效果变得无限丰富。

01 打开配套素材\Chapter-11\"心形图案.psd"文件，如图11-113所示。

图 11-113

> **提示**
>
> 在这里为了便于读者观察，暂时将图像载入选区。

02 执行"编辑"→"定义图案"命令，打开"图案各称"对话框，保持对话框的默认设置，单击"确定"按钮关闭对话框，将图像定义为图案，如图11-114所示。

图 11-114

03 选择"女性人物.psd"文档，在"图层"调板中新建"图层 1"，接着执行"编辑"→"填

充"命令，打开"填充"对话框。

04 在"内容"列表框中选择填充的类型为"图案"，这时在对话框中会出现设置纹理图样的选项，新定义的"心形图案"纹理也会包含在图案选择栏内，如图11-115所示。

05 在纹理选择栏右上角，单击面板菜单按钮可以载入更多的纹理预设，如图11-116所示。

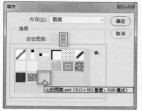

图 11-115　　　　　　图 11-116

06 "自定图案"选项下端是"脚本"选项，该选项可以对填充纹理的分布方式进行设置，如图11-117所示。

图 11-117

07 选择"砖形填充"选项后，单击"确定"按钮，会弹出所选择脚本的设置对话框，在对话框里可以对纹理的分布方式进行设置。此时纹理会按照砖形纹理重复分布，如图11-118和图11-119所示。

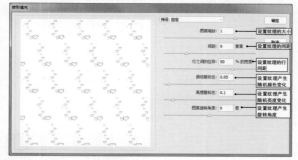

图 11-118

图 11-119

08 在"填充"对话框的"脚本"选项中还提供了多种纹理分布方式，其设置方法与"砖形填充"基本相同，接下来我们来进行学习。

09 选择"十字线织物"选项后，纹理将会按十字线形态分布，在"十字线织物"对话框内可以对纹理的分布形式进行设置，如图11-120和图11-121所示。

10 单击"确定"按钮，关闭"十字线织物"对话框。打开"路径"调板，选择"曲线线条"路径，如图11-122所示。

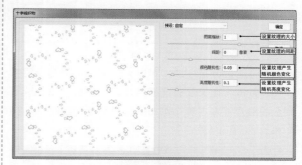

图 11-120

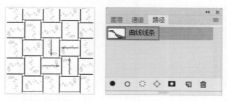

图 11-121　　　　　　图 11-122

11 执行"填充"命令，设置"脚本"选项为"沿路径置入"，执行填充操作，打开"沿路径置入"对话框，如图11-123所示。

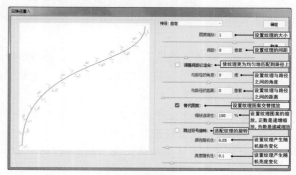

图 11-123

12 除了"沿路径置入"选项，"随机填充"选项也可以将图案纹理沿路径进行分布。

13 选择路径后，执行"填充"命令，选择"脚本"中的"随机填充"选项，此时如果在画布中选择了"路径"，那么纹理图案将会按照选择路径

进行随机分布填充。

14 打开"随机填充"对话框，通过在对话框中设置参数，可以对随机填充效果进行定义，如图11-124所示。

图 11-124

15 "随机分布"选项可以让图案按选择路径随机分布，如果没有选择路径，"随机分布"选项则会将纹理图案在整个画布中随机分布，如图11-125所示。

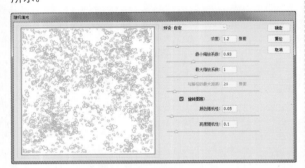

图 11-125

16 设置"脚本"选项为"螺线"，图案纹理将会沿螺旋线形态进行分布，如图11-126所示。在"螺线"对话框内可以对纹理的分布进行设置，如图11-127所示。

17 设置"脚本"选项为"对称填充"，图案纹理将会以对称方式进行阵列，从而产生重复纹理，如图11-128所示。

18 在"对称填充"对话框中设置"对称类型"选项，可以定义纹理的对称分布方式，不同的对称分布方式会产生不同的纹理，如图11-129和图11-130所示。

19 在学习完纹理填充的设置方法后，打开"女性人物.psd"文件并对图像进行填充。

20 新建"图层1"，执行"填充"命令，设置"自定义图案"为我们定义的"心形图案"，设置完毕后单击"确定"按钮，完成填充操作，如图

11-131和图11-132所示。

图 11-126

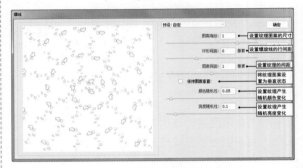

图 11-127

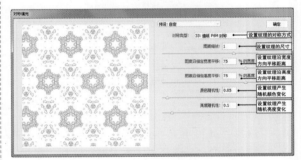

图 11-128

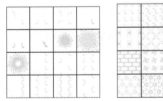

图 11-129　　　　图 11-130

图 11-131　　　　图 11-132

21 使用"矩形选区"工具和"移动"工具，调整图案的位置，并将部分图像擦除，如图11-133所示。

图 11-133

2. 使用内容识别填充

使用"填充"命令中的"内容识别"选项，可以对图像进行修图，修去图像中的瑕疵。其功能和我们之前讲过的"修补"工具类似。接下来我们来学习该功能。

01 接着上面的操作，选择"人物"图层，然后使用"矩形选框"工具，在人物面部创建选区，如图11-134所示。

02 执行"编辑"→"填充"命令，打开"填充"对话框，在"内容"下拉列表中选择"内容识别"选项，如图11-135所示。

图 11-134   图 11-135

03 完毕后单击"确定"按钮，关闭对话框，并取消选区的浮动状态，效果如图11-136所示。

图 11-136

3. 填充历史记录

除了填充纹理和修复瑕疵以外，"填充"命令

还可以像"历史记录画笔"工具那样将图像的历史状态填充入图像。

01 在"图层"调板内选择背景图层，执行"滤镜"→"波纹"命令，如图11-137和图11-138所示。设置完毕后单击"确定"按钮，完成滤镜设置。

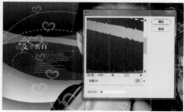

图 11-137   图 11-138

02 打开"历史记录"调板，在调板的左侧设置历史记录画笔的源，将源图像设置至执行"滤镜"命令之前，如图11-139所示。

03 在图像中建立选区，执行"填充"命令，设置"内容"下拉列表为"历史记录"选项，如图11-140所示，单击"确定"按钮完成填充。

图 11-139   图 11-140

04 可以看到选区内的图像将还原至执行"滤镜"命令之前的状态，此时已经完成本实例的制作，读者可打开本书配套素材\Chapter-11\"爱的告白.psd"文件进行查看，如图11-141所示。

图 11-141

11.3 **实例演练：购物商城开业宣传页**

11.3 视频教学

本节内容为读者精心安排了"购物商城开业宣传页"实例，在设计上紧扣轻松购物的主题，采用清新宜人的色彩搭配，表现出舒适、便捷的购物环境效果，图 11-142 所示为本实例的完成效果。通过本实例的

制作，可以使读者更加熟练地掌握"擦除"工具的使用方法。

图 11-142

01 打开背景图像后添加素材。将画笔设置为"干介质"笔刷，使用"橡皮擦"工具擦出自然的笔触效果，以显示出底层的图像，如图**11-143**所示。

02 打开素材，使用"背景橡皮擦"工具擦除天空图像后，添加到实例中。最后添加楼房素材，并使用"历史记录画笔"工具编辑图像，完成实例的制作，如图**11-144**所示。

图 11-143

图 11-144

第12章 润色图像

"润色"工具可以对图像颜色、清晰程度的效果进行处理。使用这些工具的方法较为简单，只要在需要处理的图像上拖动鼠标即可。在处理图片时，应用"加深"工具、"减淡"工具和"海绵"工具可以在保留图像的颜色、色调和纹理等重要信息的同时，避免过分处理图像的暗部和亮度，使修改后的图像看上去更加自然，如图12-1～图12-6所示。

图 12-1

图 12-2

图 12-3

图 12-4

图 12-5

图 12-6

12.1 "模糊"工具

使用"模糊"工具可以对鼠标拖动区域的图像进行模糊处理，使该区域中的图像效果更加柔和。下面在操作的过程中学习"模糊"工具的使用方法和技巧。

01 执行"文件"→"打开"命令，打开配套素材\Chapter-12\"人物.psd"文件，如图12-7所示。

图 12-7

02 在工具栏中选择 "模糊"工具，图12-8所示为"模糊"工具的选项栏。

图 12-8

03 设置画笔大小，然后在视图中单击并拖动鼠标，即可使图像产生模糊效果，如图12-9所示。

图 12-9

04 在"模式"下拉列表中选择选项，然后对图像进行涂抹，图12-10和图12-11显示了6种混合模式的效果。

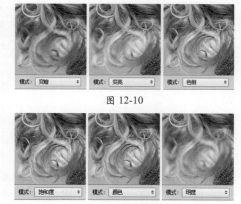
图 12-10

图 12-11

05 设置"强度"选项可以调整画笔的应用程度，值越大，绘制的图像越明显，如图12-12所示。

06 在选项栏中设置强度值为30%，然后在人物面部涂抹，使皮肤更为光滑，如图12-13所示。

图 12-12

图 12-13

07 将"对所有图层取样"选项复选，然后在视图中拖动鼠标，可以对视图中的所有图层中的图像应用效果，如图12-14所示。

08 取消选中"对所有图层取样"选项，选择"百合"图层，使用"模糊"工具对图像进行涂抹，可以发现只能对"百合"图像产生效果，如图12-15所示。

图 12-14　　　　图 12-15

12.2 "锐化"工具

与使用 🔲 "模糊"工具得到的效果相反，使用 🔺 "锐化"工具可以使鼠标拖动区域的线条更加清晰，图像更加鲜明。

01 确认"人物"图层为当前可编辑状态。选择 🔺 "锐化"工具，显示其选项栏，如图12-16所示。

图 12-16

02 在图像相应的位置涂抹，使图像更加清晰，如图12-17所示。。

03 最后在"图层"调板中将"装饰"图层组显示，至此完成本实例的制作，读者可打开配套

素材\Chapter-12\"新歌发布广告.psd"文件进行查看，如图12-18所示。

图 12-17　　　　图 12-18

12.3 "涂抹"工具

使用 👆 "涂抹"工具可以沿鼠标拖动的方向涂抹图像，好像在画迹未干的一幅画上用手指涂抹的效果。

01 执行"文件"→"打开"命令，打开配套素材\Chapter-12\"草地背景.psd"文件，如图12-19所示。

图 12-19

02 选择 👆 "涂抹"工具，即可显示其选项栏，如图12-20所示。

图 12-20

03 默认状态下，画笔大小为13，使用 👆 "涂抹"工具，在草地处涂抹，如图12-21所示，较小的

画笔可以涂抹出较小的范围区域。

图 12-21

04 在选项栏中，设置涂抹笔触的大小为30，使用 👆 "涂抹"工具，在草地处涂抹，涂抹出较大的区域范围，如图12-22和图12-23所示。

图 12-22　　　　图 12-23

05 继续涂抹，制作出此起彼伏的效果，如图12-24所示。

06 当"手指绘画"选项为未选择状态时，在草地上涂抹，如图12-25所示，可以涂抹出草地处的颜色。

图 12-24

图 12-25

07 复选"手指绘画"选项，然后在视图中涂抹，如图12-26所示，好像用手指蘸着前景色在图像上涂抹。

图 12-26

08 在"图层"调板中选择"蜗牛"图层。

09 在"涂抹"工具选项栏中，设置不同的"强度"值，涂抹出光晕效果，强度值越大，涂抹效果越为明显，如图12-27和图12-28所示。

图 12-27

图 12-28

10 最后将隐藏的图层显示，完成实例的制作，如图12-29所示。读者可打开配套素材\Chapter-12\"绿色心情.psd"文件进行查看。

图 12-29

12.4 "减淡"工具

"减淡"工具可以使鼠标拖动部分的图像颜色更加明亮，主要用于表现图像中的高亮区域。它是根据照片特定区域曝光度的传统摄影技术原理使图像变亮。

01 执行"文件"→"打开"命令，打开配套素材\Chapter-12\"播放器.psd"文件，并使用"多边形套索"工具，在视图中相应的位置绘制选区，如图12-30所示。

图 12-30

02 在工具栏中选择 ，"减淡"工具，即可显示"减淡"工具的选项栏，如图12-31所示。

设置图像中要更改的色调 │ 设置画笔的应用程度 │ 防止颜色发生色相偏移
图 12-31

03 单击"范围"选项的下三角按钮，弹出图12-32所示的下拉列表。

图 12-32

04 在弹出的下拉列表中选择"阴影"选项，然后在视图中涂抹使图像中阴影的区域变亮，如图12-33所示。

05 选择"中间调"选项，在选区内涂抹，使整个选区内的图像均匀地变亮，如图12-34所示。

06 选择"高光"选项，涂抹图像，使图像中较亮的区域变亮，如图12-35所示。

07 使用"减淡"工具在图像上多次单击并拖移鼠标，减淡效果将累加作用于图像，如图12-36所示。

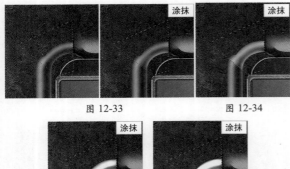

图 12-33　　　　　　　　图 12-34

图 12-35　　　　　　　　图 12-36

08 按下Ctrl+D键，取消选区的浮动状态，设置"曝光度"选项，可以设置画笔的应用程度，值越大，画笔的效果越明显，效果如图12-37所示。

09 按下Ctrl+Z键，撤销上一步操作，在选项栏中勾选"保护色调"选项，在选区内涂抹，可使图像保持自然的色调，避免图像处理过亮，如图12-38所示。

图 12-37　　　　　　　　图 12-38

12.5　"加深"工具

　　使用"加深"工具和使用"减淡"工具的效果相反，该工具可以使鼠标拖动部分的图像颜色加深。它的原理和"减淡"工具的原理基本相同。

01 接着上一节的操作，选择  "加深"工具，图12-39所示为其选项栏。

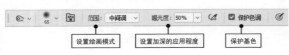

设置绘画模式　　设置加深的应用程度　　保护基色

图 12-39

02 与"减淡"工具相同，"加深"工具同样具有"范围"选项，设置不同的范围对图像进行加深处理，其效果如图12-40～图12-42所示。

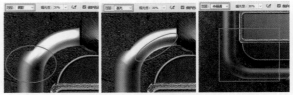

图 12-40　　　　图 12-41　　　　图 12-42

03 "曝光度"选项用于设置画笔的应用程度，值越大，画笔的效果越明显。

12.6　"海绵"工具

　　使用"海绵"工具可精确地更改区域的色彩饱和度。

01 选择  "海绵"工具，显示其选项栏，如图12-43所示。

设置更改颜色的方式　　设置画笔应用的程度　　保持自然的饱和度

图 12-43

02 在"图层"调板中选择"草地"图层，设置"模式"选项为"加色"选项，然后在视图中进行涂抹，增强草地图像的颜色饱和度，效果如图

12-44所示。

03 若选择"模式"中的"去色"选项，可以使鼠标拖动区域的图像颜色饱和度减弱，如图12-45所示。

图 12-44　　　　　　　　图 12-45

04 在选项栏中，勾选"自然饱和度"选项，使鼠标在图像区域拖动，可使图像保持自然的饱和度，避免图像处理过度，如图12-46所示。

05 设置"流量"选项，可以调整画笔的应用程度。值越大，绘制的效果越明显，如图12-47所示。

图 12-46　　　　　　图 12-47

06 将图像恢复至图12-48所示的效果。

07 然后在"图层"调板中将所有图层和图层组显示，完成实例的制作，读者可打开配套素材\Chapter-12\"音乐播放器UI界面"进行查看，如图12-49所示。

图 12-48　　　　　　图 12-49

12.7 视频教学

12.7 实例演练：音乐大赛宣传海报

本节为用户安排了"音乐大赛宣传海报"实例，效果如图 12-50 所示。本实例在构图上较为饱满，内容元素丰富，但并不杂乱。本实例在色彩上主要采用红色调，再加上多种亮丽色彩的点缀，彰显出华丽的色彩感受。在制作技术上，主要向读者讲述如何使用修饰工具修饰和润色图像，以提高图像的品质，并符合设计的要求。

图 12-50

以下内容，简要地为读者介绍实例的技术要点和制作概览，具体操作请参看本书多媒体视频教学内容。

01 新建文档并填充深红色，依次使用"减淡"工具，在背景上涂抹，将颜色减淡处理，制作出晕染色块效果。然后添加花纹素材，为其添加投影图层样式效果，如图12-51所示。

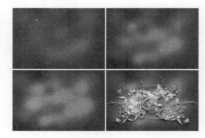

图 12-51

02 使用"模糊"工具，将花纹边缘进行模糊处理。然后添加唱片机素材，使用"减淡"工

具，在上面涂抹出高光效果，如图12-52所示。

图 12-52

03 继续使用"减淡"工具，对高光进行处理，并制作出顶部的高光效果。最后添加文字和装饰，完成实例的制作，如图12-53所示。

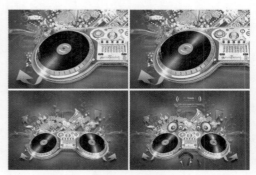

图 12-53

第13章 绘制与管理矢量图形

在 Photoshop 中可以绘制矢量图形，绘制的图形称之为路径。使用形状工具组中的工具，可以快速创建诸如直线、矩形、圆角矩形、椭圆形等基础图形，另外还可以创建自定义形状的图形。所创建的形状图形可以通过"路径"调板进行管理，在调板中可以对图形进行储存、删除、转换、添加特效等操作。本章主要介绍在 Photoshop 中绘制矢量图形的方法，以及对矢量图形的编辑操作。

13.1 掌握"路径"调板

13.1 视频教学

在"路径"调板中列出了每条存储的路径，可以对路径快速方便地进行管理。编辑路径和渲染路径都可以在"路径"调板中完成。在这个调板中可以完成从路径到选区和从自由选区到路径的转换，还可以为路径填充、描边，下面来认识"路径"调板。

01 启动Photoshop，执行"文件"→"打开"命令，打开配套素材\Chapter-13\"汽车海报.psd"文件，如图13-1所示。

02 执行"窗口"→"路径"命令，打开"路径"调板，在其中可以看到在该文档中存储的路径，如图13-2所示。

图 13-3

图 13-4

13.1.2 调板选项

执行"调板选项"命令可以调整路径缩览图的大小。

01 单击"路径"调板右上角的三角按钮，在弹出的调板菜单中选择"调板选项"命令，打开"路径调板选项"对话框，如图13-5和图13-6所示。

图 13-1

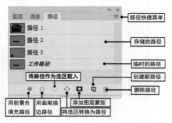

图 13-2

13.1.1 选择和隐藏路径

在"路径"调板中单击相应的路径管理层，就可选择存储的路径，并使该路径显示。取消路径管理层的选择就可以隐藏路径。在"路径"调板中每次只能选择一条路径。

01 在"路径"调板中单击"路径 1"，选择该路径，同时路径在图像中显示，如图13-3所示。

02 单击"路径"调板的空白处，即可隐藏路径，如图13-4所示。

图 13-5

图 13-6

02 设置打开的"路径调板选项"对话框，并单击"确定"按钮，关闭对话框，更改"路径"调板的显示，如图13-7和图13-8所示。

图 13-7　　图 13-8

> **提示**
>
> 如果当前使用的工具为绘制路径工具或编辑路径工具，按下 Enter 键或 Esc 键同样可以隐藏路径。

03 再次执行该命令，将"路径"缩览图恢复到系统默认的状态。

13.1.3 工作路径

"工作路径"是出现在"路径"调板中的临时路径，用于定义形状的轮廓，主要意图是及时存储"工作路径"，否则在隐藏路径后再次绘制路径，新的路径将取代现有路径。

01 选择"工作路径"，查看"工作路径"中的内容，如图13-9所示。

02 在"路径"调板内单击空白处，将视图内的路径隐藏，选择 □ "矩形"工具，参照图13-10所示设置其选项栏，然后在视图中绘制路径，这时可以看到"工作路径"中的路径被覆盖。

图 13-9　　　　　　　图 13-10

13.1.4 存储路径

可以将临时的工作路径存储起来，以便以后再次应用。

01 按下Ctrl+Z键，撤销上一步操作。双击"工作路径"，如图13-11所示，打开"存储路径"对话框，如图13-12所示。

02 单击"确定"按钮，即可将"工作路径"存储为"路径4"。

03 按下Ctrl+Z键，向前恢复一步。拖动"工作路径"到"路径"调板底部的 □ "创建新路径"按钮，即可将路径存储，如图13-13所示。

图 13-11　　　图 13-12　　　图 13-13

13.1.5 创建路径

除了可以将先绘制好的路径存储外，也可以先创建好路径管理层再绘制路径，这样不必担心出现绘制好路径后忘记存储的问题。

01 单击"路径"调板右上角的三角按钮，在弹出的菜单中执行"新建路径"命令，打开"新建路径"对话框，如图13-14所示。

02 在对话框中可以对新建路径的名称进行定义。设置完毕后，单击"确定"按钮，即可新建路径，如图13-15所示。

图 13-14　　　　　　　图 13-15

03 单击"路径"调板底部的"创建新路径"按钮，同样也可以创建新路径，如图13-16所示。

图 13-16

> **提示**
>
> 按下 Alt 键的同时单击"路径"调板底部的 □ "创建新路径"按钮，可以打开"新建路径"对话框。

13.1.6 复制路径

在"路径"调板中可以对路径进行复制。

01 选择"路径 5"，然后单击"路径"调板右上角的三角按钮，在弹出的菜单中执行"复制路径"命令，打开"复制路径"对话框，如图13-17所示。

02 保持对话框的默认状态，单击"确定"按钮，即可复制选择的路径，如图13-18所示。

03 按下Ctrl+Z键，向前恢复一步。拖动"花纹"路径到"路径"调板底部的"创建新路径"按钮上，当该按钮凹陷时，松开鼠标，将该路径复制，如图13-19所示。

图 13-17　　　图 13-18　　　图 13-19

13.1.7　重命名存储的路径

为了方便对路径的管理，可以对已经创建的路径重新命名。

双击"路径 5"的路径名称，使其高亮显示，然后输入需要的名称，按下 Enter 键即可对路径重新命名，如图 13-20 所示。

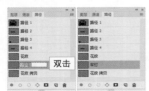

图 13-20

13.1.8　删除路径

绘制路径时难免会出现多余的路径，在"路径"调板中可以将路径删除。

01 单击"路径"调板底部的 🗑 "删除当前路径"按钮，如图13-21所示，这时将打开提示对话框，如图13-22所示。

02 单击"是"按钮，即可删除当前选择的路径，如图13-23所示。

图 13-21　　　　图 13-22　　　　图 13-23

03 拖动"花纹"路径到"路径"调板底部的 🗑 "删除当前路径"按钮上，当该按钮凹陷时，松开鼠标，即可删除路径，如图13-24所示。

04 选择"花纹 副本"路径，单击"路径"调板右上角的三角按钮，执行"删除路径"命令，即可删除路径，如图13-25所示。

图 13-24　　　　　　图 13-25

13.1.9　填充路径

在"路径"调板中单击 ● "用前景色填充路径"

按钮，可以使用前景色直接为路径填充颜色，也可以执行"填充路径"命令，为路径填充颜色。

01 执行"文件"→"打开"命令，打开配套素材\Chapter-13\"播放器宣传广告.psd"文件，如图13-26所示。

02 设置前景色为深蓝色（R:30，G:70，B:110），然后在"图层"调板中选择"图层 1"，如图13-27所示。

03 在"路径"调板中选择"路径 1"，如图13-28所示。

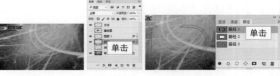

图 13-26　　　　图 13-27　　　　图 13-28

04 单击"路径"调板底部的 ● "用前景色填充路径"按钮，使用前景色填充路径，如图13-29所示。

05 在"图层"调板中选择"图层 2"，然后在"路径"调板中选择"路径 2"，如图13-30所示。

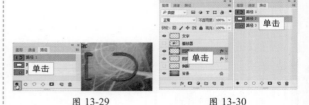

图 13-29　　　　　　图 13-30

06 单击"路径"调板右上角的三角按钮，执行"填充路径"命令，打开"填充路径"对话框，如图13-31所示。

07 在"使用"栏中选择"颜色"选项，打开"拾色器（填充颜色）"对话框，参照图13-32和图13-33所示设置对话框中的参数。

图 13-31　　　　　　　　图 13-32

图 13-33

08 设置完毕后，单击"确定"按钮，返回到"填充路径"对话框，再次单击"确定"按钮，即可为路径填充颜色，如图13-34所示。

09 在"图层"调板中，将所有的隐藏图像显示，效果如图13-35所示。

图 13-34

图 13-35

13.1.10 描边路径

执行"描边路径"命令可以用设置好的工具为路径绘制边框，单击 ○ "用画笔描边路径"按钮，同样可以为路径绘制边框。

01 设置前景色为黑色，并新建"图层 3"，如图13-36所示。

02 选择"画笔"工具，参照图13-37所示设置其选项栏。

03 在"路径"调板中选择"路径 3"，单击"路径"调板右上角的三角按钮，在弹出的菜单中执行"描边路径"命令，打开"描边路径"对话框，如图13-38所示。

图 13-36

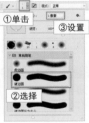
图 13-37

图 13-38

04 单击工具框中的下三角按钮，在弹出的下拉列表中选择描边使用的工具，如图13-39所示。

05 复选"模拟压力"选项，在使用绘图板输入图像时，可根据光笔的压力改变描边的粗细程度。

06 设置完毕后，单击"确定"按钮，即可为路径描边，然后将路径隐藏，效果如图13-40所示。

07 在"路径"调板中选择"路径 3"，然后使用"路径选择"工具在视图上选择路径，按下键盘上的方向键，向右下角微移路径，如图13-41所示。

08 设置前景色为白色，单击"路径"调板底部的"用画笔描边路径"按钮，为路径描边，然后再将路径隐藏，效果如图13-42所示，使线条具有立体感。

图 13-39

图 13-40

图 13-41 图 13-42

13.1.11 路径和选区互换

在 Photoshop 中可以将路径转换为选区，也可以将选区转换为路径，这些操作都可以在"路径"调板中进行。

01 再次选择"路径 3"，单击"路径"调板右上角的三角按钮，在弹出的菜单中执行"建立选区"命令，打开"建立选区"对话框，如图13-43所示。

提示

只有当视图中有选区时执行"建立选区"命令，打开的"建立选区"对话框中的选项才可以全部使用。

02 保持对话框的默认状态，单击"确定"按钮，即可将路径转换为选区，如图13-44所示。完毕后按下Ctrl+D键，取消选区。

图 13-43

图 13-44

提示

按下 Ctrl+Enter 键，可快捷地将路径转化为选区。

03 在"图层"调板中，配合按下Shift键，将"图层 3"至"图层 1"之间的图层选中，按Ctrl+E键，将图层合并，并更改图层名称为"播放器"，如图13-45所示。

04 按Ctrl键，单击"播放器"的图层缩览图，载入
该图层中图像的选区，如图13-46所示。

图 13-45　　　　　　　　图 13-46

05 单击"路径"调板右上角的三角按钮，在弹出的
菜单中执行"建立工作路径"命令，设置打开的
"建立工作路径"对话框，如图13-47和图13-48所示。

图 13-47　　　　　　　　图 13-48

13.1.12　剪贴路径

　　将图像导入到 Illustrator 或 InDesign 时图像是带有背景的。执行"剪贴路径"命令可以将路径以外的图像设置为透明。执行该命令后，在 Photoshop 中不能直接查看到效果。

01 保持路径的选择状态，参照前面的方法，将路径存储，如图13-49所示。

02 单击调板右上角的三角按钮，在弹出的菜单中执行"剪贴路径"命令，打开"剪贴路径"对话框，如图13-50所示。

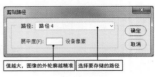

图 13-49　　　　　　　　图 13-50

03 参照图13-51所示设置对话框中的参数，然后单击"确定"按钮，关闭对话框。

> **提示**
>
> 要作为被剪贴路径的路径必须是已经保存的路径。

04 将该文档保存为TIFF格式。然后将该图像导入到Illustrator中，就可以看到路径以外的图像成了透明状态，如图13-52所示。

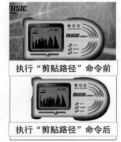

图 13-51　　　　　　　　图 13-52

05 至此完成实例的制作，如图13-53所示，读者可打开本书配套素材\Chapter-13\"播放器宣传广告完成.psd"文件进行查看。

图 13-53

13.2　形状绘制工具

　　使用"形状"工具可以快速地在视图中绘制矢量图形，也可以在丰富的路径预设库中选择需要的路径形状并在视图中绘制。用户可以将创建好的路径存储到路径库中，方便以后使用。用鼠标右击工具栏中的"自定形状"工具，即可打开形状工具组，如图 13-54 所示。

图 13-54

13.2.1　创建形状

　　使用形状工具组中的工具可以绘制不同形状的矢量图形，如：矩形、圆角矩形、多边形、直线等。选项栏中的参数可以设置矢量图形的形状。下面具体介绍每个形状工具的使用方法。

1."矩形"工具

使用"矩形"工具可以在视图中绘制矩形或正方形的图形。

01 执行"文件"→"打开"命令，打开配套素材\Chapter-13\"插画背景.psd"文件，如图13-55所示。

02 在"图层"调板下端单击"创建新组"按钮，创建图层组，双击图层组的名称，修改名称为"方块"，然后单击"创建新图层"按钮，创建新的图层，如图13-56所示。

图 13-55　　　　　　　　图 13-56

03 选择"矩形"工具，并设置其选项栏，如图13-57所示。

04 单击选项栏中形状按钮右侧的三角按钮，弹出"矩形选项"设置面板，在该面板中可以对矩形工具进行设置，如图13-58所示。

图 13-57　　　　　　　　图 13-58

05 默认状态下"不受约束"选项为选择状态，可以随意绘制矩形。在视图内绘制路径，如图13-59所示。

06 按下Ctrl+Enter键，将路径转换为选区，如图13-60所示。

图 13-59　　　　　　　　图 13-60

07 选择"渐变"工具，对其渐变进行设置，如图13-61所示。

08 使用设置好的渐变在选区内进行填充，如图13-62所示。

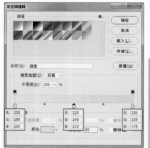

图 13-61　　　　　　　　图 13-62

09 取消选区，为"图层 1"添加"渐变叠加"和"图案叠加"样式效果，如图13-63和图13-64所示，效果如图13-65所示。

10 选择"矩形"工具，选择"方形"选项，不论如何拖动鼠标，都将绘制出正方形，在视图中绘制图像，如图13-66所示。

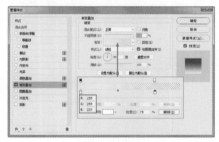

图 13-63

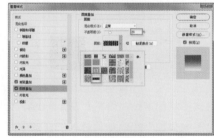

图 13-64

图 13-65　　　　　　　　图 13-66

11 参照以上填充颜色并添加图层样式的方法，对该路径执行同样操作，如图13-67所示。

12 选择"固定大小"选项，在视图内单击，打开"创建矩形"对话框，如图13-68所示在"宽度"和"高度"文本框中输入数值，在视图中单击即可得到固定数值的矩形图像，图13-69所示。

13 选择"比例"选项，可以在"宽度"和"高度"文本框中输入数值，规定绘制图像的长、宽比例，如图13-70所示。设置完毕后在视图内绘制图像，如图13-71所示。

图 13-67 图 13-68

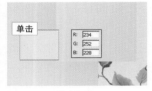

图 13-69 图 13-70

14 为该形状添加"图案叠加"样式效果，"图案"部分的设置如图13-72所示。

图 13-71 图 13-72

15 复选"从中心"选项，可以从矩形图像的中心向外绘制图像，如图13-73所示。

图 13-73

16 将该形状图层的"填充"设置为0%，为其添加"图案叠加"和"渐变叠加"样式效果，如图13-74～图13-76所示。

17 参照以上方法，制作出其他矩形图像，调整"方块"图层组到"背景"图层上方，如图13-77所示。

图 13-74

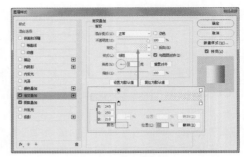

图 13-75

图 13-76 图 13-77

2. "圆角矩形"工具

使用"圆角矩形"工具可以绘制具有弧形拐角的矩形图像。

01 创建"圆角"图层组，选择"圆角矩形"工具，在选项栏中进行设置，然后在视图相应的位置拖动鼠标绘制图像，如图13-78所示。

02 通过设置"半径"参数，可以调整圆角矩形拐角处的弧度，继续在视图内进行绘制，如图13-79所示。

图 13-78 图 13-79

03 参照以上方法，使用"圆角矩形"工具和"矩形"工具绘制图像，并为其添加图层样式效果，效果如图13-80所示。

图 13-80

3. "椭圆"工具

使用"椭圆"工具可以在视图中绘制圆形或椭圆形。

01 新建"椭圆"图层组，选择"椭圆"工具，配合按下Shift键，在视图中拖动鼠标绘制圆形，如图13-81所示。

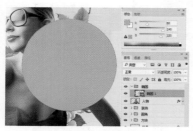

图 13-81

02 设置"椭圆"工具选项栏，在该形状内继续绘制形状，如图13-82所示。

03 调整该形状的位置和图层混合模式，如图13-83所示。

图 13-82　　　　　　　　图 13-83

04 参照以上方法，再绘制出其他圆形图像，并调整图层组顺序，如图13-84所示。

05 最后为"人物"图像添加投影效果，将素材"装饰.psd"文件中的图像添加至本实例中，完成实例的制作，效果如图13-85所示。读者可打开配套素材\Chapter-13\"插画.psd"文件进行查看。

图 13-84　　　　　　　　图 13-85

4. "多边形"工具

使用"多边形"工具，可以在视图中绘制等边的多边形或星形。

01 执行"文件"→"打开"命令，打开配套素材\Chapter-13\"旅游广告.psd"文件，如图13-86所示。

02 选择"多边形"工具，在其选项栏中设置"边"选项为3，绘制三角形状，如图13-87所示。

图 13-86　　　　　　　　图 13-87

03 使用"直接选择"工具，对该形状的锚点位置进行调整，如图13-88所示。

04 使用"路径选择"工具选择该路径，接着复制并粘贴该路径，如图13-89所示。

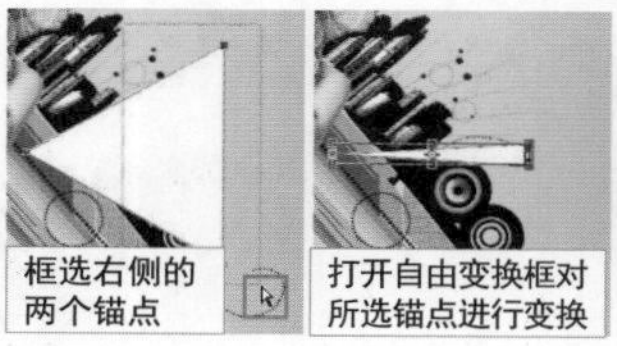

框选右侧的两个锚点　　打开自由变换框对所选锚点进行变换　　按下 Ctrl+C 键复制路径，按下 Ctrl+V 键粘贴路径

图 13-88　　　　　　　　图 13-89

05 打开自由变换框对复制的路径进行变换，如图13-90所示，完毕后执行该变换操作。

06 重复按下Ctrl+Shift+Alt+T键，如图13-91所示。

按下 Alt 键移动变换中心点的位置

图 13-90　　　　　　　　图 13-91

07 调整该形状的颜色、大小、位置和图层顺序，如图13-92所示。

08 为其添加图层蒙版以屏蔽部分图像，复制该图形，更改其颜色，如图13-93所示。

09 暂时隐藏"人物"图层，继续使用"多边形"工具绘制形状图形，如图13-94和图13-95所示。

10 调整绘制图形的大小和位置，效果如图13-96所示。

图 13-92 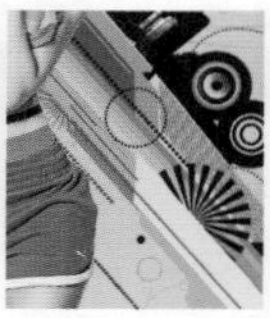　　　　图 13-93　　　　图 13-94

图 13-95 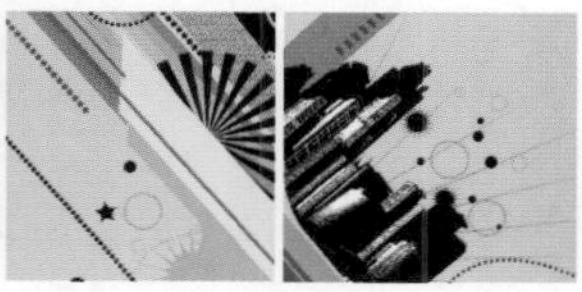　　　　　　　　图 13-96

5. "直线"工具

使用"直线"工具可以在视图中绘制直线或箭头图形。

01 选择"直线"工具，设置其"粗细"选项，在视图内绘制形状，如图13-97所示。

02 继续使用"直线"工具绘制形状，使用"钢笔"工具绘制拐角处并将其连接，将绘制好的形状复制，调整其颜色并向右侧移动如图13-98和图13-99所示。

03 参照以上方法，配合"椭圆"工具继续绘制形状，效果如图13-100所示。

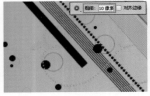
图 13-97

图 13-98

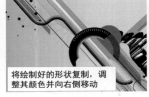
将绘制好的形状复制，调整其颜色并向右侧移动
图 13-99

图 13-100

04 设置"直线"工具选项栏，绘制带箭头的直线图形，效果如图13-101所示。

05 在"图层"调板中设置该形状图层的混合模式，如图13-102所示。

图 13-101

图 13-102

6. "自定形状"工具

使用"自定形状"工具可以在图像中绘制预设库中的形状或自定义的形状。

01 选择"自定形状"工具，在其选项栏中载入其他图案，如图13-103所示。

02 在"自定形状"拾色器中选择合适的图案进行绘制，如图13-104所示。

03 使用"直线"工具绘制直线图形，如图13-105所示。

04 复制该图形，更改其颜色、大小和角度，如图13-106所示。

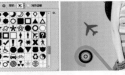
图 13-103

图 13-104

图 13-105

图 13-106

13.2.2 自定义形状

如果在形状弹出式调板中没有所需的形状，而且该形状需要进行多次应用，那么可以将形状或路径存储为自定形状。接下来学习自定形状的方法。

01 打开本实例配套素材"小鸟.psd"文件，使用"路径选择"工具选择"形状 1"中的路径，如图13-107所示。

02 执行"编辑"→"定义自定形状"命令，打开"形状名称"对话框，如图13-108所示。保持对话框的默认状态，单击"确定"按钮，关闭对话框，将形状存储为"形状1"。

选择路径
图 13-107

图 13-108

03 关闭该文档，使用新定义的形状绘制图形，并调整其大小、位置和角度，如图13-109所示。

04 至此完成本实例的制作，如图13-110所示。读者可打开配套素材\Chapter-13\"旅游广告完成.psd"文件进行查看。

图 13-109

图 13-110

13.2.3 编辑形状

在"形状"工具选项栏中的选项可以对同一个

工作路径中的子路径进行计算，包括"合并形状""减去顶层形状""与形状区域相交"和"排除重叠形状"按钮，如图13-111所示。使用每个选项都会有不同的效果，下面来学习这些选项的使用方法。

01 执行"文件"→"打开"命令，打开配套素材\Chapter-13\"人物背景.psd"文件，如图13-112所示。

图 13-111

图 13-112

02 使用"椭圆"工具，绘制图形，如图13-113所示。

03 使用"椭圆"工具绘制路径，如图13-114所示。

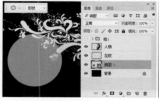
图 13-113

图 13-114

04 新建图层，单击"建立选区"按钮，将路径转换为选区，填充颜色，如图13-115所示。

05 取消选区，设置选项栏，新建图层，继续在视图内绘制图形，如图13-116所示。

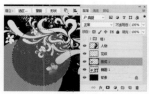
图 13-115

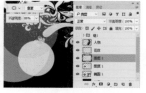
图 13-116

06 参照以上所示方法，继续绘制图像，如图13-117所示。

图 13-117

1. 合并形状选项

单击 "路径操作"按钮，选择"合并形状"选项，可以将绘制的路径添加到原有形状或路径中。

01 使用 "椭圆"工具，参照图13-118所示设置其选项栏，在视图相应的位置绘制路径。

图 13-118

> **提示**
>
> 为便于观察绘制的路径，将"花纹"图层暂时隐藏。

02 将路径转换为选区，执行"选择"→"修改"→"羽化"命令，羽化选区，如图13-119所示。

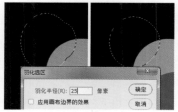
图 13-119

03 选择并锁定"图层3"的透明区域，填充颜色，如图13-120所示。

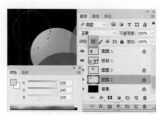
图 13-120

2. 减去顶层形状选项

单击 "路径操作"按钮，选择"减去顶层形状"选项，将绘制的路径区域从原有形状或路径中移去。

01 取消选区，选择"减去顶层形状"选项，绘制路径，如图13-121所示。

图 13-121

02 将路径转换为选区，并对其进行羽化25像素操作，如图13-122所示。

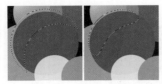

图 13-122

03 选择并锁定"图层 1"的透明区域，填充颜色，如图13-123所示。

图 13-123

3. 与形状区域相交选项

单击 回 "路径操作"按钮，选择"与形状区域相交"选项，可以将区域限制在绘制的路径和原有形状或路径交叉的区域。

01 取消选区，选择"与形状区域相交"选项，绘制路径，如图13-124所示。

图 13-124

02 将路径转换为选区，并对其进行羽化25像素操作，效果如图13-125所示。

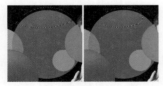

图 13-125

03 选择并锁定"图层 4"的透明区域，填充颜色，如图13-126所示。

图 13-126

4. 排除重叠形状选项

单击 回 "路径操作"按钮，选择"排除重叠性状"选项，从绘制的路径区域和原有区域的合并区域中排除重叠区域。

01 取消选区，选择"排除重叠性状"选项，绘制路径，如图13-127所示。

图 13-127

02 将路径转换为选区，并对其进行羽化25像素操作，如图13-128所示。

图 13-128

03 选择并锁定"图层 6"的透明区域，填充颜色，如图13-129所示。

图 13-129

04 参照以上方法，继续进行制作，完成本实例的制作，如图13-130所示。读者可打开配套素材\Chapter-13\"人物插画.tif"文件进行查看。

图 13-130

13.3 视频教学

13.3 实例演练：教育学院宣传广告

为了使读者更加熟练地掌握形状工具的使用方法，在本节中安排了一个"教育学院宣传广告"的实例。在本实例中全面介绍了使用形状工具创建形状、编辑形状的方法。相信读者通过本实例的制作，会对形状工具有全新的认识和了解。图 13-131 为本实例的完成效果。

图 13-131

以下内容简要地为读者介绍实例的技术要点和制作概览，具体操作请参看本书多媒体视频教学内容。

01 打开素材文件，使用"钢笔"工具，依次在视图中绘制不同颜色的飘带图形，如图13-132所示。

图 13-132

02 使用"自定形状"工具，选择预设的形状，在视图中绘制螺旋状图形，并对其进行调整，然后再绘制纸屑形状，最后显示文字和装饰，完成实例的制作，如图13-133所示。

图 13-133

第14章 自由绘制路径

在上一章中学习了使用形状工具绘制路径的方法。但如果想要在图像中准确地设置路径，使用形状工具是远远不够的。在本章中将为大家介绍使用"钢笔"工具创建路径。使用"钢笔"工具可以创建出复杂的路径，然后使用"添加锚点"工具、"删除锚点"工具、"转换点"工具以及"路径选择"工具，对绘制好的路径做进一步精确的调整。

14.1 认识路径

路径是可以转换为选区或者使用颜色填充和描边的轮廓。通过编辑路径上的锚点，用户可以很方便地改变路径的形状。路径主要用来精确选择图像、精确绘制图形，是在工作中运用得比较多的一个工具，图14-1所示为使用路径绘制图像和使用路径选择图像的效果。

图 14-1

14.1.1 路径的特点

路径是由"钢笔"工具和"形状"工具绘制而成。路径和选区一样，其本身没有宽度和颜色，在打印时不会打印出来。路径分为闭合路径和开放路径两种形态。闭合路径没有明显的起点和终点；开放路径有明显的起点和终点。图14-2和图14-3所示分别为闭合的路径和开放的路径。

图 14-2　　　　图 14-3

14.1.2 路径的结构

路径是由一个或多个直线段或曲线段组成。锚点标记路径线段的端点和拐角。在曲线段上，每个选中的锚点显示一条或两条方向线，方向线以方向点结束。方向线和方向点的位置决定曲线段的大小和形状。移动这些图素将改变路径中曲线的形状，如图14-4所示。

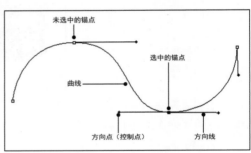

图 14-4

锚点分为两种，一种为平滑点，一种为角点，如图14-5所示。平滑曲线由称为平滑点的锚点连接。锐化曲线路径由角点连接。

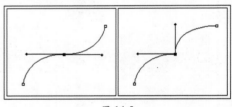

图 14-5

平滑点两侧的方向点为一体。也就是说，当调整一侧的方向点时，另一侧的方向点也会随之改变，从而调整平滑点两侧的曲线段，如图14-6所示。

角点两侧的方向点为独立体。当调整方向点时只调整与方向点同侧的曲线段，如图14-7所示。

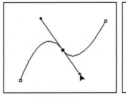 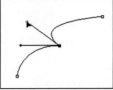

图 14-6　　　　图 14-7

路径不必是由一系列线段连接起来的一个整体。它可以包含多个彼此完全不同而且相互独立的路径组件。每个路径组件都为一个子路径，所有的子路径拼合为一个完整的路径图形。图 14-8 所示为选择一个路径中不同的子路径的效果。

图 14-8

14.2 "钢笔"工具

"钢笔"工具是通过单击开始点和结束点的方法创建路径。使用"钢笔"工具可以创建或编辑直线、曲线或自由的线条。

14.2.1 "钢笔"工具绘制直线

使用"钢笔"工具绘制直线路径的方法较为简单，在视图中单击创建路径的起点，然后在视图中单击即可绘制直线路径。下面在实例操作中学习绘制直线路径。

 执行"文件"→"打开"命令，打开配套素材\Chapter-14\"景物背景.psd"文件，如图14-9所示。

02 选择 "钢笔"工具，设置工具选项栏。然后在视图中单击确定起点锚点，再拖动指针到该线段的终点处单击，完成一条线段的绘制，如图14-10所示。

①设置
②单击
③单击绘制直线

图 14-9　　　　　　　　图 14-10

03 移动并单击鼠标继续绘制直线路径，如图14-11所示。

①移动鼠标单击　　②继续移动鼠标单击

图 14-11

04 参照以上方法，绘制直线路径，然后将指针移向起点处，当指针下端出现圆圈时单击即可完成直线路径的封闭，如图14-12所示。

①移动鼠标至起始处　　②单击闭合路径

图 14-12

提示

在绘制直线路径时，按下 Shift 键可将绘制的线段角度限制为 45° 角的倍数。

05 在"图层"调板中新建图层。将路径转换为选区后，设置前景色为黄色（R:240，G:240，B:5），填充选区，如图14-13和图14-14所示，完毕后按下Ctrl+D键取消选区。

按下 Ctrl+Enter 键将路径　　按下 Alt+Delet 键填充
转换选区　　　　　　　　　选区

图 14-13　　　　　　　图 14-14

14.2.2 "钢笔"工具绘制曲线

通过单击并拖动鼠标可以绘制曲线路径，下面来绘制曲线路径。

01 为了便于更清晰地观察绘制路径，在"图层"调板中将"文字""装饰"和"图层1"隐藏，如图14-15所示。

02 新建"图层 2"并填充为白色，设置该图层的不透明度，如图14-16所示。

依次单击隐藏
图层

图 14-15　　　图 14-16

03 使用 "钢笔"工具在视图相应的位置单击确定起点锚点，然后单击并拖动鼠标创建带有方向线的平滑锚点，通过鼠标拖动的方向和距离可以设置方向线的方向，如图**14-17**所示。

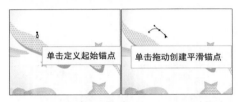

单击定义起始锚点　　　单击拖动创建平滑锚点

图 14-17

04 移动鼠标，在放置锚点的位置单击并拖动鼠标创建锚点。按下Alt键拖动鼠标，可以将平滑点变为角点，如图**14-18**所示。

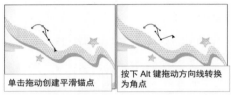

单击拖动创建平滑锚点　　　按下 Alt 键拖动方向线转换为角点

图 14-18

05 继续绘制曲线，移动鼠标到创建的锚点上，按下Alt键，鼠标指针发生变化，这时单击锚点，可以将锚点一端的方向线删除，如图**14-19**所示。

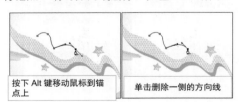

按下 Alt 键移动鼠标到锚点上　　　单击删除一侧的方向线

图 14-19

06 参照以上方法再次绘制曲线，然后按下Alt键，"钢笔"工具转换为临时"转换点"工具，在节点上单击并拖动鼠标，可以更改节点类型，如图**14-20**所示，完毕后松开鼠标，转换为"钢笔"工具。

07 按下Ctrl键，"钢笔"工具转换为临时"直接选择"工具，单击并拖动锚点可以调整节点位置，如图**14-21**所示。

08 调整路径形状完毕后，移动鼠标到路径末端节点上，鼠标发生变化，单击鼠标即可继续绘制

路径，如图**14-22**所示。

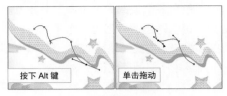

按下 Alt 键　　　单击拖动

图 14-20

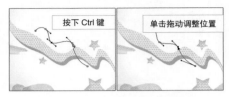

按下 Ctrl 键　　　单击拖动调整位置

图 14-21

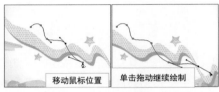

移动鼠标位置　　　单击拖动继续绘制

图 14-22

09 参照以上绘制路径的方法，继续绘制出飘带形状轮廓路径，效果如图**14-23**所示。

10 在"图层"调板中新建图层，并设置图层名称为"飘带"，如图**14-24**所示。

图 14-23　　　图 14-24

11 按下Ctrl+Enter键将路径转换为选区，并填充为绿色，如图**14-25**和图**14-26**所示，然后按下Ctrl+D键取消选区。

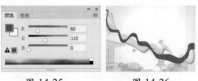

图 14-25　　　图 14-26

14.2.3　"橡皮带"选项

在"钢笔"工具选项栏中将"橡皮带"选项复选，可以在绘制路径时出现预览状态。

01 确认现在选择的工具为 "钢笔"工具，单击"形状"按钮旁的三角按钮，在弹出的调板中将"橡皮带"选项复选，如图**14-27**所示。

图 14-27

02 然后在视图中绘制路径，图14-28所示为选择"橡皮带"选项前后的效果。

03 按下Ctrl+Alt+Z键撤销上面绘制的路径。

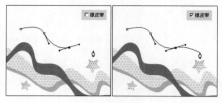

图 14-28

14.3 "自由钢笔"工具

使用"自由钢笔"工具可随意绘图，就像用铅笔在纸上绘图一样，绘图时将自动添加锚点。绘制路径时无需确定锚点的位置，完成路径后可进一步对其进行调整。

14.3.1 使用"自由钢笔"工具

使用"自由钢笔"工具可以通过拖动鼠标创建路径。一般在快速创建路径时会使用该工具。

01 接着以上的操作，在工具栏中选择 "自由钢笔"工具。

02 在选项栏中设置"曲线拟合"选项的参数值为2像素，如图14-29所示。通过此选项可以设置最终路径对鼠标或光笔移动轨迹的相似程度。

图 14-29

03 使用 "自由钢笔"工具，在视图中绘制路径。由于设置的参数值较小，路径上的锚点较多，其路径也较为精确，如图14-30所示。

04 按下Ctrl+Z键，取消上一步的操作，并设置"曲线拟合"参数值为10像素。

05 使用 "自由钢笔"工具，在视图中绘制路径，可以看到"曲线拟合"参数值较大时，绘制的锚点较少，且绘制的路径较为光滑，如图14-31所示。

06 要继续绘制路径，将鼠标指针移动到路径的一端，当指针呈 状时，单击拖动鼠标继续绘制连续的路径，如图14-32所示。

07 依照以上方法绘制其他路径，如图14-33所示。为便于观察，设置了"飘带"图层的不透

明度。

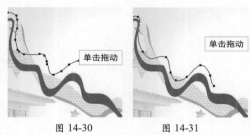

图 14-30　　　　图 14-31

图 14-32 　　　　　　　图 14-33

08 选择"画笔"工具，在工具选项栏中对画笔进行设置，如图14-34所示。

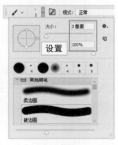

图 14-34

09 切换到"路径"调板，单击调板底部的"用画笔描边路径"按钮，如图14-35所示，为路径添加描边，然后在"路径"调板空白处单击，隐藏路径，效果如图14-36所示。

图 14-35　　　　　　　图 14-36

14.3.2　磁性的选项

　　"磁性钢笔"是"自由钢笔"工具的选项，它可以沿图像颜色的边界创建路径。设置选项栏中的选项可以定义"磁性钢笔"的范围和灵敏度，以及所绘路径的复杂程度。"磁性钢笔"和"磁性套索"工具的使用方法基本相同，下面介绍该功能的使用。

01 复选"自由钢笔"工具选项栏中的"磁性的"选项，即可使用"磁性钢笔"工具。单击"形状"按钮旁的三角按钮，弹出调板中的选项可以全部使用，如图14-37所示。

图 14-37

02 设置"宽度"选项可以调整路径的选择范围，数值越大，选择的范围越大，如图14-38所示。

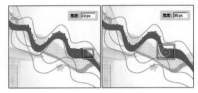

图 14-38

> **提示**
> 按下 Caps Lock 键可以显示路径的选择范围。

03 "对比"选项可以设置"磁性钢笔"工具对图像中边缘的灵敏度。使用较高的值，只探测与周围强烈对比的边缘，使用较低的值，则探测低对比度的边缘，如图14-39所示。

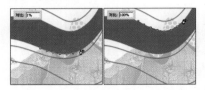

图 14-39

04 "频率"选项可以设置路径上使用锚点的数量，值越大绘制路径时产生的锚点越多，如图14-40所示。

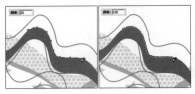

图 14-40

05 复选"钢笔压力"选项，在使用绘图板输入图像时，根据钢笔的压力改变"磁性钢笔"工具的"宽度"值。

06 依据以上内容，设置各选项参数，如图14-41所示。然后在视图中绘制路径，当鼠标指针呈 状时松开鼠标即可闭合路径，如图14-42所示。

 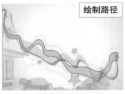

图 14-41　　　　　　　图 14-42

> **提示**
> 为便于观察完成的路径效果，降低了"飘带"图层的不透明度。

07 打开配套素材\Chapter-14\"纹理.jpg"文件，使用"移动"工具将其拖动到"景物背景"文档中，调整位置与页面对齐。

08 在"图层"调板中调整顺序，并设置其图层名称为"纹理"，如图14-43所示。

09 使用"路径选择"工具，向上调整路径的位置，如图14-44所示。

 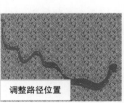

图 14-43　　　　　　　图 14-44

10 将路径转换为选区，执行"选择"→"反向"命令，将选区反转，按下Delete键删除选区内图像，如图14-45和图14-46所示。完毕后按下Ctrl+D键取消选区。

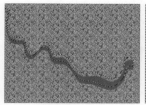

图 14-45　　　　　　　　　图 14-46

11 在"图层"调板中调整其顺序，将隐藏的图层显示，并删除白色填充图层，如图14-47所示。

12 至此完成本实例的制作，如图14-48所示。读者可打开配套素材\Chapter-14\ "自然生态园海报.psd"文件进行查看。

图 14-47　　　　　　　　　图 14-48

14.4　编辑路径

用于编辑路径的工具有"添加锚点"工具、"删除锚点"工具、"转换点"工具、"直接选择"工具和"路径选择"工具。综合使用这些工具可以使绘制的路径更加准确。

14.4.1　添加或删除锚点

使用"添加锚点"工具为路径添加锚点；使用"删除锚点"工具为路径删除锚点。另外在使用"钢笔"工具时，在选项栏中选择"自动添加/删除"选项后，"钢笔"工具也可以为选中的路径添加锚点或删除锚点。

01 打开配套素材\Chapter-14\ "饰品海报.psd"文件，为便于下面调整路径，在"图层"调板中将"装饰"图层隐藏，如图14-49和图14-50所示。

图 14-49　　　　　　　　　图 14-50

02 在"图层"调板中单击"形状 1"，将路径显示，如图14-51和图14-52所示。

图 14-51　　　　　　　图 14-52

03 选择 "添加锚点"工具，将指针指向要添加锚点的路径上，指针呈 状，单击即可为路径添加锚点，如图14-53所示。

图 14-53

04 按下Ctrl键，同时选择新添加的锚点，单击并拖动鼠标，对路径进行调整，如图14-54所示。

图 14-54

05 选择 "删除锚点"工具，将指针指向需要删除的锚点上，此时指针呈 状，单击鼠标即可删除路径上的锚点，如图14-55所示。

图 14-55

06 单击并拖动锚点上侧的方向线，调整路径，效果如图14-56所示。

图 14-56

14.4.2 "转换点" 工具

利用"转换点"工具可以转换锚点的类型，可以让锚点在平滑点和角点之间互相转换，也可以使路径在曲线和直线之间互相转换。另外在使用"钢笔"工具时，按下 Alt 键可以将"钢笔"工具转换为"转换点"工具。

01 在"图层"调板中，将"形状 2"图层显示，并单击矢量蒙版，如图14-57所示。显示"形状2"中的路径，在路径上单击，将路径选择，效果如图14-58所示。

图 14-57　　　　　　图 14-58

02 选择 ⊾ "转换点"工具，将指针指向需要转换的锚点上，当指针呈 ⼘ 状时单击鼠标，将曲线路径转换为直线路径，如图14-59所示。

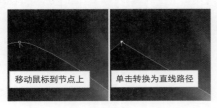

图 14-59

03 参照图14-60所示，选择并拖动锚点，使直线变为平滑的曲线。

图 14-60

04 拖动方向点可以调整一侧的曲线，使平滑点转换为角点，如图14-61所示。

图 14-61

14.4.3 "路径选择" 工具

使用"路径选择"工具可以选择一个或几个路径并对其进行移动、组合、对齐、分布和复制等操作，当路径上的锚点全部显示为黑色时，表示该子路径被选择。

1. 选择路径

使用"路径选择"工具可以选择一个路径，也可以同时选择多个路径。下面通过操作来学习使用"路径选择"工具选择路径的方法。

01 在"路径"调板中选择"路径 1"，将路径在视图中显示，如图14-62所示。

02 选择 ▶ "路径选择"工具，在需要选择的路径中单击，当该路径上的锚点全部显示为黑色时，表示这个路径被选择，如图14-63所示。

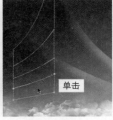

图 14-62　　　　　　图 14-63

03 按下Shift键的同时单击路径，可以选择多个路径，如图14-64所示。

04 按下Shift键的同时单击已选中路径，可以取消路径的选择状态，如图14-65所示。

图 14-64　　　　　　图 14-65

05 拖动鼠标会出现一个虚线框，松开鼠标后虚框中的路径将被选中，如图14-66所示。

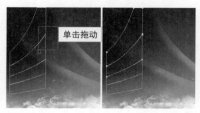

图 14-66

2. 移动和复制路径

使用"路径选择"工具可以调整路径的位置，也可以对选中的路径进行复制。

01 在"图层"调板中，复制"形状 1"图层，生成"形状 1 副本"图层，单击缩览图，如图14-67所示，在视图中显示路径。

02 使用 "路径选择"工具，选中显示的路径，如图14-68所示。

图 14-67 　　　　　 图 14-68

03 按下Alt键，将鼠标指针移动到路径上，当鼠标指针呈状 时，拖动鼠标，即可复制路径，如图14-69所示。

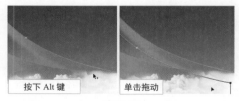

图 14-69

04 将鼠标指针移动到选择的路径上，拖动鼠标，即可移动被选择的路径，如图14-70所示。

05 选择原路经，如图14-71所示，然后按下Delete键将其删除。

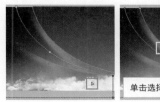 

图 14-70 　　　　 图 14-71

3. 变换路径

有时绘制的路径大小并不符合要求，可以打开自由变换框，对路径大小、角度、方向等进行调整。

01 选择路径，按下Ctrl+T键，路径四周出现变换框，如图14-72所示。

图 14-72

02 这时选项栏变为变换选项栏，如图14-73所示。

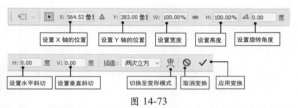

图 14-73

03 拖动控制点的位置，或者在W和H参数文本框中输入数值，都可以调整路径的大小，如图14-74所示。

图 14-74

> **提示**
>
> 选项栏中其他参数的使用方法，可以参照第5章中变换图像中的使用方法来学习。

04 在变换框的角控制柄上单击拖动，将路径旋转，如图14-75所示。

图 14-75

05 变换完毕后，按下Enter键或在变换框内双击鼠标，应用变换的路径。

06 依照以上方法，制作其他光晕图像，然后将"装饰"图层显示，完成实例的制作，效果如图14-76所示。读者可打开配套素材\Chapter-14\"钻石饰品海报.psd"文件进行查看。

图 14-76

4. 组合路径

当图像中显示多个路径时，"组合"按钮处于活动可用状态，单击"组合"按钮，可以将路径组合成为一组路径。在"组合"按钮旁有4个按钮，这4个按钮可以设置路径组合的方式。下面通过操作学习怎样组合路径。

01 打开配套素材\Chapter-14\"底纹.psd"文件，如图14-77所示。

02 在"路径"调板中复制"路径 3"，然后确认"路径 3"为当前可编辑状态，如图14-78所示。

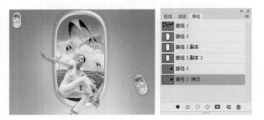

图 14-77   图 14-78

03 此时在视图中显示路径，使用 "路径选择"工具框选所有路径，在选项栏中单击"路径操作"工具，如图14-79和图14-80所示。

图 14-79   图 14-80

04 在 "路径选择"工具选项栏中，单击 "路径操作"按钮，在展开的菜单中依次执行"合并形状""合并形状组件"命令，效果如图14-81和图14-82所示。

图 14-81   图 14-82

05 此时所有选择的路径，将应用合并形状，并组合为合并的图形，如图14-83所示。

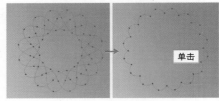

图 14-83

06 按下Ctrl+Enter键，将路径转换为选区。在"图层"调板中新建"图层 1"，接着将选区填充为青色（R:75，G:250，B:240），如图14-84所示。完毕后取消选区。

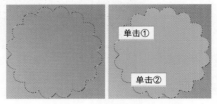

图 14-84

07 在"路径"调板中再次复制"路径 3"，如图14-85所示。使用"路径选择"工具，选中图14-86所示路径。

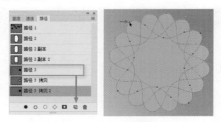

图 14-85   图 14-86

08 按下Delete键将选择的路径删除，删除后的路径显示如图14-87所示。使用 "路径选择"工具，选择剩余的全部路经，如图14-88所示。

图 14-87   图 14-88

09 单击圆 "路径操作" 按钮，在展开的菜单中依次执行 "排除重叠形状" "合并形状组件" 命令，组合路径，如图14-89所示。

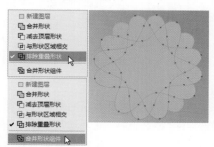

图 14-89

10 然后按下Ctrl+Enter键将路径转换为选区。在 "图层" 调板中新建 "图层 2"，并填充为蓝色（R:50，G:180，B:255），如图14-90和图14-91所示，完毕后取消选区。

图 14-90　　　图 14-91

11 在 "路径" 调板中选择 "路径 3 拷贝"，按下Ctrl+T键，执行 "自由变换路径" 命令，并按下Alt+Shift键，沿中心点等比例缩放路径，如图14-92和图14-93所示。完毕后按下Enter键应用变换命令。

图 14-92　　　图 14-93

12 在 "图层" 调板中新建 "图层 3"，按下Ctrl+Enter键将路径转换为选区，并填充为白色，如图14-94所示。完毕后取消选区的浮动状态。

13 新建 "图层 4"，参照以上调整路径并填充颜色的方法，再次创建一个红色（R:220，G:160，B:150）图像，如图14-95所示。

14 在 "路径" 调板中复制 "路径 3"，并确认其为当前可编辑状态，如图14-96所示。

15 使用 "路径选择" 工具，框选显示路径，并按下Ctrl+T键打开自由变换框，调整路径的大小，如图14-97所示。

图 14-94　　　图 14-95

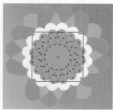

图 14-96　　　图 14-97

16 在选项栏中单击圆 "路径操作" 按钮，在展开的菜单中依次执行 "与形状区域相交" "合并形状组件" 命令，保留路径重叠部分，其余被移去，如图14-98所示。

图 14-98

17 接下来将路径转换为选区，在 "图层" 调板中新建 "图层 5"，然后将选区填充为白色并取消选区，如图14-99和图14-100所示。

图 14-99　　　图 14-100

18 在 "路径" 调板中选择 "路径 3"，调整其大小，在选项栏中依次应用 "排除重叠形状" "合并形状组件" 命令，如图14-101所示。

19 将路径转换为选区，在 "图层" 调板中新建 "图层 6"，并将选区填充为 "图层 4" 的颜色，如图14-102所示。完毕后取消选区的浮动状态。

20 再次选择 "路径 3"，调整路径大小。然后将路径转换为选区，在 "图层" 调板中新建 "图层 7"，并填充为蓝色（R:75，G:140，B:255），如图

14-103和图14-104所示。

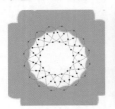

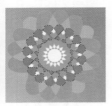

图 14-101　　　　　图 14-102

按下Ctrl+T键，单击并拖动

图 14-103　　　　　图 14-104

21 在"图层"调板中确认"图层 1"为当前可编辑状态。单击调板底部的"添加图层样式"按钮，在弹出的菜单中选择"投影"命令，参照图14-105所示设置打开的"图层样式"对话框，如图14-106所示。

图 14-105　　　　　图 14-106

22 设置完毕后单击"确定"按钮，为花朵图形添加投影效果。在"图层"调板中将所有制作花朵的图层合并，并重命名为"花朵"，如图14-107和图14-108所示。

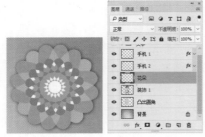

图 14-107　　　　　图 14-108

23 在"图层"调板中多次复制花朵图像，分别调整其大小和位置，最后将其合并，重新命名为"花朵"，效果如图14-109所示。完毕后暂时将此图像隐藏。

图 14-109

5. 对齐与分布路径

在设计过程中，为了美观的需要，对路径进行对齐操作。在"路径选择"工具选项栏中单击 "路径对齐方式"按钮，在展开的菜单中有多种对齐方式的命令。

01 在"路径"调板中选中"路径 1"，使用 "路径选择"工具，框选所有路径，如图14-110所示。

02 在"路径选择"工具选项栏中，单击 "路径对齐方式"按钮，在展开的菜单中依次单击"顶边""按宽度均匀分布"命令，如图14-111所示。

单击拖动

图 14-110　　　　　图 14-111

03 此时，选择的所有路径将被强制对齐，如图14-112所示。

04 框选所有路径，在选项栏中单击 "路径操作"按钮，在展开的菜单中单击"合并形状组件"按钮，使其组合成一个路径。按下Alt+Shift键，单击并向下拖动鼠标，垂直复制5份，如图14-113所示。

图 14-112　　　　　图 14-113

05 选择所有路径，在选项栏中单击 "路径对齐方式"按钮，在展开的菜单中依次选择"水平居中""按高度均匀分布"命令，对齐路径，如图14-114所示。

06 新建"图层 1"，设置画笔选项栏中的各项参数，如图14-115所示。完毕后在"路径"调板

中单击 ⊙ "用画笔描边路径"按钮，效果如图14-116所示。

07 按下Ctrl+J键复制图像。执行"编辑"→"变换"→"垂直翻转"命令，并调整图像的位置，效果如图14-117所示。

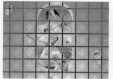

图 14-114   图 14-115

14-116   图 14-117

08 打开配套素材\Chapter-14\ "圆环.psd"文件，将"圆环"图像移动至"手机广告"文档中，效果如图14-118所示。

图 14-118

09 在"图层"调板中设置图层混合模式和不透明度，如图14-119所示，效果如图14-120所示。

图 14-119   图 14-120

14.4.4 "直接选择"工具

利用"直接选择"工具可以选择路径、路径段、锚点，移动锚点、方向点，从而达到调整路径的目的。

01 选择 ▣ "圆角矩形"工具，参照图14-121所示设置其选项栏，并绘制出路径。

图 14-121

02 选择 ▸ "直接选择"工具，在路径上单击，选择相应的曲线，并且该路径上所有的锚点全部以透明状态显示，表示该路径被选取，如图14-122所示。

03 单击曲线，并拖动鼠标，可以对选择的曲线进行调整，如图14-123所示。

图 14-122   图 14-123

04 单击锚点，这时锚点为灰色状态，表示该锚点被选择，如图14-124所示。

05 在锚点上单击并拖动鼠标，可以调整锚点的位置，如图14-125所示。

图 14-124   图 14-125

06 使用 ▸ "转换点"工具，拖动平滑点的方向点，可以对锚点两侧的曲线进行调整，如图14-126所示。

07 选取路径中的部分路径，拖动鼠标可以调整被选择路径的位置，并且被选择路径的形状不改变，如图14-127所示。

图 14-126   图 14-127

08 选择路径中不需要的锚点，右击鼠标，在弹出的快捷菜单中选择"删除锚点"命令，可以将选择的锚点删除，如图**14-128**所示。

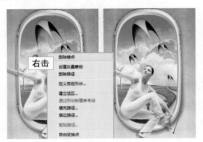

图 14-128

09 参照以上调整路径的方法调整该路径，效果如图**14-129**所示。

10 将路径转换为选区，右击鼠标，在弹出的快捷菜单中选择"羽化"命令，并设置其参数，如图**14-130**所示，完毕后单击"确定"按钮。

11 新建"图层 1"，参照图**14-131**所示，调整图层顺序并填充颜色。

12 完毕后取消选区，显示隐藏的图像，完成本实例的制作，如图**14-132**所示。读者可打开配套素材\Chapter-14\"手机广告.psd"文件进行查看。

图 14-129　　　　图 14-130

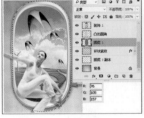

图 14-131　　　　图 14-132

14.5 实例演练：设计公司宣传插画

14.5 视频教学

本节内容为用户安排了"设计公司宣传插画"实例，效果如图 14-133 所示。本实例在色彩上采用较为女性化的暖色系，构图形式较为活泼，给人轻松、愉悦的视觉感受。通过本实例的制作，相信读者能够更加熟练地掌握"钢笔"工具绘制路径的方法及技巧。

以下内容，简要地为读者介绍实例的技术要点和制作概览，具体操作请参看本书多媒体视频教学内容。

01 打开背景素材，使用"钢笔"工具，在视图中绘制路径并填充颜色。然后通过调整路径大小、填充颜色的方法，制作出重叠的装饰图像效果，如图**14-134**所示。

02 使用"钢笔"工具，依次绘制装饰路径，并填充颜色。然后使用"自由钢笔"工具，绘制曲线路径，选择"画笔"工具，在选项栏中设置画笔，接着为路径添加描边，制作出装饰线条效果，如图**14-135**所示。

03 继续使用"钢笔"工具，参照以上方法绘制出鞋子和脚图像，并在鞋子和脚上面添加花纹装饰。最后在视图中添加文字和装饰，完成实例的制作，如图**14-136**所示。

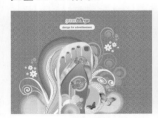
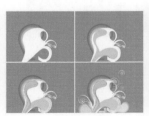
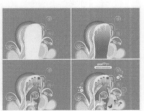

图 14-133　　　　图 14-134　　　　　　　图 14-135　　　　图 14-136

第15章　编辑文字

　　Photoshop 中的文字由以数学方式定义的形状组成，这些形状描述的是某种字体的字母、数字元和符号。许多字样可用于一种以上的格式。将文字添加到图像后，字符由像素组成，且与图像具有相同的分辨率，将字符放大后会显示锯齿状边缘，但在 Photoshop 中可以保留基于向量的文字轮廓。

　　使用"文字"工具可以轻松地把向量文本与位图图像完美结合，随图像数据一起输出，以产生高品质的画面效果。在 Photoshop 中提供了 4 种文字工具，如图 15-1～图 15-4 所示。本章将详细介绍"文字"工具组的使用方法，以及如何创建和编辑文字。

图 15-1

图 15-2

图 15-3

图 15-4

15.1　创建文字

　　在 Photoshop 中，利用文字输入工具可以在图像中的任何位置输入两种格式的文字，即点文字和段落文本，在本章中将重点讲解如何创建点文字。点文字用于创建和编辑内容较少的文本信息，如印刷物的标题等。在输入过程中行的长度随着编辑增加或缩短，但不会自动换行。下面首先学习如何使用文字工具。

15.1.1　使用文字工具

　　文字工具主要用于创建文本或文字选区。在文字工具组中共包括 4 个工具，分别是"横排文字"工具、"直排文字"工具、"横排文字蒙版"工具和"直排文字蒙版"工具。在工具栏中单击并按下"横排文字"工具按钮，可弹出展开工具组，如图 15-5 所示。使用"横排文字蒙版"工具和"直排文字蒙版"工具可以直接创建文字选区。

01 执行"文件"→"打开"命令，打开配套素材 \Chapter-15\ "宣传页背景.psd"文档，如图 15-6所示。

图 15-5

图 15-6

02 默认状态下，系统会根据前景色的颜色，设置文字的颜色。将前景色设置为灰色，使用 T. "横排文字"工具在图像上单击，建立文字插入点，"图层"调板中新建一个文本图层，如图15-7所示。

图 15-7

03 输入文字，按下Enter键，或者单击工具选项栏中的 ✓ "提交所有当前编辑"按钮，完成文字的创建，如图15-8所示，当前文字图层的名称转换为输入的文字。

04 选择 T. "直排文字"工具，在视图中单击，建立文字插入点，然后输入文字，按下Enter键，完成竖排文字的创建，如图15-9所示。

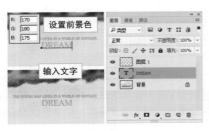

图 15-8

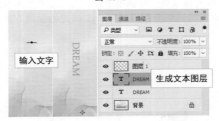

图 15-9

05 选择“横排文字蒙版”工具，在视图中单击，图像上出现一个蒙版，如图15-10所示。

06 输入文本信息，按下Enter键后，图像上将出现文字选框，如图15-11所示。

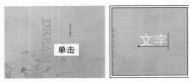

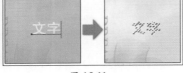

图 15-10

图 15-11

> **提示**
>
> “直排文字蒙版”工具的使用方法与“横排文字蒙版”工具的使用方法相同，这里就不再赘述。

15.1.2 选择文字

输入文字后，可以对其属性（如字体、字形、大小和颜色）做相应的更改。在对输入字符进行调整之前，必须先将它们选择。下面通过具体操作来学习如何在文字图层中选择单个字符或多个字符。

01 使用“横排文字”工具，在视图中单击文本，则自动选择文本图层，并进入文字编辑模式，如图15-12所示。

02 在文本中单击并横向拖动鼠标，可以选择一个或多个字符，如图15-13所示，选中的字符成反相颜色显示。

03 在选择文本中任意位置单击，取消单个字符选择状态。在按下Shift键时单击鼠标，可以将从置入点到单击鼠标处之间的所有字符选中，如图15-14所示。

04 使用“横排文字”工具，在文本中单击，然后执行“选择”→“全部”命令，可以将当前文本图层中的所有字符全部选中，如图15-15所示。

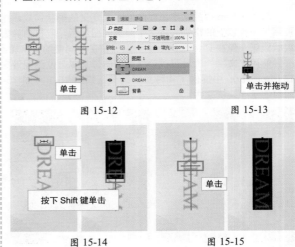

图 15-12

图 15-13

图 15-14

图 15-15

> **技巧**
>
> 如果要快速选择图层中的所有字符，可以在“图层”调板中双击文字图层的文字图标，当文本处于选择状态时，按下 Esc 键将退出文本的选择状态。

15.1.3 文字工具选项栏

设置文字工具的工具选项栏，可以对已经输入的文字的属性做相应的更改，使文字外观更符合画面的要求。另外还可以在输入文字之前先行设置工具栏选项，然后使用设置好的工具直接输入符合要求的文字。下面就来学习文字工具选项栏的相关选项。

01 选择“横排文字”工具，其工具选项栏如图15-16所示。

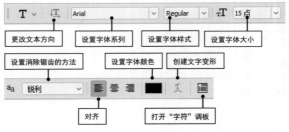

图 15-16

02 在“图层”调板中选择“DREAM”图层，然后单击工具选项栏中的“切换文本取向”按钮，将直排文字将更改为横排文字，如图15-17所示。

图 15-17

03 接着在工具选项栏中的"设置字体系列"下拉列表中选择相应的字体，如图15-18所示，文字字体随之发生变化。

图 15-18

提示

也可以直接将文本全选，然后在工具选项栏中设置字体类型。

04 调整该文本层至"图层 1"的上方，在工具选项栏中的"设置字体大小"文本框中输入新的参数，按下Enter键调整文本大小，如图15-19所示。

图 15-19

05 在"图层"调板中双击该文本图层的缩览图，选择所有字母，如图15-20所示。

图 15-20

06 在选项栏中单击"设置文本颜色"图标，为选中的字符设置新的颜色，然后单击"提交所有当前编辑"按钮，完成设置。如图15-21所示。

07 配合按下Ctrl键的同时，单击"DREAM"图层的图层缩览图，载入图像选区。执行"选择"→"修改"→"平滑"命令，参照图15-22所示设置对话框平滑选区。

图 15-21　　　　　　图 15-22

08 在"图层"调板中新建"图层 2"，设置前景色为白色，按下Alt+Delete键使用前景色填充选区，完毕后将"DREAM"图层隐藏并取消选区，如图15-23所示。

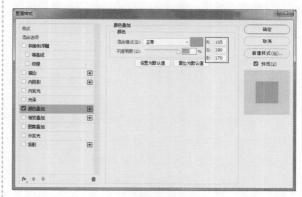

图 15-23

09 单击调板底部的"添加图层"蒙版按钮，从弹出的菜单中选择"内发光"命令，打开"图层样式"对话框，参照图15-24～图15-27所示设置对话框。

图 15-24

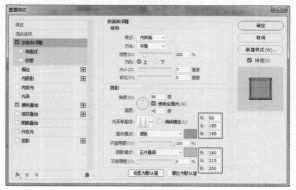

图 15-25

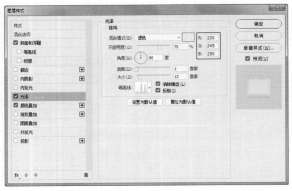

图 15-26

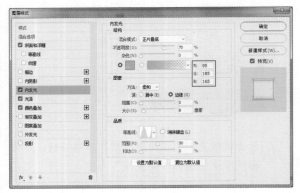

图 15-27

10 单击"确定"按钮关闭对话框，为图像添加图层样式效果，如图15-28所示。

11 调整字母图像的高度，并调整其位置，如图15-29所示。

图 15-28　　　　　图 15-29

12 最后添加相关的装饰图像，完成本实例的制作，效果如图15-30所示。读者可以打开本书配套素材\Chapter-15\"字体设计.psd"文件进行查看。

图 15-30

提示

当将同一图层中的部分字母的颜色改变后，工具选项栏中"设置文本颜色"图标上将会出现一个问号，这是因为在同一图层上文字的颜色在一种以上。

15.2 使用"字符"调板

"字符"调板提供了更多的字体设置选项，除了包含工具选项栏中相应的设置选项，还可以设置文本的字距微调、文字水平与垂直缩放比例、指定基线移动、更改大小写等格式。与工具选项栏相比，包含的相关选项更为全面。下面就来学习如何使用"字符"调板。

01 确定"横排文字"工具处于选择状态，然后单击选项栏中的"显示/隐藏字符和段落调板"按钮，打开"字符"调板，如图15-31所示。

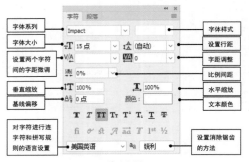

图 15-31

技巧

执行"窗口"→"字符"命令，可以打开或隐藏"字符"调板。

02 在"字符"调板底部，列出了一系列字体的仿样式，如图15-32所示，以供本身不包括字体样式的字体应用。

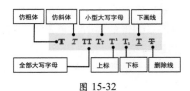

图 15-32

03 打开本书配套素材\Chapter-15\"牛仔裤.psd"
文件，如图15-33所示。

04 使用"横排文字"工具，在视图中输入文字，
如图15-34所示。

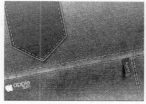

图 15-33　　　　　　　图 15-34

05 参照图15-35所示，打开"设置字体系列"下拉
列表，从中选取字体系列，文本被改变。

06 文字样式是字体系列中各种字体的变异版本。
单击"设置字体样式"选项右侧的下三角按钮，
打开下拉列表，并选择字体样式，如图15-36所示。

图 15-35　　　　　　　图 15-36

> **提示**
>
> 只有在"设置字体系列"列表中选择某些英文字体后，"设
> 置字体样式"选项才能处于活动可用状态。

07 设置字体样式。如果选择的字体不包括其他的
样式，"设置字体样式"选项处于不可选择状
态，如图15-37所示。

08 此种情况下，可以为文字应用"字符"调板底
部列出的一系列仿样式。字体效果如图15-38~
图15-40所示。

图 15-37　　　　　　　图 15-38

09 使用"横排文字"工具选择部分字符，接着分
别应用"字符"调板底部的"上标"和"下
标"仿样式，效果如图15-41所示。

10 选择文本中的部分字符，设置"字符"调板中
的"设置基线偏移"选项参数，效果如图15-42

所示。更改"设置基线偏移"选项后得到的效果与
"上标"和"下标"的效果相仿。

图 15-39　　　　　　　图 15-40

图 15-41　　　　　　　图 15-42

11 在"字符"调板中可以设置文本的垂直缩放和
水平缩放，从而指定文字高度和宽度之间的比
例。如图15-43所示，将"垂直缩放"和"水平缩放"
参数调小或增大，则字体会按比例在宽度和高度上同
时压缩或扩展。

12 设置所选字符的"字距调整"参数可以调整字
符间距，值越大，字符间隔越大，如图15-44
所示。

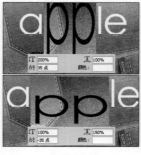
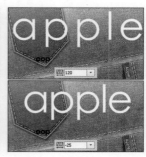

图 15-43　　　　　　　图 15-44

> **提示**
>
> 也可以单独选择部分字符，调整所选字符之间的间距。

13 字距微调是增加或减少特定字母对之间间距的
过程。使用文字工具在两个字符之间单击设置
插入点，"设置两个字符间的字距微调"选项呈可用
状态。值越大，两个字符之间的间距越大，效果如图
15-45所示。

14 在"字符"调板和工具选项栏中还提供了5种消除锯齿方式，图15-46以apple字样为例，显示了文字应用消除锯齿功能前后的效果。

图 15-45　　　　　　　图 15-46

15 确认apple文本图层处于选择状态，单击"字符"调板右上角的 按钮，打开调板菜单，如图15-47所示。

图 15-47

16 选择"更改文本方向"命令，将文本方向转换，如图15-48所示。

17 使用"直排文字"工具选择部分文本，然后单击"字符"调板右上角的 按钮，在弹出的菜单中选择"直排内横排"命令，效果如图15-49所示。

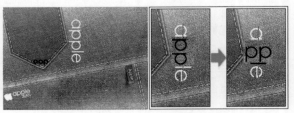

图 15-48　　　　　　　图 15-49

18 再次单击"字符"调板右上角的 按钮，在弹出的菜单中选择"标准垂直罗马对齐方式"命令，可将字符方向旋转90°，如图15-50所示。

19 再次执行"更改文本方向"命令，将文本方向转换，并恢复字母原始大小。如图15-51所示。

图 15-50　　　　　　　图 15-51

15.3　编辑文本

在创作过程中，常常因为画面效果的需要，要对文本进行多种变形、旋转等编辑操作。在 Photoshop 中，文本图层中的文字可以像普通图像一样进行"自由变换"等编辑操作。另外还提供了变形文字的功能命令，使用户可以对文本进行旋转、变形以及栅格化等进一步的编辑，从而创建出丰富的文字图形。

15.3.1 旋转文本

01 选择apple文本图层,执行"编辑"→"变换"→"垂直翻转"命令,效果如图15-52所示。

02 按下Ctrl+T键,文本四周出现定界框,将鼠标指针定位在定界框外,游标变为 图标,单击并拖移鼠标,即可旋转文本,如图15-53所示。

图 15-52　　　　　　　　图 15-53

03 按下Enter键确认变换操作。使用"横排文字"工具在字母中单击,按下Ctrl键,文字四周将会出现定界框,如图15-54所示。

图 15-54

04 保持Ctrl键的按下状态,使用鼠标单击并拖移定界框,同样可以旋转文本,如图15-55所示。

05 再次执行"编辑"→"变换"→"垂直翻转"命令,将字母图像翻转。如图15-56所示。

图 15-55　　　　　　　　图 15-56

06 使用"横排文字"工具,在视图中输入文字,并调整文字的旋转角度,如图15-57所示。

07 将创建的两个文本图层合并,按下Ctrl+I键将颜色反相,如图15-58所示。

08 在"图层"调板底部单击"添加图层样式"按钮,为该层图像添加"斜面和浮雕"样式效果,参照图15-59所示进行设置。完毕后在"图层"调板中设置该图层混合模式为"柔光",如图15-60所示。

图 15-57

图 15-58

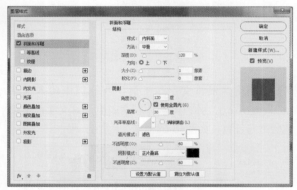

图 15-59

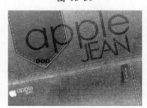

图 15-60

09 载入文字图像的选区,单击"图层"调板底部的"创建新的填充或调整图层"按钮,从弹出的菜单中选择"色相/饱和度"命令,打开并设置"调整"调板,如图15-61所示。

10 至此完成本实例的制作,效果如图15-62所示。读者可以打开本书配套素材\Chapter-15\"POP广告.psd"文件进行查看。

图 15-61

图 15-62

15.3.2　创建工作路径

用户还可以基于文字创建工作路径，创建工作路径之后，就可以像操作任何其他路径那样存储和操纵该路径，同时原文字图层保持不变。

01 打开配套素材\Chapter-15\"网站背景.psd"文件，如图15-63所示。

图 15-63

02 使用"横排文字"工具，在视图中输入文字Sound，并在"字符"调板中，对文字的各项属性进行设置，如图15-64所示。

图 15-64

03 执行"文字"→"创建工作路径"命令，得到工作路径，使用"路径选择"工具将其选择，如图15-65所示。

04 使用"直接选择"工具调整该工作路径，原文字保持不变，如图15-66所示。

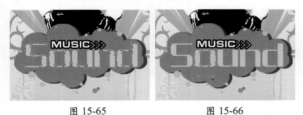

图 15-65　　　　　图 15-66

15.3.3　转换为形状

除了可以将文字创建成路径外，还可以将文字图层转换成形状，以便对文字进行更加细致精巧的变形操作。需要注意的是，当文字图层转换为形状图层后，该图层中的字符将无法再作为文本进行编辑。

01 执行"图层"→"文字"→"转换为形状"命令，将文字图层转换为形状图层，如图15-67所示。

图 15-67

> **提示**
>
> 当文字图层转换为形状图层后，将无法把字符作为文本进行编辑，但可以使用编辑路径的工具，对文字形状进行任意编辑，包括文字的大小、位置、形状等属性。

02 使用"直接选择"工具，调整Sound形状文字部分节点的位置，可以对其文字形状进行调整，效果如图15-68所示。

拖动节点调整形状

图 15-68

03 单击调板底部的"添加图层样式"按钮，从弹出的菜单中选择"投影"命令，打开并设置"图层样式"对话框，如图15-69～图15-71所示。

图 15-69

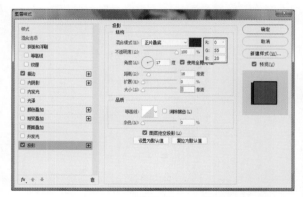

图 15-70

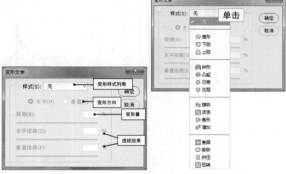

图 15-73 图 15-74

图 15-71

图 15-75 图 15-76

06 设置"垂直扭曲"选项参数,可以为文本应用透视效果,效果如图**15-77**所示。

07 按下Alt键,单击对话框右上角的"复位"按钮,接着参照图**15-78**所示设置参数,变形文本。

15.3.4 变形文字

Photoshop 还为用户提供了变形文字功能。使用该功能,可以将文字扭曲成扇形、波浪形等形状,从而创造出丰富的文字扭曲效果。变形效果将应用于文本图层中所有字符,对特意选择的字符无效。另外如果文字包含"仿粗体"样式设置,也无法应用变形效果。

01 使用"横排文字"工具在视图空白处输入文字,然后在"字符"调板中设置文字属性,效果如图**15-72**所示。

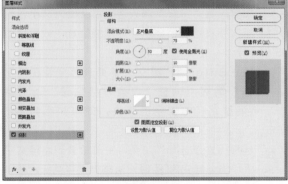

图 15-77 图 15-78

08 在"图层"调板中双击该图层的蓝色区域,打开并设置"图层样式"对话框,如图**15-79**和图**15-80**所示。

09 调整字母图像的旋转角度和位置,如图**15-81**所示。

图 15-72

02 单击文字工具选项栏中的 "创建文字变形"按钮,打开"变形文字"对话框,如图**15-73**所示。

03 打开"样式"下拉列表,该列表中包含了16种变形样式,如图**15-74**所示。

04 在"样式"下拉列表中选择"花冠"选项,文本被扭曲,效果如图**15-75**所示。

05 接着调整"弯曲"选项参数,该选项指定对文本图层应用的变形程度,如图**15-76**所示。

图 15-79

图 15-80 　　　　　　图 15-81

15.3.5　栅格化文字

文字图层是一种特殊的图层，在该图层上无法应用滤镜等命令，也无法应用绘画工具。如果要进一步编辑文字图层，则需要将其栅格化。

在相应的图层上右击，执行"栅格化"命令，将文字图层转换为普通图层，如图 15-82 所示。图

层栅格化后，图层缩览图将发生变化。

图 15-82

> **提示**
>
> 将"图层"调板中所有的文本图层同时选中，按下 Ctrl+E 键，将图层合并，也可将文本图层栅格化。

15.4　沿路径创建文字

在 Photoshop 中还可以创建路径文字，通过将文字沿路径放置，使文字产生特殊的排列效果。另外除了可以沿路径放置文字，还可以将文字放置于封闭路径内部，根据路径图形的形状设置文本段落的轮廓形状，关于这一部分知识将在下一章进行讲述。下面就来学习沿指定的路径创建文字的操作方法。

01 打开本书配套素材\Chapter-15\"化妆品背景.psd"文件，使用"钢笔"工具在视图中绘制路径，如图15-83所示。

02 选择"横排文字"工具，将游标移动至路径上，光标显示为时，单击鼠标，建立文字插入点，如图15-84所示。

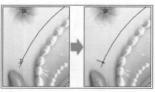

图 15-83　　　　　　图 15-84

03 接着设置"字符"调板选项，并输入文字，横排文字将沿路径显示，与基线垂直，效果如图15-85所示。

04 按下Enter键，提交文字更改。接着在"字符"调板中调整"设置基线偏移"选项参数，将调整路径与文字的距离，效果如图15-86所示。

05 选择"直接选择"工具，将其放置到路径文字上，当游标变为时，沿路径拖移鼠标，即可调整文字在路径上的位置，如图15-87所示。

图 15-85

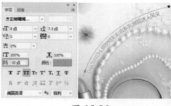

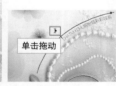

图 15-86　　　　　　图 15-87

06 当前文字位于路径内侧，如果想把文字放在路径的另一侧，则使用"直接选择"工具，当光标变为时，单击并拖移鼠标，将文字拖移到路径另一侧即可，如图15-88所示。

07 使用"直接选择"工具，调整文字在路径上的位置，如图15-89所示。

08 在"路径"调板中新建"路径 1"，并使用"钢笔"工具在视图中绘制路径。选择"横排文字"工具，参照图15-90所示设置"字符"调板，然后

在路径上单击创建文字插入点，并输入文字。

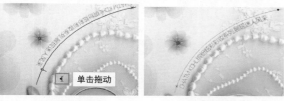

图 15-88　　　　　　　　图 15-89

图 15-90

09 使用"直接选择"工具，拖动锚点直接对路径进行调整，即可通过改变路径的形状来影响文字效果，如图**15-91**所示。

10 接着新建"路径 2"，使用"钢笔"工具在视图中绘制路径，如图**15-92**所示。

图 15-91　　　　　　　　图 15-92

11 选择"直排文字"工具，参照图**15-93**所示设置"字符"调板，然后在路径上单击创建文字插入点。

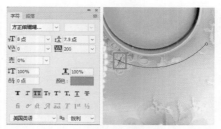

图 15-93

12 接着输入文字，如图**15-94**所示，直排文字沿着路径显示，与基线平行。

13 单击"直排文字"工具选项栏内的 🔲 "切换文本取向"按钮，将直排文字更改为横排文字，如图**15-95**所示。

图 15-94　　　　　　　　图 15-95

14 分别为文字图层添加图层样式，完成本实例的制作，如图**15-96**所示。读者可以打开本书配套素材\Chapter-15\化妆品广告.psd文件进行查看。

图 15-96

15.5 实例演练：打印机广告

15.5 视频教学

在本节为读者安排了一则"打印机广告"实例，图 15-97 所示为本实例的完成效果。在一幅完整的作品中，文字是不可或缺的一部分，合理的字体设计可以使作品锦上添花，甚至成为作品中的亮点。本节向用户介绍文字的创建、编辑以及变形等技巧。

图 15-97

以下内容，简要地为读者介绍实例的技术要点和制作概览，具体操作请参看本书多媒体视频教学内容。

01 打开背景素材，使用"横排文字"工具，在视图中输入字母，为其添加变形效果，然后将文本图层复制并转换为工作路径，并配合使用路径编辑工具对路径形状进行调整，如图**15-98**所示。

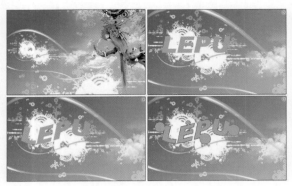

图 15-98

图 15-99

02 将调整形状后的字母复制，更改其填充色，为其添加描边效果，制作出字母阴影效果。然后将上面备份的字母放到最上层，再次复制，依次对其进行调整。完毕后继续输入文字，将其变形并添加"描边"图层样式效果，如图15-99所示。

03 参照以上方法，继续添加文字。然后使用"钢笔"工具，在视图中绘制曲线路径，使用"横排文字"工具，沿路径创建文字，并为其添加"渐变叠加"图层样式效果，至此完成本实例的制作，如图15-100所示。

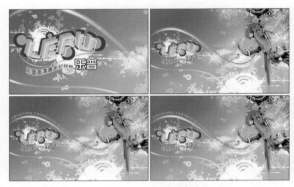

图 15-100

第16章　设置段落格式

在上一章提到 Photoshop 中的文字格式分为点文字和段落文本，段落文本主要适用于编辑和管理具有段落特征的文本内容，例如印刷物的正文内容。在本章将详细介绍段落文本的创建与编辑方法，使用文字工具可以直接创建段落文本，首先创建文本定界框，再输入文字信息。段落文本将在文字定界框中自动换行，以形成块状的区域文字，如图 16-1 和图 16-2 所示。

使用"横排文字"工具可以创建横向排列的段落文本

图 16-1

使用"直排文字"工具可以创建纵向排列的段落文本

图 16-2

16.1　创建段落文字

在 Photoshop 中使用文字定界框管理段落文字，文字定界框是在图像中划出一个矩形范围，通过调整定界框的大小、角度、缩放和斜切来调整段落文字的外观效果。本节就来学习如何创建段落文字。

16.1.1　创建基础文字定界框

01 打开配套素材\Chapter-16\"游戏背景.psd"文件，如图16-3所示。

02 使用 T. "横排文字"工具，在视图中单击并输入文字，完毕后双击该文字所在图层的空白处，打开设置"图层样式"对话框，如图16-4和图16-5所示。

输入文字

图 16-3

图 16-4

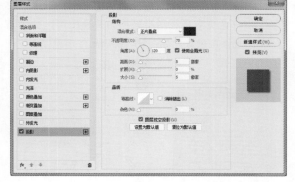

图 16-5

03 继续使用 T. "横排文字"工具，在视图中单击鼠标并沿对角线方向拖动，直至出现文字定界框后松开鼠标，如图16-6所示。

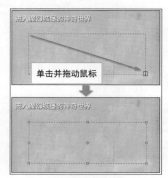
单击并拖动鼠标

图 16-6

04 设置"字符"调板中的参数，然后输入文字。当文字接触到文字定界框边缘时，将自动换行，如图16-7所示。

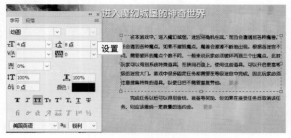
设置

图 16-7

05 按下Alt键，单击并拖动鼠标绘制文字定界框，松开鼠标，则弹出"段落文字大小"对话框，如图16-8所示。

06 在文本框中输入"宽度"和"高度"值，单击"确定"按钮，创建出自定义大小的文字定界框，如图16-9所示。

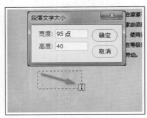 

图 16-8　　　　　　　　图 16-9

07 将鼠标指针移动到定界框的边控制柄上，当指针变为 ↔ 时，单击拖移边控制柄，即可调整定界框形状，如图16-10所示。

08 接着使用"横排文字"工具，在定界框内输入文字，如图16-11所示。

 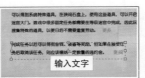

图 16-10　　　　　　　图 16-11

09 然后调整定界框大小，段落文本也随之被调整，如图16-12所示。

图 16-12

16.1.2　不规则外形定界框

在前面的学习过程中，读者学会了如何将文字沿路径创建，从而得到各种形状的点文字。在本节中，将介绍如何创建将路径定义为文字定界框，从而创建出符合路径形状的段落文本。这一功能大大提升了 Photoshop 对文字的排版效果。

01 使用 ✐ "钢笔"工具，在视图中绘制轮廓路径，来定义段落文字的输入范围，如图16-13所示。

02 选择"横排文字"工具，设置其工具选项栏，然后将光标放置在路径内，当光标变为 ⓘ 形状时单击鼠标，这时将把路径图形作为段落文字定界框，如图16-14所示。

 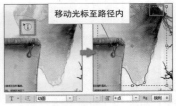

图 16-13　　　　　　　图 16-14

03 接着输入文本，段落文字会根据定界框形状自动换行，按下Enter键，完成段落文本创建，然后将文本图层放置到背景图层的上方，如图16-15所示。

> **提示**
>
> 在输入过程中，按下 Enter 键可以另起一段输入文字。

04 当输入的文字超过定界框范围后将不可见，此时定界框上将出现"+"符号，如图16-16所示。

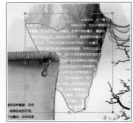 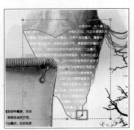

图 16-15　　　　　　　图 16-16

05 接着在"段落"调板中分别设置这3个段落文字的"首行缩进"参数值为8，如图16-17所示。

> **提示**
>
> 关于"段落"调板的设置，在下一小节中将会详细讲述，在此就不再讲述了。

06 将白色文字所在图层转换为普通图层，并为其添加图层蒙版，如图16-18所示。

图 16-17　　　　　　　图 16-18

07 使用"画笔"工具在白色文字上涂抹，对蒙版进行编辑，如图16-19所示。

08 至此完成本实例的制作，效果如图16-20所示。读者可以打开配套素材\Chapter-16\"游戏网页设计.psd"文件进行查看。

图 16-19　　　　　　图 16-20

16.2 使用"段落"调板

使用"段落"调板，可以很轻松地对选定段落进行各种格式设置。执行"窗口"→"段落"命令可以打开或隐藏"段落"调板，图 16-21 显示了调板中的各项设置选项，下面来对其逐一进行讲解。

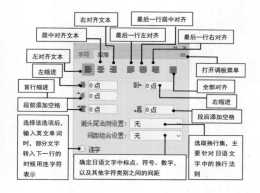

图 16-21

16.2.1 指定对齐选项

01 打开配套素材\Chapter-16\"书籍.psd"文件，如图16-22所示。

图 16-22

02 参照图16-23所示选择段落文本，单击"段落"调板中的"居中对齐文本"按钮，调整段落文

本的指定段落对齐方式。

图 16-23

03 单击"右对齐文本"按钮，将使段落右端文字对齐，左端参差不齐，如图16-24所示。

图 16-24

04 分别单击"段落"调板上的段落对齐按钮，效果如图16-25所示。

图 16-25

05 使用"横排文字"工具在段落文本中单击并拖移鼠标，选择图16-26所示的文本，接着单击"居中对齐文本"按钮，当前文本对齐方式只针对被

选中的文本进行应用。

06 按下Enter键，确认操作。然后单击"居中对齐文本"按钮，将整个段落居中对齐，如图16-27所示。

图 16-26　　　　　　图 16-27

16.2.2　缩进段落

在"段落"调板中可以设置段落的缩进。段落缩进指定文字与定界框之间或与包含该文字的行之间的间距量，且只作用于选定的段落文本。

01 选择段落文本，接着在"左缩进"文本框中输入缩进参数，按下Enter键，段落文本的缩进方式发生变化，如图16-28所示。

02 参照图16-29所示，分别设置缩进参数，段落文本的缩进方式发生不同的变化。

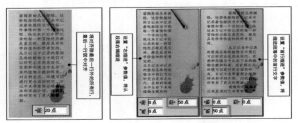

图 16-28　　　　　　图 16-29

03 确认文字图层处于选择状态，单击选项栏中的 "切换文本取向"按钮，将横排文字更改为直排文字，如图16-30所示。

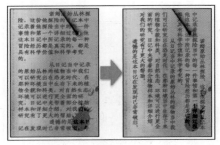

图 16-30

04 参照图16-31所示设置"右缩进"选项，此时该选项参数将控制从段落底部的缩进。

05 再次单击选项栏中的 "切换文本取向"按钮，将直排文字更改为横排文字。使用"横排文字"工具，选择部分段落文字，然后设置"左

缩进"和"右缩进"选项的参数值，效果如图16-32所示。

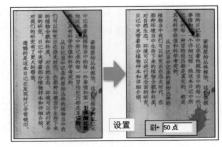

图 16-31

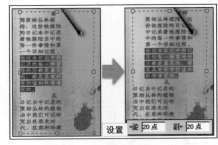

图 16-32

06 保持文本的选择状态，参照图16-33所示设置"首行缩进"选项参数，将只缩进选择文本中的首行文字。

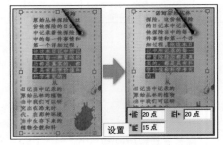

图 16-33

07 参照图16-34对该段落进行设置。

图 16-34

16.2.3　设置段落间距

"段落"调板提供的"段前添加空格"和"段后添加空格"选项，可以精确设置段落之间的距离。

01 参照图16-35选择段落文本所在的图层，设置"段落"调板中的"段前添加空格"参数，按下Enter键，段落间距发生变化。

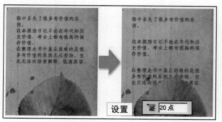

图 16-35

02 调整"段后添加空格"参数也一样可以调整段落间距。如图16-36所示，值越大，段落之间的距离越大。

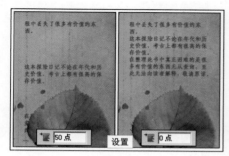

图 16-36

03 使用"横排文字"工具在段落文本中单击并拖移鼠标，选择部分文本，设置"段落"调板，被选

择的段落文本的行间距发生改变，效果如图16-37所示。

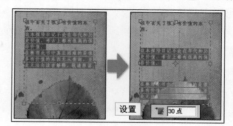

图 16-37

> **提示**
>
> 与设置段落缩进一样，当段落文本中有部分文本被选中，行间距将只作用于选定文本，其他未选择段落文本之间的行间距保持不变。

04 保持文本的选择状态，参照图16-38所示设置"段落"调板。

05 至此完成本实例的制作，效果如图16-39所示。读者可以打开配套素材\Chapter-16\"书籍展示.psd"文件进行查看。

图 16-38   图 16-39

16.3 调整连字

在图像中输入成段的英文文本时，用户对连字的设置将影响文字在页面上的美感。在 Photoshop 中，可以手动或者自动调整连字。需要注意的是，连字符连接设置仅适用于罗马字符，而中文、日文、韩文字体的双字节字符不受这些设置的影响。

如果使用自动连字，则将"段落"调板底部的"连字"复选框勾选，如图 16-40 所示。

图 16-40

> **提示**
>
> 默认状态下，连字选项为选择状态。

如果需要手动设置连字，单击"段落"调板右上角的三角按钮，在弹出的调板菜单中选择"连字符连接"命令，打开"连字符连接"对话框，如图 16-41 所示。

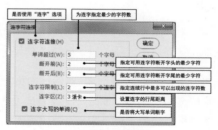

图 16-41

在创建文本的过程中，有些专有名称会和单词的连字符混杂在一起并造成误解。为了避免多个词被断开，可以选择"字符"调板菜单中的"无间断"命令，防止字在行末被断开。需要注意的是，如果"无间断"选项为选择状态，创建的段落文本中字符的数量超出文字定界框边界时，文字不会被强制换行，而是所有文字都不可见。

16.4 点文字与段落文字的转换

为了方便对文字进行编辑，Photoshop 提供了点文字与段落文字相互转换的功能，这样在工作中，可以根据需要对文本快速地进行转换。

01 打开配套素材\Chapter-16\ "香水POP挂旗.psd"文件，如图16-42所示。

图 16-42

02 选择"段落文本"图层，执行"图层"→"文字"→"转换为点文本"命令，将段落文本转换为点文本，如图16-43所示。

> **提示**
>
> 在将段落文本转换成点文字时，所有溢出定界框的字符都被删除。为了避免丢失文本，应使全部文字在转换前都显示在定界框中。

03 确认文字图层处于选择状态，单击选项栏中的"切换文本取向"按钮，将横排文字更改为直排文字，如图16-44所示。

图 16-43

04 执行"图层"→"文字"→"转换为段落文本"命令，即可将其转换为段落文本。使用文字工具选择文本，如图16-45所示，文本周围出现文字定界框。

图 16-44　　　　图 16-45

> **提示**
>
> 当文字处于选择状态时，转换文本类型的命令处于不可选择状态，这里是为了方便查看转换文本类型后的文字效果。

16.5 设置亚洲文字选项

Photoshop 针对不同地域的用户需求，提供了多方位的文字设置方法，对于中文、韩文、日文文字，就有多种处理选项。中文、日文和韩文统称 CJK 字体，该字体中的文字也称作双字节字符。

首先，用户必须在"首选项"对话框内将"显示亚洲文本选项"复选框选择，才可以查看和设置中文、日文、韩文文字的选项。选择"编辑"→"首选项"→"文字"命令，打开"首选项"对话框，如图 16-46 所示。如果选择对话框内的"以英文显示字体名称"复选框，则可以用英文显示 CJK 字体名称。

图 16-46

16.6　拼写检查

执行"编辑"→"拼写检查"命令,可以检查文档中所有输入的文本是否存在拼写错误。在检查文档的拼写时,Photoshop 对其词典中没有的字进行询问。如果被询问的字的拼写正确,则可以通过将该字添加到词典中来确认其拼写。如果被询问的字拼写错误,则可以更正它。

16.7　查找和替换文本

Photoshop 还提供了一个"查找和替换文本"命令,方便在所有文本中查找单个字符、一个单词或一组单词。找到要查找的内容后,可以将其更改为其他内容。需要注意的是,"查找和替换文本"命令将不检查被隐藏或锁定的图层。

01 确认"香水POP挂旗"文档为当前选择状态,执行"编辑"→"查找和替换文本"命令,打开"查找和替换文本"对话框,如图**16-47**所示。

02 在"查找内容"文本框中输入需要查找的文本,接着在"更改为"文本框中输入更改后的文本内容,如图**16-48**所示。

图 16-47　　　　　图 16-48

03 单击"查找下一个"按钮开始搜索,如图**16-49**所示。此时"更改"按钮和"更改/查找"按钮都变为可使用状态。

04 单击"更改"按钮,即可将查找到的文本更改,如图**16-50**所示。

图 16-49

05 如果单击"更改全部"按钮,则可将文档中查找到的所有文本更改,并弹出图**16-51**所示的对话框。单击"确定"按钮,即可关闭对话框。

图 16-50　　　　　图 16-51

16.8　实例演练：手机网页设计

16.8 视频教学

在本章的学习中为用户安排了"手机网页设计"实例,效果如图 16-52 所示。在制作本实例的过程中,重点向用户讲述了段落文本的创建、编辑等相关操作。通过本实例的操作，读者将进一步熟悉文字工具的使用方法和技巧，从而可以创作出丰富的文字排版效果。

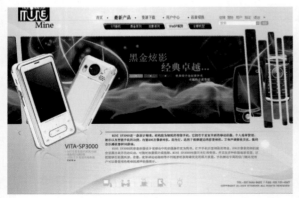

图 16-52

以下内容，简要地为读者叙述了实例的技术要点和制作概览，具体操作请参看本书多媒体视频教学内容。

打开背景素材，使用文本工具创建文本框，并输入文字。然后在"字符"调板中依次对段落文字进行调整。再次创建段落文本，并在"段落"调板中对段落进行设置。最后输入点文字，对文字进行编辑，完成实例的制作，如图 **16-53** 所示。

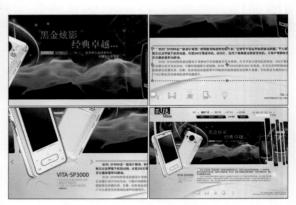

图 16-53

第 17 章　辅助工具

在 Photoshop 中提供了多种辅助工具，使用这些工具不会对图像像素产生直接的影响，只是从图像中获取色彩、尺寸、标注数据等信息，以帮助用户对图像进行分析和比较，对图像的矫正与编辑提供参考数据。另外，辅助工具还可以在图像中添加注释内容，以便记录工作中出现的问题或注意事项。辅助工具包括："注释"工具、"语音批注"工具、"吸管"工具、"颜色取样器"工具、"标尺"工具和"计数"工具。在使用这些工具时，配合使用相应的调板，可以有更多的收获。本章将详细介绍这些工具的使用方法。

17.1　"信息"调板

在"信息"调板中显示视图中指针下的颜色值，以及其他有用的信息（这取决于所使用的工具），而且还显示使用选定工具的提示，提供文档状态等信息。

01 打开配套素材\Chapter-17\"香水pop挂旗.psd"文件，如图17-1所示。

02 执行"窗口"→"信息"命令，打开"信息"调板，然后将鼠标指针移动到视图中，如图17-2所示。

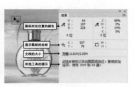

图 17-1　　　　　　　　图 17-2

03 使用▣."矩形选框"工具，在视图中绘制选区。在"信息"调板中将显示选区的宽度和高度，如图17-3所示。

> **提示**
>
> 在使用"裁剪"工具或"缩放"工具时，"信息"调板会随着鼠标的拖移显示选框的 W 宽度和 H 高度。如果使用的是"裁剪"工具，该调板还显示选框的旋转角度。

04 保持选区的浮动状态，执行"选择"→"变换选区"命令。观察"信息"调板，如图17-4所示。在调板中显示变化框的宽度和高度百分比变化、旋转角度，以及水平切线或垂直切线的角度。

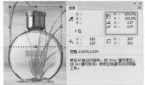

图 17-3　　　　　　　　图 17-4

05 按下Esc键取消"自由变换"命令，接着取消选区。

06 使用◢."多边形"工具，在视图中单击并拖动鼠标，不要松开鼠标，查看"信息"调板，如图17-5所示。

07 按下Ctrl+Alt+Z键，将上步操作还原。然后执行"图像"→"调整"→"色阶"命令，打开"色阶"对话框，设置对话框中的参数，如图17-6所示。

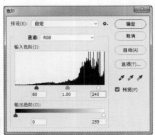

图 17-5　　　　　　　　图 17-6

08 不要关闭"色阶"对话框，将指针移动到视图中，查看"信息"调板，在"信息"调板中显示鼠标指针下视图调整前和调整后的颜色信息，如图17-7所示。

09 单击"确定"按钮关闭对话框，调整图像的色调。

10 在"信息"调板中显示CMYK值时，如果鼠标指针下的颜色超出了可打印的CMYK色域，则"信息"调板将在CMYK值旁边显示一个惊叹号，如图17-8所示。

图 17-7　　　　　　　　　图 17-8

11 单击"信息"调板右上角的按钮，在弹出的菜单中执行"调板选项"命令，打开"信息调板选项"对话框，如图17-9所示。该对话框可以设置"信息"调板的显示状态信息。

12 单击"第一颜色信息"或"第二颜色信息"选项的下三角按钮，即可弹出图17-10所示的下拉列表，在列表中选择需要的信息。

13 参照图17-12所示设置"调板选项"对话框的其他选项。

14 设置完毕后单击"确定"按钮，关闭对话框，"信息"调板中的内容被调整，如图17-13所示。

图 17-9　　　　　　　　　图 17-10

图 17-12　　　　　　　　　图 17-13

17.2　　"吸管"工具

使用"吸管"工具，可以从图像中吸取目标像素点的颜色，或者以拾取点周围多个像素的平均色进行颜色取样，从而改变前景色或背景色。

01 打开配套素材\Chapter-17\"皮夹设计.psd"文件，如图17-14所示。

02 使用 🖉 "吸管"工具，在视图中需要的颜色上单击，即可将吸取的颜色设置为前景色，如图17-15所示。

03 按下Alt键的同时在视图中单击，可以将吸取的颜色设置为背景色，如图17-16所示。

04 恢复默认前景色和背景色，在"吸管"工具选项栏中只有一个选项"取样大小"，设置该选项可以设置"吸管"工具吸取平均颜色的范围，如图17-17所示。

图 17-14　　　　　　　　　图 17-15

图 17-16　　　　　　　　　图 17-17

17.3　　"颜色取样器"工具

"颜色取样器"工具的主要功能是检测图像中像素的色彩构成。使用此工具最多可以定义 4 个取样点的颜色信息,并且把这些颜色信息存储在"信息"调板中。

01 选择  "颜色取样器"工具,在视图中单击,这时"信息"调板自动打开,如图**17-18**所示。

02 移动鼠标指针到取样点上,当指针呈 ▶ 状时,单击并拖动鼠标,可以移动取样点,查看"信息"调板,调板中的信息也随之发生了改变,如图**17-19**所示。

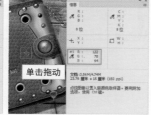

图 17-18　　　　　图 17-19

03 接着在视图中设置其他3个取样点,如图**17-20**所示。

04 在取样点上右击,弹出一个快捷菜单,在该快捷菜单中执行"删除"命令,可以删除该取样点,图**17-21**所示。

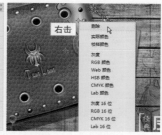

图 17-20　　　　　图 17-21

05 单击"颜色取样器"选项栏中的"清除"按钮,可以将图像中所有的取样点删除,如图**17-22**所示。

图 17-22

17.4 "注释"工具

在 Photoshop 中,专门为"注释"工具匹配了一个调板,以方便查看。使用"注释"工具可以在图像中添加文字注释及作者信息等内容,不会影响图像的最终效果,下面通过实践学习怎样添加文本注释。

01 启动Photoshop,执行"图像"→"打开"命令,打开配套素材\Chapter-17\"军事发烧友.psd"文件,如图**17-23**所示。

图 17-23

02 选择工具栏中的  "注释"工具,显示其选项栏,如图**17-24**所示。

图 17-24

03 在"作者"文本框中输入"JUNSHI",然后在视图相应的位置单击,打开"注释"调板,可以

看到JUNSHI显示在"注释"调板中,如图**17-25**所示。

04 在打开的"注释"调板中输入文字,如图**17-26**所示。

图 17-25　　　　　图 17-26

05 将鼠标指针移动到"注释"调板的右下角,当指针呈 ↖ 状时,拖动鼠标可以调整调板的大小,如图**17-27**所示。

06 单击"注释"调板右上角的 ⊠ 按钮,可以将"注释"调板关闭,完成注释的添加,如图**17-28**所示。

07 如果对注释图标的位置不满意,可以将鼠标指针移动到注释图标上,指针呈 ▶ 状时单击并拖

动注释图标，即可调整图标的位置，如图17-29所示。

图 17-27 　　　　 图 17-28 　　　　 图 17-29

08 双击注释图标可以打开"注释"调板。在"注释"调板中，单击并拖动"折叠为图标"，可以调整调板的位置，如图17-30所示。

09 关闭"注释"调板，使用 🖼 "注释"工具在视图中单击鼠标，将得到一个"注释"窗口，如

图17-31所示。默认状态下，新创建出的"注释"窗口的作者名称、颜色与上一次创建的相同。

10 在刚刚创建的文本注释上右击，在弹出的快捷菜单中执行"删除注释"命令，弹出一个提示对话框，单击"确定"按钮，即可将该文本注释删除，如图17-32所示。

图 17-30 　　　　 图 17-31 　　　　 图 17-32

17.5 "标尺"工具

　　"标尺"工具的主要功能是对某部分图像的长度或角度进行精确的测量，测量的数据显示在选项栏和"信息"调板中。

01 打开配套素材\Chapter-17\ "旅游宣传网页.psd"文件，如图17-33所示。

02 选择 🖼 "标尺"工具，在图像上需要测量的起点处按住鼠标左键并向终点处拖动。到达终点后松开鼠标，即可完成这两点之间的距离测量，如图17-34所示。

图 17-35 　　　　　　 图 17-36

05 按下Alt键的同时移动鼠标到标尺的一端，在鼠标指针呈 状时，再次按住鼠标左键向另一边线拖动，拖动到某一点上松开鼠标左键，即完成角度测量，如图17-37所示。

06 查看选项栏和"信息"调板，如图17-38所示。

 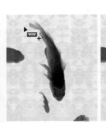 

图 17-33 　　　　　　 图 17-34

03 这时在选项栏和"信息"调板中都会显示它的相关数值，如图17-35所示。

04 移动鼠标到标尺的一端，单击并拖动鼠标可以对标尺进行调整，如图17-36所示。

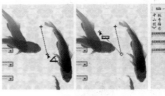 

图 17-37 　　　　　　 图 17-38

17.6 "计数"工具

　　"计数"工具可统计图像中对象的个数，并将这些数目显示在选项栏和视图中。在 Photoshop 中，重新设计了"计数"工具的选项栏。

01 选择 123 "计数"工具，图17-39所示为该工具的选项栏。

图 17-39

02 如图17-40所示，设置计数组的颜色、标记大小和标签大小，并依次在鱼上单击，这时在视图中依次显示单击的数目，并在"计数"栏中显示单击的数目。

03 单击"计数"工具选项栏中的 ◉ "切换计数组的可见性"按钮，可隐藏计数组，如图17-41所示。

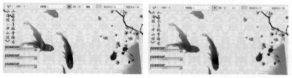

图 17-40　　　　　　　　图 17-41

04 单击 □ "创建新的计数组"按钮，打开"计数组名称"对话框，如图17-42所示。

图 17-42

05 单击"确定"按钮，新建"计数组2"。参照图17-43所示重新设置计数组的颜色、标记大小和标签大小。完毕后在视图中单击鼠标，使用新的设置建立计数标签。

06 如图17-44所示，单击"计数组"，在打开的下拉列表中选择"计数组1"，单击 ☰ "删除当前所选计数组"按钮，删除所选计数组。

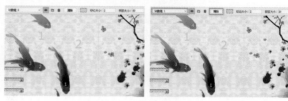

图 17-43　　　　　　　　图 17-44

07 移动鼠标到"计数"标签上，可以调整标签的位置，如图17-45所示。

08 按下Alt键同时，移动鼠标到"计数"标签上单击，可以将该标签删除。如图17-46所示，选项栏中总计数也随之发生改变。

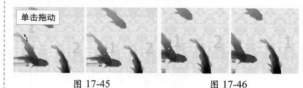

图 17-45　　　　　　　　图 17-46

17.7 "测量记录"调板

当测量对象时"测量记录"调板可以将测量的数据记录下来。此记录中的每一行表示一个测量组；每一列表示测量组中的数据点。

17.7.1 使用"测量记录"调板记录数据

01 执行"窗口"→"测量记录"命令，打开"测量记录"调板，如图17-47所示。

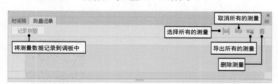

图 17-47

02 打开配套素材\Chapter-17\"设计公司视觉创意设计.psd"文件，然后使用 ▥ "标尺"工具在视图中将主体物的高度测量，如图17-48所示。

图 17-48

03 这时"记录测量"按钮处于可用状态，单击该按钮，即可将测量的数据记录到"测量记录"调板中，如图17-49所示。

图 17-49

04 使用 ⌷⌷ "计数"工具在视图中单击，记录对象数目，如图**17-50**所示。

图 17-50

05 单击"记录测量"按钮，将"计数"工具的数据记录到"测量记录"调板中，如图**17-51**所示。

图 17-51

06 使用 ⌷⌷ "椭圆选框"工具，在视图中绘制选区，然后单击"记录测量"按钮，可以将选区的圆周、面积、圆度等数据记录在"测量记录"调板中，可以拖动调板的水平滚动轴进行查看，如图**17-52**所示。

图 17-52

17.7.2 删除和导出数据

01 选择需要删除的数据组，如图**17-53**所示。

图 17-53

02 单击"测量记录"调板右上角 ⌷⌷ "删除所选测量"按钮，打开提示对话框，单击"确定"按钮，将选择的数据组删除，如图**17-54**所示。

图 17-54

03 单击"选择所有测量"按钮，将测量的所有数据选择，如图**17-55**所示。

图 17-55

04 然后单击"导出所选测量"按钮，打开"存储"对话框。

05 在对话框中选择存储该文档的一个位置，其他选项保持默认状态，然后单击"保存"按钮，将该文档存储。

17.7.3 设置"测量记录"调板

在菜单中执行"图像"→"分析"→"选择数据点"→"自定"命令，打开"选择数据点"对话框，如图 **17-56** 所示。设置对话框中的选项，可以对"测量记录"调板中记录数据的选项进行设置。

图 17-56

17.8 视频教学

17.8 实例演练：包装设计

通过本章的学习相信读者对辅助工具有了一定的了解。为了使读者可以更多地了解辅助工具的使用方法，在本节中安排了一个"包装设计"的实例。在本实例的制作过程中，综合使用辅助工具快速、准确地绘制图像。图 17-57 和图 17-58 为本实例的完成效果。

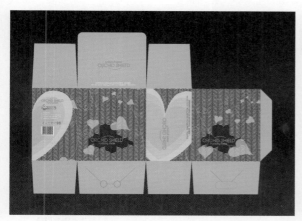

图 17-57

图 17-58

以下内容，简要地为读者介绍实例的技术要点和制作概览，具体操作请参看本书多媒体视频教学内容。

01 新建文档并添加参考线，然后沿参考线绘制黄色矩形。再依照绘制的参考线，选取并删除图像，制作出包装盖的平面展示图，如图**17-59**所示。

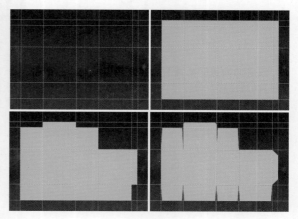

图 17-59

02 在包装平面图上添加素材，并添加文字信息，然后再添加注释。最后根据平面效果图，制作出立体包装效果图，完成本实例的制作，如图**17-60**所示。

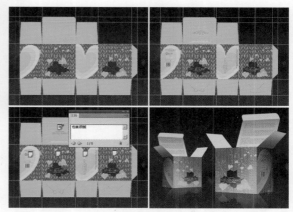

图 17-60

第18章 图层基本操作

图层如同透明的拷贝纸，在拷贝纸上画出图像，然后将它们叠加在一起，就可浏览到图像的组合效果，如图18-1所示。使用图层可以把一幅复杂的图像分解为相对简单的多层结构，然后对图像进行分级处理，从而减少图像处理工作量，并且降低难度。通过调整各个图层之间的关系，能够实现更加丰富和复杂的视觉效果。

图 18-1

18.1 视频教学

18.1 使用"图层"调板

对图层的管理和编辑操作都是在"图层"调板中实现的。如新建图层（图层组）、删除图层、设置图层属性、添加图层样式，以及图层的调整编辑等。下面来认识"图层"调板。

01 启动Photoshop后执行"文件"→"打开"命令，打开配套素材\Chapter-18\"图书插画.psd"文件，如图18-2所示。

02 如果"图层"调板没有在程序窗口中显示，那么执行"窗口"→"图层"命令，打开"图层"调板，如图18-3所示。

图 18-2

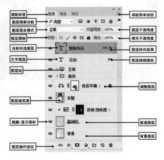

图 18-3

03 在右上角单击 "调板菜单"按钮，在弹出的菜单中执行"面板选项"命令，打开"图层面板选项"对话框，如图18-4所示。该对话框可以对"图层"调板的外观进行设置。

04 参照图18-5所示设置对话框，然后单击"确定"按钮，调整图层缩览图的大小和显示方式。

05 再次打开"图层面板选项"对话框，选择"小缩览图"，将图层缩览图的大小和显示方式还原。

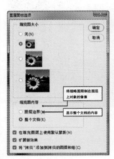

图 18-4

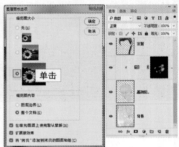

图 18-5

18.1.1 图层搜索功能

Photoshop 增强了"图层"调板的功能，最明显的是在"图层"调板的顶端增加了一个搜索栏，如图 18-6 所示。可以按照名称、效果、模式、属性、颜色等进行搜索，以方便用户更加快捷地找到相应的图层。

01 在"图层"调板中，"类型"选项为选择的状态，此时在右侧会显示相应的按钮，如图18-7所示。

02 在"类型"栏中，单击 "调整图层"按钮，在"图层"调板中将只显示文档中应用的"调整图层"，如图18-8所示。

03 再单击 "文字图层"按钮，在"图层"调板中显示符合这两种类型的图层，如图18-9所示。

04 在"选择图层类型"栏中选择"名称"选项，在其中出现搜索栏，在其中输入"背景"，显示"背景"图层，如图18-10和图18-11所示。

图 18-13　　　　　　　　　　图 18-14

图 18-6　　　　　　图 18-7　　　　　　图 18-8

03 再次单击"背景"图层的左侧，打开 👁 "眼睛"图标，可以将"背景"图层显示，如图18-15所示。

04 接着按下Alt键的同时，单击"背景"图层的 👁 "眼睛"图标，使"背景"图层显示，将其他图层隐藏，如图18-16所示。

图 18-9　　　　　　图 18-10　　　　　　图 18-11

05 在"图层"调板中，若要恢复所有图层的显示状态，在"选择图层类型"栏中选择"类型"选项，如图18-12所示。

图 18-15　　　　　　　　　　图 18-16

05 在"基础形"图层左侧单击并向上拖动鼠标，鼠标经过的图层都将打开 👁 "眼睛"图标，如图18-17所示。

图 18-12

18.1.2　显示和隐藏图层

在 Photoshop 中每个图层都可以隐藏或显示在视图中，下面通过一组操作来学习隐藏和显示图层的方法。

01 打开"图层"调板，在打开的调板左侧可以看到每个图层的左边都有一个 👁 "眼睛"图标，每个图层都显示在视图中，如图18-13所示。

02 使用鼠标单击"背景"图层左侧的 👁 "眼睛"图标，可以使"背景"图层在视图中隐藏，如图18-14所示。

图 18-17

18.1.3　选择图层

在对图层内的图像进行编辑时，必须先选择图层。可以选择一个图层，也可以同时选择多个图层，然后对选择的图层进行操作，下面介绍如何对图层进行选择。

01 使用鼠标在"图层"调板中单击"发髻"图层，即可将其选中，如图18-18所示。

02 在按下Ctrl键的同时，单击"基础形"图层，即可将"发髻"和"基础形"图层同时选中，如图18-19所示。

03 单击"基础形"图层，仅使该图层成为当前可编辑图层，按下Shift键的同时，单击"聊斋传说"图层即可将包括"装饰"和"聊斋传说"之间的图层全部选中，如图18-20所示。

图 18-21　　　　　　　图 18-22

图 18-23

图 18-18　　　图 18-19　　　图 18-20

04 选择工具栏中的 ✛ "移动"工具，在视图相应的位置右击，弹出如图18-21所示的快捷菜单。

05 在快捷菜单中选择"基础形"图层，可以将该图层选择，如图18-22所示。

06 选择"花仙"图层，执行"图层"→"选择链接图层"命令，可以使与"花仙"图层相链接的图层全部选择，如图18-23所示。

07 选择 ✛ "移动"工具选项栏中的"自动选择"选项，然后在视图中单击，即可选择单击处的图层或图层组，如图18-24和图18-25所示。

图 18-24　　　　　　　图 18-25

18.2　新建图层

　　创建图层的方法有很多，可以创建一个新的空白的图层，然后在图层内绘制内容；也可以利用现有的内容创建新图层；还可以将选区内的图像转换为新图层。在本节中将介绍这些方法。

18.2.1　创建图层

　　单击"图层"调板下的 ▫ "创建新图层"按钮，创建空白的图层，也可以执行相应的创建图层命令，下面学习怎样创建新图层。

01 选择"背景"图层，执行"图层"→"新建"→"图层"命令，打开"新建图层"对话框，如图18-26所示。

● **名称**：可以在"名称"文本框中输入所需的图层名称。

● **使用前一图层创建剪贴蒙版**：该选项可以将该图层与前一图层（也就是下面的图层）进行编组，从而构成剪贴蒙版。

图 18-26

● **颜色**：设置新建图层在"图层"调板中的显示颜色。

● **模式**：设置新建图层的混合模式。

● **不透明度**：设置新建图层的不透明度，0%为完全透明，100% 为完全不透明。

02 保持对话框的默认参数，然后单击"确定"按钮，关闭对话框，新建"图层 1"，如图18-27所示。

03 单击调板底部的 ▣ "创建新图层"按钮，同样可以创建新图层，如图18-28所示。

04 新建图层通常会放置于选择图层的上端，按下Ctrl键的同时，单击"图层"调板底部 ▣ "创建新图层"按钮，会在选择图层的下方新建图层，如图18-29所示。

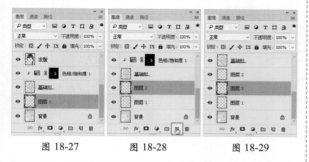

图 18-27　　　图 18-28　　　图 18-29

18.2.2　转换图层与背景图层

"背景"图层不可以调整图层顺序，它总是在"图层"调板的最底层。而且图层中的图像不可以移动位置。为了方便对"背景"图层的操作，可以将"背景"图层转换为普通图层来进行编辑。

01 在"图层"调板中，单击"背景"图层，将该图层选择，如图18-30所示。

02 接着执行"图层"→"新建"→"背景图层"命令，打开"新建图层"对话框，如图18-31所示。

图 18-30　　　　　　图 18-31

03 保持对话框的默认参数，然后单击"确定"按钮，即可将"背景"图层转换为普通图层，如图18-32所示。

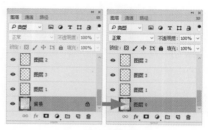

图 18-32

同样可以将普通图层转换为"背景"图层。将普通图层转换为"背景"图层时，图层中透明的部分将以背景色填充。

设置背景色为黑色，选择"图层 1"。执行"图层"→"新建"→"图层背景"命令，以背景色为底色，将"图层 1"转换为"背景"图层，如图 18-33 所示。

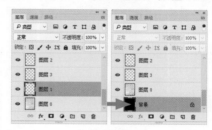

图 18-33

18.2.3　将选区图像转换为新图层

在编辑图像时，可以将选区内的图像剪贴到新的图层中。下面学习将选区内的图像转换为新图层的方法。

01 选择"椭圆选框"工具，在视图相应的位置绘制选区，如图18-34所示。

图 18-34

02 在"图层"调板中选择"装饰"图层组中的"吊坠"图层。执行"图层"→"新建"→"通过剪切的图层"命令，可将选区内的图像剪切到新的图层，如图18-35所示。

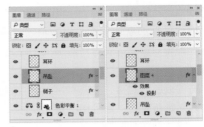

图 18-35

18.3 复制图层

根据操作需要，可以对图层进行复制，创建一个图层副本。也可以将当前图层内容复制到其他文档中使用。接下来通过操作学习复制图层的方法。

18.3.1 图层复制命令

01 选择"链子"图层，执行"图层"→"复制图层"命令，打开"复制图层"对话框，如图18-36所示。

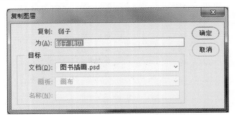

图 18-36

02 保持对话框的默认参数，单击"确定"按钮，将"链子"图层复制，如图18-37所示。

03 按下Ctrl+T键，执行"自由变换"命令，调整链子副本图像的大小和位置，如图18-38所示。

图 18-37　　　　　　图 18-38

04 接着执行"图层"→"新建"→"通过拷贝的图层"命令，将该图层复制，得到"链子拷贝2"图层，如图18-39所示。

05 参照以上方法调整图像的大小和位置，如图18-40所示。

图 18-39　　　　　　图 18-40

18.3.2 使用按钮复制图层

01 接着上一小节的操作，在"图层"调板中，拖动"链子 拷贝 2"图层到调板底部的 ▣ "创建新图层"按钮上，使 ▣ "创建新图层"按钮凹陷，松开鼠标，将"链子 拷贝 2"图层复制，得到"链子 拷贝 3"图层，如图18-41所示。

> **提示**
>
> 按下 Alt 键的同时，将图层拖动到"创建新图层"按钮上，可以打开"复制图层"对话框。

02 再次调整图像的大小和位置，制作出人物头发上的装饰链子，如图18-42所示。

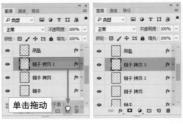

图 18-41　　　　　　图 18-42

18.3.3 使用鼠标复制图层

01 打开配套素材/Chapter-18/"发叉.psd"文件，如图18-43所示。

02 使用"移动"工具，拖动"发叉"图像至"图书插画"文档中，并调整其位置，如图18-44所示。

03 选择"移动"工具，按下Alt键，当鼠标指针呈 ▶ 状时，拖动鼠标将选择的图层复制，得到"发叉 拷贝"图层，如图18-45所示。

图 18-43　　图 18-44　　　　　　图 18-45

18.4 删除图层

在编辑与处理图像时，不可避免地会存在一些不需要的图层，将这些图层删除可以节省空间，从而可以减小图像文件的数据量。

01 选择"发叉 拷贝"图层，执行"图层"→"删除"→"图层"命令，弹出一个提示对话框，单击"是"按钮，将该图层删除，如图18-46所示。

> **提示**
>
> 将"不再显示"选项复选，再次执行该命令，将不出现该提示对话框。

02 在"图层"调板中，拖动"吊坠"图层到调板底部的 🗑 "删除图层"按钮上，使"删除图层"按钮凹陷，松开鼠标，将该图层删除，如图18-47所示。

图 18-46　　　　　　图 18-47

> **提示**
>
> 直接单击 🗑 "删除图层"按钮，同样可以打开提示对话框，然后单击"是"按钮，可以将选中的图层删除。

03 将"图层"调板中的"图层 2""图层 3"和"背景"图层隐藏。

04 接着执行"图层"→"删除"→"隐藏图层"命令，打开一个提示对话框，单击"是"按钮后，即可将该文档中隐藏的图层删除，如图18-48所示。

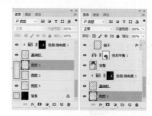

图 18-48

> **提示**
>
> 执行"删除隐藏图层"命令时，会弹出提示框，单击"是"按钮，关闭对话框即可。

18.5 更改图层属性

可以利用"图层属性"命令调整图层的名称和颜色，以方便对图层进行管理。接下来通过一组操作对更改图层的属性进行了解。

01 在"图层 0"的图层名称上双击鼠标，使名称高亮度显示，然后再输入所需的图层名称，按下Enter键即可对图层重新命名，如图18-49所示。

图 18-49

图层的颜色更改为黄色，如图18-50所示。

图 18-50

02 在"基础形"图层的 👁 "眼睛"图标处右击，在弹出的快捷菜单中选择"黄色"选项，使该

18.6　图层混合模式

图层的混合模式决定当前图层的像素如何与图像中的下层像素进行混合。使用混合模式可以创建各种特殊视觉效果。Photoshop 提供了多种混合模式，下面对其详细介绍。

01 打开配套素材\Chapter-18\"吉他海报.psd"文件，如图18-51所示。

02 确认"图层 1"为当前可编辑图层，在"图层"调板的左上角是"图层模式"框，单击下三角按钮可以选择需要的混合模式，如图18-52所示。

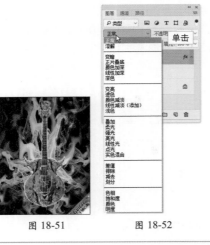

图 18-51　　　　　图 18-52

18.6.1　正常

这是系统默认下的模式，也就是图像原始状态。

18.6.2　溶解

该模式随机消失部分图像的像素，消失的部分可以显示背景内容，从而形成了两个图层交融的效果。当"不透明度"小于100%时图层逐渐溶解，当"不透明度"为100%时图层不起作用，如图18-53所示。

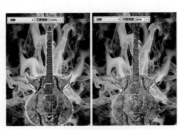

图 18-53

18.6.3　变暗

使用该模式将当前图层或底层颜色中较暗的颜色作为结果色。将当前图层中亮的像素替换，而较暗的像素不改变，从而使整个图像产生变暗的效果，如图 18-54 所示。

图 18-54

18.6.4　正片叠底

使用该模式可以产生比当前图层和底层颜色都暗的颜色。在这个模式中，黑色和任何颜色混合之后还是黑色。而任何颜色和白色混合，颜色不会改变，如图 18-55 所示。

图 18-55

18.6.5 颜色加深

使用该模式可以使图层的亮度降低、色彩加深。将底层的颜色变暗反映当前图层的颜色，与白色混合后不产生变化，如图 18-56 所示。

图 18-56

18.6.6 线性加深

使用"线性加深"模式减小底层的颜色亮度，从而反映当前图层的颜色，与白色混合后不产生变化，如图 18-57 所示。

图 18-57

18.6.7 深色

使用该模式将当前图层和底层颜色相比较，将两个图层中相对较暗的像素创建为结果色，如图 18-58 所示。

图 18-58

18.6.8 变亮

"变亮"模式与"变暗"模式相反，它是通过将当前图层颜色中暗的颜色替换，而比当前图层颜色亮的像素不改变，从而使整个图像产生变亮的效果，如图 18-59 所示。

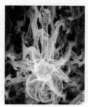

图 18-59

18.6.9 滤色

"滤色"模式是"正片叠底"模式的逆运算，结果色总是较亮的颜色，用黑色过滤时颜色保持不变，用白色过滤将产生白色，如图 18-60 所示。

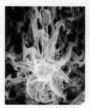

图 18-60

18.6.10 颜色减淡

该模式使底层变亮以反映当前图层中的颜色，与黑色混合则不发生变化。"颜色减淡"模式的效果比"滤色"模式的效果更加明显，如图 18-61 所示。

图 18-61

18.6.11 线性减淡

"线性减淡"模式和"线性加深"模式进行相反的操作。该模式是通过增加亮度使底层的颜色变亮以反映当前图层的颜色，与黑色混合不发生变化，如图 18-62 所示。

图 18-62

18.6.12 浅色

"浅色"模式和"深色"模式的效果相反。使用该模式将当前图层和底层颜色相比较,将两个图层中相对较亮的像素创建为结果色,如图 18-63 所示。

图 18-63

18.6.13 叠加

使用该模式相当于图层同时使用"正片叠底"模式和"滤色"模式两种操作。在这个模式下底层颜色的深度将被加深,并且覆盖掉背景图层上浅颜色的部分,如图 18-64 所示。

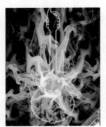

图 18-64

18.6.14 柔光

使用该模式的效果与发散的聚光灯照在图像上的效果很相似,它可能使当前颜色变暗,也可能使其变亮。如果当前图层的颜色比 50% 灰色亮,则图像会变亮;如果当前图层的颜色比 50% 灰色暗,则图像会变暗,如图 18-65 所示。

图 18-65

18.6.15 强光

使用该模式产生的效果与耀眼的聚光灯照在图像上的效果相似,它是根据当前图层的颜色使底层的颜色更为浓重或更为浅淡,这取决于当前图层上颜色的亮度。"强光"模式和"柔光"模式相比效果更明显,如图 18-66 所示。

图 18-66

18.6.16 亮光

使用该模式是通过增加或减小底层的对比度来加深或减淡颜色。如果当前图层的颜色比 50% 灰色亮,则通过减小对比度使图像变亮;如果当前图层的颜色比 50% 灰色暗,则通过增加对比度使图像变暗,如图 18-67 所示。

图 18-67

18.6.17 线性光

该模式是通过增加或减小底层的亮度来加深或减淡颜色,具体取决于当前图层的颜色,如果当前图层的颜色比 50% 灰色亮,则通过增加亮度使图像变亮;如果当前图层的颜色比 50% 灰色暗,则通过减小亮度使图像变暗,如图 18-68 所示。

图 18-68

18.6.18　点光

该模式根据当前图层颜色的亮度来替换颜色。如果当前图层的颜色比 **50%** 灰色亮，则替换比当前图层颜色暗的像素，而不改变亮的像素；如果当前图层的颜色比 **50%** 灰色暗，则替换比当前图层颜色亮的像素，而不改变暗的像素，如图 **18-69** 所示。

图 18-69

18.6.19　实色混合

该模式取消了中间色的效果，混合的结果由红、绿、蓝、青、品红、黄、黑和白 **8** 种颜色组成。混合的颜色由底层颜色与当前图层亮度决定，如图 **18-70** 所示。

图 18-70

18.6.20　差值

使用该模式将底层的颜色和当前图层的颜色相互抵消，以产生一种新的颜色效果。该模式与白色混合将反转背景的颜色；与黑色混合则不产生变化，如图 **18-71** 所示。

图 18-71

18.6.21　排除

"排除"模式可以产生一种与"差值"模式相似但对比度较低的效果。与白色混合会使底层颜色产生相反的效果，与黑色混合不产生变化，如图 **18-72** 所示。

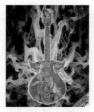

图 18-72

18.6.22　减去

"减去"模式根据不同的图像，减去图像中的亮部或者暗部，与底层的图像混合，如图 **18-73** 所示。

图 18-73

18.6.23　划分

"划分"模式将图像划分为不同的色彩区域，与底层图像混合，产生较亮的类似于色调分离后的图像效果，如图 **18-74** 所示。

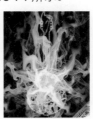

图 18-74

18.6.24　色相

该模式是用底层颜色的亮度和饱和度以及当前图层颜色的色相创建结果色，如图 18-75 所示。

图 18-75

18.6.25　饱和度

"饱和度"模式是用底层颜色的亮度和色相以及当前图层颜色的饱和度创建结果色。在"0"饱和度(也就是灰色)的区域上使用此模式不会产生变化，如图 18-76 所示。

图 18-76

18.6.26　颜色

该模式是用底层颜色的亮度以及当前图层颜色的色相和饱和度创建结果色，这样可以保留图像中的灰阶。使用该模式给单色图像上色和给彩色图像着色都会非常有用，如图 18-77 所示。

图 18-77

18.6.27　明度

该模式是用背景色的色相和饱和度，以及当前图层的亮度创建结果色，"明度"模式产生的效果与"颜色"模式相反，如图 18-78 所示。

图 18-78

18.7　图层样式

利用图层样式可以对图层内容快速应用效果。在 Photoshop 中提供了多种图像效果，如投影、内 / 外发光、斜面和浮雕、叠加和描边等，利用这些样式可以迅速改变图层内容的外观。当图层具有样式时，"图层"面板中该图层名称的右边会出现 fx. "图层样式"图标。

选择需要添加图层样式的图层，在菜单栏中执行"图层"→"图层样式"命令，在弹出的子菜单中任意选择一个命令，打开"图层样式"对话框，如图 18-79 所示。

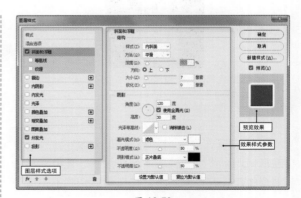

图 18-79

18.7.1 混合选项

在对话框左侧的图层样式选项中选择"混合选项：默认"选项，可以打开图 18-80 所示对话框。设置对话框中的参数可以调整图像的效果。下面通过操作来了解"混合选项：默认"选项中各个选项的作用。

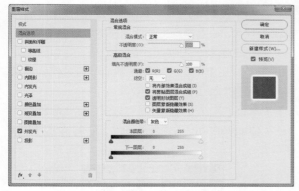

图 18-80

1. 常规混合

在"常规混合"选项组的下方有两个选项，"混合模式"选项和"不透明度"选项。这两个选项与"图层"调板中"混合模式"选项和"不透明度"选项的使用方法和作用相同。

"不透明度"选项设置图像的不透明度。当设置参数为 100% 时，图像为完全不透明状态，当设置参数为 0% 时，图像为完全透明状态。

在本章的第 6 小节中已经为大家讲解"混合模式"选项的使用方法，这里不再赘述。

01 执行"文件"→"打开"命令，打开配套素材"吉它海报 2.psd"文件，如图18-81所示。

图 18-81

02 选择"吉它"图层，执行"图层"→"图层样式"→"混合选项"命令，打开"图层样式"对话框。参照图18-82所示设置"不透明度"的参数，然后单击"确定"按钮，关闭对话框。

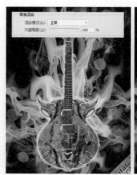

图 18-82

2. 高级混合

在"高级混合"选项组中可以设置图层的填充不透明度，以及显示 RGB 或 CMYK 颜色的方式。而且它还提供了能够透视查看当前图层的下级图层的功能。

01 "填充不透明度"选项可以将图层中像素隐藏，但不影响已应用于图层的图层效果。执行"图层"→"图层样式"→"混合选项"命令，打开"图层样式"对话框，设置填充不透明度的参数为 0%，可以看到图层内的图案隐藏了，但还保留了"外发光"效果，如图18-83所示。

02 "通道"选项在混合图层时，可以将混合效果限制在指定的通道内。单击R选项，使该选项取消勾选，这时红色通道将不会进行图层混合。单击"确定"按钮，关闭对话框，效果如图18-84所示。

图 18-83   图 18-84

03 "挖空"选项可以将底层图层"穿透"，以使背景图层中的内容显示出来，执行"图层"→"图层样式"→"混合选项"命令，打开"图层样式"对话框，将R选项复选，然后单击"挖空"选项的下三角按钮，在弹出的下拉列表中选择"浅"选项，单击"确定"按钮，关闭对话框，如图18-85所示。

04 确认"吉它"图层处于当前选择状态，按下Ctrl键的同时单击"图层1"，将"吉它"和"图层1"图层同时选中，接着按Ctrl+G键，将选中的图层组成组，如图18-86所示。

图 18-85　　　　　　　图 18-86

05 可以看到"颜色"图层被穿透，如图18-87所示。

06 接着设置"挖空"选项为"深"，然后单击"确定"按钮，关闭对话框，效果如图18-88所示。

图 18-87　　　　　　　图 18-88

07 回到最初设置，在"混合颜色带"下拉列表中可以选择所需的颜色，参照图18-89所示，将"本图层"右边的滑块向左拖移，则绿通道中亮度值大于200的像素保持不混合，并且排除在最终图像之外。

08 按下Alt键，单击并移动"本图层"中的白色滑块，将拖移一半的白色滑块，调整部分混合像素的范围，最终的图像效果将在混合区域和非混合区域之间产生较为平滑的过渡，如图18-90所示。

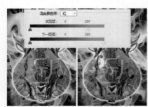
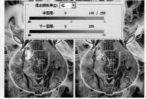

图 18-89　　　　　　　图 18-90

18.7.2　投影和内阴影

"投影"是图层样式中常用的一种图层样式效果，应用"投影"选项可以在图层中图像的背后添加阴影效果，使图像产生漂浮的感觉。而"内阴影"样式则是在图像的内侧制作阴影效果，可以获得好像用剪子剪出来的图形效果。下面学习如何为图像添加"投影"和"内阴影"效果。

01 执行"文件"→"打开"命令，打开配套素材\Chapter-18\"时尚网页.psd"文件，如图18-91所示。

图 18-91

02 选择"变形字体"图层，然后执行"图层"→"图层样式"→"投影"命令，打开"图层样式"对话框，如图18-92所示。

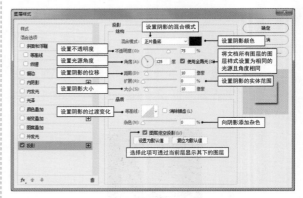

图 18-92

03 使用鼠标单击并拖移"距离"选项滑块，或直接在文本框中输入数值，可调整图像和投影的距离，值越大，图像和投影的距离越大。如图18-93和图18-94所示。

04 单击"混合模式"选项右侧的颜色框，打开"选取阴影颜色"对话框，可以调整阴影的颜色，如图18-95所示，将投影颜色设置深蓝色，效果如

图18-96所示。

图 18-93

图 18-94

图 18-95

图 18-96

05 接着设置"大小"选项参数，可调整投影的大小。在"扩展"选项参数固定不变的情况下，其值越大，投影的应用范围越宽，轮廓也会变得柔和，如图18-97所示。

06 设置"扩展"选项参数，其值越大，阴影的实心范围就越大，边缘就越清晰，如图18-98所示。

图 18-97

图 18-98

07 参照图18-99所示重新设置"扩展"和"大小"选项，然后设置"角度"选项参数，调整光源角度，投影的位置则在其相反的方向。

08 保持"图层样式"对话框为打开状态，使用鼠标在图像上拖移，即可调整投影的角度和距离，此时对话框中相关选项的参数将随之做出相应变化，如图18-100所示。

图 18-99

图 18-100

09 单击"等高线"图标，打开"等高线编辑器"对话框，参照图18-101所示设置曲线，调整投影的不透明度变化，效果如图18-102所示。

10 保持"等高线编辑器"的打开状态，单击"预设"选项右侧的下三角按钮，弹出下拉列表，如图18-103所示，在列表中可以选择Photoshop自带

的多种类型的投影形态，并进行应用，效果如图18-104所示。

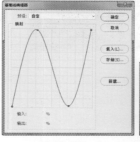

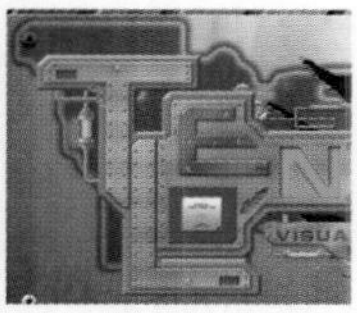

图 18-101

图 18-102

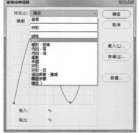

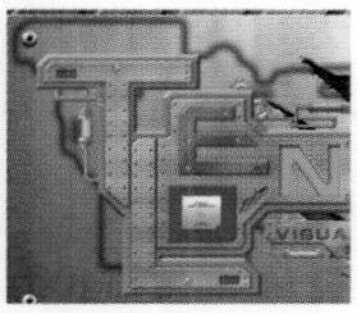

图 18-103

图 18-104

提示

创建自定图层样式时，可以使用等高线在给定范围内，在"投影""内阴影""内发光""外发光""斜面和浮雕""光泽"等效果中塑造具有某效果的外观。而"自定"等高线可用于创造独特的暗调变化。

11 设置"杂色"选项，可以为阴影图像添加效果，数值越大，杂点越多，如图18-105所示。

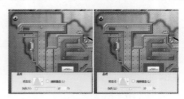

图 18-105

12 参照图18-106所示在对话框内重新进行设置，效果如图18-107所示。

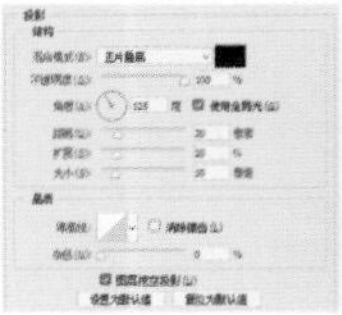

图 18-106

图 18-107

13 "图层挖空投影"选项可以使阴影根据图像的形状产生挖空效果。

14 将"变形字体"图层的"填充"参数设置为0%，图18-108展示了启用和关闭"图层挖空投

影"选项时的不同效果。

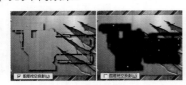

图 18-108

　　"内阴影"样式的各项设置参数与"投影"样式相同，唯一的不同点是"投影"样式是按照图层中的图案轮廓向外产生阴影效果，而"内阴影"样式则是向内产生阴影效果。读者可以参考前面的讲述学习"内阴影"样式的设置方法，在此不再赘述。读者可打开配套素材 \Chapter-18\ "时尚网页完成 .psd"文件查看。

18.7.3　外发光和内发光

　　"内发光"和"外发光"效果的设置方法几乎是一样的，"外发光"是为图层中图像的边缘外部添加发光效果，而"内发光"是为图层中图像的边缘内部添加发光效果。读者可以参考"内发光"效果的讲述来进行学习，接下来为图像添加"内发光"效果。

01 打开配套素材\Chapter-18\ "皮萨广告背景.tif"文件，如图18-109所示。

图 18-109

02 选择"图层 2"，执行"图层"→"图层样式"→"内发光"命令，打开"图层样式"对话框，如图18-110所示。

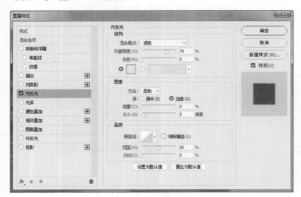

图 18-110

03 设置内发光的参数，如图18-111所示。

04 设置内发光颜色，如图18-112所示。

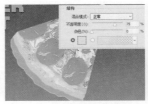 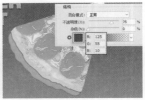

图 18-111　　　　　　图 18-112

05 设置内发光其他参数，如图18-113所示。

06 右击"图层 2"的内发光图层样式，在弹出的快捷菜单内选择"拷贝图层样式"命令，如图18-114所示。右击"图层 1"，在弹出的快捷菜单内执行"粘贴图层样式"命令，将内发光效果复制到"图层 1"上。

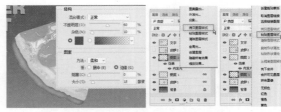

图 18-113　　　　　　图 18-114

07 打开"图层样式"对话框，单击渐变条打开"渐变编辑器"并对渐变条进行设置，如图18-115和图18-116所示。

图 18-115　　　　　　图 18-116

08 选择"皮萨"图层，为其添加内发光效果，如图18-117所示。

09 设置"大小"参数，其数值越大，内发光模糊半径越大，如图18-118所示。

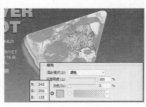 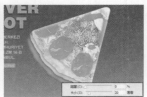

图 18-117　　　　　　图 18-118

10 设置"阻塞"参数，其数值越大，内发光边界的范围就越大，如图18-119所示。

11 设置"源"选项，选择"居中"选项，会使光源从图像的中心发出，如图18-120所示；选择"边缘"选项，会使光源从图像内部边缘发出，如图18-121所示。

12 设置"方法"选项，选择"柔和"选项时边缘较为柔和模糊，选择"精确"选项时边缘较为清晰，如图18-122所示。

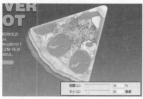

图 18-119

图 18-120

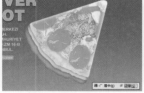

图 18-121

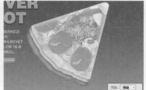

图 18-122

13 设置"等高线"类型，如图18-123所示。

14 选择"居中"选项，完毕后单击"确定"按钮，关闭对话框，如图18-124所示。

图 18-123

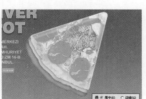

图 18-124

15 显示"披萨2"图层并载入其选区，如图18-125所示。

16 执行"选择"→"修改"→"收缩"命令，如图18-126所示。

图 18-125

图 18-126

17 新建图层，填充黑色，完毕后取消选区，如图18-127所示。

18 复制"图层 2"中的内发光效果到"图层 3"中，然后设置该图层的"填充"参数，如图18-128所示。

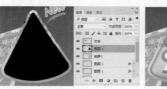

图 18-127

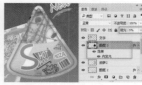

图 18-128

19 打开"图层样式"对话框，更改"等高线"类型，如图18-129所示。

20 调整"范围"参数可以更改等高线的分布范围。默认情况下该参数为50%，也就是外发光图案的中心位置，减小该值将向外侧分布，增加该值将向内侧分布，如图18-130所示。

图 18-129

图 18-130

21 使用渐变更改内发光的颜色，如图18-131和图18-132所示。

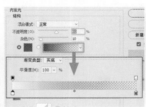

图 18-131

图 18-132

22 设置"抖动"选项，可以使渐变中的多种颜色以颗粒的状态混合，其数值越大，混合的范围越大，如图18-133所示。

图 18-133

23 继续为该层图像添加"外发光"效果，如图18-134所示。

24 最后将隐藏的图层显示，并制作投影效果，完成本实例的制作，如图18-135所示。读者可打开配套素材\Chapter-18\"披萨广告.tif"文件查看。

图 18-134　　　　　图 18-135

18.7.4　斜面和浮雕

"斜面和浮雕"效果可以为图像设置不同的立体效果。通过对面板内的选项进行设置，可以生动地模拟立体效果的转折关系和光影效果。接下来了解该选项的设置方法。

01 在"图层"调板中选择"文字"图层，使其成为当前可编辑图层。

02 单击"图层"调板底部的 *fx.* "添加图层样式"按钮，在弹出的快捷菜单中执行"斜面和浮雕"命令，打开"斜面和浮雕"设置面板，如图18-136所示。

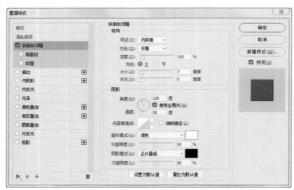

图 18-136

在面板中，"斜面和浮雕"效果设置面板由"结构"和"阴影"两个选项组组成，首先来了解"结构"选项组的选项。

1. "结构"选项组

"样式"选项可以调整斜面和浮雕的外观效果，单击"样式"选项右侧的下三角按钮，在弹出的下拉列表中共有 5 个样式，如图 18-137 所示。

01 打开配套素材\Chapter-18\"服饰POP海报.psd"文件，如图18-138所示。

图 18-137　　　　　图 18-138

02 "外斜面"样式是从图像边缘外创建高光和阴影斜面效果。单击"样式"选项右侧的下三角按钮，在弹出的下拉列表中选择"外斜面"样式，使图像产生凸起的浮雕立体效果，如图18-139所示。

03 "内斜面"样式是从图像的边缘内创建高光和阴影斜面浮雕效果。参照图18-140所示选择"内斜面"样式，使图像产生凸起的立体效果。

04 "浮雕效果"样式是以图像的边缘为中心向两侧创建高光和阴影斜面效果。选择"浮雕效果"样式，使图像产生浮雕效果，如图18-141所示。

图 18-139　　　图 18-140　　　图 18-141

05 "枕状浮雕"样式是以图像的边缘为中心向两侧创建角度相反的高光和阴影斜面效果。选择"枕状浮雕"样式，使图像产生镶嵌效果，如图18-142所示。

06 "描边浮雕"样式只在"描边"图层样式效果上添加浮雕效果。将"描边"选项复选，然后切换到"斜面和浮雕"设置面板，选择"描边浮雕"样式，如图18-143所示。

图 18-142　　　　　图 18-143

07 接着取消"描边"选项的复选，将"描边"选项隐藏。然后设置"样式"为内斜面，如图18-144所示。

08 应用"方法"选项可以调整高光和阴影过渡的方式，单击"方法"选项右侧的下三角按钮，在弹出的下拉列表中共有3个选项，如图18-145所示。

09 然后设置"方法"选项为"雕刻柔和"，效果如图18-146所示。

10 通过"深度"选项的设置可以调整斜面的深度。在"深度"文本框中输入数字，其数值越大，斜面的深度越深，如图18-147所示。

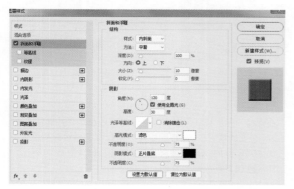

图18-144

图18-145　　图18-146　　图18-147

> **提示**
>
> "方向"选项可以使高光和阴影的方向反转。

11 设置"大小"选项可以调整"斜面和浮雕"效果的大小。在"大小"文本框中输入数字，其数值越大，立体效果越明显，如图18-148所示。

12 应用"软化"选项可以调整高光和阴影边缘的过渡，在"软化"文本框中输入数字，其数值越大，过渡越圆滑，如图18-149所示。

图18-148　　　　　图18-149

13 参照图18-150所示设置对话框中的参数，对图像的立体效果进行调整。

图18-150

2. "阴影"选项组

已经学习了"结构"选项组中的选项，下面来学习"阴影"选项组中的选项。

01 "角度"选项调整光照的角度，"高度"选项调整光照水平面的角度，可以在相对应的文本框中输入数字对其进行调整，也可以使用鼠标拖动圆中的符号调整角度。取消"使用全局光"选项的复选，参照图18-151所示设置文本框中的参数，使图像立体效果有光泽感。

02 "光泽等高线"选项使用曲线编辑模式来定义高光和阴影透明度的变化。将"使用全局光"选项复选，单击"光泽等高线"右侧的下三角按钮，在弹出的设置面板中选择"环形"选项，效果如图18-152所示。

图18-151　　　　　图18-152

03 "高光/阴影模式"选项可以调整高光和阴影的混合模式、颜色和不透明度。参照图18-153所示设置对话框中的参数，对高光和阴影进行调整。

04 参照图18-154所示设置对话框中的参数，调整"斜面和浮雕"阴影选项组中的选项。

图18-153　　　　　图18-154

3. "等高线"复选框

从"图层样式"对话框中可以看到，在"斜面和浮雕"选项的下面还有两个复选框，即"等高线"与"纹理"。选择其中一个复选框，即可弹出相应的选项组。在"等高线"设置面板中提供了"图素"选项栏，通过设置等高线和范围参数可以加强"斜面和浮雕"效果的立体强度，并且在转折面添加更多的光影变化效果。

01 选择"图层样式"对话框左侧的"等高线"选项，打开"等高线"设置面板，如图18-155所示。

图 18-155

02 参照图18-156所示设置选项的参数，为图像添加"等高线"效果。可以看到浮雕效果被加强。

图 18-156

4. "纹理"复选框

通过对"纹理"选项设置可以为高光和阴影效果添加浮雕纹理图案，取消"等高线"选项的复选，选择对话框左侧的"纹理"选项，打开"纹理"设置面板，如图 18-157 所示。

图 18-157

01 调整"缩放"选项可以设置图案的大小。在"缩放"文本框中输入数字，其数值越小，图案越小越密，如图18-158所示。

> **注意**
>
> 为便于读者对"深度"选项效果的观察，暂时将"斜面和浮雕"中的"柔化"选项设置为 0 像素。

02 "深度"调整浮雕纹理的深度。在"深度"对话框中输入数字，其数值越大，深度越大，如图18-159所示。

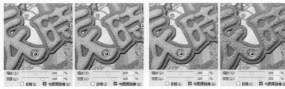

图 18-158　　　　　　图 18-159

03 "反相"选项可以使浮雕纹理的明暗反转。将"反相"选项复选，使纹理图像反转，如图18-160所示。

04 通过设置"图案"选项可以选择不同的图案。单击"图案"右侧的下三角按钮，在弹出的面

板中选择图案，如图18-161所示。在菜单中选择"图案"命令，载入该纹理。

图 18-160　　　　　　图 18-161

> **提示**
>
> 在保持"图层样式"对话框处于打开的状态，并选择"纹理"选项的情况下，在视图中可以用鼠标调整纹理的位置，如果对调整的纹理不满意，可以单击"贴紧原点"按钮，使纹理恢复到原来的位置。

05 最后参照前面的步骤和方法，对"斜面和浮雕"样式进行设置，完成本实例的制作，效果如图18-162和图18-163所示。读者可打开配套素材\Chapter-18\"服饰POP海报完成.psd"文件查看。

图 18-162

图 18-163

18.7.5　颜色叠加

"颜色叠加"选项为图层中的图像内容叠加覆盖颜色，使用该选项可以快速为图层设置颜色。结合面板内的"混合模式"选项，可以制作出更为丰富的颜色叠加效果，下面讲述该"颜色叠加"选项的具体使用方法。

01 执行"文件"→"打开"命令，打开配套素材\Chapter-18\"字体设计.psd"文件，如图18-164所示。

02 选择"文字"图层，在"图层"调板底部单击 *fx.* "添加图层样式"按钮，执行"颜色叠加"命令，打开"颜色叠加"设置面板，如图18-165所示。

图 18-164　　　　　　　图 18-165

03 然后参照图**18-166**所示对颜色框的颜色值进行定义，可以看到新设置的颜色覆盖了原有颜色。

图 18-166

04 更改"混合模式"选项和"不透明度"参数，可以使叠加在图层的颜色与图层本身的颜色产生叠加效果，读者可以尝试着进行设置。

05 完成上述练习后，参照图**18-167**所示为图像添加"斜面和浮雕"样式效果，效果如图**18-168**所示。

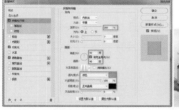

图 18-167　　　　　　　图 18-168

18.7.6　光泽

"光泽"选项可以在图像表面添加一层反射光光泽效果，使图像产生类似绸缎的感觉。

01 单击"图层"调板底部的 *fx.* "添加图层样式"按钮，在弹出的快捷菜单中执行"光泽"命令，打开"图层样式"对话框，如图**18-169**所示。

图 18-169

02 参照图**18-170**所示，设置对话框中"光泽"选项的各参数，为图像添加"光泽"效果，效果

如图**18-171**所示。

图 18-170

图 18-171

18.7.7　渐变叠加

应用"渐变叠加"选项为图层中的图像覆盖渐变色。"渐变叠加"和渐变工具很相似，在渐变工具中渐变的大小和角度是由读者自己掌握的，而"渐变叠加"增加了"缩放"和"角度"选项，使渐变色的角度和大小更容易掌握。

01 在"图层"调板中新建"图层 1"，载入"文字"图层选区并填充颜色，如图**18-172**所示。

02 取消选区，在"图层"调板上方设置该层填充度为0%。

03 单击"图层"调板底部的 *fx.* "添加图层样式"按钮，执行"渐变叠加"命令，打开"渐变叠加"设置面板，如图**18-173**所示。

图 18-172　　　　　　　图 18-173

04 "缩放"选项用于调整渐变的大小。在"缩放"选项的文本框中输入数字，其数值越小，渐变图像的范围越小，如图**18-174**所示。

05 "角度"选项用于调整渐变图像的角度。在"角度"文本框中输入数字，调整渐变图像的角度，如图**18-175**所示。

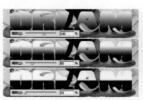

图 18-174　　　　　　　图 18-175

06 单击"图层样式"对话框中的渐变条，打开"渐变编辑器"对话框，参照图**18-176**设置渐变色，效果如图**18-177**所示。

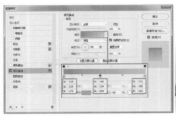

图 18-176

图 18-177

07 在图18-178所示的对话框中更改"混合模式",接着使用鼠标在视图中拖移,调整渐变色的位置,然后单击"确定"按钮,关闭对话框。

08 应用设置好的样式效果,如图18-179所示。读者可打开配套素材\Chapter-18\"字体设计完成.psd"文件查看。

图 18-178

图 18-179

18.7.8　图案叠加

"图案叠加"选项为图层中不透明区域叠加覆盖图案。可以通过设置不同的混合模式和不透明度,使图案图像和图层图像产生独特的叠加效果。

01 打开配套素材\Chapter-18\"钻石字.psd"、"钻石图案.psd"文件,如图18-180和图18-181所示。

图 18-180

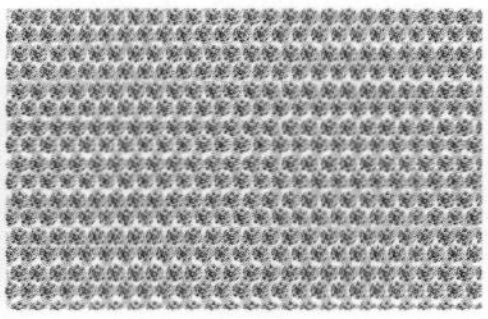

图 18-181

02 在"钻石图案"文档中执行"编辑"→"定义图案"命令,如图18-182所示。

图 18-182

03 切换至"钻石字"文档中,为"图层2"添加"图案叠加"样式效果,如图18-183所示。

04 单击"图案"右侧的三角按钮,展开"图案选取器"面板,选择之前定义好的图案,如

图18-184所示。

图 18-183

图 18-184

05 在对话框内设置图案的缩放,如图18-185所示,效果如图18-186所示。

图 18-185

图 18-186

18.7.9　描边

"描边"选项为图层中的图像制作轮廓效果。通过设置该面板中的选项来调整描边图像的大小、位置和类型等效果。

01 保持"图层样式"对话框处于打开状态,选择左侧"描边"选项,打开"描边"设置面板,如图18-187所示。

02 通过设置"大小"选项的参数,可以调整描边图像的大小。在"大小"文本框中输入数字,其数值越大,描边图像越大,如图18-188所示。

图 18-187

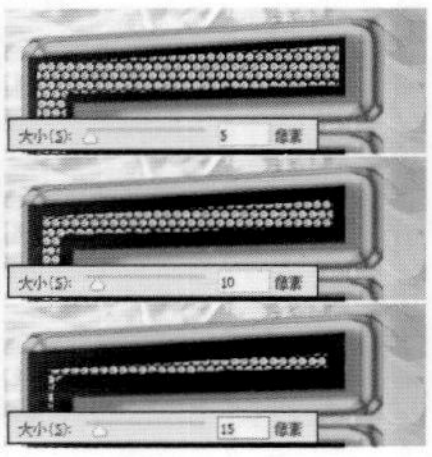

图 18-188

03 "位置"选项用于调整描边图像的位置,以图层中图像的边缘为界,分为"外部""内部"和"居中"3个选项,效果如图18-189所示。

"填充类型"选项调整描边图像的类型,在"填充类型"的下拉列表中有3个选项,如图18-190所示。选择不同类型的选项,设置描边图像的类型。

01 "颜色"选项用于设置描边图像的颜色。单击颜色框,打开"选取描边颜色"对话框,设置对话框的参数,对描边图像的颜色进行调整,如图18-191所示。

02 "渐变"选项为描边图像填充渐变色。单击"填充类型"右侧的下三角按钮，在弹出的下拉列表中选择"渐变"选项，为描边图像填充渐变色，如图18-192所示。

拉列表中选择"图案"选项，为描边图像填充图案，效果如图18-193所示。

04 最后参照图18-194所示，对描边样式进行设置，完成实例的制作，效果如图18-195所示。读者可打开配套素材\Chapter-18\"钻石字 完成.psd"文件查看。

图 18-189　　　　　图 18-190

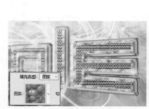

图 18-191　　　　　图 18-192

图 18-193　　　　　图 18-194

03 "图案"选项可为描边图像填充图案。单击"填充类型"右侧的下三角按钮，在弹出的下

图 18-195

18.8　编辑和管理图层样式

18.8 视频教学

对于图层样式，还可以像编辑图层一样，对图层样式进行复制、删除等操作。另外还可以将图层样式转换为剪贴蒙版，并可重新在该图层上添加图层样式效果，使图层效果更丰富。

18.8.1　图层样式基础操作

熟练地管理图层样式可以使我们的工作更加精确和高效。

1. 复制图层样式

在工作中有时需要对图像设置相同的图层样式效果，这时可以使用图层效果复制操作，将相同的样式效果复制到其他图层中。

01 执行"文件"→"打开"命令，打开配套素材\Chapter-18\"网络播放器.psd"文件，如图18-196所示。

02 在"图层"调板中单击"按钮 1"的图层样式下三角按钮，将该图层的图层样式列表展开，如图18-197所示。

03 按下Alt键的同时，拖动"按钮 1"的图层样式到"按钮 2"中，即可将"按钮 1"的图层样式

复制到"按钮 2"中，如图18-198所示。

图 18-196　　　　　图 18-197

04 单击"按钮 1"和"按钮 2"右侧的下三角按钮，将该图层的图层样式折叠。

05 在"按钮 1"的 *fx.* "图层样式"图标上右击，在弹出的快捷菜单中执行"拷贝图层样式"命令，将"按钮 1"的图层样式复制，如图18-199所示。

> **提示**
>
> 也可以在菜单栏中执行"图层"→"图层样式"→"拷贝图层样式"命令，复制当前图层的图层样式。

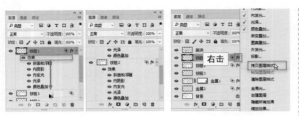

图 18-198　　　　　　图 18-199

06 选择"按钮 3"图层，执行"图层"→"图层样式"→"粘贴图层样式"命令，将刚刚复制的图层样式复制到"按钮 3"图层中，如图18-200所示。

图 18-200

2. 缩放图层样式

执行"缩放效果"命令，可以将所选图层的所有效果同时放大或缩小。下面来设置缩小"图层 1"的图层样式效果。

01 确认当前可编辑图层为"按钮 3"。执行"图层"→"图层样式"→"缩放效果"命令，打开"缩放图层效果"对话框，并设置对话框中的参数，如图18-201所示。

02 然后单击"确定"按钮，关闭对话框，效果如图18-202所示。

图 18-201　　　　　　图 18-202

3. 隐藏 / 显示图层样式

图层样式和图层一样，同样可以将其设置为隐藏或显示状态，其设置方法和隐藏、显示图层的方法相同，只要将图层样式前的"眼睛"图标关闭或打开即可。

01 选择"按钮2"，单击"内阴影"效果前的 "眼睛"图标，可将该效果隐藏，如图18-203所示。

图 18-203

02 执行"图层"→"图层样式"→"隐藏所有效果"命令，可以将图像中的所有图层样式隐藏，如图18-204所示。

图 18-204

03 执行"图层"→"图层样式"→"显示所有效果"命令，如图18-205所示。

04 将"按钮 2"中的"内阴影"样式效果显示，如图18-206所示。

图 18-205　　　　　　图 18-206

4. 设置"全局光"

使用"全局光"命令可以在图像上呈现一致的光源照明外观。接下来设置图层样式的照明外观。

01 选择"金属1"，执行"图层"→"图层样式"→"全局光"命令，打开"全局光"对话框，参照图18-207设置对话框中的参数。

02 单击"确定"按钮，关闭对话框，效果如图18-208所示。

图 18-207　　　　　　图 18-208

5. 将图层样式转换为剪贴图层蒙版

执行"创建图层"命令，可以将图层样式转换为剪贴图层蒙版。

01 执行"图层"→"图层样式"→"创建图层"命令，打开提示对话框，如图18-209所示。

02 接着单击"确定"按钮，可将"金属 1"的图层样式转换为剪贴图层蒙版，如图18-210所示。

图 18-209　　　　　　　图 18-210

03 按下 **Ctrl+Z** 键，恢复上一步操作。

6. 删除图层样式

在不需要图层样式效果时，可以将图层样式效果删除。删除图层样式效果的方法有很多种，下面进行详细的介绍。

01 确认"按钮 1"为当前可编辑图层，接着执行"图层"→"图层样式"→"清除图层样式"命令，可将"图层 1"的所有图层样式删除，如图 **18-211** 所示。

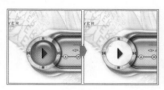

图 18-211

02 按下 **Ctrl+Z** 键，使图像恢复到上一步，展开"图层 1"的图层样式，然后拖动"内阴影"样式图层到"图层"调板底部的 🗑 "删除图层"按钮上，按钮凹陷，松开鼠标即可将"内阴影"图层样式效果删除，如图 **18-212** 所示。

03 将"效果"样式图层拖动到"图层"调板底部"删除图层"按钮上，按钮凹陷，松开鼠标即可将展开的图层样式全部删除，效果如图 **18-213** 所示。

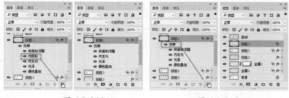

图 18-212　　　　　　　图 18-213

18.8.2　图层样式堆叠

在新版的 Photoshop 中，图层样式增加了图层样式堆叠功能。之前，每种图层样式只能对目标图层添加一次应用，而在新版的 Photoshop 中某些图

层样式可以添加多次，最多可重复添加 **10** 次。例如：可以对图层添加多次"阴影"样式。下面我们通过操作来了解该功能。

01 执行"文件"→"打开"命令，打开配套素材\Chapter-18\ "时尚网页.psd"文件，如图 **18-214** 所示。

02 在"图层"调板中双击"变形字体"图层的空白处，为该图层添加图层样式，此时会弹出"图层样式"对话框，如图 18-215 所示。

图 18-214　　　　　　　图 18-215

03 在"图层样式"对话框左侧的"图层样式"列表中，某些图层样式的选项末端包含"+"号按钮，在列表下端还提供了"图层堆叠"控制按钮，如图 **18-216** 所示。

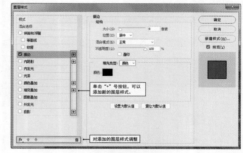

图 18-216

04 可以进行堆叠操作的图层样式，在列表选项后端会有"+"号按钮，单击"+"号按钮，可以重复添加图层样式，新增的图层样式会复制源图层样式的设置，如图 **18-217** 所示。

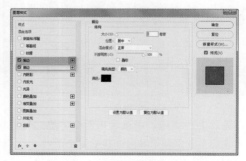

图 18-217

05 此时在图层样式中就包含了两个"描边"效果。如果设计需要，可以继续重复添加效果，

但每种样式效果最多只能添加**10**个。

1. 样式堆叠管理

在图层样式堆叠栏内提供了操作按钮，可以对堆叠样式进行管理和操作。

01 首先我们在"图层样式"对话框中，对添加的两个"描边"效果进行不同的设置，如图**18-218**所示。

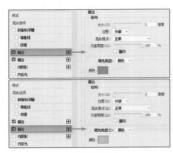

图 18-218

02 此时在文档中，我们只能看到上层的红色"描边"效果，这是因为两个"描边"效果的位置和大小完全一样，所以上层效果完全覆盖了下层效果，如图**18-219**所示。

03 对下层的"描边"效果参数进行更改，使其从上层效果遮盖中透漏出来，如图**18-220**所示。

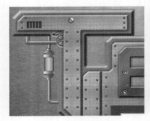

图 18-219   图 18-220

04 通过设置不同的位置，观察两个效果之间的叠加关系，如图**18-221**所示。

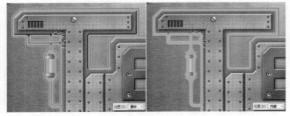

图 18-221

05 通过上述操作，不难看出两个"描边"效果，实际上就是利用参数创建的两个图层。

06 在"图层样式"对话框的左下角提供了样式堆叠管理按钮，利用它们可以对堆叠样式进行控制操作，如图**18-222**所示。

07 单击"位置调整"箭头按钮可以上移或下移堆叠样式的位置，如图**18-223**所示。

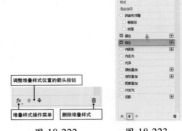

图 18-222   图 18-223

08 单击"删除效果"按钮，可以将选择的样式效果删除，如图**18-224**所示。

09 堆叠栏内的所有样式效果都可以被删除，如图**18-225**所示。

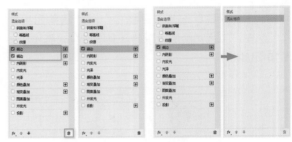

图 18-224   图 18-225

10 单击堆叠栏菜单按钮，在弹出的菜单内可以添加样式效果，如图**18-226**所示。

11 在菜单内选择"显示所有效果"命令，可以将所有删除的样式效果显示出来，如图**18-227**所示。

图 18-226   图 18-227

12 当所有样式效果都显示后，可以重复添加的样式在堆叠菜单内还可以进行添加，而不能重复添加的样式则为灰色状态，如图**18-228**所示。

13 在菜单中执行"删除隐藏效果"命令，可以将当前堆叠栏内没有添加应用的样式全部删除，如图**18-229**所示。

14 将无用的样式删除，可以使面板的显示更加简捷。

15 最后，在堆叠菜单内选择"复位到默认列表"命令，可以将"图层样式"对话框的样式列表恢复到默认状态，如图18-230所示。

图 18-228 　　　图 18-229 　　　图 18-230

2. 重复添加样式的优点

图层样式实际上是通过参数控制增加了一个参数化的图层，这一点我们在上一小节执行图层样式命令中的"创建图层"命令时，可以看到图层样式被分解为了很多图层，所以我们每添加一个图层样式，实际上就是添加了一个图层。

由于技术限制，目前并不是所有的样式效果都可以重复添加，只有"描边""内阴影""颜色叠加""渐变叠加"和"投影"这5种样式可以被重复添加，且每种样式最多只能重复添加至10层。

对于某些样式，重复添加的优点在于可以扩展我们的创作手法，使图像特效制作更为灵活和丰富。下面我们通过几个简单的操作来了解这一点。

01 在"时尚网页.psd"文档中选择"变形字体"图层，并为其添加"描边"样式，如图18-231所示。

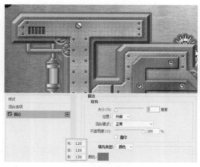

图 18-231

02 单击"描边"样式列表中的"+"号按钮，添加第2个"描边"样式，第2个"描边"样式将复制源样式的所有设置。

03 对新添加"描边"样式的参数进行设置，如图18-232所示。

04 最后添加第3个"描边"样式，设置一条黑色的轮廓线压边，如图18-233所示，完成案例制作。通过以上操作，我们可以体会到，重复应用样式效果可以使原本单调的描边轮廓变得更为丰富生动。

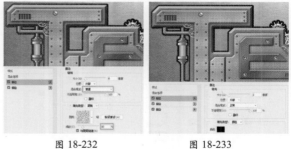

图 18-232 　　　图 18-233

18.9 "样式"调板

在 Photoshop 中提供了很多图层样式预设。在"样式"调板中可以载入系统提供的图层样式预设，也可以将自定义的图层样式存储为图层样式预设。在本节中将介绍"样式"调板的使用方法。

01 确定"按钮 2"为当前可编辑状态，执行"窗口"→"样式"命令，打开"样式"调板，如图18-234所示。

02 单击"样式"调板右上角的下三角按钮，在弹出的菜单中执行"大列表"命令，"样式"面板将以大列表的形式展示预设样式，不但显示预设样式缩览图，而且显示预设样式的名称，如图18-235所示。

03 单击"样式"调板右上角的下三角按钮，在弹出的菜单中执行"小缩览图"命令，使预设样式恢复到小缩览图展示状态。

图 18-234 　　　图 18-235

04 确认当前可编辑图层为"按钮 1"，单击"样式"调板中的预设样式，即可将预设样式应用到当前选择的图像，如图18-236所示。

05 在"样式"调板中除了系统默认的这些图层样式预设外，系统还提供了很多的图层样式预设，

单击该调板右上角的下三角按钮，弹出一个快捷菜单，执行"按钮"命令，如图18-237所示。

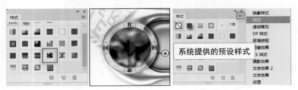

图 18-236　　　　　　图 18-237

06 这时弹出一个提示对话框，如图18-238所示。如果单击"确定"按钮，将使当前的默认预设样式替换，如果单击"追加"按钮，将在当前默认预设样式中添加预设样式。单击"确定"按钮，将"按钮"库中的预设样式替换到"样式"调板中。

图 18-238

07 单击"样式"调板右上角的下三角按钮，在弹出的快捷菜单中执行"复位样式"命令，可将该调板中的预设样式恢复到系统默认的预设样式，如图18-239所示。

图 18-239

> **注意**
>
> 执行"复位样式"命令时同样会弹出提示对话框，单击"确定"按钮，将系统默认的预设样式替换到"样式"调板中。

08 在"样式"调板中，同样可以将图层中的图层样式删除。选择"按钮 1"，参照图18-240选择"样式"调板中的样式，可将"按钮 1"的图层样式清除。

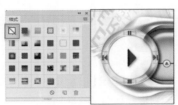

图 18-240

> **提示**
>
> 单击"样式"调板底部的 ⊘ "清除样式"按钮，也可将图层的样式删除。

09 确认"按钮 2"为当前可编辑图层，单击"样式"调板底部的 ▣ "创建新样式"按钮，打开"新建样式"对话框，如图18-241所示。

图 18-241

10 保持对话框的默认设置，然后单击"确定"按钮，将该图层的图层样式存储为预设样式，在"样式"调板中可查找到该预设样式，如图18-242所示。

> **提示**
>
> 打开"图层样式"对话框，在对话框的右侧有一个"新建预设"按钮，也可将自定义的图层样式创建为预设样式。

11 确定"按钮 1"图层为当前可编辑状态，在"样式"调板中单击新建的预设样式，即可将该样式应用到图像当中，如图18-243所示。

图 18-242　　　　　　图 18-243

12 拖动需要删除的预设样式到调板底部的 🗑 "删除样式"按钮上，即可删除预设样式，如图18-244所示。读者可打开配套素材\Chapter-18\"网络播放器完成.psd"文件查看。

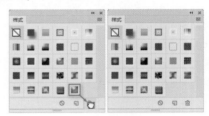

图 18-244

18.10 实例演练：新锐视觉插画

通过本章的学习，相信读者对图层有了一定的了解。为了使读者可以对本章的内容熟练掌握，在本节安排了"新锐视觉插画"实例。在本实例的制作过程中，对图层的创建、复制和图层样式的使用方法都有所讲述。图 18-245 为本实例的完成效果。

并添加文字和装饰，最后完成实例的制作，如图18-247所示。读者可打开配套素材\Chapter-18\"新锐视觉插画.psd"文件查看。

图 18-246

图 18-245

以下内容，简要地为读者叙述了实例的技术要点和制作概览，具体操作请参看本书多媒体视频教学内容。

01 打开背景素材，在上面添加人物素材，然后设置人物图像的混合模式，再次将人物图像复制，更改图层的混合模式，制作出艺术绘画效果，如图18-246所示。

02 在视图中绘制定义的"墨滴"笔刷效果，并设置图层混合模式。合并所有图像，对其添加锐化效果。最后使用"图层样式"制作水晶按钮图像，

图 18-247

第19章　图层高级技术应用

上一章讲述了图层的工作原理、图层的基本编辑方法，以及图层样式。在本章将介绍多种特殊图层的创建与使用方法，其中包括：填充图层、调整图层、智能对象图层等，除此还将讲述图层的管理及调整方法。通过本章的学习，用户可以大大扩展对于图层的使用与编辑方法。

19.1　填充与调整图层

调整图层和填充图层是较为特殊的图层，在这些图层中可以包含一个图像调整命令或图像填充命令，进而可以使用该命令对图像进行调整或填充。在任何状态下，都可以对图层中包含了的调整或填充命令进行重新设置，获得全新的画面效果。

19.1.1　创建填充图层

可以用纯色、渐变或图案填充图层，填充内容只出现在该图层，对其他图层不会产生影响。在菜单栏中执行"图层"→"新建填充图层"命令，弹出图 19-1 所示的子菜单，根据需要填的内容选择相应的命令，下面通过一组操作对其进行了解。

图 19-1

01 执行"文件"→"打开"命令，打开配套素材\Chapter-19\ "广告背景.psd" 和 "花纹.jpg" 文件，如图19-2和图19-3所示。

图 19-2　　　　　　　　　　图 19-3

02 选择"花纹"文件，执行"编辑"→"定义图案"命令，打开"图案名称"对话框，如图19-4所示，保持对话框默认设置，单击"确定"按钮，将花纹定义为图案。

图 19-4

03 在"广告背景"文档中，执行"图层"→"新建填充图层"→"图案"命令，设置打开的"新建图层"对话框，如图19-5所示。

04 完毕后单击"确定"按钮，弹出"图案填充"对话框，如图19-6所示。

图 19-5　　　　　　　　　　图 19-6

05 完毕后，单击"确定"按钮，为图像添加图案填充图层，如图19-7和图19-8所示。

图 19-7　　　　　　　　　　图 19-8

19.1.2　创建调整图层

"调整"调板将各种调整命令以图标和预设列表的方式集合在了同一调板中，利用该调板可以快捷、有效地为当前图像添加调整图层，而不必通过执行烦琐的命令与设置对话框，全部操作都可以在"调整"调板中轻松地完成。

1. 在"调整"调板中创建调整图层

01 在"图层"调板中选择"风景"图层。在按下Ctrl键的同时，单击"风景"图层的缩略图，将图层中的图像载入选区，如图19-9和图19-10所示。

图 19-9　　　　　　　　图 19-10

02 在"调整"调板中单击■"色相/饱和度"按钮，在打开的"属性"调板中显示其相关设置选项。同时在"图层"调板中创建色彩调整图层，如图19-11所示。

03 参照图19-12所示，设置"色相/饱和度"命令的各项参数，调整图像的颜色，如图19-13所示。

图 19-11　　　　　　　图 19-12

图 19-13

2. 应用菜单命令创建调整图层

01 配合按下Ctrl键的同时，单击"风景"图层的图层缩览图，载入图像选区。

02 执行"图层"→"新建调整图层"命令，打开其子菜单，其中包含多种调整命令，如图19-14

所示，在其中选择"通道混合器"命令。

03 这时将弹出"新建图层"对话框，单击"确定"按钮，在"图层"调板中创建调整图层，在"属性"调板中显示"通道混合器"的相关设置选项，如图19-15所示。

图 19-14　　　　　　　图 19-15

04 在"属性"调板中，设置"通道混合器"中的各选项的参数，如图19-16和图19-17所示。

图 19-16　　　　　　　图 19-17

05 确定在"图层"调板中的蒙版处于选择状态，设置"前景色"为黑色，使用☑"画笔"工具在天空和水面处涂抹，隐藏此区域色彩调整的应用，如图19-18和图19-19所示。

图 19-18　　　　　　　图 19-19

3. 在"图层"调板中创建调整图层

01 载入"风景"图层中图像的选区，并单击调板底部的 ●. "创建新的填充或调整图层"按钮，弹出快捷菜单，如图19-20所示。

02 在菜单中选择"色阶"命令，在"图层"调板中创建调整图层，再在"属性"调板中，参照图19-21所示设置"色阶"选项中的参数，效果如图19-22所示。

03 依照以上方法创建"可选颜色"调整图层，并在"属性"调板中，参照图19-23和图19-24所示设置"可选颜色"选项中的参数，效果如图19-25所示。

图 19-22　　　　　　　图 19-23

图 19-20　　　　　　　图 19-21

图 19-24　　　　　　　图 19-25

19.2　图层组

　　利用"图层组"可以有效地管理和组织图层，并且图层组也包含属性和蒙版设置功能。图层组和图层的操作方法基本一样，用户可以像处理图层一样查看、选择、复制、移动、设置混合模式、更改图层组顺序和设置不透明度等，首先来创建图层组。

01 接着以上的操作。单击"图层"调板底部的 ▢ "创建新组"按钮，新建"组 1"图层组，如图19-26和图19-27所示。

中，如图19-29所示。

图 19-28　　　　　　　图 19-29

04 在"图层"调板中，按下Shift键，单击颜色调整图层，将其全部选择。拖动选择图层至"组1"图层组，完成编组，如图19-30所示。

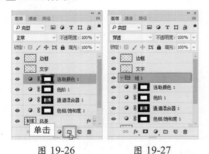

图 19-26　　　　　　　图 19-27

> **提示**
> 默认情况下图层组的混合模式为"穿透"。

02 打开配套素材\Chapter-19\"植物.psd"文件，按下Shift键，将植物图像原位置拖动到"背景"文档中，可以使复制的图像保持原的位置，如图19-28所示。

03 查看"图层"调板，可以发现"植物"图层放置在刚刚创建的"组 1"图层组内，这是因为图层组处于编辑状态时，所创建的图层将被放置在该组

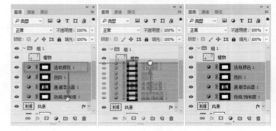

图 19-30

> **提示**
> 单击组前的下三角按钮可将图层组中的内容展开，即可看到该组中的所有图层。

19.3 排列图层顺序

当图像含有多个图层时，Photoshop 是按一定的先后顺序来排列图层的，最后创建的图层将位于所有图层的上方。可以通过"排列"命令对图层的顺序进行改变。在菜单栏中执行"图层"→"排列"命令，弹出图 19-31 所示的子菜单。

图 19-31

01 单击"文字"图层使其成为当前可编辑图层，执行"图层"→"排列"→"前移一层"命令，"文字"图层向上移动一层，如图19-32所示。

02 接着执行"图层"→"排列"→"置为底层"命令，将"文字"图层移动到"图层"调板的最底层，如图19-33所示。

03 除了执行命令以外，还可以在"图层"调板中使用鼠标拖动图层，调整图层的位置，参照图19-34拖动"文字"图层到"组 2"图层的上方。

04 至此完成该实例的制作，效果如图19-35所示。如果在制作过程中遇到什么问题，可以打

开配套素材\Chapter-19\"房产广告.psd"文档进行查看。

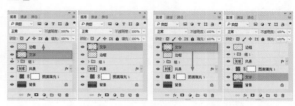

图 19-32　　　　　　图 19-33

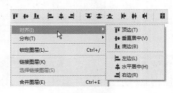

图 19-34　　　　　　图 19-35

19.4 图层对齐与分布对齐

在绘制图像时，有时需要对多个图像进行整齐的排列，以达到一种美的感觉。在 Photoshop 中提供了多种对齐方式，可以快速准确地排列图像，接下来就学习图层的对齐和分布。

19.4.1 图层对齐

根据选择或链接图层的内容，可以进行图层之间的对齐操作。Photoshop 中有 6 种对齐方式。在菜单栏中执行"图层"→"对齐"命令，弹出图19-36 所示的子菜单。在"移动"工具选项栏中也有相对应的按钮，并且作用相同。

● **顶边**：可将选择或链接图层的顶层像素与当前图层的顶层像素对齐，或与选区边框的顶边对齐。

● **垂直居中**：可将选择或链接图层上垂直方向的重心像素与当前图层上垂直方向的重心像素对齐，或与选区

边框的垂直中心对齐。

图 19-36

● **底边**：可将选择或链接图层的底端像素与当前图层的底端像素对齐，或与选区边框的底边对齐。

● **左边**：可将选择或链接图层的左端像素与当前图层的左端像素对齐，或与选区边框的左边对齐。

● **水平居中**：可将选择或链接图层上水平方向的中心像

素与当前图层上水平方向的中心像素对齐，或与选区边框的水平中心对齐。

● **右边**：可将选择或链接图层的右端像素与当前图层的右端像素对齐，或与选区边框的右边对齐。

1. 对齐图像

01 执行"文件"→"打开"命令，打开配套素材\Chapter-19\"美发网页01.psd"文件，如图19-37所示。

02 选择"按钮 4"图层，按下Shift键的同时单击"按钮 1"图层，将这两个图层之间的图层全部选中，如图19-38所示。

图 19-37   图 19-38

03 选择"移动"工具，单击选项栏中的"左对齐"按钮，将选择的图层左对齐，如图19-39所示。

图 19-39

> **提示**
>
> 执行"图层"→"对齐"→"顶对齐"命令，同样可以使选择的图像顶部对齐。

04 按下Ctrl+Z键将图像恢复到打开时的状态。图19-40显示了其他按钮对齐图像的状态。

图 19-40

2. 在选区中对齐图像

01 使用"矩形选框"工具，在图像相应的位置绘制选区，如图19-41所示。

02 在"图层"调板中配合按下Shift键，选中"图片 4"至"图片 1"之间的图层，如图19-42所示。

图 19-41   图 19-42

03 执行"图层"→"将图层与选区对齐"→"顶边"命令，使选择的图层与选区边框的顶边对齐，如图19-43所示。然后按下Ctrl+D键取消选区。

图 19-43

19.4.2 分布对齐

分布是将选择或链接图层之间的间隔均匀地分布，在 Photoshop 中也提供了 6 种分布方式。执行"图层"→"分布"命令，弹出图 19-44 所示的子菜单。在"移动"工具选项栏中也有相对应的按钮，而且作用相同。

图 19-44

● **顶边**：从每个图层的顶端像素开始，间隔均匀地分布选择或链接的图层。

● **垂直居中**：从每个图层的垂直居中像素开始，间隔均匀地分布选择或链接的图层。

● **底边**：从每个图层的底部像素开始，间隔均匀地分布选择或链接图层。

● **左边**：从每个图层的左边像素开始，间隔均匀地分布选择或链接图层。

● **水平居中**：从每个图层的水平中心像素开始，间隔均匀地分布选择或链接图层。

● **右边**：从每个图层的右边像素开始，间隔均匀地分布选择或链接的图层。

网页.psd"文件进行查看。

图 19-46

图 19-47

01 在"图层"调板中，选中图19-45所示的图层，并将相应图层隐藏。

图 19-45

02 选择"移动"工具，依次单击分布对齐按钮，查看其效果，如图19-46所示。

03 按下Ctrl+Alt+Z键撤销上面的分布操作，然后将隐藏的图层显示，完成本实例的制作，如图19-47所示。读者可打开配套素材\Chapter-19\"美发

19.5　锁定图层

锁定图层可以保护图层中的内容，避免产生错误修改操作。在"图层"调板中可以根据需要设置不同的锁定，例如锁定透明像素、锁定图像像素、锁定位置和全部锁定，如图19-48所示。

图 19-48

19.5.1　锁定透明像素

单击"锁定透明像素"按钮，可以使编辑操作限制在图层的不透明区域。

01 打开配套素材\Chapter-19\"科幻插画.psd"文件，如图19-49所示。

02 在"图层"调板中，复制"头部"图层，生成"头部 拷贝"图层，并单击 "锁定透明像素"按钮，如图19-50所示。

03 设置前景色为白色，按下Alt+Delete键，为"头部 拷贝"图层填充白色，这时可以发现只有图层中不透明的区被填充为白色，如图19-51所示。

04 在"图层"调板中，设置图层的混合模式和不透明度，如图19-52所示。

图 19-49　　　　图 19-50

图 19-51　　　　图 19-52

19.5.2　锁定图像像素

"锁定图像像素"按钮可以防止绘画工具修改

图层中的像素，但可以在该图层上使用图像的变形或移动功能。

01 执行"文件"→"恢复"命令，将图像恢复到打开时的状态。

02 在"图层"调板中，单击 ▦ "锁定图像像素"按钮，将"炫光"图层的像素锁定，如图19-53所示。此时"炫光"图层中的像素不能被更改。

03 选择 ▧ "画笔"工具，将鼠标放到视图中，可以看到一个 ⊘ 符号。在视图中单击鼠标，即可打开一个提示对话框，如图19-54所示，单击"确定"按钮，关闭对话框。

图 19-53　　　　　图 19-54

19.5.3　锁定位置

　　"锁定位置"按钮可以防止移动图层中的像素。如果是用"移动"工具移动图像，画面上就会显示出一个无法移动的提示对话框。

01 在"图层"调板中选择"头部"图层，单击"锁定位置"按钮，将"头部"图层的像素位置锁定，如图19-55所示。

02 选择"移动"工具，在选项栏中取消"自动选择"选项，单击并拖动头部图像，会发现不能完成移动的操作，如图19-56所示。

 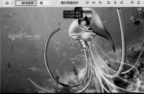

图 19-55　　　　　图 19-56

03 同时会打开一个提示对话框，如图19-57所示，单击"确定"按钮，关闭对话框。

图 19-57

04 在"图层"调板中，按下Ctrl键的同时，单击"头部"图层的缩览图，将图像载入选区，如

图19-58所示。

05 此时使用"移动"工具拖动选区中的图像，即可调整其位置，如图19-59所示。

图 19-58　　　　　图 19-59

06 完毕后按下Ctrl+Z键取消上一步的操作，再按下Ctrl+D键取消选区。

19.5.4　防止画板自动嵌套

　　"防止画板自动嵌套"选项可以指定给画板，以禁止在画板内部和外部自动嵌套，或指定给画板内的特定图层，以禁止这些特定图层的自动嵌套。要恢复到正常的自动嵌套行为，请从画板或图层中删除所有自动嵌套锁。

19.5.5　锁定全部

　　可以在选定的图层图像或者链接的图层图像上应用锁定功能。被设置了锁定功能的图层图像将不能再进行编辑或修改。

19.5.6　锁定组内的所有图层

　　执行"锁定组内的所有图层"命令，可以将图层组中的所有图层同时锁定。

01 在"图层"调板中，选择"组 1"图层组。执行"图层"→"锁定组内的所有图层"命令，打开"锁定组内的所有图层"对话框，如图19-60所示。

02 然后单击"确定"按钮，将组内所有图层的透明像素锁定，如图19-61所示。

图 19-60　　　　　图 19-61

19.6 合并图层

当图像编辑完毕后可以将图层合并，这样有助于管理图像内容，以及缩小文档占用磁盘的空间。在合并后的图层中，所有透明区域的重叠部分仍会保持透明，在菜单中执行"图层"命令，弹出的下拉菜单的下方有3个合并图层的命令，如图19-62所示。

"向下合并"命令可将选择的图层与其下一图层进行合并，并以下一层图层的名称命名合并图层。

01 打开配套素材\Chapter-19\"美发网页.psd"文件。

02 在"图层"调板中选择"底色"图层，如图19-63所示。执行"图层"→"向下合并"命令，将"底色"图层向下合并到"背景"图层中。

图 19-62　　　　　图 19-63

03 "合并图层"命令可以将选择的图层合并为一个图层，合并图层的名称以选择图层中最上层的图层名称命名。

04 按下Shfit键，将"图片 4"至"图片 1"之间的图层选中。然后执行"图层"→"合并图层"命令，将选中的图层合并，如图19-64所示。

05 在"图层"调板内关闭"文字"图层组前面的眼睛图标，将其隐藏显示。

06 执行"图层"→"合并可见图层"命令，将所有显示的图层合并到"背景"图层，如图19-65所示。

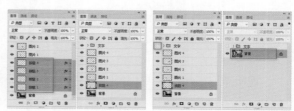

图 19-64　　　　　图 19-65

07 选择"文字"图层组。执行"图层"→"拼合图像"命令，因为"图层"调板中有隐藏的图层，所以会弹出图19-66所示的警示框。

> **提示**
>
> 在该警示框中单击"确定"按钮，将扔掉隐藏的图层再进行拼合，单击"取消"按钮，撤销该命令的操作。

08 单击"取消"按钮，取消该命令的操作，在"图层"调板中将隐藏的图层显示，然后执行"图层"→"拼合图像"命令，将调板中的所有图层拼合，如图19-67所示。

图 19-66　　　　　图 19-67

19.7 图层链接

有时需要同时对多个图层进行相同的操作，例如：同时移动、应用变换等。可以将需要调整的图层或图层组设置链接，这样可以方便对多个图层进行编辑。

01 接着以上的操作，将图像恢复到初始状态。在"图层"调板中单击"文字"图层的眼睛图标，将图像显示，如图19-68和图19-69所示。

02 配合按下Shift键，选择"按钮 1"至"按钮 4"之间的图层。单击"图层"调板底部的 ∞ "链接图层"按钮，将选择的图层链接，如图19-70所示。

图 19-68

图 19-71

04 使用"移动"工具,并配合按下Alt键,在视图中拖动鼠标,不但复制当前选择的图层,而且相链接的其他图层也同时被复制,如图19-72所示。

图 19-69　　　　　　图 19-70

提示

执行"图层"→"链接图层"命令,也可以将选择的图层链接。

03 选择"按钮4"图层,使用"移动"工具,在视图中拖动按钮图像的位置,可以看到与该图层链接的图层将同时移动,如图19-71所示。

图 19-72

05 如果需要取消图层的链接,可以执行"图层"→"取消图层连接"命令,或再次单击"图层"调板底部的 ⏤ "链接图层"按钮。

19.8　智能对象

智能对象图层如同是一个容器,可以在其中嵌入栅格或矢量图像数据。嵌入的数据将保留其原始特性,并可以被重新编辑。同时,智能对象又可以以图层的形式被执行非破坏性的缩放、旋转和变形等操作,在本节中将重点介绍智能对象。

19.8.1　创建智能对象

普通图层可以直接被转换为智能对象,也可以直接将图像以智能对象的形式置入文档,下面学习怎样创建智能对象。

01 执行"文件"→"打开"命令,打开配套素材\Chapter-19\"花纹背景.psd"文件,如图19-73所示。

02 执行"文件"→"置入嵌入的智能对象"命令,打开"置入嵌入对象"对话框,选择配套素材\Chapter-19\"人物.psd"文件,如图19-74所示。

03 单击"置入"按钮,将该图像置入到图像中,如图19-75所示。

04 拖动控制点,可以调整图像的大小,如图19-76所示。

图 19-73　　　　　　图 19-74

图 19-75　　　　　　图 19-76

05 设置"变换"选项栏,同样可以调整图像的大小,参照图19-77所示设置选项栏中的参数,对图像进行调整。

06 完毕后单击"变换"选项栏上的☑"进行变换"按钮，这时可以看到"人物"图层缩览图上有一个 ![图标] 智能对象图标，表示该图层为智能对象图层，如图19-78所示。

图 19-77　　　　　　　图 19-78

07 执行"图层"→"智能对象"→"栅格化"命令，可以将智能对象图层转为普通图层，如图19-79所示。

08 执行"图层"→"智能对象"→"转换为智能对象"命令，可以将普通图层转换为智能对象图层，如图19-80所示。

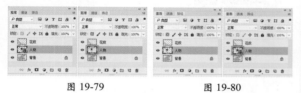

图 19-79　　　　　　　图 19-80

19.8.2　编辑智能对象

对智能对象图层中的内容也可以随时进行编辑和调整，例如对图像添加滤镜效果、将智能对象图层复制、添加图层样式效果等。

1. 复制智能对象

对智能对象复制的方法和复制普通图层的方法相同，接下来复制智能对象。

01 选择"人物"图层，执行"图层"→"智能对象"→"通过拷贝新建智能对象"命令，得到"人物 拷贝"图层，如图19-81所示。

02 除了执行菜单命令以外，还可以在"图层"调板中复制智能对象。将"人物 拷贝"图层删除，拖动"人物"图层到调板底部的"创建新图层"按钮上，同样可以复制智能对象，如图19-82所示。

图 19-81　　　　　　　图 19-82

2. 编辑智能对象的内容

智能对象图层在当前文档中不可以直接进行编辑，只有打开智能对象相应的文档，在文档中才可以对智能对象进行编辑。

01 在"图层"调板中，选择"人物"图层，执行"图层"→"智能对象"→"编辑内容"命令。

02 此时会打开"人物.psd"文档，如图19-83所示。

> **技巧**
>
> 双击智能对象图层的图层缩览图，同样可以打开智能对象的文档。

03 执行"图像"→"调整"→"色阶"命令，打开"色阶"对话框，设置对话框的参数，调整图像色调，如图19-84和图19-85所示。

04 编辑完毕后关闭当前文档，这时会提示是否保存修改后的结果，单击"是"按钮，将"人物"文档关闭并保存，如图19-86所示。

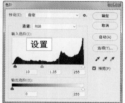

图 19-83　　　　　　　图 19-84

图 19-85　　　　　　　图 19-86

05 观察"花纹背景"文档，可以看到文档中的人物图像被更新，如图19-87所示。

06 使用"移动"工具调整副本图像的位置，可以发现原图像同样被更新，如图19-88所示。

图 19-87　　　　　　　图 19-88

对智能对象还可以应用"滤镜"命令，所添加的"滤镜"命令会记录在智能对象图层中，可以随时修改和删除。

01 按下Ctrl+Z键取消上一步操作。选择"人物"图层。

02 执行"滤镜"→"模糊"→"动感模糊"命令，打开并设置"动感模糊"对话框，如图19-89所示。设置完毕后单击"确定"按钮，为图像添加滤镜效果，如图19-90所示。

03 由于智能对象功能保护了置入图像，所以滤镜不能直接修改置入图像。对智能对象添加的滤镜操作会记录在智能对象图层中。

04 此时，在"人物"智能对象层下端，会生成"智能滤镜"管理层，记录了刚刚添加的滤镜命令，如图19-91所示。

图 19-89   图 19-90   图 19-91

05 双击"滤镜"命令可以再次打开"滤镜"设置对话框，重新对"滤镜"命令进行设置，拖动至"删除"按钮，可以直接删除滤镜效果。

3. 替换智能对象图层的内容

如果置入的图像并不是画面所需要的，可以执行"替换内容"命令，将当前的智能对象图层内容更改。

01 接着以上的操作。执行"图层"→"智能对象"→"替换文件"命令，打开"替换文件"对话框，如图19-92所示。

图 19-92

02 将本书配套素材\Chapter-19\"汽车psd"文件选中，单击"置入"按钮，即可用所选的内容替换原来的智能对象，如图19-93所示。

图 19-93

03 在"图层"调板中配合按下Ctrl键，选择"汽车"图层和"汽车 拷贝"图层，调整其大小和位置，如图19-94和图19-95所示。完毕后按下Enter键确认变换操作。

图 19-94   图 19-95

04 双击智能对象图层的图层缩览图，打开智能对象的文档，如图19-96和图19-97所示。

图 19-96   图 19-97

05 执行"图像"→"调整"→"色相/饱和度"命令，参照图19-98所示设置对话框中的参数，调整图像色调。编辑完毕后将该文档保存并关闭。

06 至此完成实例的制作，效果如图19-99所示。读者可以打开配套素材\Chapter-19\"汽车广告.psd"文档进行查看。

图 19-98   图 19-99

19.8.3 置入链接智能对象

在新版的 Photoshop 中，置入的智能对象分为
"嵌入式"和"链接式"两种形式。两种形式所置
入的智能对象在图像中的操作没有任何区别，区别
就在于置入的图像与当前工作文档的关系。

如果使用"嵌入式"置入图像，那工作文档保
存时，会将置入图像的信息包含在工作文档中。如
果使用"链接式"置入图像，那工作文档在保存时，
不会包含置入图像信息，这样工作文档的保存体积
会大大减小。但是链接的置入图像必须和工作文档
始终放置在一起同时工作，如果链接文件缺失，那
当前工作文档将无法正常工作。

01 执行"置入嵌入的智能对象"命令后，置入对
象在"图层"调板内显示的是嵌入式智能对象
图标，如图19-100所示。

图 19-100

02 在菜单栏中执行"文件"→"置入链接的智能
对象"命令后，置入对象在"图层"调板内显
示的是链接式智能对象图标，如图19-101所示。注意
观察，虽然都是智能对象，但是在"图层"调板内显
示的是不同的图标。

03 这两种智能对象在工作时完全相同。但是当链
接的智能对象文件缺失后，链接的智能对象将
无法正常工作。

04 将"人物.psd"文件放置到其他文件夹，此时工
作文档无法找到链接文档，"图层"调板中链接
的智能对象图标将会出现"？"问号，如图19-102所示。

图 19-101 图 19-102

05 对当前工作文档执行"文件"→"存储为"命
令，将文档另存并关闭。

06 再次打开另存的文档，此时会弹出信息提示对
话框，提醒用户当前文档找不到链接的图像文
件，如图19-103所示。

图 19-103

07 单击"重新链接"按钮，可以设置链接图像的
路径位置。

19.9 "图层复合"调板

"图层复合"调板是用于记录当前图层状态的一项功能，例如显示与隐藏图层、图层样式等。利用该
功能可以记录文档在不同的图层显示状态下的不同效果。这样可以在一个文档中设置多个设计方案，而不
必将每个设计方案存储为一个单独的文件。

19.9.1 创建图层复合

01 保持"汽车广告"实例的打开状态。执行"窗
口"→"图层复合"命令，打开"图层复合"
调板，如图19-104所示。

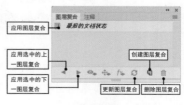

图 19-104

02 单击"图层复合"调板的 ▣ "创建图层复合"按钮，打开"新建图层复合"对话框，如图 19-105所示。

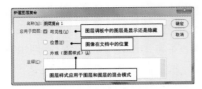

图 19-105

03 在对话框中进行设置，然后单击"确定"按钮，创建"效果1"图层复合，如图19-106所示。

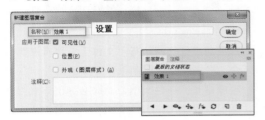

图 19-106

> **提示**
>
> 新创建的"图层复合"层可以记录画面当前的编辑效果。

> **提示**
>
> 按下 Alt 键的同时单击"创建图层复合"按钮，将在不打开"新建图层复合"对话框的情况下创建新的图层复合。

04 在"图层"调板中确认顶部的图层为可编辑状态，单击"图层"调板底部的"创建新的填充或调整"图层按钮，在弹出的菜单中选择"色相/饱和度"命令。

05 参照图19-107所示设置打开的"属性"调板，为图像调整色调，效果如图19-108所示。

图 19-107　　　　　图 19-108

06 在"图层复合"调板中，会发现▣ "应用图层复合"图标在"最后的文档状态"图层复合上，单击 ◎ "更新图层复合"按钮，将效果更新到

"效果1"图层复合，如图19-109所示。

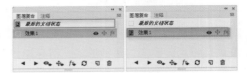

图 19-109

07 依照以上方法，创建"效果2"图层复合，如图19-110所示。

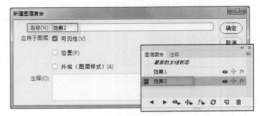

图 19-110

> **提示**
>
> 此时将当前的效果画面方案记录到了"效果 2"图层复合层内。

19.9.2　编辑图层复合

01 拖动"效果 2"到"图层复合"调板底部的 ▣ "创建新的图层复合"按钮上，复制得到"效果2 拷贝"图层复合，如图19-111所示。

图 19-111

02 在"图层"调板中，再次添加"色相/饱和度"调整图层，并在"属性"调板中设置调整颜色，如图19-112和图19-113所示。

图 19-112　　　　　图 19-113

03 在"图层复合"调板中，确认"效果 2"图层复合为选择状态，然后单击调板底部的 ◎ "更新图层复合"按钮，将该图层复合更新，如图19-114所示。

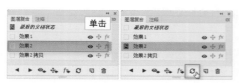

图 19-114

04 在"效果 2 拷贝"图层复合的名称处双击鼠标，调整该图层复合为"效果3"，如图**19-115**所示。

图 19-115

19.9.3 应用图层复合

01 切换到"图层复合"调板，在"效果 1"图层复合前单击鼠标，可以应用"效果 1"图层复合，这时可以看到图像呈现为"效果 1"时的状态，如图**19-116**和图**19-117**所示。

图 19-116   图 19-117

02 两次单击"图层复合"调板底部的 ▶ "应用选中的下一图层复合"按钮，将"效果 3"图层复合效果显示，效果如图**19-118**和图**19-119**所示。

图 19-118   图 19-119

03 拖动"效果3"图层复合到"图层复合"调板底部的 🗑 "删除图层复合"按钮上，松开鼠标即

可将图层复合删除，如图**19-120**所示。

图 19-120

19.9.4 导出图层复合

可以将图层复合导出到单独的文件、包含多个图层复合的 PDF 文件，或图层复合的 Web 照片画廊。下面以将图层复合导出到单独的文件为例，介绍图层复合导出的方法。

01 执行"文件"→"脚本"→"图层复合导出到文件"命令，打开"图层复合导出到文件"对话框，并对其进行设置，如图**19-121**所示。

02 完毕后单击"运行"按钮，导出完成后弹出"脚本警告"对话框，如图**19-122**所示，单击"确定"按钮。这时根据"图层复合"调板的记录会将设计方案生成单独的文档。

图 19-121   图 19-122

03 将保存的文件打开进行查看，如图**19-123**和图**19-124**所示。

图 19-123   图 19-124

19.10 视频教学

19.10 实例演练：手提包广告

在本节中安排了一个名为"手提包广告"的实例。该实例制作主要通过创建填充、创建调整图层的方法，对图像进行编辑，使图像产生五彩斑斓的视觉效果。图 19-125 所示为本实例的完成效果。

图 19-125

以下内容，简要地为读者叙述了实例的技术要点和制作概览，具体操作请参看本书多媒体视频教学内容。

01 首先新建文件，并创建渐变填充图层。然后置入并添加素材，添加"色相/饱和度"调整图层，通过编辑蒙版制作出彩色晕染效果，如图19-126所示。

02 依照以上方法，制作出多彩光晕效果。使用"自定形状"工具和对齐操作，制作装饰图像。最后添加文字信息，完成实例的制作，如图19-127所示。

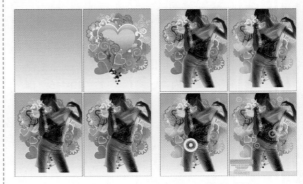

图 19-126   图 19-127

第20章　蒙版技术

蒙版可以控制显示或隐藏图像内容，使用蒙版可以将图层或图层组中的不同区域隐藏或显示。通过编辑蒙版可以对图层应用各种特殊效果，而不会实际影响该图层上的像素。Photoshop 包含 4 种蒙版，分别为：快速蒙版、图层蒙版、矢量蒙版，以及剪贴蒙版。虽然分类不同，但是这些蒙版的工作方式是基本相同的。下面将逐一讲述蒙版的应用方法。

 快速蒙版

快速蒙版是一个编辑选区的临时环境，可以辅助用户创建选区。快速蒙版不能保存所创建的选区，如果要永久保存选区的话，必须将选区储存为 Alpha 通道（关于通道技术将在下一章进行讲述）。下面通过实际操作来了解快速蒙版。

20.1.1　创建快速蒙版

快速蒙版可以辅助用户快速创建出需要的选区，在快速蒙版模式下可以使用各种编辑工具或滤镜命令对蒙版进行编辑。

01 执行"文件"→"打开"命令，打开配套素材\Chapter-20\"儿童.tif"文件，在"图层"调板中，选择"人物"图层，如图20-1所示。

02 选择"魔棒"工具，在白色的背景处单击，将背景图像选择，如图20-2所示。

图 20-1　　　　　　　图 20-2

03 在工具栏中单击回 "以快速蒙版模式编辑"按钮，进入快速蒙版编辑模式，此时选区以外的图像出现红色蒙版，如图20-3所示。

04 单击工具栏中的"以标准模式编辑"按钮，退出快速蒙版模式，此时未受遮盖的区域成为选区，如图20-4所示。

图 20-3　　　　　　　　图 20-4

05 按下Ctrl+Shift+I键反转选区，如图20-5所示。

06 单击"以快速蒙版模式编辑"按钮，选区以外区域被蒙板覆盖了，由此可看出快速蒙版可以用来编辑选区，如图20-6所示。

图 20-5　　　　　　　图 20-6

07 打开"通道"调板，在其中创建"快速蒙版"通道，如图20-7所示。

08 进入"以标准模式编辑"，同时"通道"调板中的"快速蒙板"消失，如图20-8所示，快速蒙版是一个临时的通道。

图 20-7　　　　　　　图 20-8

20.1.2　设置快速蒙版选项

在工作中可以根据需要对快速蒙版的外观状态进行设置。默认情况下，受保护的区域为红色，不透明度为50%，也可以将其定义为其他的颜色或透明度。更改这些设置能使蒙版与图像中的颜色对比更加鲜明，从而便于观察。

01 双击"以快速蒙版模式编辑"按钮，弹出"快速蒙版选项"对话框，如图20-9所示。

02 单击颜色图标，在弹出的"快速蒙版颜色"对话框中设置蒙版颜色为蓝色，如图20-10所示。

图 20-9　　　　　　图 20-10

03 按下Q键进入"以快速蒙版模式编辑"，此时可以看到，蒙版变为了设置的蓝色，如图20-11所示。

04 再次打开"快速蒙版选项"对话框，在其中选择"所选区域"选项，如图20-12所示。

图 20-11　　　　　　图 20-12

05 按下Q键进入"以快速蒙版模式编辑"，与默认情况相反，受颜色遮盖的区域成为选区，如图20-13所示。

图 20-13

技巧

按下 Alt 键的同时，单击"以快速蒙版模式编辑"按钮，即可在快速蒙版的"被蒙版区域"和"所选区域"选项之间切换。

20.1.3　编辑并存储蒙版选区

"快速蒙版"模式允许以蒙版形式编辑任何选

区。可以使用画笔扩展或收缩选区，使用滤镜命令扭曲选区边缘。另外，还可以存储和载入在 Alpha 通道中使用"快速蒙版"模式建立的选区。

01 接着以上的操作。按下D键保持颜色的默认设置。选择 画笔"画笔"工具，使用黑色在儿童不完整的脚部涂抹，可以增加快速蒙版的范围，如图20-14所示。

02 按下Q键回到"以标准模式编辑"，涂抹区域被增加到选区，如图20-15所示。

图 20-14　　　　　　图 20-15

03 回到"以快速蒙版模式编辑"状态，设置前景色为白色，在除人物以外的快速蒙版区域涂抹，可以减少快速蒙版的范围，如图20-16所示。

提示

当用不同色调的灰色在图像上绘制时，可以创建半透明区域，也就是带有羽化效果的选区边界；当退出"快速蒙版"模式时，半透明区域选区轮廓会隐藏显示，但实际上该区域是处于选中状态。

04 按下Q键切换到标准模式下，可以看到涂抹区域将从选区中去除，如图20-17所示。

图 20-16　　　　　　图 20-17

05 在"通道"调板中，单击调板底部的 "将选区存储为通道"按钮，即可将蒙版选区保存为Alpha通道，得到"Alpha 1"通道，如图20-18所示。

图 20-18

06 保持选区的浮动状态，执行"选择"→"选择并遮住"命令，打开"属性"对话框，使用"调整半径"工具调整人物边缘，如图20-19和图20-20所示。

图 20-19　　　　　　　图 20-20

07 完毕后单击"确定"按钮，关闭对话框，使生硬的人物边缘变柔和，如图20-21所示。

08 在"图层"调板中选择"绿色"图层，设置前景色为黑色。

09 按下Q键进入"以快速蒙版模式编辑"，选择并设置"画笔"工具，如图20-22所示，在视图中涂抹。

10 按下Q键切换到标准模式下，以涂抹的蒙版区域创建选区，如图20-23所示。

11 按下Delete键，删除选区中的图像，效果如图20-24所示。

图 20-21

图 20-22

图 20-23

图 20-24

> **提示**
>
> 当用不同色调的灰色在图像上绘制时，可以创建半透明区域，也就是带有羽化效果的选区边界；当退出"快速蒙版"模式时，半透明区域选区轮廓会隐藏显示，但实际上该区域是处于选中状态。

12 最后在"图层"调板中，显示隐藏的图层，如图20-25所示，完成实例的制作。读者可以打开配套素材\Chapter-20\"照片处理.psd"文件进行查看。

图 20-25

20.2 视频教学

20.2　创建图层蒙版

图层蒙版可以让图层中的图像部分显现或隐藏。图层蒙版是一种灰度图像，其效果与分辨率相关。因此用黑色绘制的区域是隐藏的，用白色绘制的区域是可见的，而用灰度绘制的区域则会出现在不同层次的透明区域中。

在"图层"调板中，图层蒙版显示为图层缩览图右边的附加缩览图，该缩览图代表添加图层蒙版时创建的灰度通道。

01 执行"文件"→"打开"命令，打开配套素材\Chapter-20\"人物.psd"文档，如图20-26所示。

图 20-26

$O2$ 选择"油漆"图层,在"图层"调板中单击
"添加图层蒙版"按钮,在"图层"调板
中为"油漆"添加图层蒙版,如图20-27所示。

$O3$ 在"图层"调板中,选择"人物"图层。执行
"图层"→"图层蒙版"→"显示全部"命
令,为所选图层添加图层蒙版,如图20-28所示。

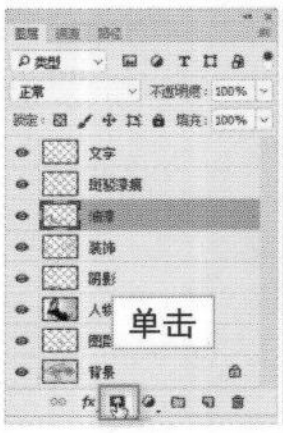

图 20-27 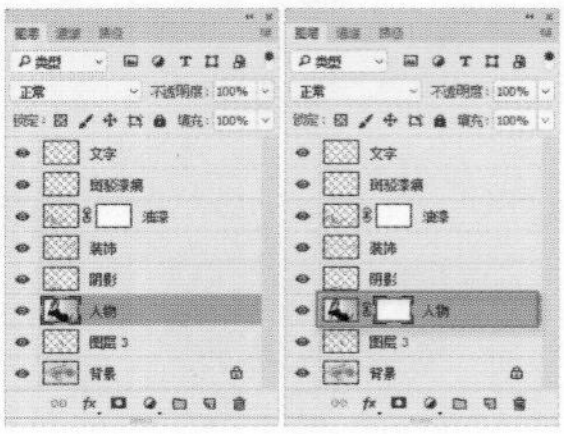　　　　　　图 20-28

$O4$ 此时蒙版以白色填充,显示该图层的所有内
容,如图20-29所示。

$O5$ 选择"阴影"图层。执行"图层"→"图层蒙
版"→"隐藏全部"命令,创建图层蒙版,如
图20-30所示。

图 20-29 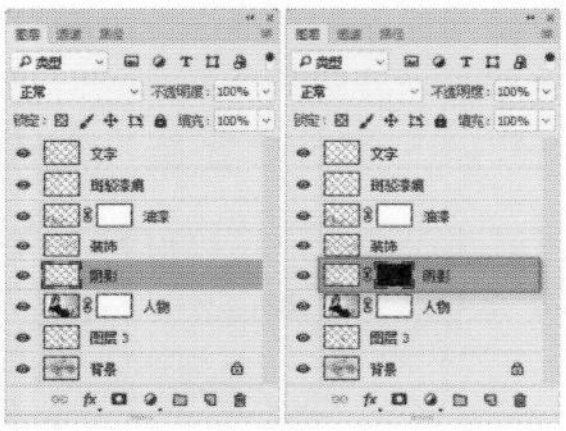　　　　　　图 20-30

$O6$ 此时蒙版将以黑色填充,即隐藏该图层的所有
内容,如图20-31所示。

图 20-31

20.2.1　调整图层蒙版

可以使用图层蒙版遮蔽整个图层或图层组,或
者只遮蔽其中的所选部分。也可以在图层蒙版中应
用绘图工具和滤镜等命令来对其进行编辑。因为图
层蒙版是灰度图像,所以蒙版中白色部分为当前选
择内容,可以将其转换为选区使用。

$O1$ 在"图层"调板中,选择"人物"图层。使
用"魔棒"工具,选取背景图像,如图20-32
所示。

$O2$ 选择"人物"图层蒙版,使用黑色填充选区,
将选区中的背景图像遮盖,如图20-33所示。完
毕后按下Ctrl+D键取消选区。

图 20-32　　　　　　图 20-33

$O3$ 双击"人物"图层蒙版,打开"属性"调板,
如图20-34所示,在其中可以编辑选择的图层
蒙版。

$O4$ 在"属性"调板中,拖动"浓度"参数滑块,
调整选择蒙版的不透明度。当达到0%的浓度
时,蒙版完全透明,无法遮盖此图层的背景图像,如
图20-35所示。

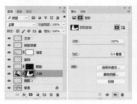

图 20-34　　　　　　图 20-35

$O5$ 随着"浓度"的增强,图层蒙版呈现出半透明
的状态,此图层的背景图像也显示半透明的效
果,如图20-36所示。

$O6$ 将"浓度"值设置为100%,"图层蒙版"完
全不透明,完全隐藏此图层的背景图像,如图
20-37所示。

图 20-36　　　　　　图 20-37

$O7$ 拖动"羽化"参数滑块,羽化模糊蒙版边缘,
创建柔和的过渡效果,如图20-38所示。

$O8$ "羽化"参数值越小,蒙版的边界就越清晰,
如图20-39所示。

图 20-38　　　　　　图 20-39

09 单击“蒙版边缘”按钮，打开“调整蒙版”对话框，在此对话框中单击 “调整半径”工具，如图20-40和图20-41所示。

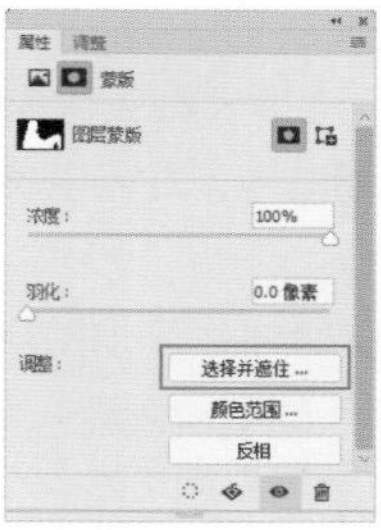

图 20-40

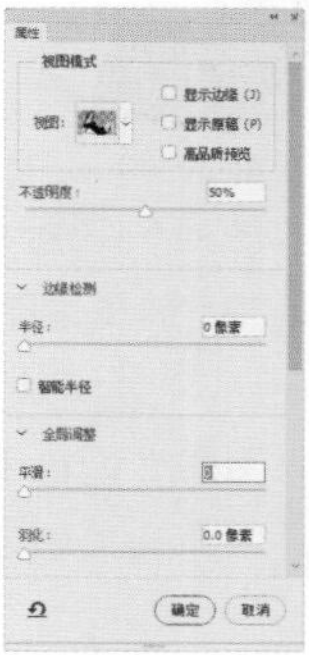

图 20-41

10 使用 “调整半径”工具，在人物头发的边缘涂抹，如图20-42所示。

11 完毕后单击“确定”按钮，关闭“调整蒙版”对话框，在蒙版中遮盖头发部分的背景图像，效果如图20-43所示。

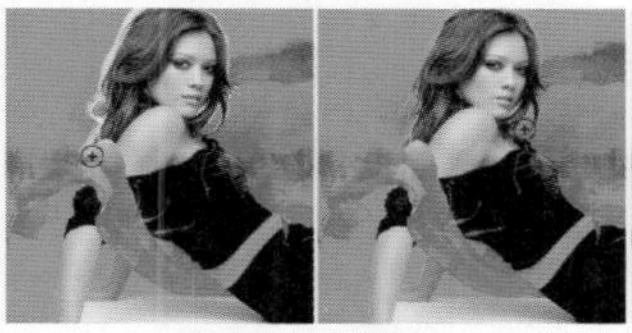

图 20-42

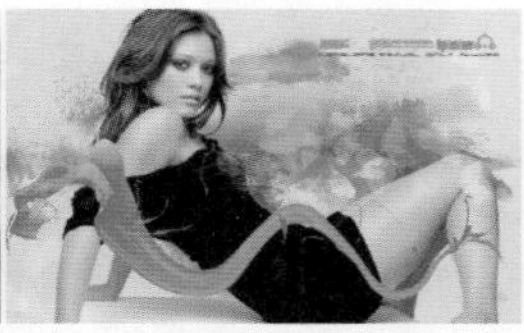

图 20-43

提示

另外，单击“蒙版”调板中的“颜色范围”按钮，可打开“色彩范围”对话框，对蒙版进行调整。

20.2.2　编辑图层蒙版

01 在“图层”调板中，选择“阴影”图层。并按下Ctrl键，单击此图层缩览图，载入该图层中图像的选区，如图20-44所示。

02 使用白色填充该蒙版，显示阴影图像，如图20-45所示。完毕后按下Ctrl+D键取消选区。

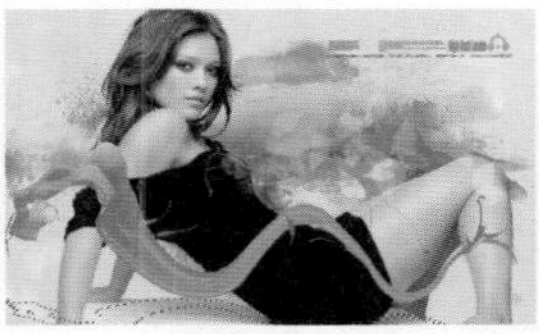

图 20-44

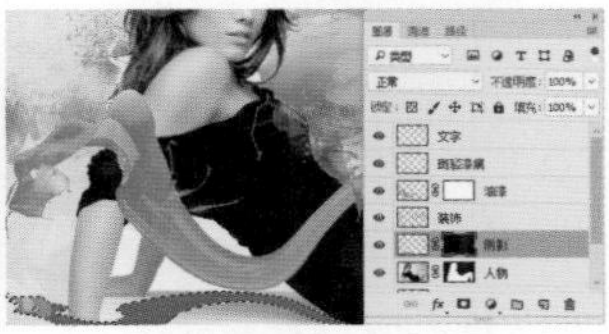

图 20-45

03 执行“滤镜”→“模糊”→“高斯模糊”命令，参照图20-46设置打开的“高斯模糊”对话框，对图层蒙版进行编辑。

04 按下Alt键的同时，单击“阴影”的图层蒙版缩览图，将查看灰度蒙版。这时“图层”调板中的“眼睛”图标颜色变灰，所有图层或图层组被隐藏，如图20-47所示。

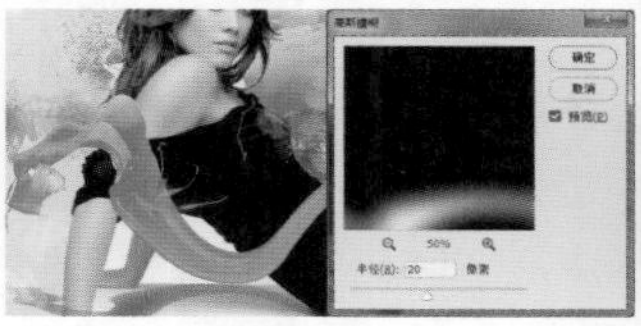

图 20-46

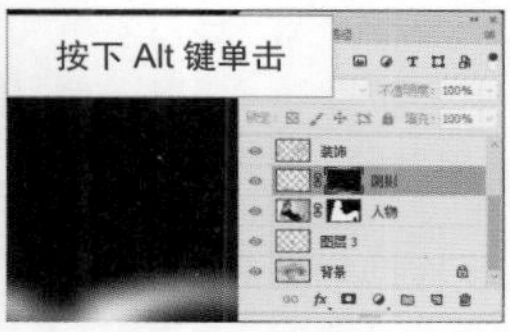

图 20-47

提示

如果按下 Alt+Shift 键，单击“阴影”的图层蒙版缩览图，将查看图层之上红色蒙版颜色的蒙版，如图 20–48 所示。再次按下 Alt+Shift 键，并单击蒙版缩览图，将关闭颜色显示。

05 在“图层”调板中，按下Alt键，单击并拖移“人物”图层蒙版缩览图至“装饰”图层上，松开鼠标，复制图层蒙版，如图20-49所示。

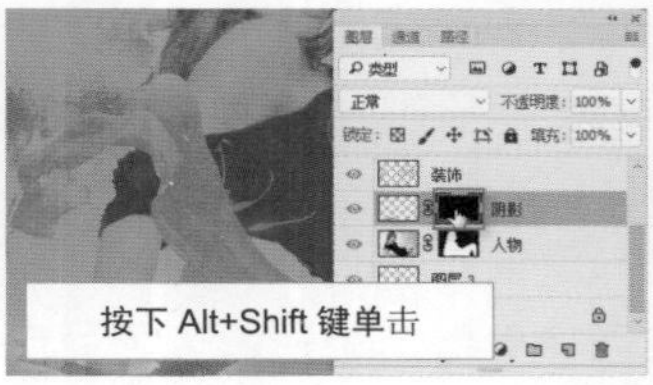

图 20-48

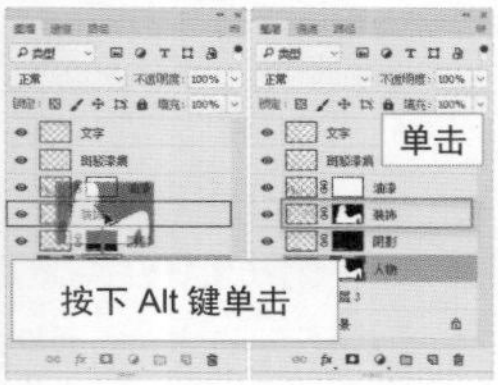

图 20-49

06 确定“装饰”图层蒙版为选择状态，按下Ctrl+I键，反转蒙版中的颜色，此时图像中显示、隐藏的区域也将互换，如图20-50和图20-51所示。

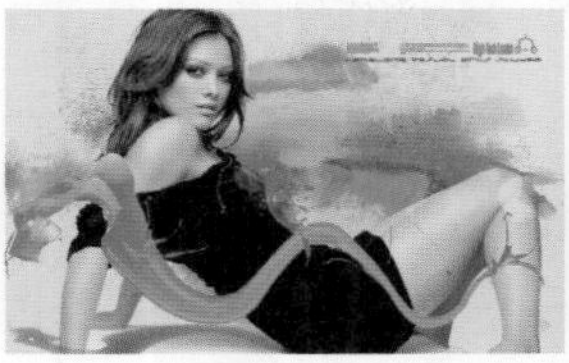

图 20-50

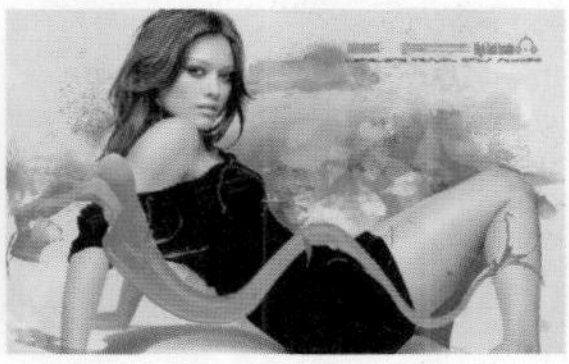

图 20-51

07 单击“装饰”图层蒙版缩览图，与图层蒙版之间的 “链接”图标，取消该图层与其蒙版的链接，如图20-52所示。

08 单击“装饰”的图层蒙版，选择 “移动”工具，单击并向下拖动鼠标，即可单独调整图层蒙版的位置，如图20-53所示。

09 在“装饰”图层与蒙版之间单击，重建图层与蒙版之间的链接。这样当使用“移动”工具移动图层或其蒙版时，该图层及其蒙版将在图像中一起移动。

图 20-52　　　　　　图 20-53

10 选择"人物"图层蒙版，在"蒙版"调板中选择 "从蒙版中载入选区"命令，即可将蒙版转换为选区，如图20-54和图20-55所示。

图 20-54　　　　　　图 20-55

> **提示**
>
> 按下 Ctrl 键，单击图层蒙版缩览图，也可将蒙版作为选区载入。

11 在"图层"调板中，选择"油漆"图层的蒙版，并将选区填充为黑色，将选区中的图像遮盖，如图20-56所示。

12 按下Ctrl+D键，取消选区的浮动状态。使用"矩形选框"工具在图像中绘制矩形选区，如图20-57所示。

图 20-56　　　　　　图 20-57

13 单击"属性"调板菜单 按钮，分别执行"添加蒙版到选区""使蒙版与选区交叉"和"从选区中减去蒙版"命令，如图20-58～图20-60所示。

14 设置前景色为白色，并填充选区，使选区内的图像显现，如图20-61所示。完毕后按下Ctrl+D键取消选区。

图 20-58　　　　　　图 20-59

图 20-60　　　　　　图 20-61

15 在"图层"调板中，选择"斑驳漆痕"图层，按下Ctrl键单击图层缩览图，载入图像选区，如图20-62所示。

16 在"图层"调板中单击 "添加图层蒙版"按钮，即可将斑驳漆痕外的图像隐藏，如图20-63所示。

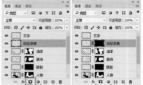

图 20-62　　　　　　图 20-63

> **提示**
>
> 或者执行"显示选区"命令，也可创建相同效果的蒙版。"隐藏选区"与"显示选区"命令相反，执行"隐藏选区"命令，会将图层中的选区内容作为蒙版对象保护起来，而选区外的区域则成为编辑区。图20-64显示了执行"隐藏选区"命令后的图像效果。

17 按下Alt键，单击并拖动"人物"的图层蒙版至"斑驳痕迹"图层蒙版上，松开鼠标，这时将弹出提示对话框，单击"是"按钮，使"斑驳痕迹"图层的蒙版被替换为与"人物"相同的蒙版，效果如图20-65所示。

图 20-64　　　　　　图 20-65

20.2.3　停用或应用图层蒙版

添加图层蒙版后，如果暂时不想应用蒙版效果，可以将蒙版停用；另外，也可以应用蒙版效果，而不需要蒙版，这样图层蒙版将被删除，但是效果被保留。

01 选择"油漆"图层蒙版，在"属性"调板中，单击 "停用/启用蒙版"按钮，将蒙版停用，这

时蒙版缩览图上显示一个红色的"×"，同时图像还原到没有添加图层蒙版前的效果，如图20-66所示。

02 在"属性"调板中，再次单击 👁 "停用/启用蒙版"按钮，重新启用图层蒙版，如图20-67所示。

　　　图 20-66　　　　　　　　　图 20-67

03 在"属性"调板中，单击 ⬧ "应用蒙版"按钮，蒙版效果将应用到"油漆"的图像中。应

用后图层蒙版缩览图消失，但是效果被保留，如图20-68所示。

04 在"图层"调板中，选择"斑驳漆痕"中的蒙版，单击"属性"调板中 🗑 "删除蒙版"按钮，删除图层蒙版，图像效果随之恢复到原始状态，如图20-69所示。

　　图 20-68　　　　　　　　　图 20-69

05 至此完成整个实例的制作，效果如图20-70所示。读者可以打开配套素材\Chapter-20\"时装海报.psd"文件进行查看。

图 20-70

20.3　矢量蒙版

　　矢量蒙版可在图层上创建锐边形状，因为矢量蒙版是依靠路径图形来定义图层中图像的显示区域。另外，使用矢量蒙版创建图层之后，还可以给该图层应用一个或多个图层样式，并且可以编辑这些图层样式。

20.3.1　创建并编辑矢量蒙版

　　创建矢量蒙版的方法与创建图层蒙版的方法基本相同，只是矢量蒙版使图层隐藏是依靠路径图形来定义图像的显示区域。对矢量蒙版也是使用"钢笔"工具或"形状"工具对其路径进行编辑。

01 执行"文件"→"打开"命令，打开配套素材\Chpater-20\"女性.psd"文件，如图20-71所示。

02 在"图层"调板中选择"光晕"图层，执行"图层"→"矢量蒙版"→"显示全部"命令，创建矢量蒙版，如图20-72所示。

　　　图 20-71　　　　　　　　　图 20-72

图 20-73

03 使用 "椭圆" 工具，在选项栏中选择 "路径" 选项，然后在视图中绘制椭圆路径，这时将显示形状内容的矢量蒙版，如图20-74所示。

提示

在 "图层" 调版中可以看到，矢量蒙版与图层蒙版的工作方式非常接近，不同的是矢量蒙版右侧的缩览图内显示的是路径图形内容。路径内的部分为白色，表示该区域的图层内容可见；路径外为灰色，表示此区域的内容被蒙版遮蔽，图像不可见。

04 按下Ctrl+T键，打开自由变换框，配合按下Shift键，等比例缩小圆形路径，如图20-75所示。

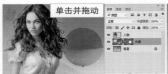
单击并拖动

图 20-74   图 20-75

05 依照以上方法，使用 "椭圆" 工具绘制多个装饰圆形，如图20-76所示。

06 选择 "矩形" 工具，在选项栏中选择 "重叠区域除外" 后绘制矩形路径，此时可发现，在当前路径中，重叠区域路径中的内容被遮盖，如图20-77所示。

图 20-76   图 20-77

07 使用 "直接选择" 工具，选择矩形路径左下角的锚点，参照图20-78所示调整路径形状，蒙版内容也随之发生变化。

08 如图20-79所示，继续调整左上角的锚点，改变显示与隐藏的状态。

图 20-78   图 20-79

09 对于矢量蒙版的启用/停用、删除等编辑操作方法与图层蒙版基本相同，读者可根据上一节中对图层蒙版讲述的内容进行参考学习。

20.3.2 将矢量蒙版转换为图层蒙版

矢量蒙版不能应用绘图工具和滤镜等命令，可以将矢量蒙版转换为图层蒙版再进行编辑。需要注意的是，一旦将矢量蒙版转换为图层蒙版，就无法再将它改回矢量对象。

01 在 "炫光" 图层的矢量蒙版缩览图上右击，在弹出的菜单中分别选择 "停用矢量蒙版" "删除矢量蒙版" 或 "栅格化矢量蒙版" 命令，对矢量蒙版进行编辑，如图20-80所示。

图 20-80

提示

此外，还可以执行 "图层" → "栅格化" → "矢量蒙版" 命令，即可将矢量蒙版转换为图层蒙版。

02 执行 "滤镜" → "模糊" → "高斯模糊" 命令，打开并设置 "高斯模糊" 对话框，为蒙版添加模糊效果，如图20-81和图20-82所示。

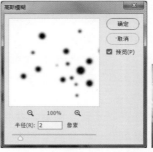

图 20-81   图 20-82

20.4 剪贴蒙版

剪贴蒙版是一组具有剪贴关系的图层，主要由两部分组成，即基底图层和内容层。内容层只显示基底图层中有像素的部分，其他部分隐藏。在蒙版中基底图层名称上带有下划线，上层图层的缩览图（也就是内容层）是缩进的，且在左侧显示有剪贴蒙版图标。接下来学习如何使用剪贴蒙版。

01 打开配套素材\Chapter-20\"素材.psd"文件，使用 移动"工具，将该文档中的图像拖至"化装品背景"文档中相应的位置，如图20-83所示。

02 选择"人物"图层，执行"图层"→"创建剪贴蒙版"命令，在选择图层的左侧显示有剪贴蒙版图标 ，处于下方的图层为基底图层，且下方带有下画线，如图20-84所示。

图 20-83　　　　　　　图 20-84

03 此时，剪贴蒙版应用基底图层的范围区域，控制上方图像的显示或隐藏，如图20-85所示。

04 按下Alt键，将鼠标指针放在分隔"人物"和"文字"这两个图层之间的线上，当指针变成 "剪贴蒙版图标"时，单击鼠标，即可创建剪贴蒙版，如图20-86所示。

图 20-85　　　　　　　图 20-86

05 再次按下Alt键，将鼠标指针放在"人物"和"文字"两个图层之间的线上，这时指针呈 形后，单击鼠标，将"文字"图层从剪贴蒙版中移除，如图20-87所示。

06 选择"按钮4"，并设置该图层的"混合模式"为"明度"，这时剪贴蒙版中的所有图层都将使用"按钮 4"的混合模式与下层图层混合，效果如图20-88所示。

图 20-87　　　　　　　图 20-88

07 双击"按钮4"的图层缩览图，打开"图层样式"对话框，取消"将剪贴图层混合成组"选项的选择状态，单击"确定"按钮关闭对话框，这时"按钮4"的混合模式将不再影响剪贴蒙版中的所有图层，如图20-89所示。

图 20-89

> **提示**
>
> 选择"图层样式"对话框中的"将剪贴图层混合成组"选项，基底图层的混合模式效果将影响整个剪贴蒙版；取消该选项的选择状态，则基底图层的混合模式效果只对该图层有影响。

08 参照以上方法，再制作出其他按钮上的文字与人物图像，如图20-90所示。

09 最后显示隐藏的图层组中的图像，完成本实例的制作，效果如图20-91所示。读者可打开配套素材\Chapter-20\"化妆品网页.psd"文件进行查看。

图 20-90　　　　　　　图 20-91

20.5 实例演练：汽车广告

本节安排了一个"汽车广告"实例。在设计上，汽车广告采用特效处理，使整体画面充满动感和视觉冲击力，图 20-92 所示为本实例的完成效果。通过本实例的制作，相信能使读者更进一步地熟悉和灵活应用蒙版的操作技术。

图 20-92

图 20-93

以下内容，简要地为读者叙述了实例的技术要点和制作概览，具体操作请参看本书多媒体视频教学内容。

01 打开背景图像后添加汽车素材，多次复制汽车图像。选择顶部的汽车图像，通过添加并编辑图层蒙版的方法，制作出斑驳碎裂的效果。选择中间层的汽车，调整其位置，如图20-93所示。

02 依照以上方法，将中间层和底层的汽车图像制作成斑驳碎裂的效果。然后使用"斜面和浮雕"图层样式，制作出碎裂图像的体积感。最后添加文字及装饰图像，完成实例的制作，如图20-94所示。

图 20-94

第21章　全面掌握通道

通道是 Photoshop 软件中一个极为重要的概念，可以说它是使用 Photoshop 的一个极有表现力的处理平台。简单地说，通道是用来保存颜色信息及选区的一个载体。它的作用广泛，可以用来制作精确的选区，对选区进行各种编辑处理，还可以记录和管理图像中的颜色，利用图像菜单的调整命令对单种原色通道进行调整，达到调整图像颜色的效果。在本章中将详细介绍通道的工作方式以及操作方法。

 21.1 通道分类

21.1 视频教学

在 Photoshop 中包含 4 种类型的通道，一种是颜色通道，一种是 Alpha 通道，另外两种分别是专色通道和临时通道。下面对这些通道进行详细的介绍。

21.1.1　颜色通道

在 Photoshop 中颜色通道的作用非常重要，颜色通道用于保存和管理图像中的颜色信息，每幅图像都有自己单独的一套颜色通道，在打开新图像时会自动进行创建。图像的颜色模式决定创建颜色通道的数目。

01 执行"文件"→"打开"命令，打开配套素材\Chapter-21\"广告背景.psd"文件，如图21-1所示。

02 执行"窗口"→"通道"命令，打开"通道"调板。在"通道"调板中共有4个通道。其中RGB通道为复合通道，"红"通道、"绿"通道和"蓝"通道为原色通道。复合通道不含任何信息，实际上它只是同时预览并编辑所有颜色通道的一个快捷方式，如图21-2所示。

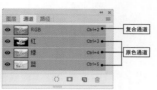

图 21-1　　　　　　　　　图 21-2

03 分别单击"红"通道、"绿"通道和"蓝"通道对这些通道进行观察，如图21-3所示。在RGB模式下暗色区域表示该色缺失，亮色区域表示该色存在。

04 执行"图像"→"模式"→"CMYK颜色"命令，在"通道"调板内观察颜色通道，会发现CMYK模式下亮色通道表示该色缺失，暗色通道表示

该色存在，如图21-4所示。

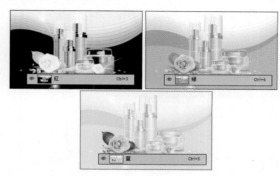

图 21-3

图 21-4

提示

RGB 模式和 CMYK 模式的成像原理不同。CMYK 颜色模式是减色模式，RGB 颜色模式是加色模式（关于颜色模式请参考第 5 章内容）。因此，如果在 CMYK 图像内要增加一个通道的颜色时，就要加暗该通道，如果要减少该颜色时可以加亮该通道。

颜色通道存储图像的颜色信息，因此对图像进行编辑和调整，也就是对颜色通道进行编辑和调整。下面通过颜色通道来调整图像的颜色。

01 执行"图像"→"模式"→"RGB颜色"命令，单击"红"通道，选择"红"通道，如图21-5所示。

02 单击"RGB"通道，可以显示图像的全部通道，这样可以在调整图像时方便对图像的观察，如图21-6所示。

图 21-5　　　　　　　图 21-6

03 执行"图像"→"调整"→"曲线"命令，打开"曲线"对话框，参照图21-7所示，调整对话框中的曲线，使"红"通道变暗。

04 设置完毕后，单击"确定"按钮，将图像中红色的成分减少，如图21-8所示。

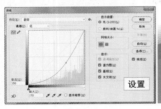 

图 21-7　　　　　　　图 21-8

21.1.2 专色通道

在一些特殊的印刷工艺中，需要使用专色颜料，例如：银色、金色，以及凹凸压膜效果等。通过专色通道可以在印刷物中标明进行特殊印刷的区域。下面来学习创建专色通道的方法。

01 单击"通道"调板右上角的三角按钮，在弹出的菜单中执行"新建专色通道"命令，打开"新建专色通道"对话框，如图21-9所示。

图 21-9

> **技巧**
>
> 按下 Ctrl 键的同时单击"通道"调板底部的 □ ｜ "创建新通道"按钮，即可弹出"新建专色通道"对话框。

02 单击"颜色"选项的颜色块，打开"选择专色"对话框，参照图21-10所示设置对话框。

图 21-10

03 "密度"选项用于设置油墨的密度。如果数值设置为100%，模拟完全覆盖下层油墨的油墨，而设置为0%，则模拟完全显示下层油墨的透明油墨。此时设置该选项为100%，如图21-11所示。

04 设置完毕后单击"确定"按钮，关闭对话框。观察"通道"调板会发现有一个"专色 1"通道，这就是创建的纯色专色通道，如图21-12所示。

图 21-11　　　　　　　图 21-12

05 在工具箱选择 ✦ "魔棒"工具，在图21-13所示处单击，执行"选择"→"变换选区"命令，调整选区大小、位置和角度，如图21-14所示。

 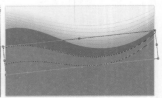

图 21-13　　　　　　　图 21-14

06 单击"通道"调板底部的 □ ｜ "创建新通道"按钮，新建"Alpha 1"，并填充白色，将选区保存，如图21-15所示。

07 将"Alpha 1"隐藏，切换至"专色"通道，设置前景色为黑色，对选区羽化20个像素，并填充前景色，效果如图21-16所示。

08 将"Alpha 1"载入选区并反选，使用"橡皮擦"工具将选区顶部图像擦除，如图21-17所示。

09 前景色设置为黑色，选择"画笔"工具，调整合适的大小、硬度和不透明度，在"专色 1"通道图像中进行涂抹，如图21-18所示。

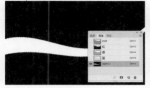
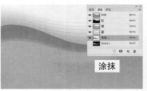

图 21-15　　　　　　图 21-16

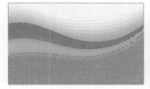

图 21-17　　　　　　图 21-18

> **注意**
>
> 若要输出专色通道，在 Photoshop 中需要将文件以 DCS 2.0 格式或 PDF 格式存储。

21.1.3　Alpha 通道

Alpha 通道是计算机图形学中的术语，指的是特别的通道，意思是"非彩色"通道，主要用来保存和编辑选区。下面通过一组操作来展示 Alpha 通道是如何工作的。

01 在"通道"调板中，单击"RGB"通道，使其成为可编辑状态，如图21-19所示。

02 使用 "魔棒"工具，如图21-20所示，设置其工具选项栏，并在图像上单击，创建选区。

图 21-19　　　　　　图 21-20

03 保持选区的浮动状态，在"通道"调板底部单击 "将选区存储为通道"按钮，将选区存储为"Alpha 2"通道，然后选择"Alpha 2"通道并将其显示，如图21-21所示。

04 执行"滤镜"→"模糊"→"高斯模糊"命令，如图21-22所示，设置对话框中的选项，完毕后单击"确定"按钮。

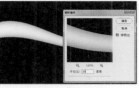

图 21-21　　　　　　图 21-22

05 选择 "矩形选框"工具，在图像中右击，在弹出的快捷菜单中选择"羽化"命令，如图21-23所示，设置其对话框。

06 按下Ctrl+Shift+I键，将选区反向选择，并在选区内填充黑色，如图21-24所示。

图 21-23　　　　　　图 21-24

07 在"通道"调板中按下Ctrl键的同时，单击"Alpha 2"通道。切换到"图层"调板，新建"图层 1"，为选区填充（R:1，G:243，B:250）的颜色，如图21-25所示。

08 使用 "橡皮擦"工具在"图层 1"图像上略微修整，并将"化妆品"图层显示，发现专色通道中的图像会覆盖所有图层中的图像，如图21-26所示。

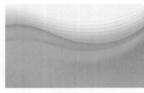

图 21-25　　　　　　图 21-26

09 在"通道"调板中将"专色 1"通道图像载入选区并隐藏通道，如图21-27所示。切换到"图层"调板，新建"图层 2"，为选区填充（R:1，G:243，B:250）的颜色，完毕后取消选区，如图21-28所示。

图 21-27　　　　　　图 21-28

10 至此该实例已经完成，如图21-29所示。如果在制作过程中遇到什么问题，可以打开本书配套素材\Chapter-21\"化妆品广告.psd"文件。

图 21-29

21.1.4 临时通道

临时通道就是在"通道"调板中临时存在的一个通道，如同"路径"调板中的"工作路径"一样，只是暂时记录工作中的一些信息。通常在选择了一个有图层蒙版的图层时，就会在"通道"调板的颜色通道下方出现一个对应的临时通道。当选择了其他不带有图层蒙版的图层时，该通道会自动消失。另外，在进入快速蒙版时，也会生成一个对应的临时通道，在退出快速蒙版编辑模式后，该通道也会随之消失。图 21-30 所示为同时显示出上述两种临时通道时的状态。

图 21-30

21.2 通道的管理与编辑

在"通道"调板中可以创建和管理通道，并查看编辑效果。"通道"调板上列出了当前图像中的所有通道。首先来认识一下"通道"调板。

21.2.1 认识"通道"调板

"通道"调板是管理和编辑通道的环境，下面我们通过案例操作学习该调板。

01 执行"文件"→"打开"命令，打开本书配套素材\Chapter-21\"网页背景制作.psd"文件，如图21-31所示。

02 打开"通道"调板，如图21-32所示。每个通道的左侧都是通道内容的缩览图，编辑通道时它会自动更新，右侧是通道的名称。

图 21-31　　　　图 21-32

03 单击"通道"调板右上角的菜单按钮，在弹出的菜单中执行"面板选项"命令，打开"通道调板选项"对话框，在对话框中可以根据需要调整通道缩览图的大小，如图21-33所示。

图 21-33

21.2.2 创建通道

在 Photoshop 中有很多种方法可以创建通道，这极大地提高了工作操作的灵活性。

01 单击"通道"调板右上角的菜单按钮，在弹出的菜单中执行"新建通道"命令，打开"新建通道"对话框，如图21-34所示。

02 单击"确定"按钮新建通道"Alpha 1"，切换到"图层"调板中，载入"拉丝线条"图层选区，并回到"Alpha 1"通道中，如图21-35所示。

03 执行"滤镜"→"渲染"→"云彩"命令，效果如图21-36所示。

图 21-34　　　　　　　　图 21-35

图 21-36

04 执行"滤镜"→"滤镜库"命令，参照图21-37所示设置"龟裂纹"滤镜参数，效果如图21-38所示。

05 按下Ctrl+C将选区内图像复制，切换到"图层"调板，新建图层重新命名为"破损纹理"，调整图层顺序，按下Ctrl+V键粘贴图像，如图21-39所示。

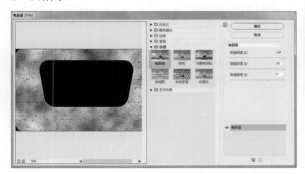

图 21-37

图 21-38　　　　　　　　图 21-39

06 调整图层的混合模式，为其添加图层蒙版，屏蔽不需要的图像内容，如图21-40所示。

07 载入"拉丝线条"图层选区，单击"通道"调板底部的 按钮 "将选区存储为通道"按钮，将选区存储为通道，生成Alpha 2通道。单击Alpha 2通道，将其显示，如图21-41所示。可以看到选区的位置存储为白色，选区以外的位置存储为黑色。

图 21-40　　　　　　　　图 21-41

08 依次添加"云彩"滤镜和"添加杂色"滤镜命令，如图21-42～图21-44所示。

09 复制选区图像，新建图层并重新命名为"锈斑"，然后粘贴拷贝图像，将如图21-45所示。

 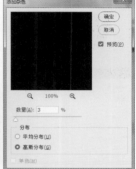

图 21-42　　　　　　　　图 21-43

图 21-44　　　　　　　　图 21-45

10 执行"滤镜"→"滤镜库"→"基底凸现"命令，打开"滤镜库"对话框，参照图21-46所示设置对话框，制作出图像的凹凸感，效果如图21-47所示。

11 载入"拉丝线条"图层选区，单击"通道"调板底部的 "创建新通道"按钮，新建"Alpha 3"通道。执行"滤镜"→"渲染"→"分层云彩"命令，如图21-48所示。

图 21-46

图 21-47　　　　　　　　图 21-48

12 执行"滤镜"→"杂色"→"添加杂色"命令，为云彩图像添加杂色效果，如图21-49和图21-50所示。

图 21-49　　　　　　　　图 21-50

13 参照同样的操作方法，再次重复执行"分层云彩"命令和"添加杂色"命令，完毕后取消选区，效果如图21-51所示。

14 使用 "魔棒"工具，选择图像中的黑色部分，然后回到"图层"调板，将选区内的图像删除，如图21-52和图21-53所示。

15 设置该图层的混合模式为"正片叠底"，制作出铁锈图像，效果如图21-54所示。

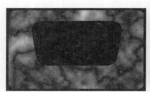

图 21-51　　　　　　　　图 21-52

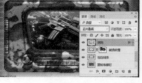

图 21-53　　　　　　　　图 21-54

16 单击 "添加图层蒙版"按钮，为"锈斑"图层添加图层蒙版。设置前景色为黑色，使用"画笔"工具对蒙版进行编辑，将下方的按钮图像显示出来，如图21-55所示。

17 打开"图层样式"对话框，为图像添加"内阴影"效果，如图21-56所示。

图 21-55　　　　　　　　图 21-56

18 载入"锈斑"的图像选区，按下Ctrl+C键将铁锈图像复制。切换到"通道"调板，新建"Alpha 4"通道，按下Ctrl+V键，将复制的图像粘贴到通道中，如图21-57和图21-58所示。

图 21-57　　　　　　　　图 21-58

19 执行"滤镜"→"纹理"→"纹理化"命令，打开"纹理化"对话框，为图像添加"纹理化"效果，如图21-59所示。

20 按下Ctrl+L键打开"色阶"对话框，参照图21-60设置对话框，对图像的色阶进行调整，调整后的效果如图21-61所示。

21 载入"Alpha 4"通道的选区，回到"图层"调板，新建"图层 1"，重新命名为"铁锈"。设置前景色为铁锈色（R:135，G:70，B:32），按下Alt+Delete键填充选区，完毕后取消选区，如图21-62和图21-63所示。

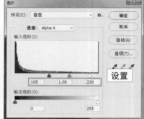

图 21-59　　　　　　　　图 21-60

图 21-61　　　　　　　　图 21-62

22 设置"铁锈"图层的混合模式为"颜色减淡"，完成本实例的制作，效果如图21-64所

示。读者在制作过程中如果遇到什么问题，可以打开本书配套素材\Chapter-21\"军事爱好者网页"文件进行查看。

图 21-63　　　　　　　　　图 21-64

21.2.3　隐藏显示通道

01 执行"文件"→"打开"命令，打开配套素材\Chapter-21\"香水瓶制作.psd"文件，如图21-65所示。

02 将"图层 1"载入选区，单击"通道"调板底部的"将选区储存为通道"按钮，如图21-66所示。

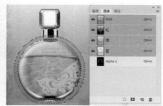

图 21-65　　　　　　　　图 21-66

03 在"通道"调板中单击打开"Alpha 1"左侧的👁眼睛图标，即可显示Alpha 1通道，如图21-67所示。

图 21-67

在复合通道左侧单击，打开👁眼睛图标，可以查看所有默认的颜色通道。

04 选择"Alpha 1"通道，单击"通道"调板右上角的▤ 按钮，在弹出的菜单中执行"通道选项"命令，打开"通道选项"对话框，如图21-68所示。

05 单击"通道选项"对话框中颜色块，打开"选择通道颜色"对话框，设置颜色，如图21-69所示。

06 接着单击"确定"按钮，转换到"通道选项"对话框，然后单击"确定"按钮，关闭对话框，调整通道颜色，如图21-70所示。

图 21-68

图 21-69　　　　　　　图 21-70

21.2.4　复制载入通道

在"通道"调板中除复合通道以外，其他的通道都可以进行复制，不但可在同一个文档中复制通道，还可以在不同文档中相互复制。

01 确定当前"Alpha 1"通道为当前可编辑的通道，单击▤ 按钮，在弹出的菜单中执行"复制通道"命令，打开"复制通道"对话框，如图21-71所示。

> **提示**
>
> 在"文档"选项中，除了当前图像文档外，还包括工作区中打开的并且与当前图像文档大小相等，也就是长度和宽度完全相同的文件。最后有一个"新建"选项，选择该选项，可以将当前通道创建为一个新的灰度图像。

02 保持对话框的默认状态，单击"确定"按钮，复制"Alpha 1"通道，得到"Alpha 1 拷贝"通道，如图21-72所示。

图 21-71　　　　　　　图 21-72

03 保持选区的浮动状态，执行"滤镜"→"模糊"→"高斯模糊"命令，打开"高斯模糊"对话框，参照图21-73所示设置对话框，为其添加模糊效果。

04 不要取消选区，执行"滤镜"→"风格化"→"浮雕效果"命令，打开"浮雕效果"对话框，参照图21-74所示设置对话框，为通道添加浮雕效果。

图 21-73　　　　　　图 21-74

05 保持选区的浮动状态，执行"图像"→"调整"→"曲线"命令，打开"曲线"对话框，如图21-75所示，设置对话框，对通道进行调整。

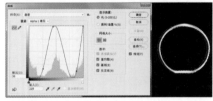

图 21-75

06 不要取消选区，按下Ctrl+L键，打开"色阶"对话框，如图21-76所示，设置对话框，增强图像的对比度。

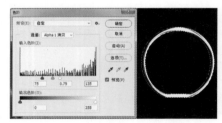

图 21-76

07 按下Ctrl键，单击"Alpha 1 拷贝"通道，将该通道作为选区载入。在"图层"调板中新建"图层 6"，接着将选区填充为青色（R:54，G:247，B:230），并将选区取消。然后对图像所在图层的混合模式和不透明度参数进行设置，如图21-77所示。

08 在"通道"调板中拖动"Alpha 1"通道到"通道"调板底部的 🔲 "创建新通道"按钮上，当该按钮凹陷时，松开鼠标即可复制"Alpha 1"通道，

得到"Alpha 1 拷贝 2"通道，如图21-78所示。

09 将"Alpha 1 拷贝 2"通道作为选区载入，然后执行"滤镜"→"风格化"→"浮雕效果"命令，参照图21-79所示设置对话框，为其添加浮雕效果。

图 21-77　　　　图 21-78　　　　图 21-79

10 保持选区的浮动状态，按下Ctrl+L键，打开"色阶"对话框，如图21-80所示，设置对话框，对其进行调整。

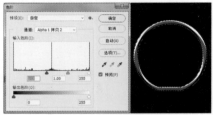

图 21-80

11 载入该通道选区，新建"图层 7"，填充（R:54，G:247，B:230）的颜色，完毕后取消选区，设置该图层混合模式为"线性加深"，不透明度为40%，如图21-81所示。

12 在"通道"调板中，再次将"Alpha 1"通道复制。载入其选区，设置高斯模糊为10个像素。然后按下Ctrl+L键，打开"色阶"对话框，参照图21-82所示设置对话框。

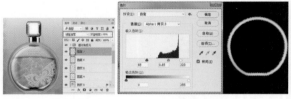

图 21-81　　　　　　图 21-82

> **提示**
>
> 在步骤 13 和步骤 14 中都不可以取消在步骤 12 中载入的选区，要保持该选区的浮动状态。

13 执行"滤镜"→"风格化"→"浮雕效果"命令，打开"浮雕效果"对话框，参照图21-83所示设置对话框，为其添加浮雕效果。

14 按下Ctrl+M键，打开"曲线"对话框，参照图21-84所示设置对话框，对通道进行编辑。

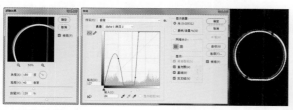

图 21-83　　　　　　　　图 21-84

15 单击"通道"调板底部的 ⊙ "将通道作为选区载入"按钮，在"图层"调板中新建"图层8"，填充白色，并取消选区，如图21-85所示。

16 在"通道"调板中，选择"Alpha 1"通道，然后将该通道作为选区载入。首先为其添加半径为8个像素的高斯模糊效果，接着再参照图21-86所示打开"浮雕效果"对话框，为其添加浮雕效果。

图 21-85　　　　　　图 21-86

提示

在步骤17和步骤18中都不可以取消在步骤16中载入的选区，要保持该选区的浮动状态。

17 按下Ctrl+M键，打开"曲线"对话框，如图21-87所示，设置对话框，调整通道。

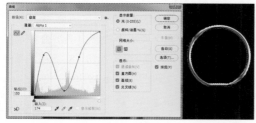

图 21-87

18 执行"滤镜"→"滤镜库"命令，在打开的对话框中选择"塑料包装"滤镜，参照图21-88所示进行设置。

19 将"Alpha 1"通道作为选区载入，在"图层"调板中再新建"图层9"，接着将选区填充为深蓝色（R:0，G:17，B:63），然后将图像所在图层的混合模式设置为"线性加深"，如图21-89所示。

20 切换到"通道"调板，载入"Alpha 1 拷贝 2"通道中的选区，按下Ctrl+Alt键的同时，单击"Alpha 1 拷贝 3"通道，将该通道中的选区从现有选区中减去，然后在"图层"调板中新建"图层10"，并为选区填充白色，如图21-90所示。

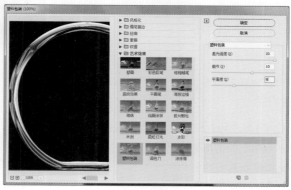

图 21-88

图 21-89　　　　　　　　图 21-90

21.2.5 选择多个通道

按下Shift键的同时，在"通道"调板内单击通道，可以选择多个通道。

切换到"通道"调板中，选择"红"通道，然后按下Shift键的同时单击"绿"通道，将"红"通道和"绿"通道同时选中，如图21-91所示。

图 21-91

21.2.6 重新排列和重命名通道

每个通道都有自己的位置和相应的名称，为

了方便管理通道，可以更改通道的位置和名称。要注意的是复合通道和颜色通道不可以更改顺序和名称。下面通过操作来学习重新排列和重命名通道的方法。

01 选择"Alpha 1 拷贝 3"通道，接着拖动"Alpha 1 拷贝 3"通道到"Alpha 1"通道的上方，如图21-92所示。

> **提示**
>
> 执行完此项操作后，按下 Ctrl+Alt+Z 键，还原到修复前的状态。

02 在"Alpha 1 拷贝 3"通道的名称上双击鼠标，使"Alpha 1 拷贝 3"通道的名称高亮显示，接着输入需要的名称，然后按下Enter键即可，如图21-93所示。

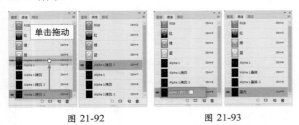

图 21-92   图 21-93

21.2.7 删除通道

在完成图像的处理后，可以将没有用处的通道删除。这样可以减小图像文档的大小，下面通过操作为大家介绍删除通道的方法。

01 确定"高光"通道为当前可编辑通道，单击 🗑 "删除当前通道"按钮，打开提示对话框，如图21-94所示。

02 单击"是"按钮，将选择的通道删除，如图21-95所示。

图 21-94   图 21-95

03 拖动"Alpha 1"到"通道"调板底部的 🗑 "删除当前通道"按钮上，松开鼠标，即可将选择的通道删除，如图21-96所示。

04 将"通道"调板中除系统默认以外的通道全部删除，如图21-97所示。

图 21-96   图 21-97

> **提示**
>
> 执行完删除操作后连续按下 Ctrl+Alt+Z 键，还原到删除前的状态。

05 至此完成本实例的制作，效果如图21-98所示。读者在制作过程中如果遇到什么问题，可以打开本书配套素材\Chapter-21\"香水瓶.psd"文件进行查看。

图 21-98

21.2.8 分离通道

"分离通道"命令可以将图像中的每一个通道分离为一个单独的灰度图像。下面介绍如何将图像中的通道分离出来。

01 首先将"图层"调板中的所有图层合并，然后单击"通道"调板的 ▤ 按钮，在弹出的菜单中执行"分离通道"命令，如图21-99所示。

图 21-99

02 这时，会看到图像编辑窗口中的原图像消失，取而代之的是单个通道出现在单独的灰度图像窗口，如图21-100所示。

图 21-100

图 21-101　　　　　图 21-102

21.2.9　合并通道

"合并通道"命令可以将多个灰度图像作为颜色通道合并为一个图像。注意：要合并的图像必须是灰度模式，且具有相同的像素和尺寸。进行合并的图像数量决定了合并通道时可用的颜色模式。例如：如果打开了 3 个图像，可以将它们合并为一个 RGB 图像；如果打开了 4 个图像，则可以将它们合并为一个 CMYK 图像。

01 继续以上的操作，将分离的图像合并。任意选择一个灰度图像。单击"通道"调板按钮，在弹出的菜单中执行"合并通道"命令，如图21-101所示。

02 打开"合并通道"对话框，在"模式"栏中选择"RGB颜色"选项，如图21-102所示。

03 设置完毕后，单击"确定"按钮，弹出"合并RGB通道"对话框，如图21-103所示。

> **提示**
>
> 对于每个通道，请确保需要的图像已打开。如果想更改图像类型，单击"模式"按钮，返回"合并通道"对话框。

04 单击"确定"按钮，选中的通道合并为指定类型的新图像，原图像则在不做任何更改的情况下关闭。新图像出现在未命名的窗口中，如图21-104所示。

图 21-103　　　　　图 21-104

21.3　使用通道精确抠图

有很多的图像使用"钢笔"工具或者"魔棒"工具都无法完全从背景图像中脱离出来，如：细微的网状物体、纤细的发丝和半透明的物质等。在通道中可以将这些物质从背景图像中抠出，并保留图像的细节。下面以玻璃物质为例介绍通道抠图的方法。

01 打开本书配套素材\Chapter-21\ "人物.jpg"文件，如图21-105所示。

图 21-105

02 使用 "钢笔"工具，将人物躯干部分选中，并将该路径储存为"路径 1"，如图21-106和图21-107所示。

图 21-106　　　　　图 21-107

03 打开"通道"调板，分析R（红）G（绿）B（蓝）3个通道，如图21-108所示。可以看到在"蓝"通道的对比度较强，暗部也比较明显。

图 21-108

04 复制"蓝"通道,得到"蓝 拷贝"通道,如图21-109所示。

05 执行"图像"→"调整"→"反相"命令,反转图像颜色,如图21-110所示。

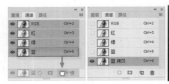 

图 21-109　　　　　图 21-110

06 执行"图像"→"调整"→"色阶"命令,打开"色阶"对话框,设置对话框中的参数,调整图像的明暗,如图21-111和图21-112所示。

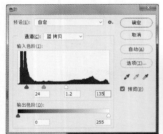 

图 21-111　　　　　图 21-112

07 将之前所绘制的路径转换为选区,如图21-113所示。

08 在选区内填充白色,完毕后取消选区,使用"画笔"工具在人物头发偏暗的地方适当涂抹,在背景偏灰的地方适当加深,如图21-114所示。

图 21-113　　　　　图 21-114

09 按下Ctrl键的同时单击"蓝 拷贝"通道,载入该通道中的选区,完毕后单击"RGB"复合通道,将"蓝 拷贝"通道隐藏,如图21-115和图21-116所示。

图 21-115　　　　　图 21-116

10 打开本书配套素材\Chapter-21\"玩味夏天背景.psd"文件,如图21-117所示。

图 21-117

11 切换到"人物"文档中,选择 "移动"工具,将选区内图像拖动至"玩味夏天背景"文档中,得到"图层 1",并调整其大小和位置,如图21-118和图21-119所示。

图 21-118　　　　　图 21-119

12 将"图层 1"图像载入选区,单击"图层"调板底部的 "创建新的填充或调整图层"按钮,为"图层 1"添加"可选颜色"图层样式,如图21-120所示,设置其对话框选项,效果如图21-121所示。

图 21-120　　　　　图 21-121

13 再次将"图层 1"图像载入选区,为其添加"色阶"图层样式,如图21-122所示,设置其对话框选项,效果如图21-123所示。

图 21-122　　　　图 21-123

14 将"图层 1"图像载入，并执行"选择"→"修改"→"收缩"命令，收缩1像素，然后单击"图层"调板底部的 ▣ "添加矢量蒙版"按钮，为其

添加蒙版，屏蔽不需要的部分，如图21-124所示。

15 至此完成本实例的制作，如图21-125所示。如果在制作过程中遇到什么问题，可以打开本书配套素材\Chapter-21\"玩味夏天.psd"文件进行查看。

图 21-124　　　　图 21-125

21.4 使用"应用图像"命令

使用"应用图像"命令，可以将图像中的通道与图层内容进行混合，产生一种特殊的混合效果。混合图像的操作只能在打开的相同大小、相同分辨率的图像文件间进行。

01 打开配套素材\Chapter-21\"光晕背景.jpg"文件和"光线.jpg"文件，如图21-126和图21-127所示。打开的两个文档大小和分辨率都相同。

图 21-126　　　　图 21-127

02 确认"光晕背景"文档处于当前可编辑状态，执行"图像"→"应用图像"命令，打开"应用图像"对话框，如图21-128所示。

图 21-128

03 参照图21-129所示设置"源"选项。

提示

如果两个混合图像的模式不相同（例如，一个图像是RGB模式，而另一个图像是CMYK模式），那么只可以在图像之间将单个通道复制到其他通道，但不能将复合通道复制到其他图像中的复合通道。

04 单击"混合"选项的下三角按钮，在弹出的下拉列表中添加了"相加"和"减去"选项，选择需要的混合模式，如图21-130所示。

图 21-129　　　　图 21-130

05 选择"相加"和"减去"这两个选项，都会出现"缩放"和"补偿值"选项，如图21-131所示。

提示

"相加"选项可以提高通道中像素的亮度值，混合过程中的重叠像素将变亮。"减去"选项相反，它可以减去通道中像素的亮度值。

06 复选"蒙版"选项，打开相应的选项，如图21-132所示。该选项可通过蒙版应用混合。

图 21-131　　　　图 21-132

07 参照图21-133所示设置"应用图像"对话框。完毕后，单击"确定"按钮，关闭对话框，效

果如图**21-134**所示。

图 21-133　　　　　　　　　图 21-134

21.5 使用"计算"命令

　　"计算"命令与混合图像相似，计算图像可以将两个图像中的通道进行混合，混合后生成的结果可以生成新的通道。"计算"命令只能在相同大小、相同分辨率的图像文件间进行操作。

01 接着上面的操作，打开配套素材\Chapter-21\"绿色光斑.jpg"文件，如图**21-135**所示。

02 确认"光晕背景"文档处于可编辑状态，执行"图像"→"计算"命令，打开"计算"对话框，观察"计算"对话框，如图**21-136**所示。源图像1和源图像2的参数在默认状态下为当前所选文档。

图 21-135　　　　　　　　　图 21-136

> **提示**
> 由于"计算"命令只对图像中的一个或多个源图像中的通道进行混合，因此执行"计算"命令，预览图像呈灰度显示，如图 21-137 所示。

03 如果打开的多个文档且像素尺寸一致，在源1和源2的下拉列表中都会显现出来。参照图**21-138**所示设置源1和源2的参数。

图 21-137　　　　　　　　　图 21-138

04 设置"混合"选项为"强光"，在"结果"选项的下拉列表中可指定混合结果的处理方式，

混合结果可以生成新文档、新通道或是当前图像的选区。选择"选区"选项，如图**21-139**所示，效果如图**21-140**所示。

图 21-139　　　　　　　　　图 21-140

05 单击"确定"按钮，关闭"计算"对话框。这时在视图中创建一个选区，该选区是混合后通道的选区，如图**21-141**所示。

06 保持选区的浮动状态，单击"图层"调板底部的"创建新的填充或调整图层"按钮，从弹出的菜单中选择"渐变"命令，打开"渐变填充"对话框，在对话框中设置角度参数，如图**21-142**所示。

图 21-141　　　　　　　　　图 21-142

07 单击渐变条，打开"渐变编辑器"对话框，对渐变色进行设置，如图**21-143**所示。完毕后单击"确定"按钮，将对话框关闭，效果如图**21-144**所示。

08 选择"画笔"工具，设置柔角笔刷，确认前景色为黑色，在其蒙版内进行涂抹，将不需要的

图像隐藏，如图21-145所示。

09 在"图层"调板中设置"渐变填充 1"的混合模式为"浅色"，如图21-146所示。

图 21-143

图 21-144

10 最后将配套素材\Chapter-21\"文字与装饰.psd"文档中的图像添加到该实例文档中，并调整鞋子的顺序到"背景"图层上面，完成本实例的制作，如图21-147所示。

11 读者可打开配套素材\Chapter-21\"运动鞋广告.psd"文件进行查看。

图 21-145   图 21-146

图 21-147

21.6 视频教学

21.6 实例演练：果汁广告

通过本章的讲述，相信读者已经对 Photoshop 中的通道有了全面的认识。为了使读者更熟练地掌握通道的使用方法和操作技巧，在本小节中为读者安排了"果汁广告"实例，图 21-148 所示为本实例的完成效果。在本实例的制作过程中对通道的创建、编辑等都有全面的讲述。相信读者通过本节的学习会对通道有更深的认识和了解。

以下内容，简要地为读者叙述了实例的技术要点和制作概览，具体操作请参看本书多媒体视频教学内容。

01 打开饮料瓶素材，在视图中绘制水滴喷溅的路径效果，选择一条路径填充颜色。载入该图像的选区，在"通道"调板中，新建通道并填充白色，如图21-149所示。

02 将通道复制3次，依次对通道进行编辑，制作出喷射果汁的亮度、暗部和高光区域。将通道依次载入选区，根据亮部、暗部和高光部分分别填充颜色，制作出喷溅果汁的立体效果，如图21-150所示。

03 使用同样的操作方法，再制作出其他喷溅效果，并将其调整为不同的颜色。最后添加文字与装饰，完成本实例的制作，如图21-151所示。

图 21-148

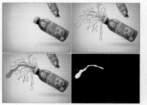

图 21-149

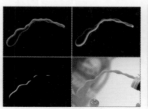

图 21-150

图 21-151

第22章　使用滤镜处理图像

滤镜可以创建出各种各样的图像特效，例如模拟艺术画的笔触效果，模拟真实的玻璃、胶片或金属质感等，将滤镜组合应用更是能产生千变万化的图像变化效果。因此，滤镜在图像处理的工作中有举足轻重的作用。Photoshop 为用户提供了功能繁多的滤镜命令，还特别列出了 4 种特殊的滤镜命令，分别为滤镜库、液化滤镜、镜头校正，以及消失点滤镜。在本章中，首先来整体了解一下如何使用滤镜处理图像，然后重点学习这 4 种特殊滤镜的使用方法和应用技巧。

22.1　滤镜概述

"滤镜"源于摄影领域中的滤光镜，但又不同于滤光镜，滤镜改进图像和产生的特殊效果是滤光镜所不能及的。图 22-1 所示为各种各样的滤镜效果。

打开"滤镜"菜单，即可选择相应的滤镜命令。滤镜可以应用于处于选择状态的可视图层或选区。需要注意的是，有些滤镜不能在位图或索引模式下应用，而有些滤镜只对 RGB 图像起作用。下面学习滤镜命令的基本操作方法。

01 执行"文件"→"打开"命令，打开配套素材 \Chapter-22\ "包装背景.tif"文件，如图22-2 所示。

图 22-1　　　　　　　图 22-2

02 在"通道"调板中，按下Ctrl键，单击"Alpha 1"通道缩览图载入其选区，如图22-3所示。

03 在"图层"调板中新建图层。设置前景色为白色，背景色为黄色（R:255，G:245，B:20）。

04 在工具栏中选择 ▦ "渐变"工具，并填充渐变，如图22-4所示。

图 22-3　　　　　　　图 22-4

05 按下Ctrl+D键取消选区，执行"滤镜"→"模糊"→"高斯模糊"命令，打开并设置"高斯模糊"对话框，如图22-5所示。

06 单击"确定"按钮关闭对话框，模糊图像，如图22-6所示。

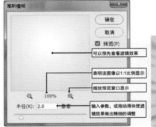

图 22-5　　　　　　　图 22-6

07 执行"滤镜"→"模糊"→"径向模糊"命令，设置打开的"径向模糊"对话框，如图22-7和图22-8所示。

图 22-7　　　　　　　图 22-8

08 按下Ctrl+F键，再次执行使用过的"径向模糊"命令，如图22-9所示。

09 按下Ctrl+Alt+F键，将显示上次应用的滤镜的对话框，重新设置参数值，如图22-10和图22-11所示。

10 使用"橡皮擦"工具，擦除部分图像，完成实例的制作，如图22-12所示。

图 22-9

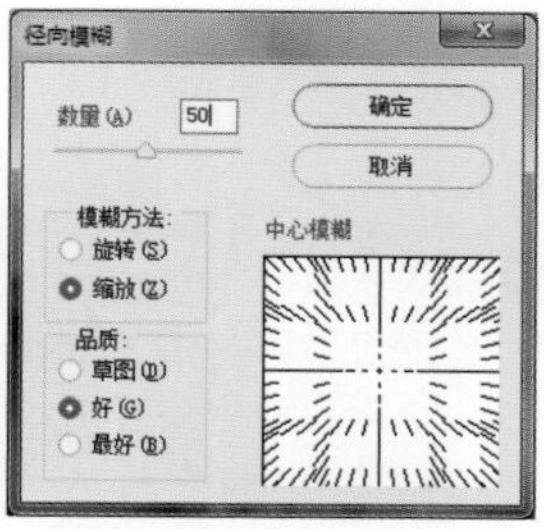

图 22-11

图 22-12

图 22-10

22.2 使用"滤镜库"

"滤镜库"并不是一个具体的滤镜命令,"滤镜库"将 Photoshop 中提供的部分滤镜整合在一个编辑器内,每种滤镜都通过图标形式表现。通过单击相应的滤镜命令图标,可以在对话框中的预览窗口中查看图像应用该滤镜后的效果。使用"滤镜库"可以累积应用滤镜,并多次应用单个滤镜;还可以重新排列滤镜,并更改已应用的每个滤镜的设置,以便实现所需的效果。

22.2.1 "滤镜库"对话框

"滤镜库"命令中包含的命令和操作非常丰富,下面来学习"滤镜库"对话框的使用方法。

01 执行"文件"→"打开"命令,打开配套素材\Chapter-22\"塑料包装.tif"文件,如图22-13所示。

图 22-13

02 执行"滤镜"→"滤镜库"命令,打开"滤镜库"对话框。单击某滤镜后,对话框右上角全显示此滤镜名称,如图22-14所示。

图 22-14

03 在对话框中,单击 ⏫ "滤镜类别"按钮,将"滤镜类别"栏暂时隐藏,可以更加方便地观察图像效果,如图22-15所示。

图 22-15

04 按下Ctrl键,对话框中的"取消"按钮变为"默认值"按钮,单击"默认值"按钮,将"滤镜库"恢复为默认状态,如图22-16和图22-17所示。

图 22-16

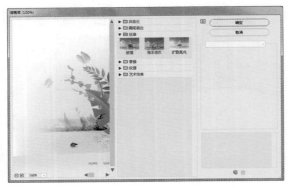

图 22-17

05 在"滤镜库"对话框中，分别单击□ "缩小"、⊞ "放大"按钮，缩放图像大小，如图22-18和图22-19所示。

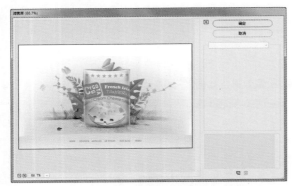

图 22-18

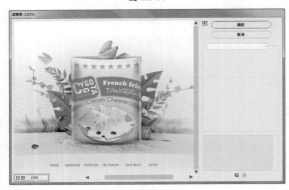

图 22-19

06 另外，在预览窗口的左下方单击 ▶ 三角按钮，在弹出的菜单中也可以设置预览窗口的大小，如图22-20所示。

提示

直接在预览窗口上右击，同样可以弹出窗口预览比例选项菜单。

07 在"滤镜库"对话框中，单击"取消"按钮，即可取消命令的应用。

图 22-20

08 在"图层"调板中，选择并显示"塑料袋"图层中的图像，如图22-21所示。

图 22-21

09 执行"滤镜库"命令，打开"滤镜库"对话框，单击相应滤镜（本处选择的是"玻璃"），对话框转化为此滤镜名称，如图22-22所示。

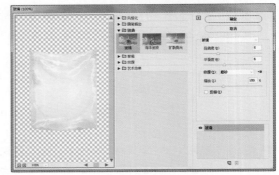

图 22-22

10 在"预览窗口"中单击并拖动鼠标，移动并查看图像，如图22-23所示。

图 22-23

11 在"滤镜类别"栏中展开"艺术效果"列表，并选择"干画笔"滤镜命令，此时 "玻璃"命令被"干画笔"命令替代，如图22-24所示。

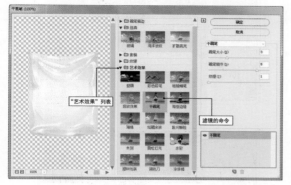

图 22-24

12 在"滤镜库"中单击 "新建效果图层"按钮，并选择"塑料包装"命令，继续应用滤镜效果，如图22-25和图22-26所示。

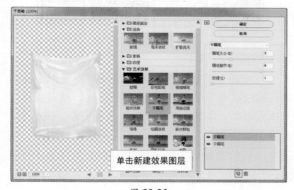

图 22-25

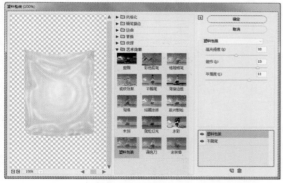

图 22-26

13 依照以上方法，创建"效果图层"，并应用"扭曲"列表中的"扩散亮光"命令，如图22-27所示。

14 在对话框中选择"干画笔"效果图层，单击 "删除效果图层"按钮，删除此滤镜命令的应用，如图22-28和图22-29所示。

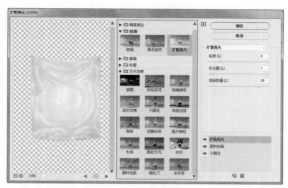

图 22-27

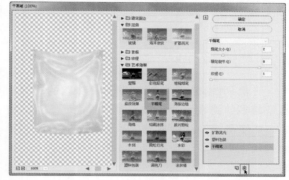

图 22-28

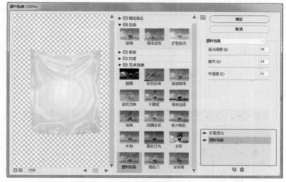

图 22-29

15 设置完毕后，单击"确定"按钮关闭对话框，制作包装的褶皱效果，如图22-30所示。

16 在"图层"调板中，设置图层的混合模式为"线性加深"，制作出塑料包装的光泽感，如图22-31所示。

图 22-30　　　　图 22-31

17 执行"图像"→"调整"→"亮度/对比度"命令，设置打开的对话框，调亮图像，如图22-32所示。

18 至此完成本实例的制作，如图22-33所示。读者可打开配套素材\Chapter-22\"食品包装.tif"文件进行查看。

图 22-32　　　　　　图 22-33

22.2.2　"滤镜库"中的滤镜组

随着 Photoshop 版本的提升，功能的加强，越来越多的滤镜命令被融入了"滤镜库"对话框内，这使得滤镜命令叠加效果更为丰富，所创建的效果也更为华丽。接下来我们来熟悉这些滤镜命令。

1．"风格化"滤镜组

"风格化"滤镜组中只包含了一个滤镜命令，为"照亮边缘"滤镜命令。其他的"风格化"滤镜命令放置在"滤镜"菜单下"风格化"子菜单内。"照亮边缘"滤镜可以根据图像的纹理创建出灯光照亮物体边缘的效果，如图 2-34 所示。

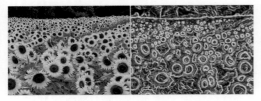

图 22-34

2．"画笔描边"滤镜组

"画笔描边"滤镜组中的滤镜命令，主要使用不同的画笔和油墨笔触效果来重新描绘图像内容，以创建出具有绘画效果的图像外观。其中有些滤镜还可以为图像添加颗粒、绘画、杂色、边缘细节和纹理，从而创建出点状化的图像效果。

"画笔描边"滤镜组包括成角的线条、墨水轮廓、喷溅、喷色描边、强化的边缘、深色线条、烟灰墨和阴影线滤镜命令。图 22-35 和图 22-36 展示了应用这些滤镜命令后的图片效果。

图 22-35

图 22-36

3．"扭曲"滤镜组

"扭曲"滤镜组中的滤镜命令可以使图像像素进行移位，使画面产生扭曲变形效果。"滤镜库"对话框中的"扭曲"滤镜组包含 3 组命令，分别为：玻璃、海洋波纹、扩散高光。这些滤镜可以模拟创建出水波纹理效果，营造出波光粼粼的感觉，如图 22-37 所示。

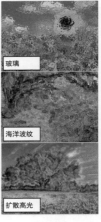

图 22-37

4．"素描"滤镜组

"素描"滤镜组中的大多数滤镜使用前景色和背景色将原图中的色彩置换，使用这些滤镜可以创建出如粉笔和炭笔涂抹的草图效果，以及模拟炭笔素描等效果。"素描"滤镜组中的所有滤镜都可以通过"滤镜库"来应用。

"素描"滤镜组包含丰富的命令，分别为半调图案、便条纸、粉笔和炭笔、铬黄、绘图笔、基底凸现、水彩画纸、撕边、塑料效果、炭笔、炭精笔、图章、网状和影印滤镜命令，图22-38～图22-40展示了应用这些滤镜命令后的图片效果。

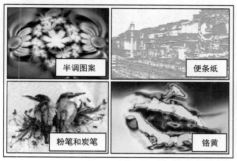

图 22-38

图 22-39

图 22-40

5. "纹理"滤镜组

"纹理"滤镜组中的滤镜主要使图像产生各种各样纹理过渡的变形效果，常用来创建图像的凹凸纹理和材质效果，可使图像具有深度感或物质感的外观。创建出如建筑拼贴瓷片、彩色玻璃，以及马赛克瓷砖等效果

"纹理"滤镜组包括龟裂缝、颗粒、马赛克拼贴、拼缀图、染色玻璃和纹理化滤镜命令。图

22-41所向用户展示了应用这些滤镜命令后的图片效果。

图 22-41

6. "艺术效果"滤镜组

"艺术效果"滤镜组中的滤镜模仿自然或传统介质效果，将照片图像制作成绘画效果或艺术效果的图像，比如制作出彩色铅笔、水彩风格等绘画图像效果。所有的"艺术效果"滤镜都可以通过使用"滤镜库"来应用。

"艺术效果"滤镜组包括15种命令，它们分别为壁画、彩色铅笔、粗糙蜡笔、底纹效果、调色刀、干画笔、海报边缘、海绵、绘画涂抹、胶片颗粒、木刻、霓虹灯光、水彩、塑料包装和涂抹棒等滤镜命令。图22-42～图22-45所示为应用不同"艺术效果"滤镜制作出的特殊图像效果。

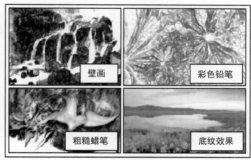

图 22-42

图 22-43

345

图 22-44

图 22-45

22.3 "自适应广角"滤镜

　　"自适应广角"滤镜可以矫正相机镜头产生的广角变形问题。在使用广角镜头相机拍摄时，照片图像会出现弧形的变形效果，如果变形严重，照片图像会失真影响查看效果。此时，"自适应广角"滤镜中的各种设置选项可以帮助我们最大程度地还原图像地失真问题。

01 执行"文件"→"打开"命令，打开配套素材\Chapter-22\"广角镜头.jpg"文件，如图22-46所示。

图 22-46

02 这幅照片中的广角变形问题比较严重，接下来我们使用"自适应广角"滤镜命令对其进行校正。

03 执行"滤镜"→"自适应广角"命令，打开"自适应广角"对话框，如图22-47所示。

图 22-47

04 在对话框的左侧是工具栏，包含了约束工具组以及视图调整工具，如图22-48所示。

05 在对话框的右侧是滤镜的设置选项，可以对图像的变形进行校正，如图22-49所示。

图 22-48　　　　图 22-49

06 在对话框左侧工具栏单击"约束"工具，在图像中单击，建立调整画面的约束路径，如图22-50所示。

图 22-50

07 调整约束路径中心的控制柄，更改路径的曲率，如图22-51所示。

图 22-51

08 路径调整后会自动变为直线，同时画面产生了扭曲，画面中的弧形扭曲转变为直线，如图22-52所示。

图 22-52

09 在对话框工具栏选择"多边形约束"工具，在图像中单击，建立约束多边形以框选楼梯建筑，如图22-53所示。

图 22-53

10 多边形约束路径建立之后，图像中弧形的楼体匹配为直线状态，如图22-54所示。

11 使用相同的方法，在图像右侧建立约束路径，如图22-55所示。

图 22-54

图 22-55

12 在对话框的下端提供了显示控制选项，以及细节预览框，如图22-56所示。

图 22-56

13 设置完毕后单击"确定"按钮，完成滤镜操作，使用"裁剪"工具对图像进行裁切，完成图像的调整，如图22-57所示。

图 22-57

22.4 "液化"滤镜

"液化"滤镜可以将图像内容像液体一样产生扭曲变形，在"液化"滤镜对话框中使用相应的工具，可以推、拉、旋转、反射、折叠和膨胀图像的任意区域，从而使图像画面产生特殊的艺术效果。需要注意的是，"液化"滤镜在"索引颜色""位图"和"多通道"模式中不可用。

01 执行"文件"→"打开"命令，打开配套素材\Chapter-22\"牛奶背景.psd"文件，如图22-58所示。

图 22-58

02 在"图层"调板中选择"字母"图层，执行"滤镜"→"液化"命令，打开"液化"对话框，如图22-59所示。

图 22-59

提示

为了便于读者观察效果，在这里暂时将其他的字母图像进行了隐藏。

03 在"液化"对话框左侧，提供了扭曲变形图像所需要的工具，如图22-60所示。

04 选择 "向前变形"工具，参照图22-61所示设置"工具选项"组中的选项。

05 将光标移动至图像上，此时光标显示为一个大圆内部有一个+号。这个+号就是图像变形的中心点，大圆就是变形的范围，如图22-62所示。

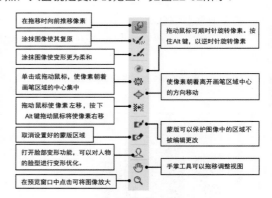

图 22-60

图 22-61　　　　图 22-62

06 接着在预览窗口的图像中单击并拖动鼠标，即可将图像中的像素向鼠标移动的方向推动，如图22-63所示。

07 使用 "重建"工具在扭曲的图像上涂抹，可以将其恢复原状，如图22-64所示。

图 22-63　　　　图 22-64

提示

单击"重建选项"组中的"恢复全部"按钮，即可将前面的变形全部恢复。

08 选择 "顺时针旋转扭曲"工具，在视图中单击并按下鼠标一定时间，可在原地按顺时针方

向旋转扭曲图像，如图22-65所示。

09 单击对话框中右侧的"恢复全部"按钮，将图像恢复。然后使用 "褶皱"工具在图像中单击并保持鼠标按下，使变形区域中的图像像素向变形中心靠近，如图22-66所示。

图 22-65　　　　　　　　图 22-66

10 其他扭曲工具的使用方法基本相似，这里就不再做详细介绍。

11 使用 "冻结蒙版"工具在视图中涂抹，然后使用"向前推进"工具扭曲图像，可发现被遮盖住的图像将不受扭曲工具的影响，如图22-67所示。

12 按下Ctrl+Z键，撤销上步操作，单击"蒙版选项"组里的"全部蒙住"按钮，可将整个图像冻结，如图22-68所示。

13 使用 "解冻蒙版"工具，在图像上单击并拖移，将需要变形扭曲的图像部分的蒙版擦除，如图22-69所示。

14 参照以上方法，综合使用工具栏中的工具，对图像进行变形，如图22-70所示。

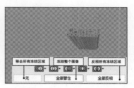

图 22-67　　　　　　　　图 22-68

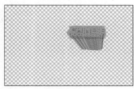

图 22-69　　　　　　　　图 22-70

15 接着单击"蒙版选项"组中的"无"按钮，将蒙版清除，可以看到，被红色蒙版的图像没有做任何修改，而没有被蒙版的图像随着鼠标的拖移而变形，完毕后单击"确定"按钮关闭对话框，如图22-71所示。

图 22-71

16 至此完成本实例的制作，读者可打开配套素材\Chapter-22\"牛奶广告.psd"文件进行查看。

22.5 "消失点"滤镜

使用"消失点"滤镜可以根据透视原理，在图像中生成带有透视效果的图像，轻易创建出效果逼真的建筑物的墙面。另外该滤镜还可以根据透视原理对图像进行校正，使图像内容产生正确的透视变形效果。

01 执行"文件"→"打开"命令，打开配套素材\Chapter-22\"公益广告背景.psd"文件，如图22-72所示。

对话框，如图22-73所示。

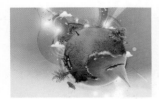

图 22-72

02 在"图层"调板中新建"图层 1"，然后执行"滤镜"→"消失点"命令，打开"消失点"

图 22-73

03 在对话框左边为工具栏，共列举了9种工具，如图22-74所示。

04 选择 "吸管"工具，在对话框中预览窗口的上方，将出现该工具的选项栏，如图22-75所示。

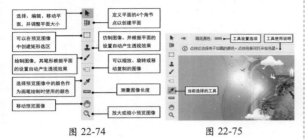

图 22-74　　　　图 22-75

提示

默认情况下，打开"消失点"滤镜对话框后，当前选择工具为"创建平面"工具。

05 选择对话框底部的缩放比例，参照图22-76所示调整预览窗口中的图像大小，以方便下面的操作。

提示

为了方便查看，这里将图像缩放比例设置为50%，读者在制作时可以根据自己的画面需要调整预览窗口中的图像缩放比例。

06 使用 "创建平面"工具，参照图22-77所示，在预览窗口中单击，确定平面的第一个角点，接着移动鼠标，在角点附近单击，确定第二个角点。

图 22-76　　　　图 22-77

07 接着分别将光标移动到其他两个角点位置单击，绘制出一个线框，如图22-78所示。

08 选择对话框中的"选框"工具，将鼠标放置在线框内，线框的边界线会变粗，双击鼠标左键，将线框图像转换为选区，如图22-79所示。

09 选择"画笔"工具，在对话框中设置该工具的选项栏，然后在选区内涂抹，完毕后单击"确定"按钮关闭对话框，如图22-80所示。

 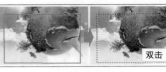

图 22-78　　　　图 22-79

10 选择多边形工具，在视图中绘制选区，如图22-81所示，完毕后将选区的图像删除并取消选区，如图22-82所示。

图 22-80　　　图 22-81　　　图 22-82

11 在图层调板中新建"图层 2"，打开"消失点"对话框，参照以上方法，绘制透视平面，如图22-83所示。

提示

在这里为了便于读者观察，可按下 Backspace 键，将先前绘制的平面删除。

12 此时当前工具自动转换为 "编辑平面"工具。将该工具移动到右侧中间的控制点上，按下Ctrl键的同时，当鼠标变为 时，单击并向下拖移，可以在绘制的平面中拖出另一个平面，如图22-84和图22-85所示。

  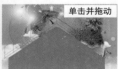

图 22-83　　　图 22-84　　　图 22-85

13 下面现来学习编辑平面的操作方法，确定"编辑平面"工具为选择状态，将鼠标移至角点上，当鼠标变为 时，拖动鼠标将角点稍微向上移动，如图22-86所示。

注意：

在拖动角点时，若拖动得不符合透视效果，线条将出现不同的颜色，可能会有3种颜色，其中蓝色的为有效平面，其他两种如图22-87所示。

 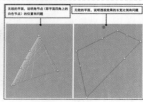

图 22-86　　　　图 22-87

14 使用"创建平面"工具，将鼠标指针移动到平面下侧中间点上，当鼠标指针呈 状态时，单击并拖动鼠标可以再次拖出一个平面，如图22-88所示。

15 继续拖动鼠标可移出另一个平面，完毕后使用同样的操作方法制作出右侧的框架，如图22-89所示。

图 22-88　　　　　　　　图 22-89

16 下面选择"选框"工具，将平面转换为选区，并为其填充不同深度的灰色，完毕后关闭对话框，制作出具有立体效果的房檐图像，如图22-90和图22-91所示。

图 22-90　　　　　　　　图 22-91

17 在"图层"调板中显示所有图层，将绘制房子所得到的图层全部选中并合并，然后重命名为"房子"，如图22-92和图22-93所示。

图 22-92　　　　　　　　图 22-93

22.6 镜头校正

根据 Adobe 公司对各种相机与镜头的测量自动校正，可更轻易消除桶状和枕状变型、相片周边暗角，以及造成边缘出现彩色光晕的色像差。

01 接着上一节的操作，执行"滤镜"→"镜头校正"命令，打开"镜头校正"对话框，如图22-94所示。

图 22-94

02 在"自动校正"选项卡中的"搜索条件"项目栏中，可以设置相机的品牌、型号和镜头型号，如图22-95所示。

03 此时"校正"选项栏中的选项变为可用状态，参照图22-96所示选择需要自动校正的项目，自动校正图像。

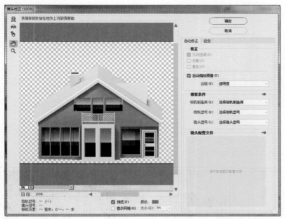

图 22-95　　　　　　　　图 22-96

04 在对话框的左侧选择 "缩放"工具，然后在预览窗口中单击，将图像放大。同时使用"抓手"工具，单击并拖动预览图像，方便察看图像，如图22-97和图22-98所示。

05 选择"移去扭曲"工具，向图像的中心或者偏移图像的中心移动，手动校正球面凸出的房屋图像，效果如图22-99所示。

06 如果对校正扭曲的效果还不满意，可以单击对话框中的"自定"选项卡，设置其各项参数，精确地校正扭曲，如图22-100所示。

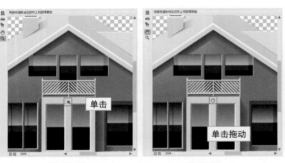

图 22-97　　　　　图 22-98

图 22-99

07 设置完毕后，单击"确定"按钮关闭对话框。校正镜头变形，效果如图22-101所示。

08 最后调整图像的大小和位置，并为其添加阴影图像，至此完成本实例的制作，读者可打开配

套素材\Chapter-22\"公益广告.psd"文件进行查看，效果如图22-102所示。

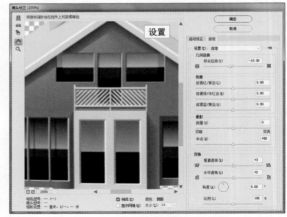

图 22-100

图 22-101　　　　　图 22-102

22.7 "3D" 滤镜组

"3D"滤镜组中包含两组滤镜命令，分别是："生成凹凸图"和"生成发现图"命令。这两组命令的作用是配合 Photoshop 的 3D 模型生成贴图。对图片应用该滤镜组命令，图片将会转变为贴图图像。

22.8 "风格化" 滤镜组

"风格化"滤镜组中滤镜命令可以通过置换像素和查找增加图像的对比度，使照片图像生成手绘图像或印象派绘画的效果。

执行菜单栏中的"滤镜"→"风格化"命令，在弹出的子菜单中可以看到"风格化"滤镜组的全部命令，

它们分别为查找边缘、等高线、风、浮雕效果、扩散、拼贴、曝光过度、凸出和照亮边缘等滤镜命令。图 22-103 和 22-104 所示为应用不同"风格化"滤镜制作出的特殊图像效果。

图 22-103

图 22-104

22.9 "模糊"滤镜组

"模糊"滤镜组中的滤镜命令，为图像边缘过于清晰或对比度过于强烈的区域添加模糊效果，以产生各种不同的模糊效果。使用选择工具选择特定图像以外的区域进行模糊，可以强调要突出的图像。

在菜单栏中执行"滤镜"→"模糊"命令，打开其子菜单，其中包括 11 种模糊命令，分别为表面模糊、动感模糊、方框模糊、高斯模糊、进一步模糊、径向模糊、镜头模糊、模糊、平均、特殊模糊和形状模糊等命令。图 22-105 ～图 22-107 所示为应用这些模糊命令后得到的效果。

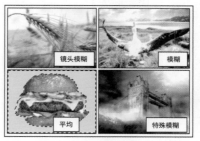

图 22-106

图 22-105

图 22-107

22.10 "模糊画廊"滤镜组

"模糊画廊"滤镜组中的滤镜命令，可以模拟照相机在拍照时产生的镜头模糊效果。该滤镜组命令在设置时非常灵活，可以根据用户的需要在图像中创建各种模糊效果。命令包括：场景模糊、光圈模糊、移轴模糊、路径模糊、旋转模糊。图 22-108 展示了应用这些滤镜命令后的图片效果。

图 22-108

22.11 "扭曲"滤镜组

"扭曲"滤镜组中的滤镜主要是将当前图层或选区内的图像进行各种各样的扭曲变形，比如创建出波浪、波纹，以及球面等效果。在使用过程中需要注意的是，这些滤镜可能占用大量内存，从而导致程序运行变慢。

执行菜单栏中的"滤镜"→"滤镜库"→"扭曲"命令，在弹出的子菜单中包含了该组滤镜的全部内容。下面通过一组操作来学习这些滤镜。包括波浪、波纹、极坐标、挤压、镜头校正、切变、球面化、水波、旋转扭曲和置换滤镜等命令。图 22-109 ～图 22-111 展示了应用这些滤镜命令后的图片效果。

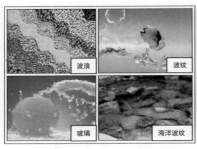

图 22-109

图 22-110

图 22-111

（图中标注：波浪、波纹、极坐标、挤压、切变、球面化、玻璃、海洋波纹、镜头校正、扩散亮光、水波、旋转扭曲）

22.12 "锐化"滤镜组

"锐化"滤镜组中的滤镜主要是通过增加相邻像素的对比度，使模糊的图像清晰、画面更加鲜明，并使图像更加细腻。

执行菜单栏中的"滤镜"→"锐化"命令，在弹出的子菜单中可以看到"锐化"滤镜组的全部内容。包括 USM 锐化、进一步锐化、锐化、锐化边缘和智能锐化等滤镜命令，图 22-112 所示为应用不同"锐化"滤镜制作出的特殊图像效果。

图 22-112

（图中标注：USM 锐化、智能锐化）

22.13 "视频"滤镜组

"视频"滤镜组属于 Photoshop 的外部接口程序，用来从摄像机输入图像或将图像输入到录像带上。通过转换图像中的色域，使之适合 NTSC 视频标准色域，以使图像可被接收。

执行菜单栏中的"滤镜"→"视频"命令，在弹出的子菜单中，可以看到该滤镜组中包括"NTSC 颜色"滤镜和"逐行"两种滤镜。因为这两个滤镜只有图像要在电视或其他视频设备上播放时才会用到，所以在此就不再举例展示。

22.14 "像素化"滤镜组

"像素化"滤镜组中的滤镜命令，可以将图像中颜色相近的像素结成块，以此来清晰地定义一个选区。可以创建出如手绘、抽象派绘画以及雕刻版画等效果。

在菜单栏中执行"滤镜"→"像素化"命令，在弹出的菜单中可以看到"像素化"滤镜组的全部内容。分别包括彩块化、彩色半调、点状化、晶格化、马赛克、碎片和铜版雕刻等滤镜命令，图 22-113 展示了应用这些滤镜命令后的图片效果。

图 22-113

（图中标注：彩块化、彩色半调、点状化、晶格化、马赛克、碎片）

22.15 "渲染"滤镜组

"渲染"滤镜组中的滤镜可以在 3D 空间中操纵对象，创建 3D 形状；也可以创建云彩图案、折射图案和模拟的光反射效果；还可以通过光照效果与灰度图像相配合产生一种特殊的三维浮雕效果。

在菜单栏中执行"滤镜"→"渲染"命令，弹出其子菜单，其中包括 5 种命令，分别为分层云彩、光照效果、镜头光晕、纤维和云彩等滤镜命令。图 22-114 展示了应用这些滤镜命令后得到的效果。

图 22-114

22.16 "杂色"滤镜组

"杂色"滤镜组中的滤镜可以添加或移去图像中的杂色，可以创建与众不同的纹理或移除有问题的区域，如扫描照片上的灰尘和划痕。该组滤镜对图像有优化的作用，因此在输出图像的时候经常使用。其中"添加杂色"滤镜可以将随机像素应用于图像，模拟在高速胶片上拍照的效果；"中间值"滤镜在消除或减少图像的动感效果时非常有用。

在菜单栏中执行"滤镜"→"杂色"命令，在弹出的子菜单中可以看到"杂色"滤镜组的全部内容。包括减少杂色、蒙尘与划痕、去斑、添加杂色和中间值等滤镜命令。图 22-115 展示了应用"添加杂色"滤镜命令图像前后的效果。

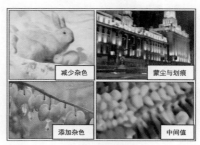
图 22-115

22.17 "其他"滤镜组

"其他"滤镜组中的滤镜用于改变图像像素的排列，允许创建自己的滤镜，并可以使用滤镜修改蒙版，而且可以在图像中使图像发生位移和快速调整颜色。

执行菜单栏中的"滤镜"→"其他"命令，在弹出的子菜单中可以看到高反差保留、位移、自定、最大值和最小值等滤镜命令，其中使用"最大值"和"最小值"滤镜，对于修改蒙版非常有用。图

22-116 展示了应用这些滤镜命令后的图片效果。

图 22-116

22.18 Digimarc（作品保护）滤镜组

Digimarc（作品保护）滤镜组中的滤镜将数字水印嵌入到图像中以储存版权信息。该组滤镜包括"嵌入水印"滤镜和"读取水印"滤镜。

"嵌入水印"滤镜是在图像中加入识别图像创建者的水印。用户要先获得一个 ID 号才能使用这一功能，这个 ID 号是付钱给 Digimarc Corporation 后收到的号码。一旦有了这个号码，就可以单击"嵌入水印"对话框中的"个人注册"按钮，并根据对话框中的提示，一步步将个人的信息加入到图像中。

"读取水印"滤镜可以将创建者的信息显示。如果没有水印，会弹出一个"未发现水印"的提示框，显示没有水印。如果有水印，就会显示出创建者的信息。

22.19 实例演练：网络运营宣传广告

22.19 视频教学

本节内容精心地为用户安排了"网络运营宣传广告"。在制作本实例的过程中，综合应用了多种滤镜命令，来制作具有球状效果、且带有丰富肌理效果的地球图像，图 22-117 为本实例的完成效果。希望用户通过本实例的制作，能够举一反三，使用"滤镜"命令制作出更加丰富多彩的作品。

图 22-117

以下内容，简要地为读者叙述了实例的技术要点和制作概览，具体操作请参看本书多媒体视频教学内容。

01 新建文档并设置前景色和背景色，多次执行"分层云彩"滤镜命令，制作出丰富的肌理效果。再使用"光照效果"滤镜，制作出凹凸纹理效果。完毕后创建圆形选区，执行"球面化""挤压""USM锐化"滤镜命令，加强球体的凸出感和纹理清晰度，如图22-118所示。

02 将制作的地球图像并将其添加到天空背景素材文档中，调整大小和位置。然后使用"加深"和"减淡"工具制作出明暗层次。最后添加文字和装饰，完成本实例的制作，如图22-119所示。

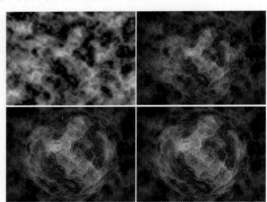

图 22-118

图 22-119

第23章 使用动作和自动化

在处理图像的过程中，经常需要对大量的图像采用同样的操作，如果对每个图像进行处理，不但降低工作效率，而且容易出错，从而影响整体工作效率。解决这个问题的方法很简单，在Photoshop中为用户提供了各种自动化命令，如："批处理""图片包"等命令。使用这些自动化命令，可以极大地减少重复操作的数量，提高工作效率。不但可以使用这些系统提供的动作，也可以通过"动作"调板创建、应用、编辑和管理动作，提高工作效率。在本章中将详细讲述这些命令和"动作"调板的使用方法。

23.1 应用动作

在Photoshop中动作就是记录一组操作命令的集合，然后将动作再次应用于单个文件或一批文件，以达到对多个文件执行同一操作的目的。在Photoshop中大多数命令和工具操作都可以记录在动作中。

23.1.1 "动作"调板

所有关于动作的设置都是在"动作"调板中进行操作。在"动作"调板中可以快速地使用一些已经设定的动作，也可以设置一些自己的动作。

1. 认识"动作"调板

01 启动Photoshop，执行"窗口"→"动作"命令，打开"动作"调板，如图23-1所示。

02 执行"文件"→"打开"命令，打开配套素材\Chapter-23\"工造设计.jpg"文件，如图23-2所示。

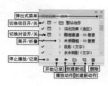

图23-1

图23-2

03 观察"动作"调板，在"动作"调板中每个动作的左边都有"切换项目开/关"的图标，如图23-3所示。

04 单击"熔化的铅块"动作，将其选择，然后单击"动作"调板底部的 ▶| "播放选定的动作"按钮，将该动作播放，得到的效果如图23-4所示。

图23-3   图23-4

05 在"熔化的铅块"动作左侧"切换项目开/关"的图标上单击，弹出一个提示对话框，单击"确定"按钮，隐藏"切换项目开/关"的图标，如图23-5所示。

06 删除"图层 1"。再次单击"动作"调板中的 ▶| "播放选定的动作"按钮，播放"熔化矿脉"动作。可以发现，该动作不能播放，如图23-6所示。

图23-5   图23-6

07 再次在"熔化的铅块"动作左侧单击，弹出一个提示对话框，单击"确定"按钮，打开"切换项目开/关"的图标，如图23-7所示。

图23-7

通过上述操作可以了解到，当动作的左边打开"切换项目开/关"图标时，该动作可以执行，否则该动作就不可执行。

2. 设置动作的显示方式

用户可以根据自己的操作习惯更改"动作"调板内的动作陈列方式，单击"动作"调板右上角的按钮，在弹出的菜单中执行"按钮模式"命令，将"动作"调板切换到按钮模式，如图 23-8 所示。

图 23-8

> **提示**
>
> 再次执行该命令，将"动作"调板转换为普通模式。

3. 创建动作和动作组

为了方便对动作管理，可以创建一个组对动作进行归类。创建动作组有两个方法，一个是执行"新建组"命令，一个是单击 □ "创建组"按钮。

01 打开配套素材\Chapter-23\"食品包装.psd"文件，如图23-9所示。在"图层"调板中，选择"巧克力"图层。

图 23-9

02 单击"动作"调板右上角的菜单按钮，在弹出的菜单中执行"新建组"命令，打开"新建组"对话框，设置"名称"选项，如图23-10所示。

03 然后单击"确定"按钮，新建"组 1"动作组，如图23-11所示。

图 23-10

图 23-11

04 执行"新建动作"命令或者单击"动作"调板底部的 □ "创建新动作"按钮，都可以在调板中创建一个新的动作。单击"动作"调板底部的 □ "创建新动作"按钮，打开"新建动作"对话框，如图23-12所示。

05 保持对话框的默认状态，单击"记录"按钮。这时所执行的操作将录制到动作中。

06 在"图层"调板中，将"巧克力"图层复制为"巧克力 副本"图层，如图23-13所示。

图 23-12　　　　　　　　图 23-13

07 执行"编辑"→"自由变换"命令，如图23-14所示，调整图像的大小与角度。

08 执行"滤镜"→"模糊"→"高斯模糊"命令，如图23-15和图23-16所示。

图 23-14　　　　图 23-15　　　　图 23-16

4. 复制、删除与播放动作

在"动作"调板中可以将操作、动作或动作组复制、删除，也可以将录制完成的动作播放并执行操作。

01 按下"动作"调板上的 ■ "停止播放/记录"按钮，将正在记录的动作停止，如图23-17所示。

02 单击"动作 1"左侧的下三角按钮，将"动作 1"的操作折叠，如图23-18所示。

图 23-17　　　　　　　　图 23-18

03 拖动"动作 1"到"动作"调板底部的 ⬜ "创建新动作"按钮上，当该按钮呈凹陷状时，松开鼠标，即可将"动作 1"复制，得到"动作 1 拷贝"动作，如图23-19所示。

04 单击"动作 1 拷贝"动作左侧的三角按钮，将该动作展开，拖动"通过拷贝的图层"操作到"动作"调板底部的 ⬜ "创建新动作"按钮上，将该操作复制，如图23-20所示。

图23-19　　　　　　　　　图23-20

05 单击"动作"调板底部的 ▶ "播放选定的动作"按钮，将"动作 1 拷贝"动作播放，如图23-21所示，复制的操作在播放时也会产生作用，因此对操作编辑一定要慎重。

06 拖动"动作 1 拷贝"动作到"动作"调板底部的 🗑 "删除"按钮上，将该动作删除，如图23-22所示。

图23-21　　　　　　　　　图23-22

07 在"图层"调板中，确认"巧克力 拷贝"图层为选择状态，应用动作并调整图像位置，如图23-23所示。

图23-23

5. 更改动作中的操作

执行"再次记录"命令，可以将需要进行再次设置的操作重新记录。下面通过操作来学习重新记录操作的方法。

01 展开"动作 1"，选择"高斯模糊"操作，单击"动作"调板右上角的按钮，在弹出的菜单中执行"再次记录"命令，打开"高斯模糊"对话框，如图23-24和图23-25所示。

图23-24　　　　　　　　　图23-25

> **技巧**
>
> 双击操作同样可以打开操作的相关设置。

02 设置"高斯模糊"对话框，更改该操作的设置并执行该操作，如图23-26所示。

03 设置完毕后单击"确定"按钮，效果如图23-27所示。

图23-26　　　　　　　　　图23-27

6. 继续记录动作

在"动作"调板菜单中执行"开始记录"命令，可以对没有记录完成的操作继续录制。也可以单击"动作"调板中的 ● "开始记录"按钮，对动作继续记录。

01 在"图层"调板中，选择"包装"图层，然后将"动作 1"播放，如图23-28所示。

02 单击"动作"调板右上角的按钮，在弹出的菜单中执行"开始记录"命令，将"动作 1"继续记录，如图23-29所示。

图23-28　　　　　　　　　图23-29

03 执行"滤镜"→"模糊"→"动感模糊"命令，如图23-30所示。

04 此时在"动作"调板中的"动感模糊"操作，记录在"动作 1"所有操作的最下方，如图23-31所示。

图 23-30　　　　　图 23-31

> **提示**
>
> 单击 ● "开始记录"按钮，可以在动作中插入操作。例如：选择"设置 选区"操作，单击 ● "开始记录"按钮，执行"反向"命令，那么"反向"操作将插入到"设置 选区"操作的下方。

7. 插入菜单项目命令

当录制一些命令时，会发现所执行的命令并没有被录制下来。这些命令包括绘画和上色工具、工具选项、视图和窗口命令。执行"插入菜单项目"命令，可以将这些没有被记录下来的命令记录到动作中。

01 接着以上的操作。在"图层"调板中，选择"背景"图层。

02 执行"窗口"→"颜色"命令，打开"颜色"调板，查看"动作"调板，这时我们发现该操作没有被记录到动作中，如图23-32所示。

03 在"动作"调板菜单中执行"插入菜单项目"命令，打开"插入菜单项目"对话框，如图23-33所示。

图 23-32　　　　　图 23-33

04 接着执行"窗口"→"颜色"命令，这时对话框中的"菜单项"选项显示为"窗口：颜色"，如图23-34所示。

图 23-34

05 然后单击"确定"按钮，就可以将该操作添加到动作中，如图23-35所示。

06 单击 ■ "停止播放/记录"按钮，参照图23-36所示，在"颜色"调板中设置前景色。

图 23-35　　　　　图 23-36

8. 插入停止命令

有很多命令是无法被记录在动作中的（如使用绘画工具），为了使操作完整，可以将动作暂时停止，操作完毕后再继续执行动作。执行"插入停止"命令可以在动作中插入停止命令。

01 单击 ● "停止播放/记录"按钮。在"背景"图层的上方新建"图层 1"，选择 ✓ "画笔"工具，并设置画笔的大小，然后在画面背景处涂抹，如图23-37所示。

02 完毕后查看"动作"调板，绘制图像的动作并没有被记录下来，如图23-38所示。

图 23-37　　　　　图 23-38

03 这时可以插入停止命令。打开"动作"调板的弹出式菜单，执行"插入停止"命令，打开"记录停止"对话框，在对话框中可以输入停止的提示和要求，如图23-39所示。

输入文字

图 23-39

04 设置完毕后单击"确定"按钮，将停止命令插入到动作中，如图23-40所示。

图 23-40

9. 录制绘制路径操作

在录制动作时可以发现绘制的路径无法录制到
动作中，执行"插入路径"命令，可以在动作录制
过程中，将绘制的路径记录到动作中。

01 接着使用 ✎ "钢笔"工具，在视图中绘制路
径。查看"动作"调板，可以看到绘制路径并
没有记录到动作中，如图23-41所示。

02 打开"动作"调板的弹出式菜单，执行"插入
路径"命令，即可将绘制的路径记录到动作
中，如图23-42所示。

图 23-41   图 23-42

03 按下"动作"调板上的 ■ "停止播放/记录"
按钮，停止记录动作。使用 ▸+ "移动"工具，
如图23-43所示，调整画面中图像的位置及角度。

图 23-43

04 该动作已经制作完成，如果读者在制作过程
中遇到什么问题，可以参阅本书配套素材\
Chapter-23\"变换模糊.atn"动作组和"食品包装设
计.psd"文件。

10. 设置动作选项

为了方便对动作进行管理和应用，可以执行"动
作选项"命令对动作名称、功能键和颜色进行重新
命名或选取。

01 在"动作"调板中，选择"动作 1"，并打开
动作调板菜单，执行"动作选项"命令，打开
"动作选项"对话框，并设置对话框中的参数，如图
23-44所示。

02 设置完毕后，单击"确定"按钮，对动作进行
设置，如图23-45所示。

图 23-44   图 23-45

11. 设置动作播放速度

有时长而复杂的动作不能正常播放，但是又很
难找出问题出在哪里，Photoshop 提供了"回放选项"
功能。在该功能中可以根据需要调整动作播放的速
度，从而找到问题出在哪里。

01 在"动作"调板菜单中，执行"回放选项"命
令，打开"回放选项"对话框，设置对话框中
的参数，如图23-46所示。

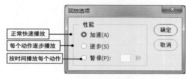

图 23-46

02 确认"变换模糊"动作处于当前可编辑状态，
然后单击"动作"调板上的 ▶ "播放选定的动
作"按钮，将该动作播放。在播放动作时可以感觉到动
作播放的速度比较慢，这样能更容易看清楚每个操作。

12. 管理动作

在"动作"调板中存储的动作过多时，很难找
到所需要的动作，可以将这些动作存储，然后将暂
时不需要的动作从"动作"调板上删除，在需要这
些动作的时候再载入到"动作"调板中。

01 打开"动作"调板菜单，如图23-47所示。在打
开的菜单中最下方的命令为系统提供的动作组
的名称。单击这些名称，即可将动作载入到"动作"
调板中。

图 23-47

02 选择"组 1"动作组，打开"动作"调板菜单，执行"存储动作"命令，打开"存储"对话框，重新命名文件，单击"保存"按钮将该动作存储，如图23-48所示。

图 23-48

03 打开"动作"调板菜单，执行"清除全部动作"命令，这时弹出一个提示对话框，单击"确定"按钮关闭对话框，可以将"动作"调板中的所有动作清除，如图23-49所示。

04 打开"动作"调板菜单，执行"复位动作"命令，将默认组载入到"动作"调板中，如图23-50所示。

图 23-49

图 23-50

05 打开"动作"调板菜单，执行"替换动作"命令，打开"载入"对话框，选择一个动作组，然后单击"载入"按钮，将"动作"调板中的动作替换为选择的动作组，如图23-51所示。

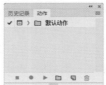

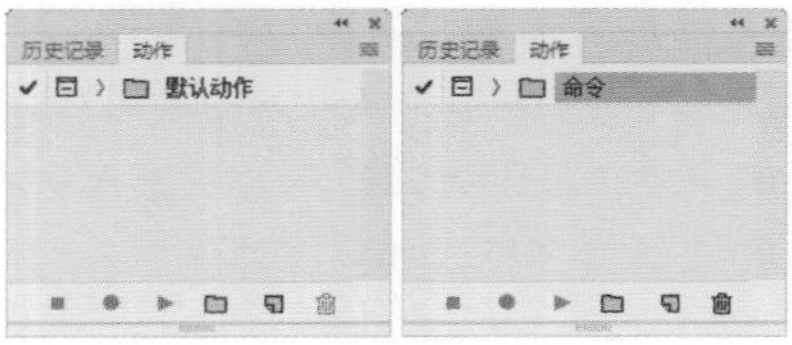

图 23-51

23.1.2 应用默认动作

系统提供了很多默认的动作，执行这些动作，可以制作出很多丰富的图像效果。

01 执行"文件"→"打开"命令，打开配套素材\Chapter-23\"宠物网页.jpg"文件，如图23-52

所示。

图 23-52

02 打开"动作"调板，单击"动作"调板右上角的 ≡ 按钮，在弹出的菜单中执行"图像效果"命令，载入该动作组到"动作"调板中，如图23-53所示。

图 23-53

03 在"动作"调板中选择"细雨"动作，接着单击 ► "播放选定的动作"按钮，将该动作播放，得到图23-54和图23-55所示的效果。

图 23-54   图 23-55

23.1.3 创建动作

下面通过一组实例操作，演示创建动作的方法。该实例将塑料文字效果的制作方法记录下来，生成一个动作脚本，可以随时应用于其他文字图形。

01 打开配套素材\Chapter-23\"玉石鉴赏网制作.psd"文件，如图23-56所示。

02 打开"动作"调板，单击调板底部的 ⬜ "创建新组"按钮，打开"新建组"对话框，设置对话框的参数，创建一个名为"按钮效果"的动作组，如图23-57所示。

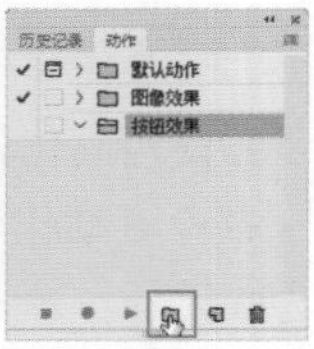

图 23-56   图 23-57

03 单击"动作"调板底部的 ⬜ "创建新动作"按钮，打开"新建动作"对话框，保持对话框的默认状态，创建一个新动作，单击 ■ "停止播放/记

录"按钮，暂时关闭动作记录，如图23-58所示。

图 23-58

04 设置前景色为（R:225，G:225，B:225）的颜色，在工具栏中选择"圆角矩形"工具，如图23-59所示，设置其工具选项栏。

图 23-59

05 设置完毕后，在图像中相应位置创建形状图层，如图23-60所示。在"动作"调板底部单击 ● "开始记录"按钮，开始记录接下来的动作操作。

图 23-60

06 切换到"图层"调板中，单击调板底部的 *fx.* "添加图层样式"按钮，为"形状 1"图层添加图层样式，如图23-61～图23-63所示。

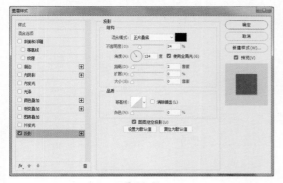

图 23-61

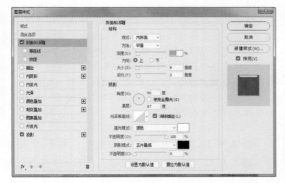

图 23-62

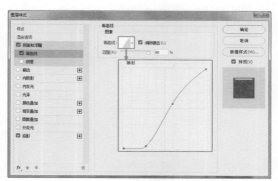

图 23-63

07 完毕后单击"确定"按钮，打开"动作"调板，单击调板底部的 ■ "停止播放/记录"按钮，停止记录，效果如图23-64所示。

图 23-64

08 选择"圆角矩形"工具绘制形状，如图23-65所示。绘制好以后，单击"动作"调板底部的 ► "播放选定的动作"按钮，为"形状 2"图层添加"动作 1"效果，如图23-66所示。

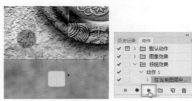

图 23-65　　　　　　图 23-66

09 参照上述方法，绘制出其他的形状图层，如图23-67所示。

10 至此按钮效果已经完成，将隐藏的"装饰"图层显示，效果如图23-68所示。如果读者在制作动作时遇到什么问题，可以打开配套素材\Chapter-23\"按钮效果.atn"动作组和"玉石鉴赏网.psd"文件进行查看。

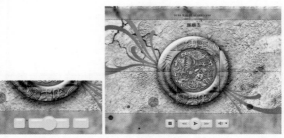

图 23-67　　　　　　图 23-68

23.2 应用"自动"命令

"自动"命令通过将任务组合到一个或多个对话框中来简化复杂的任务，以提高工作效率。执行"文件"→"自动"命令，弹出图 23-69 所示的菜单。

图 23-69

23.2.1 "批处理"命令

"批处理"命令可以对包含多个文件和子文件夹的文件夹播放动作，也可以对多个图像文件执行同一个动作的操作，从而实现操作的自动化。下面通过一组操作来对该命令进行了解。

01 创建一个或选择一个文件夹用于存储批处理的图片，再选择存储有需要批处理的图片的文件夹。

02 在"动作"调板中，确认"图像效果"动作组已经载入到调板中，如图23-70所示。

图 23-70

03 执行"文件"→"自动"→"批处理"命令，打开"批处理"对话框，如图23-71所示。

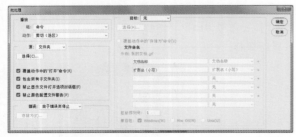

图 23-71

04 单击"组"选项的下拉按钮，在弹出的下拉列表中，显示"动作"调板中的动作组。"组"选项设置完毕后，单击"动作"选项的下拉按钮，在

弹出的下拉列表中，显示被选择动作组中的动作，如图23-72所示。

05 设置"源"选项为"文件夹"，单击"选择"按钮，在弹出的"浏览文件夹"对话框中选择需要批处理的文件夹，然后单击"确定"按钮，返回到"批处理"对话框中，如图23-73所示。

图 23-72　　　　图 23-73

06 设置"目标"选项为"文件夹"，单击"选择"按钮，在弹出的"浏览文件夹"对话框中选择存储批处理后的文件夹，然后单击"确定"按钮，返回到"批处理"对话框中，如图23-74所示。

07 参照图23-75所示设置"文件命名"选项。

图 23-74　　　　图 23-75

> **提示**
>
> 在"错误"下拉列表中，可以选择遇到错误时的两种处理方法。"由于错误而停止"选项是指由于错误而停止进程，直到用户确认错误信息为止。"将错误记录到文件"选项是将每个错误记录在文件中而不停止进程。如果有错误记录到文件中，在处理完毕后将出现一条信息。如果要查看错误文件，单击该选项下的"存储为"按钮，并在弹出的对话框中命名错误文件。

08 设置完毕后单击"确定"按钮，执行"批处理"命令，图像处理完毕后，可以打开"存储批处理的图片"文件夹对其中的图像进行查看，每个

图像都添加了动作效果，如图23-76所示。

图 23-76

23.2.2 "创建快捷批处理"命令

　　"快捷批处理"是一个小应用程序，它将动作应用于拖移到快捷批处理图标上的一幅或多幅图像；Photoshop 中的图标为 ![icon]。

　　动作是创建快捷批处理的基础，在创建快捷批处理前必须在"动作"调板中选择或者创建所需的动作。

01 首先新建或选择一个文件夹用于存储快捷批处理的图片，如图23-77所示。

02 接着选择需要批处理的文件夹，如图23-78所示。

　储存快捷批处理的图片　　　　　　风景

　　图 23-77　　　　　　　　图 23-78

03 执行"文件"→"打开"命令，打开位于"需要批处理的文件"文件夹中的任意一张图片，如图23-79所示。

04 创建"组 1"动作组，然后单击"动作"调板底部"创建新动作"按钮，打开"新建动作"对话框，参照图23-80所示设置对话框中的参数，然后单击"记录"按钮，开始记录动作。

　　图 23-79　　　　　　　　图 23-80

05 执行"图像"→"自动色调"命令，调整图像的色调。

06 然后执行"图像"→"图像大小"命令，打开"图像大小"对话框，参照图23-81所示设置对话框中的参数，单击"确定"按钮，设置图像的大小。

图 23-81

07 在菜单栏中执行"文件"→"存储为"命令，弹出"存储为"对话框，选择要存放文件的位置和文件格式，如图23-82所示，接着单击"保存"按钮，将文件存储。

图 23-82

08 按下"动作"调板上的 ![icon] "停止播放/记录"按钮，停止记录动作，然后关闭程序窗口中的图像。

09 执行"文件"→"自动"→"创建快捷批处理"命令，打开"创建快捷批处理"对话框，参照图23-83所示设置对话框。

图 23-83

10 设置完毕后，单击"确定"按钮，创建快捷批处理程序，如图23-84所示。

11 应用快捷批处理的方法很简单，拖动"快捷批处理文件"文件夹到批处理图标上，如图23-85所示。松开鼠标后，即可在Photoshop中自动处理图片。

图 23-84　　　　　　图 23-85

12 处理完毕后，可以打开"存储快捷批处理的图片"文件夹并对其中的图像进行查看，图片在数量上没有改变，而模式、颜色和大小都有所改变。

23.2.3 "裁剪并修齐照片"命令

应用"裁剪并修齐照片"命令可以查找、分离并修齐一次扫描中的一张或多张照片。

01 打开配套素材\Chapter-23\"扫描图像.jpg"文件，如图23-86所示。

02 执行"文件"→"自动"→"裁剪并修齐照片"命令，将图像分离，如图23-87所示。

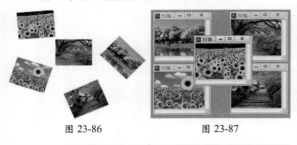

图 23-86　　　　　　图 23-87

23.2.4 "条件模式更改"命令

使用"条件模式更改"命令可以根据图像原来的模式将图像的颜色模式更改为用户指定的模式。

执行"文件"→"自动"→"条件模式更改"命令，打开"条件模式更改"对话框，如图 23-88 所示。

图 23-88

23.2.5 "限制图像"命令

使用"限制图像"命令可以更改调整文档的大小，但不改变图像的长宽比例。执行"图像"→"自动"→"限制图像"命令，打开"限制图像"对话框，如图 23-89 所示。

图 23-89

23.2.6 "合并到HDR"命令

"合并到HDR"命令模拟在照相时使用同一个底片对多处不同的地方曝光而产生的图像效果。该命令将多个大小和分辨率完全相同的图像效果合并，并对每个图像的曝光度进行设置，从而达到需要的效果。

01 启动Photoshop，执行"文件"→"自动"→"合并到HDR Pro"命令，在打开的对话框中单击"浏览"按钮，如图23-90所示。

图 23-90

02 此时打开"打开"对话框，选择需要合并的图像，如图23-91所示。

图 23-91

03 然后单击"确定"按钮，返回到"合并到HDR Pro"对话框，如图23-92所示，将选择的文件载入。

04 确认"尝试自动对齐源图像"复选框为选择状态，单击"确定"按钮，将选择的图像分为不

同的图层载入到一个文档中，并自动对齐图层，如图23-93所示。

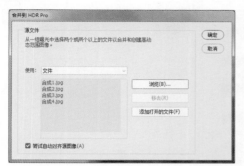

图 23-92

图 23-93

05 经过Photoshop一段时间的处理，打开"手动设置曝光值"对话框，如图23-94所示。

06 在对话框中单击 ▷ 按钮查看图像，并选择"EV"选项，如图23-95所示。

图 23-94

图 23-95

07 单击"确定"按钮，打开"合并到HDR Pro"对话框，如图23-96所示。

图 23-96

08 在对话框中选择"移去重影"复选项，然后设置对话框中的其他参数，以合成高质量的图像效果，如图23-97所示。

图 23-97

09 设置完毕后单击"确定"按钮，关闭对话框，完成图像的合成，效果如图23-98所示。

图 23-98

23.2.7 Photomerge 命令

Photomerge 命令将多幅照片组合成一个连续的图像。例如，拍摄城市地平线的5张重叠照片，使用该命令即可将这些照片组合成为一幅全景图。该命令不但可以组合水平平铺的照片，也可以组合垂直平铺的照片。

01 执行"文件"→"自动"→Photomerge命令，打开"照片合并"对话框，如图23-99所示。

02 单击"浏览"按钮，在弹出的"打开"对话框中选择需要拼合的照片，然后单击"确定"按

钮，返回到"照片合并"对话框，如图23-100所示。

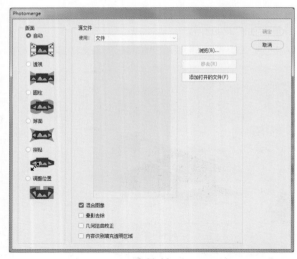
图 23-99

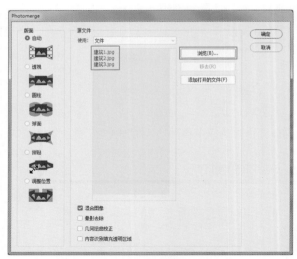
图 23-100

$0\!\!\!3$ 设置完毕后，单击"确定"按钮，在Photoshop中进行一段时间的处理，处理好后即可得到图23-101所示的"未标题_全景图1"文档。

图 23-101

$0\!\!\!4$ 使用 "裁剪"工具将图像裁剪整齐，完成本实例的制作，效果如图23-102所示。

图 23-102

第24章 综合实例演练

通过本书前面章节的学习，相信读者对 Photoshop 有了一个系统、全面的掌握，并且能够使用该软件绘制作品和创建视觉特效了。本章为读者安排了多组商业应用案例，包括印刷物、网页设计、宣传海报、卖场海报、户外广告设计等内容。希望读者可以对之前学习的内容进行巩固、总结，并且能正确有效地将软件操作方法应用到实际的工作当中。

掌握工具的使用方法固然重要，但是巧妙合理地将软件综合运用才能反映出用户整体驾驭软件的能力和水平。在实例制作过程中除了提到设计项目

的制作流程，还展示了各种特效质感的绘制与应用技巧。相信通过本章的学习，会得到更多的启发，对软件应用有更深层次的理解。图 24-1 所示为本章实例的全部完成效果图。

图 24-1

24.1　平面印刷物设计

在日常生活中，平面印刷物品充斥着我们生活的方方面面，与我们的生活息息相关，比如说最常见到的报纸、邮票、图书等，设计精良的平面印刷物不仅可以瞬间吸引人们的目光，准确地向人们传达其中的信息。同时还会使人们爱不释手，可以美化我们的生活，提高艺术鉴赏能力等。

24.1.1　洗发水宣传页设计

单页宣传页是平面印刷物中最常见的一种，本节内容就为用户安排了洗发水宣传页实例的制作。力求向消费者展现出本产品洗发水的特点：洁净清爽、清淡花香等。在色彩上整体采用黄绿色调，体现自然清新的特点，搭配使用少量蓝色和红色，在增加作品清新感的同时，加大色彩对比，从而使作品在视觉上更具冲击力。

在整体构图上以主题物和说明性文字为中心，使作品主题突出。为打破画面的静态感受，特意增加了一些流动的水流，增强作品的动感效果。图 24-2 和图 24-3 所示为本实例的完成效果图及制作流程图。

图 24-2

图 24-3

24.1.2　芭蕾舞杂志插页设计

杂志插页是指以杂志为平面载体的信息传播形式，一般杂志插页广告的画面制作精良、艺术欣赏性高、视觉冲击力强。本节为大家安排一组芭蕾舞杂志插页设计案例，插页在设计时，要注意画面的构图、用色和营造氛围等方面的编排。图 24-4 和图 24-5 所示为本实例的完成效果图及制作流程图。

图 24-4

图 24-5

24.2 网页设计

对网页设计来说，网页布局是重点。如果网页布局不合理，在向观众传达信息时会发生问题，而且会让人失去阅读的兴趣。网页界面设计最重要的是要便于阅读，符合人们的浏览习惯，在适当的情况下还要具备引导阅读的功能。在最初编排了网页内容后，根据信息的先后、主次顺序搭建起框架，然后结合合理的构图、色彩、装饰元素来美化整个界面环境。使观众在获取信息的同时产生赏心悦目的外观效果。

24.2.1 设计公司网页

24.2.1 视频教学

随着网络的普及，相信大家对网页一点也不陌生。在制作网页时，各部分功能的实现固然重要，但页面内容的整体设计、布局是否人性化，才是优秀网页的精髓所在。在本节内容中就为用户安排了一个"设计公司网页"制作实例。图 24-6 和图 24-7 所示为本实例的完成效果图及制作流程图。

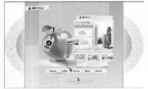

图 24-6

图 24-7

24.2.2 音乐网页设计

24.2.2 视频教学

本节实例为制作一幅音乐网站的导航页面，使用路径工具绘制播放器的外形，结合滤镜与图层效果功能制作出播放器表面的纹理质感，从而使画面效果真实生动。图 24-8 和图 24-9 所示为本实例的完成效果图及制作流程图。

图 24-8

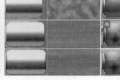

图 24-9

24.3 POP 海报设计

POP 广告是在一般广告形式的基础上发展起来的一种新型的商业广告形式。与一般的广告相比，其特点主要体现在广告展示和陈列的方式、地点及时间 3 个方面。POP 广告全称为 Point of Purchase Advertising，又称为"终点广告"。在零售店的周围，一切旨在促进顾客购买的广告形式都属于 POP 广告的范畴。

24.3.1 香水 POP 广告

24.3.1 视频教学

本节内容为用户安排了香水 POP 广告，在整体的设计上用色大胆、很好地表现出玻璃晶莹剔透的质感。在制作本实例的过程中，主要讲述了通道的应用，滤镜命令的综合应用和色彩调整命令的使用，制作香水瓶上逼真的立体玻璃花纹效果。图 24-10 和图 24-11 所示为本实例的完成效果图及制作流程图。

图 24-10

图 24-11

24.3.2 视频教学

24.3.2　女装 POP 海报

本节内容制作了一幅女装 POP 海报,此海报采用了神秘、浪漫的紫色色调,非常贴近于女性的审美需求;在视觉元素上采用了花卉和动感箭头图案,展现出青春、活力的特性,很容易抓住女性消费者的购物心理。图 24-12 和图 24-13 所示为本实例的完成效果图及制作流程图。

图 24-12

图 24-13

24.4 户外海报设计

海报,也可称之为招贴,它是指在公共场所,以张贴或散发的形式发布的一种广告,在广告诞生的初期,就已经有了海报这种广告形式。在人们生活的各个空间,它的影子随处可见。随着社会的发展,海报不再以写实或叙事的平铺直叙式表达,而是融入了各种设计风格和创作思维,使广告意图在表达的形式上更加丰富多彩。根据海报的宣传内容、宣传目的和宣传对象,海报可大致划分为商业宣传海报、活动类宣传海报、公益宣传海报和影视宣传海报四大类。

24.4.1 视频教学

24.4.1　户外灯箱海报

顾名思义,户外灯箱海报是张贴在户外的一种海报形式,由于其造价较高,所以一般制作较为精良,具有较强的宣传作用。本节内容为读者安排了“户外海报设计”实例,本实例形式较为夸张,很容易吸引人们的视线。图 24-14 和图 24-15 所示为本实例的完成效果图及制作流程图。

24.4.2 视频教学

24.4.2　饮料海报设计

本节为大家准备了一幅饮料海报设计案例。海报在色彩上整体采用绿色为主题色调,体现出清爽和回归自然的视觉印象,另外搭配少许的红色,增强颜色的对比,从而增强视觉冲击力。图 24-16 和图 24-17 所示为本实例的完成效果图及制作流程图。

图 24-14　　　　　　图 24-15

图 24-16　　　　　　图 24-17

24.5 广告设计

　　"广告"是一种信息传播活动，它的作用就是向公众传播信息，以期达到推销商品，扩大影响，或者引起刊登广告者所希望的其他反应。在本节内容中就为用户安排了一组广告设计实例，希望在设计工作中，能对读者起到一定的启迪作用。

24.5.1 杂志周年庆典广告

24.5.1 视频教学

　　本节内容为用户安排了"设计杂志周年庆典广告"实例，此实例以民间艺术——彩蛋设计为主体。在制作的过程中，巧妙地运用了"剪贴蒙版"和"蒙版"等功能，绘制出了一个具有色彩缤纷效果的彩蛋，配以剪纸形式的背景，使整幅作品充满了民间艺术的色彩。图 24-18 和图 24-19 所示为本实例的完成效果图及制作流程图。

图 24-18

图 24-19

24.5.2 设计公司广告

24.5.2 视频教学

　　本节内容为用户安排了"设计公司广告"实例，本实例最大的特点就是制作文字与装饰花纹的立体效果。这种效果看似制作复杂，其实巧妙地使用变换命令、加深工具和减淡工具。图 24-20 和图 24-21 所示为本实例的完成效果图及制作流程图。

图 24-20

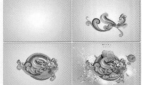

图 24-21

24.6 动漫人物设定与绘制

　　由于 Photoshop 具有出色的绘画功能，现在已经被广泛地应用于插画绘制行业。配合专业的绘图硬件设备，Photoshop 可以模拟出所有的传统绘画工具，插画师在计算机中直接进行手绘创作再不是什么难事。所以，通过深入和熟练地掌握 Photoshop 可以极大的拓展插画师的表现手法。

　　随着游戏产业的崛起，也带动了动漫绘画与角色设定专业的发展。在这些工作中，动漫插画师需要根据游戏的需要设定人物、场景、道具等视觉元素，使一个虚幻中的世界以触目可及的真实感呈现于观众面前。

　　在设定动漫人物时，首先要做到对人物角色的理解。在充分的了解了人物的性格、特长、环境背景等因素后，才能够下笔对人物开始描绘。这样才能够由内及外的展现人物角色，使角色能够像真实存在般跃然纸上。在本节将为读者展示一幅动漫人物的设定与绘制过程，希望能够为大家的学习提供一些参考和帮助，图 24-22 和图 24-23 为动漫人物的完成效果。

图 24-22

图 24-23

由于该作品的创作与绘制周期很长，整个绘画过程超过了 120 小时，所以无法以视频方式为读者呈现该作品的绘制流程，在此只能借助文字和插图方式为大家进行讲解及描述。

24.6.1 关于人物设定

在开始设定绘画之前，首先要对设定的内容做到充分了解。这就如同在生活中，你闭上眼睛来描述一个人，越是熟悉的人就描述得越详细，细节越多；相反，越陌生，细节就描述得越少。

在该案例中，整个故事背景发生在美国拓荒时期的西部蛮夷之地，女主人公是一位赏金猎人，为了能够保持持续的胜利，应该具有超强的武力技能以及彪悍强硬的性格。设计者可以以这些信息为中心逐步扩散，捕捉更多的信息来完善人物形象。

围绕以上信息，在设定与刻画人物时，采用了大量的美国西部的场景、道具、服饰以及装饰元素，如图 24-24 和图 24-25 所示。这些细节内容并非是凭空捏造的，而是需要对大量的文献资料进行采集整理。

图 24-24

图 24-25

人物的面部特征设定非常重要！因为人物面部直接涉及到人物的人种、性格、思想等信息。该案例在设定人物面部特征时，借鉴了拉丁美洲地区人种的面部特征，配合故事主线及人物性格气质，定义了人物的面部表情。如图 24-26 所示。

图 24-26

24.6.2 人物刻画方法

根据对人物的理解，通常是首先绘制出线稿。然后通过扫描仪将线稿扫描转换为数字信息，接着在 Photoshop 中进行上色与细节刻画，如图 24-27 所示。

图 24-27

如果画稿要求质量较高，可以将人物与环境背景分开进行刻画。刻画完成后再通过图像合成在一起，如图 24-28 所示。这样绘画的优点在于绘制后期对方案修改时较为灵活。另外，分开绘制后还可以将人物灵活地配以各种风格的主题背景。

图 24-28

　　无论使用什么样的绘画工具，其使用的绘画方法都是相同的。在刻画人物时，应该从人物形体的结构入手，利用光影和纹理来刻画形体转折关系和质感，图 **24-29** ～图 **24-32** 展示了人物各细节的刻画流程。

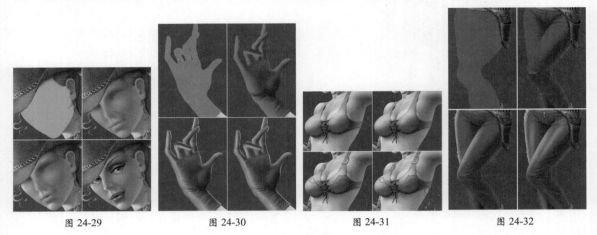

图 24-29　　　　　　　　图 24-30　　　　　　　　图 24-31　　　　　　　　图 24-32